考える力学

第2版

兵頭俊夫 著

学術図書出版社

まえがき

本書で学ぶ力学（ニュートン力学あるいは古典力学ともいう）は，身近な物体や遥かな天体の運動を，ニュートンの運動方程式を基礎として理解する学問である．

ニュートンの運動方程式は単純な微分方程式であるが，その理解と応用のためには何段ものステップを踏まなければならないと思われているふしがある．しかし実際はそうでなく，力学はもっと単純な構造をしている．そのことを示すことが，本書の執筆の主な動機であった．あたかもニュートンの運動方程式に軸足を置いたままで，片足を半歩あるいは一歩だけ，いろいろな方向に踏み出すことによって，物体の運動をさまざまな切り口から見る視界が開けることを示したい．

すべての章の記述を，ニュートンの運動方程式との関係を明確にしながら，初学者でも無理なく読み進むことができるように，丁寧に書いた．必要な数学も本書の中で解説した．書名を「考える力学」としたが，これは，本書の記述を苦労して考えながら読んで欲しいという意味ではない．学問をするために必要な最小限の努力と忍耐力以上のものは要求していない．むしろ，本書の論理をスムーズに理解しながら，ふと生じるさまざまな疑問を，基本法則に基づいた自らの思考で解決する意欲と力を養って欲しいという意味である．そのような疑問は，読者各自の経験に基づいた個人的な疑問のはずである．その疑問を大切にして，無理にわかったことにしたり妥協したりせずに，時間をかけて考え，心から納得する喜びを味わって欲しい．そのための基本的道具と取り組みの見本を提供することができれば，著者の喜びとするところである．

読者の便利のために，以下のような表記の工夫をしてみた．まず，重要な式には網掛けをしてわかるようにした．さらに，その式が法則であるか定義であるかを区別した．物理学で用いられる式に現れる等号 = には，大ざっぱにいって 4 つの種類がある．第 1 は法則の等号である．この場合，その左辺と右辺が等しいことは実験によってしか証明できない．とくに基本法則はそうである．第 2 は定義の等号である．これは，理論の展開の中で生じてくる物理学上有用な新しい概念を表す等号である．通常，右辺は 2 つ以上の概念の演算の形で書かれ，左辺はそれをまとめて表す記号（通常アルファベット）が書かれる．第 3 は，理論展開の中で別々に登場した概念の間の関係を表す等号である．これは関係式とも呼ばれる．第 4 は，数学的な式の変形を表す等号で，右辺は左辺を数学的規則に従って変形したものであることを示す．数値計算の途中の等号もこれに含まれる．本書では，基本法則はニュートンの 3 法則のみであることを強調しつつ，基本法則から直接導かれる法則も式に（法則）の文字を付し，定義式には（定義）の文字を付した．網がかかっていて何もついていない式は，主に関係式を表す．ただし，あまり厳密ではなく，基本法則からただちに導かれる法則でも定義でもないが重要な式に網をかけた．

また，重要な概念は初出の場所で強調文字にした．重要な結論も強調文字にしたが，結論のすべてをそうしたわけではない．さらに，説明の途中で，見落とすとわけがわからなくなる条件やただし書きに，アンダーラインをつけて注意を喚起した．「　」も用いたが，これは記述を読みやすくするために自由に使っていると思っていただきたい．

ところどころに囲み記事を置いて，本文に関連する話題について書いた．題材は，学生諸君からの質問や，著者がスポーツをしたり見たりしているときに考えたことから選んだ．本文とは独立に読むこともできるが，本文に密着した部分も多いので，本文の理解が進んでから再度読まれることをおすすめする．

執筆中最も楽しんだのは，第 8 章で遭遇した，同じ力が物体に対してする仕事の大きさが，異なる慣性系から見ると大いに違ってくる，という見方の発見だった．ふだん見慣れている式を新たな角度から見るというこの「コロンブスの卵」的発見から，力学的仕事における初速度の重要さの再認識に立ち返り，さまざまなスポーツや鳥の飛び立ちなどの問題に考察を広げた．興味は鷹匠が腕に据えた鷹を飛ばすときの腕の動作に及んだが，松原英俊氏（鷹匠）にお話を伺って私の予想を確認することができたのはありがたかった．松原氏は突然お電話した著者に丁寧に説明してくださった．また，松原氏と連絡をとることができたのは，砂辺松博氏と岡村純一氏が情報を下さったおかげである．ここに記して 3 氏に感謝の意を表したい．

振り返れば，学術図書出版社の発田孝夫氏から大学向けの力学の教科書の執筆を提案されてから，10年近くの月日がたった．この間，執筆の時間を確保するのが難しい時期が重なり，何度も中断せざるを得なかった．忍耐強くたゆまない励ましを下さった同氏に心から感謝したい．

2000年12月

著　者

第 2 版　まえがき

力学を楽しみながら日常生活に正しく応用するための基礎を述べた本書の初版は，2000 年の発行以来，多くの皆様に親しんでいただいた．心から感謝します．

2018 年の国際度量衡総会で国際単位系（SI）が改定され，7 個の基本単位の全てが「定義定数による定義」で表現されるようになった．これによって単位の説明の改訂が必要になったのを機会に，全体の見直しを行った．

記述を簡潔にする方向での改訂を目指したのだが，そうすると書きっぷりも変わるので時間が必要とわかり，諦めた．力学を初めて本格的に学ぶ読者が解析力学の初歩まで理解するには，このくらい詳しく，先入観による勘違いを修正しながら読み進める本もあっていいのではないかと思うようになった．

章や節の構成は変えていないが，全編にわたって細かい修正をした．大きな修正としては，前述の SI に関する記述の改訂のほか，第 11 章に新しいコラムを加え，いくつかの図の修正と新しい図の追加をし，第 10 章に演習問題を 1 個追加するなどした．また，索引も充実させた．

初版は，ミスプリントを少なからぬ読者の方からご指摘いただき，そのつど修正してきた．皆様に深くお礼を申し上げます．

初版の発行以来面倒を見ていただいている学術図書出版社の発田孝夫氏には，第 2 版の発行においてもたいへんお世話になった．ここに記して感謝の意を表します．

2021 年 9 月

著　者

目　次

4. 運動方程式の解法

5. 仕事とエネルギー

6. 極座標による記述

13. 解 析 力 学

コラム

1

運動の法則と基本概念

§1.1 はじめに

われわれは，わざわざ力学を学ばなくても，地上付近で物体がどのような動きをするか，だいたいのことは「感覚的に」あるいは「体で」知っている．ボール遊びをしている子どもたちも，野を駆け回る動物たちも知っている．そうでなければ，相手に届くように上手にボールを投げたり，小川をうまく跳び越えたりはできないだろう（図 1.1）．しかし，いったいどのように知っているかは，言葉や絵を使っても，なかなかうまく説明できない．これに対して，物理学は，物体の動きを詳しく調べて，数学を用いてそれを正確に表現する．これによって，われわれは，「体で知っている」物体の動きの規則の意味と内容を客観的に理解し，他人との意見交換が可能になる．

物体が移動する過程を，物理学では運動という．身のまわりに起こる運動が，実に単純な法則に従っていることを，17 世紀にニュートン（I. Newton, 1642-1727）が示した．ニュートンの運動方程式と呼ばれるその法則は微分方程式で表され，

図 1.1

$$m\frac{\mathrm{d}^2\boldsymbol{r}}{\mathrm{d}t^2}=\boldsymbol{F} \qquad \text{（基本法則）} \tag{1.1}$$

という形をしている．この式は，驚くほど正確に物体の運動を記述する．現代の科学者・技術者たちは，この法則を用いて運動を解析・制御することにより，放送衛星を赤道上空の「静止軌道」に乗せたり，探査ロケットを太陽系の惑星や小惑星に着陸させたりしている．

ニュートンの法則による記述が正確でなくなるのは，光の速さに近い速さで運動している物体や，原子や分子のようにきわめて軽い粒子の場合のみである．前者には，アインシュタイン（A. Einstein, 1879–1955）の特殊相対性理論が必要になり，後者には量子力学が必要になる．

§1.2　力学で使う数学の基礎（1）―― ベクトル

これから，ニュートンの運動方程式（1.1）を基礎としてさまざまなことを学んでいく．そのためにはいくつかの数学的な知識が必要であるが，本書では，必要に応じて数学を学びつつ先に進むことにする．

（1）　スカラー量とベクトル量

（1.1）の左辺の $\mathrm{d}^2\boldsymbol{r}/\mathrm{d}t^2$ は加速度，右辺の $\boldsymbol{F}$ は力であるが，これらは大きさと向きをもつ量である．そのような量を**ベクトル**という．次節以降で学ぶように，力学ではこのほかに位置ベクトル $\boldsymbol{r}$，速度 $\boldsymbol{v}$，運動量 $\boldsymbol{p}$ など，多くのベクトルを扱う．ベクトルはこのように太文字で表す．$\vec{F}$, $\vec{r}$, $\vec{v}$, $\vec{p}$ のような表記もある．

一方，質量 m のように1個の数で表される量を**スカラー**と呼ぶ．距離 l，時間 t，ベクトルの「大きさ」などがスカラーである．これらは正の数で表されるスカラーであるが，エネルギー E，電荷 q，ベクトルの成分 A_x などのように正，負の値をもつスカラーもある．ベクトル $\boldsymbol{A}$ の大きさは $|\boldsymbol{A}|$ または A と書く．

ベクトルは矢印で図示することができる．矢印の向きがそのベクトルの向き，長さがその大きさを表す．c をスカラーとすると，積 $c\boldsymbol{A}$ は，$\boldsymbol{A}$ と平行で

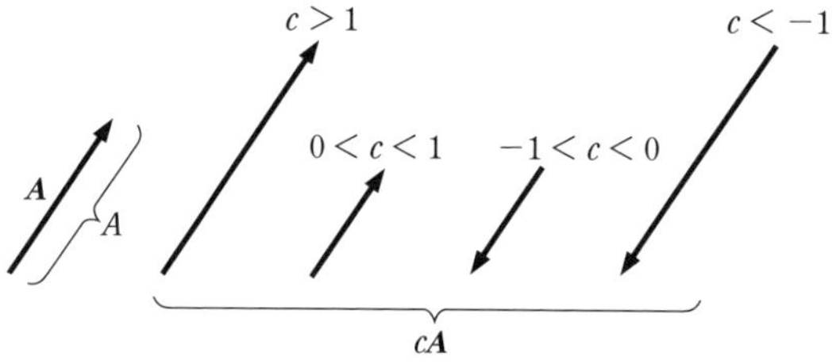

図1.2

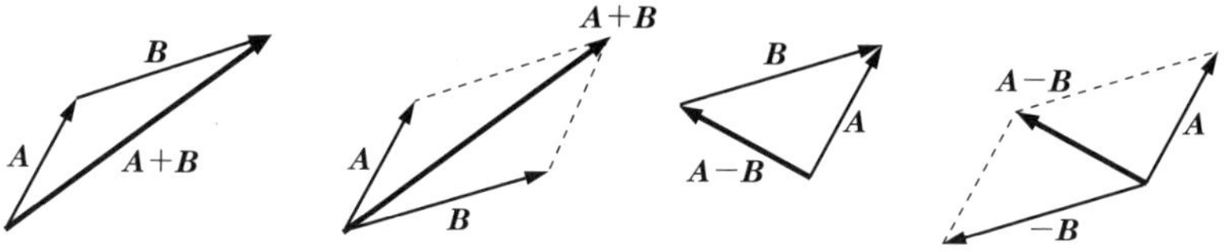

(a)　　(b)

図1.3

大きさが c 倍のベクトルである (図1.2)．ただし，$c<0$ なら $c\boldsymbol{A}$ は大きさが $|c|$ 倍で $\boldsymbol{A}$ と逆の向きをもつベクトルである．同種のベクトルの和もベクトルである．図1.3(a),(b) はそれぞれ $\boldsymbol{A}, \boldsymbol{B}$ と，$\boldsymbol{A}+\boldsymbol{B}$ および $\boldsymbol{A}-\boldsymbol{B}$ の関係を表す．実は，大きさと向きをもつだけでなく，図1.2，1.3の性質をもってはじめて，その量がベクトルであるといえる．

(2)　ベクトルのスカラー積(内積)

ベクトル $\boldsymbol{A}$ と $\boldsymbol{B}$ の**スカラー積**あるいは**内積** $\boldsymbol{A}\cdot\boldsymbol{B}$ は次のように定義されるスカラーである．

$$\boldsymbol{A}\cdot\boldsymbol{B} = |\boldsymbol{A}||\boldsymbol{B}|\cos\theta = AB\cos\theta \qquad (\theta：シータ) \tag{1.2}$$

図1.4からわかるように，これは，$\boldsymbol{A}$ の大きさ A と，$\boldsymbol{B}$ の $\boldsymbol{A}$ への正射影の大きさ $B\cos\theta$ の積である．角と三角関数については付録Aを参照されたい．

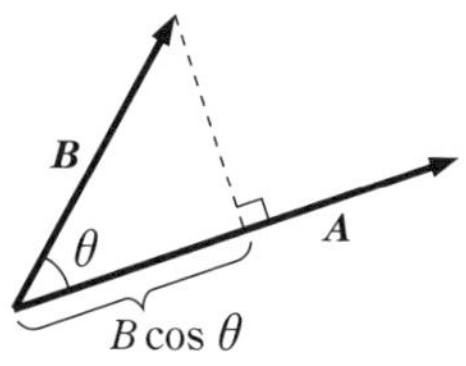

図1.4

スカラー積は次の性質をもつ．

$$\boldsymbol{B}\cdot\boldsymbol{A} = \boldsymbol{A}\cdot\boldsymbol{B} \tag{1.3}$$

$$\boldsymbol{A}\cdot\boldsymbol{A} = \boldsymbol{A}^2 = A^2, \qquad A = \sqrt{\boldsymbol{A}\cdot\boldsymbol{A}} \tag{1.4}$$

$$\boldsymbol{A}\cdot(\boldsymbol{B}+\boldsymbol{C}) = \boldsymbol{A}\cdot\boldsymbol{B}+\boldsymbol{A}\cdot\boldsymbol{C} \tag{1.5}$$

$$\boldsymbol{A}\cdot\boldsymbol{B} = 0 \iff \theta = \pi/2,\ \text{つまり}\ \boldsymbol{A} \perp \boldsymbol{B} \tag{1.6}$$

ベクトルどうしの積にはこのほかにベクトル積(外積)があるが，それについては，必要になる第7章で学ぶ.

問1 図のようなベクトル $\boldsymbol{A}, \boldsymbol{B}$ のスカラー積 $\boldsymbol{A}\cdot\boldsymbol{B}$ を求めよ.

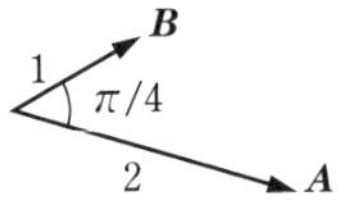

解 $\boldsymbol{A}\cdot\boldsymbol{B} = 2\cdot1\cdot\cos\dfrac{\pi}{4} = \dfrac{2}{\sqrt{2}} = \sqrt{2}$

(3) 単位ベクトル

大きさ1のベクトルを**単位ベクトル**という．向きの異なる単位ベクトルは，互いに異なるベクトルである．ベクトル $\boldsymbol{A}$ と同じ向きの単位ベクトルを $\boldsymbol{e}_A$ と書くと，

$$\boldsymbol{e}_A = \frac{\boldsymbol{A}}{|\boldsymbol{A}|} = \frac{\boldsymbol{A}}{A} \tag{1.7}$$

である(図1.5(a))．確かに $\boldsymbol{e}_A$ は $\boldsymbol{A}$ と同じ向きで，

$$|\boldsymbol{e}_A| = \left|\frac{\boldsymbol{A}}{A}\right| = \frac{A}{A} = 1 \tag{1.8}$$

である．§2.3で次元について学ぶが，単位ベクトルは次元をもたない．また，

$$\boldsymbol{B}\cdot\boldsymbol{e}_A = |\boldsymbol{B}||\boldsymbol{e}_A|\cos\theta = B\cos\theta \tag{1.9}$$

は，$\boldsymbol{B}$ の $\boldsymbol{A}$ への正射影の大きさを表す(図1.5(b))．これを $\boldsymbol{B}$ の $\boldsymbol{A}$ 方向の**成分**という.

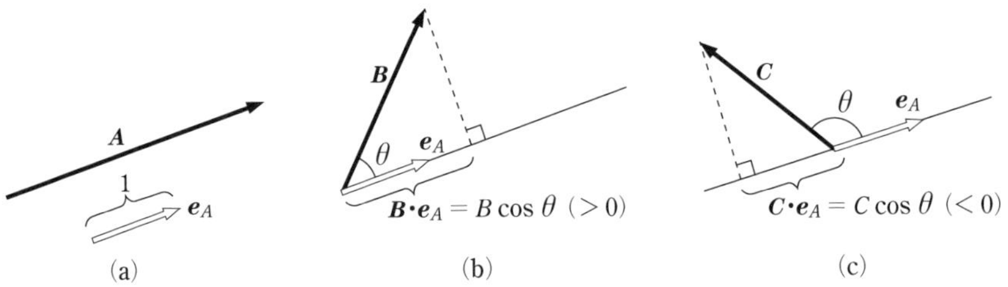

図1.5

§1.3 座　　標

力学では，物体の運動，つまり位置の変化の様子を調べるので，物体の位置を指定することが必要になる．そのために，空間内の一点Oを原点と定めて，そこから，注目する点Pに向かうベクトル $\boldsymbol{r}$ を用いる（図1.6）．これを**位置ベクトル**という．$\boldsymbol{r}$ を定義するには原点だけあれば十分であるが，数量的に扱うために座標系が必要になる．座標系にはデカルト座標（標準直交座標），極座標，円筒座標（円柱座標）などがある．最初に，最も基本的なデカルト座標について学ぶ．

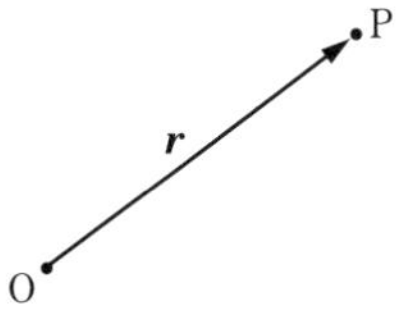

図1.6

（1） 2次元デカルト座標

運動の範囲が1つの平面内に限られているときは，**2次元デカルト座標**が便利である（図1.7）．これは，原点を通り互いに直交する x 軸と y 軸からなる．点Pの位置ベクトル $\boldsymbol{r}$ は，x 軸および y 軸の正の向きを向いた単位ベクトル $\boldsymbol{e}_x, \boldsymbol{e}_y$ と，Pから x 軸および y 軸に下ろした垂線の足（Pの各座標軸への写影）x, y を用いると，

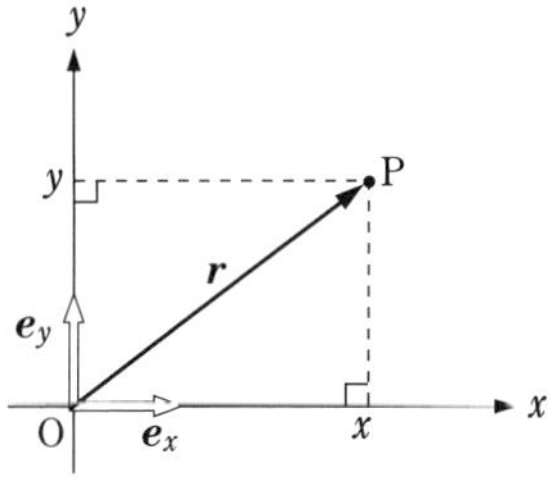

図1.7

$$\boldsymbol{r} = x\boldsymbol{e}_x + y\boldsymbol{e}_y \tag{1.10}$$

と書ける．これを

$$\boldsymbol{r} = (x, y) \tag{1.11}$$

とも表す．$\boldsymbol{r}$ の大きさは，ピタゴラスの定理より

$$r = |\boldsymbol{r}| = \sqrt{x^2 + y^2} \tag{1.12}$$

である．単位ベクトル $\boldsymbol{e}_x, \boldsymbol{e}_y$ はもちろん大きさ1

$$|\boldsymbol{e}_x| = |\boldsymbol{e}_y| = 1 \tag{1.13}$$

であるが，互いに直交しているから，

$$\boldsymbol{e}_x \cdot \boldsymbol{e}_y = 0 \tag{1.14}$$

を満たす．

（2） 3次元デカルト座標

3次元空間を動きまわる物体の運動の記述には，**3次元デカルト座標**（図1.8）が必要になる．点Pの位置ベクトル $\boldsymbol{r}$ は，各軸の正の向きを向いた単位ベクトル $\boldsymbol{e}_x, \boldsymbol{e}_y, \boldsymbol{e}_z$ と，Pから各軸に下ろした垂線の足（Pの各座標軸への写影）x, y, z を用いると，

$$\boldsymbol{r} = x\boldsymbol{e}_x + y\boldsymbol{e}_y + z\boldsymbol{e}_z \tag{1.15}$$

と書ける．これを

$$\boldsymbol{r} = (x, y, z) \tag{1.16}$$

とも表す．Pから xy 平面に下ろした垂線の足をP′として，P′から x 軸，y 軸に下ろした足も，Pから直接下ろした足 x, y に一致する（三垂線の定理）．$\boldsymbol{r}$ の大きさは，ピタゴラスの定理より

$$r = |\boldsymbol{r}| = \sqrt{x^2 + y^2 + z^2} \tag{1.17}$$

である．

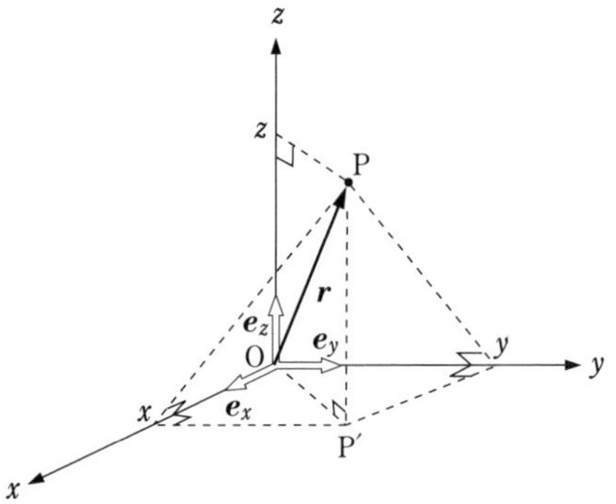

図1.8

単位ベクトルは当然，

$$|\boldsymbol{e}_x| = |\boldsymbol{e}_y| = |\boldsymbol{e}_z| = 1, \qquad \boldsymbol{e}_x \cdot \boldsymbol{e}_y = \boldsymbol{e}_y \cdot \boldsymbol{e}_z = \boldsymbol{e}_z \cdot \boldsymbol{e}_x = 0 \tag{1.18}$$

を満たす．

なお，デカルト座標の単位ベクトルを表す記号として，$\hat{\boldsymbol{x}}, \hat{\boldsymbol{y}}, \hat{\boldsymbol{z}}$，あるいは，$\boldsymbol{i}, \boldsymbol{j}, \boldsymbol{k}$ などが用いられることもある．

（3） ベクトルのデカルト座標成分

座標系があれば，ベクトルの成分を定めることができて，数値的に取り扱うことが可能になる．ベクトル $\boldsymbol{A}$ のデカルト座標における成分は，各単位ベクトルとのスカラー積

$$A_x = \boldsymbol{A}\cdot\boldsymbol{e}_x, \quad A_y = \boldsymbol{A}\cdot\boldsymbol{e}_y, \quad A_z = \boldsymbol{A}\cdot\boldsymbol{e}_z \tag{1.19}$$

で与えられる．すでに学んだ位置ベクトル $\boldsymbol{r}$ の各成分が確かに

$$x = \boldsymbol{r}\cdot\boldsymbol{e}_x, \quad y = \boldsymbol{r}\cdot\boldsymbol{e}_y, \quad z = \boldsymbol{r}\cdot\boldsymbol{e}_z \tag{1.20}$$

で表されることは，図 1.8 から明らかであろう．

$\boldsymbol{r}$ の場合と同様に，一般に

$$\boldsymbol{A} = A_x\boldsymbol{e}_x + A_y\boldsymbol{e}_y + A_z\boldsymbol{e}_z \tag{1.21}$$

であり，これを

$$\boldsymbol{A} = (A_x, A_y, A_z) \tag{1.22}$$

とも表す．

ベクトル $\boldsymbol{A} = (A_x, A_y, A_z)$ と $\boldsymbol{B} = (B_x, B_y, B_z)$ のスカラー積は，(1.6) と単位ベクトルの性質 (1.18) より

$$\begin{aligned}\boldsymbol{A}\cdot\boldsymbol{B} &= (A_x\boldsymbol{e}_x + A_y\boldsymbol{e}_y + A_z\boldsymbol{e}_z)\cdot(B_x\boldsymbol{e}_x + B_y\boldsymbol{e}_y + B_z\boldsymbol{e}_z)\\ &= A_xB_x\boldsymbol{e}_x\cdot\boldsymbol{e}_x + A_xB_y\boldsymbol{e}_x\cdot\boldsymbol{e}_y + A_xB_z\boldsymbol{e}_x\cdot\boldsymbol{e}_z + \cdots\\ &= A_xB_x + A_yB_y + A_zB_z\end{aligned} \tag{1.23}$$

であり，とくに $\boldsymbol{A}$ の大きさは (1.4) より

$$A = |\boldsymbol{A}| = \sqrt{\boldsymbol{A}\cdot\boldsymbol{A}} = \sqrt{A_x{}^2 + A_y{}^2 + A_z{}^2} \tag{1.24}$$

で与えられる．

ベクトルの間の等式

$$\boldsymbol{A} = \boldsymbol{B} \tag{1.25}$$

は，両辺と各単位ベクトル $\boldsymbol{e}_i\ (i = x, y, z)$ とのスカラー積をとればわかるように，各成分について等式が成り立つこと

$$A_x = B_x, \quad A_y = B_y, \quad A_z = B_z \tag{1.26}$$

と同等である．

問 2　問 1 のベクトル $\boldsymbol{A}, \boldsymbol{B}$ のスカラー積 $\boldsymbol{A}\cdot\boldsymbol{B}$ を，デカルト座標の成分を用いて求めよ．

解　x の向きに x 軸をとると

$$\boldsymbol{A} = (2, 0), \qquad \boldsymbol{B} = \left(\frac{1}{\sqrt{2}}, \frac{1}{\sqrt{2}}\right)$$

だから

$$\boldsymbol{A} \cdot \boldsymbol{B} = \frac{2}{\sqrt{2}} + 0 = \sqrt{2}$$

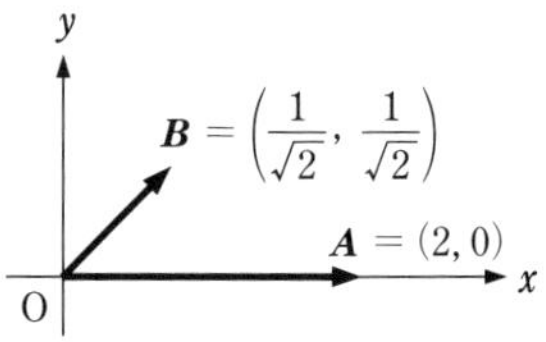

§1.4　力学で使う数学の基礎 (2) —— 微分

ニュートンの運動方程式 (1.1) はベクトルの 2 次微分 $\mathrm{d}^2\boldsymbol{r}/\mathrm{d}t^2$ を含む式だから，力学を学ぶうえで微分は避けて通れない．実際，微分法および積分法は，ニュートンが力学の体系をつくる過程で，必要に迫られてつくったものである．力学こそ，微積分のふるさとなのである．

(1)　スカラー関数の微分

スカラー関数 $f(x)$ があるとき

$$\frac{\mathrm{d}f(x)}{\mathrm{d}x} = \lim_{\Delta x \to 0} \frac{f(x+\Delta x) - f(x)}{\Delta x} = \lim_{\Delta x \to 0} \frac{\Delta f(x)}{\Delta x} \quad \text{（定義）} \qquad (1.27)$$

で定義される関数をその**導関数**という (Δ：デルタ)．これは，図 1.9 で $\Delta x \to 0$ とすればわかるように，曲線 $y = f(x)$ の $x = x$ における接線の傾きを表す関数である．$f(x)$ から導関数を求める操作を**微分**という．また，x の特定の値 $x = a$ における導関数の値

$$\left.\frac{\mathrm{d}f(x)}{\mathrm{d}x}\right|_{x=a} \qquad (1.28)$$

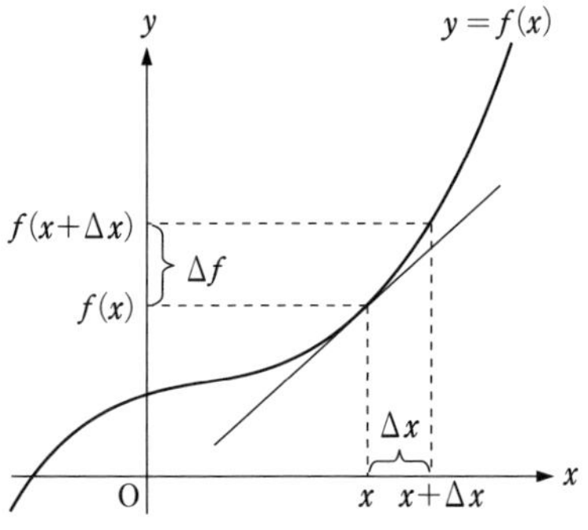

図 1.9

をその点における微分係数という．導関数をさらに x に関して微分した

$$\frac{\mathrm{d}^2 f(x)}{\mathrm{d}x^2} = \frac{\mathrm{d}}{\mathrm{d}x}\left(\frac{\mathrm{d}f(x)}{\mathrm{d}x}\right) \tag{1.29}$$

を 2 階（2 次）導関数という．さらに高階（高次）導関数も同様に定義できる．よく用いる関数の導関数を計算しておくと，

$$\frac{\mathrm{d}}{\mathrm{d}x}x = 1, \quad \frac{\mathrm{d}}{\mathrm{d}x}x^2 = 2x, \quad \frac{\mathrm{d}}{\mathrm{d}x}x^n = nx^{n-1} \tag{1.30}$$

$$\frac{\mathrm{d}}{\mathrm{d}x}\sin x = \cos x, \quad \frac{\mathrm{d}}{\mathrm{d}x}\cos x = -\sin x \tag{1.31}$$

$$\frac{\mathrm{d}}{\mathrm{d}x}\mathrm{e}^x = \mathrm{e}^x, \quad \frac{\mathrm{d}}{\mathrm{d}x}\log x = \frac{1}{x} \tag{1.32}$$

などである．

問 3　(1.30), (1.31) を証明せよ．[(1.32) については付録 B を参照．]

解

$$\frac{\mathrm{d}}{\mathrm{d}x}x = \lim_{\Delta x \to 0}\frac{(x+\Delta x)-x}{\Delta x} = \lim_{\Delta x \to 0}\frac{\Delta x}{\Delta x} = 1$$

$$\frac{\mathrm{d}}{\mathrm{d}x}x^2 = \lim_{\Delta x \to 0}\frac{(x+\Delta x)^2-x^2}{\Delta x} = \lim_{\Delta x \to 0}\frac{2x\,\Delta x+(\Delta x)^2}{\Delta x} = \lim_{\Delta x \to 0}(2x+\Delta x) = 2x$$

$$\begin{aligned}\frac{\mathrm{d}}{\mathrm{d}x}x^n &= \lim_{\Delta x \to 0}\frac{(x+\Delta x)^n-x^n}{\Delta x} \\ &= \lim_{\Delta x \to 0}\frac{x^n+nx^{n-1}\Delta x+\sum_{k=2}^{n}{}_n\mathrm{C}_k\,x^{n-k}(\Delta x)^k-x^n}{\Delta x} \\ &= \lim_{\Delta x \to 0}\left[nx^{n-1}+\sum_{k=2}^{n}{}_n\mathrm{C}_k\,x^{n-k}(\Delta x)^{k-1}\right] = nx^{n-1}\end{aligned}$$

$$\begin{aligned}\frac{\mathrm{d}}{\mathrm{d}x}\sin x &= \lim_{\Delta x \to 0}\frac{\sin(x+\Delta x)-\sin x}{\Delta x} = \lim_{\Delta x \to 0}\frac{2\cos\frac{2x+\Delta x}{2}\sin\frac{\Delta x}{2}}{\Delta x} \\ &= \lim_{\Delta x \to 0}\cos\left(x+\frac{\Delta x}{2}\right)\frac{\sin(\Delta x/2)}{(\Delta x/2)} = \cos x\end{aligned}$$

$$\begin{aligned}\frac{\mathrm{d}}{\mathrm{d}x}\cos x &= \lim_{\Delta x \to 0}\frac{\cos(x+\Delta x)-\cos x}{\Delta x} = \lim_{\Delta x \to 0}\frac{-2\sin\frac{2x+\Delta x}{2}\sin\frac{\Delta x}{2}}{\Delta x} \\ &= -\lim_{\Delta x \to 0}\sin\left(x+\frac{\Delta x}{2}\right)\frac{\sin(\Delta x/2)}{(\Delta x/2)} = -\sin x\end{aligned}$$

スカラー関数の導関数を表す記号には，$\mathrm{d}f(x)/\mathrm{d}x$ のほかに $f'(x)$ が用いられる．n 階（n 次）導関数は $f^{(n)}(x)$ と書く．また，とくに x が時間 t を表す

場合については $\dot{f}(t)$ も用いられる．これはニュートンが用いた記号で，**ニュートンの記号**とも呼ばれる．

$$\frac{\mathrm{d}f(t)}{\mathrm{d}t}=f'(t)=\dot{f}(t),\quad \frac{\mathrm{d}^2f(t)}{\mathrm{d}t^2}=f''(t)=\ddot{f}(t),\quad \frac{\mathrm{d}^nf(t)}{\mathrm{d}t^n}=f^{(n)}(t) \tag{1.33}$$

（2） 関数の積や商の微分

関数 $f(x)$ と $g(x)$ の積 $f(x)g(x)$ の微分は，

$$\frac{\mathrm{d}}{\mathrm{d}x}[f(x)g(x)]=\frac{\mathrm{d}f(x)}{\mathrm{d}x}g(x)+f(x)\frac{\mathrm{d}g(x)}{\mathrm{d}x} \tag{1.34}$$

である．とくに，$g(x)=f(x)$ とすると

$$\frac{\mathrm{d}}{\mathrm{d}x}f(x)^2=2f(x)\frac{\mathrm{d}f(x)}{\mathrm{d}x}=2f(x)f'(x) \tag{1.35}$$

である．物理学では理論計算の途中でしばしば (1.35) の右辺の形の式が現れ，それを左辺に変形するためにこの式が用いられることがある．

問 4 (1.34) を証明せよ．

解

$$\begin{aligned}\frac{\mathrm{d}}{\mathrm{d}x}[f(x)g(x)]&=\lim_{\Delta x\to 0}\frac{f(x+\Delta x)g(x+\Delta x)-f(x)g(x)}{\Delta x}\\&=\lim_{\Delta x\to 0}\frac{f(x+\Delta x)[g(x+\Delta x)-g(x)]+[f(x+\Delta x)-f(x)]g(x)}{\Delta x}\\&=\lim_{\Delta x\to 0}f(x+\Delta x)\frac{g(x+\Delta x)-g(x)}{\Delta x}+\lim_{\Delta x\to 0}\frac{f(x+\Delta x)-f(x)}{\Delta x}g(x)\\&=f(x)\frac{\mathrm{d}g(x)}{\mathrm{d}x}+\frac{\mathrm{d}f(x)}{\mathrm{d}x}g(x)\end{aligned}$$

また

$$\frac{\mathrm{d}}{\mathrm{d}x}\frac{1}{f(x)}=-\frac{f'(x)}{f(x)^2} \tag{1.36}$$

$$\frac{\mathrm{d}}{\mathrm{d}x}\frac{f(x)}{g(x)}=\frac{f'(x)g(x)-f(x)g'(x)}{g(x)^2} \tag{1.37}$$

である．

$y=f(u)$，$u=g(x)$ が微分可能であるとき，合成関数 $f(g(x))$ の x に関する微分は

$$\frac{\mathrm{d}}{\mathrm{d}x}f(g(x))=\frac{\mathrm{d}y}{\mathrm{d}u}\frac{\mathrm{d}u}{\mathrm{d}x}=f'(u)g'(x) \tag{1.38}$$

である．これより，たとえば

$$\frac{\mathrm{d}}{\mathrm{d}x}\sin ax=\frac{\mathrm{d}\sin ax}{\mathrm{d}(ax)}\frac{\mathrm{d}(ax)}{\mathrm{d}x}=a\cos ax, \tag{1.39}$$

$$\frac{\mathrm{d}}{\mathrm{d}x}\cos ax=-a\sin ax, \qquad \frac{\mathrm{d}}{\mathrm{d}x}\mathrm{e}^{ax}=a\,\mathrm{e}^{ax} \tag{1.40}$$

などが得られる．

（3） ベクトル関数の微分

スカラーたとえば時間 t を変数とするベクトル関数 $\boldsymbol{A}(t)$ の，t に関する微分は

$$\frac{\mathrm{d}\boldsymbol{A}(t)}{\mathrm{d}t}=\lim_{\Delta t\to 0}\frac{\boldsymbol{A}(t+\Delta t)-\boldsymbol{A}(t)}{\Delta t}=\lim_{\Delta t\to 0}\frac{\Delta\boldsymbol{A}(t)}{\Delta t} \tag{1.41}$$

で与えられる．これは，$\boldsymbol{A}(t)$ の微小変化 $\Delta\boldsymbol{A}(t)$ と Δt の比であり，ベクトルの差をスカラーの差で割ったものであるから，ベクトルである．ただし，ベクトル $\boldsymbol{A}(t)$ の変化には，大きさの変化と向きの変化がある．特別な場合として，大きさは変わらず向きだけが変わるような変化も含まれる．たとえば，円周上を等速で運動する点の位置ベクトル $\boldsymbol{r}$ の変化がこれにあたる．

デカルト座標を用いると，$\mathrm{d}\boldsymbol{A}/\mathrm{d}t$ の成分は，$\mathrm{d}\boldsymbol{e}_z/\mathrm{d}t=0$ などより，$\boldsymbol{A}$ の各成分の微分で与えられる．

$$\frac{\mathrm{d}\boldsymbol{A}(t)}{\mathrm{d}t}=\frac{\mathrm{d}A_x}{\mathrm{d}t}\boldsymbol{e}_x+\frac{\mathrm{d}A_y}{\mathrm{d}t}\boldsymbol{e}_y+\frac{\mathrm{d}A_z}{\mathrm{d}t}\boldsymbol{e}_z=\left(\frac{\mathrm{d}A_x}{\mathrm{d}t},\frac{\mathrm{d}A_y}{\mathrm{d}t},\frac{\mathrm{d}A_z}{\mathrm{d}t}\right) \tag{1.42}$$

スカラー関数の積の場合と同様に，ベクトル関数のスカラー積の微分は

$$\frac{\mathrm{d}}{\mathrm{d}t}(\boldsymbol{A}\cdot\boldsymbol{B})=\frac{\mathrm{d}\boldsymbol{A}}{\mathrm{d}t}\cdot\boldsymbol{B}+\boldsymbol{A}\cdot\frac{\mathrm{d}\boldsymbol{B}}{\mathrm{d}t} \tag{1.43}$$

であり，とくに，$\boldsymbol{A}=\boldsymbol{B}$ とすると

$$\frac{\mathrm{d}}{\mathrm{d}t}A^2=\frac{\mathrm{d}}{\mathrm{d}t}(\boldsymbol{A}\cdot\boldsymbol{A})=2\boldsymbol{A}\cdot\frac{\mathrm{d}\boldsymbol{A}}{\mathrm{d}t} \tag{1.44}$$

である．

ベクトル関数の微分 $\mathrm{d}\boldsymbol{A}(t)/\mathrm{d}t$ を $\boldsymbol{A}'(t)$ で表すことは，ふつうはしない．

しかし，$\dot{\boldsymbol{A}}(t)$ は用いられる．

$$\frac{\mathrm{d}\boldsymbol{A}(t)}{\mathrm{d}t}=\dot{\boldsymbol{A}}(t), \qquad \frac{\mathrm{d}^2\boldsymbol{A}(t)}{\mathrm{d}t^2}=\ddot{\boldsymbol{A}}(t) \tag{1.45}$$

（4） 速度ベクトルと加速度ベクトル

力学では物体の位置の変化を扱うから，位置ベクトル $\boldsymbol{r}(t)$ の時間 t による微分はとくに重要である．ベクトル

$$\boldsymbol{v}(t)=\frac{\mathrm{d}\boldsymbol{r}(t)}{\mathrm{d}t}=\lim_{\Delta t\to 0}\frac{\Delta\boldsymbol{r}}{\Delta t}=\lim_{\Delta t\to 0}\frac{\boldsymbol{r}(t+\Delta t)-\boldsymbol{r}(t)}{\Delta t} \tag{1.46}$$

を**速度**という．ここに表れた

$$\Delta\boldsymbol{r}=\boldsymbol{r}(t+\Delta t)-\boldsymbol{r}(t) \tag{1.47}$$

を**変位ベクトル**，あるいは単に**変位**という．$\boldsymbol{v}(t)$ の大きさ $v(t)$ を**速さ**という．速度 $\boldsymbol{v}(t)$ はベクトルであるから，速さ $v(t)$ が同じでも向きが異なれば速度としては異なることになる．

$$\boldsymbol{a}(t)=\frac{\mathrm{d}\boldsymbol{v}(t)}{\mathrm{d}t}=\frac{\mathrm{d}^2\boldsymbol{r}(t)}{\mathrm{d}t^2}=\dot{\boldsymbol{v}}(t)=\ddot{\boldsymbol{r}}(t) \tag{1.48}$$

を**加速度**という．これは，速度の変化率を表す量であり，ベクトルである．$\boldsymbol{v}(t)$ が $\boldsymbol{r}(t)$ と同じ向きを向いているとは限らないように，$\boldsymbol{a}(t)$ は $\boldsymbol{v}(t)$ と同じ向きを向いているとは限らない．

（5） テイラー展開と近似

力 $\boldsymbol{F}$ に関する正確な情報に基づいてニュートンの運動方程式 (1.1) を解こうとしても解析的には解けない場合がある．そのような場合，力学では微分方程式を数値的に解くか，あるいは近似を用いて解析的に解くことを試みる．近似の仕方には2通りある．ひとつは力 $\boldsymbol{F}$ の一部（たとえば摩擦力）を無視してよい理想的な状況を考える近似であり，他のひとつは，力を単純な表式で考察してよい状況（たとえば振幅の微小な振動）を設定する近似である．後者の場合に，ここで学ぶテイラー展開が役に立つ．

関数 $f(x)$ の導関数 $\mathrm{d}f(x)/\mathrm{d}x$ は曲線 $y=f(x)$ の点 $(x, f(x))$ における接線の傾きを表す関数であるから，図1.9から，近似式

$$f(x+\Delta x)\approx f(x)+\frac{\mathrm{d}f(x)}{\mathrm{d}x}\Delta x \tag{1.49}$$

が成り立つことがわかる．$\approx$ は「ほぼ等しい」ことを表す記号（≒ と同じ意味の記号）である．さらに高次の近似を得る方法が**テイラー展開**である．物理学で使われる多くの関数は，何回微分しても無限大に発散することがないような x の近傍で，等式

$$f(x+\Delta x)=f(x)+f'(x)\,\Delta x+\frac{1}{2!}f''(x)(\Delta x)^2+\cdots+\frac{1}{n!}f^{(n)}(x)(\Delta x)^n+\cdots \tag{1.50}$$

が成り立つことが知られている．この無限級数をテイラー展開という．これと同じことは次のように書くこともできる．ある点 $x=a$ での値 $f(a)$ および微分係数 $f^{(n)}(a)$ を用いて，その近傍の点 $x=x$ での $f(x)$ の値は

$$f(x)=f(a)+f'(a)(x-a)+\frac{1}{2!}f''(a)(x-a)^2+\cdots+\frac{1}{n!}f^{(n)}(a)(x-a)^n+\cdots \tag{1.51}$$

である．とくに $a=0$ とすると $x=0$ のまわりのべき級数展開

$$f(x)=f(0)+f'(0)x+\frac{1}{2!}f''(0)x^2+\cdots+\frac{1}{n!}f^{(n)}(0)x^n+\cdots \tag{1.52}$$

が成り立つ．これを**マクローリン展開**という．

これらの級数を低次の項までで止めれば，その次数までの近似式になる．

いくつかの関数のマクローリン展開を記すと

$$(1+x)^a=1+ax+\frac{a(a-1)}{2!}x^2+\cdots \tag{1.53}$$

$$\sin x=x-\frac{1}{3!}x^3+\frac{1}{5!}x^5-\cdots \tag{1.54}$$

$$\cos x=1-\frac{1}{2!}x^2+\frac{1}{4!}x^4-\cdots \tag{1.55}$$

$$\mathrm{e}^x=1+x+\frac{1}{2!}x^2+\cdots \tag{1.56}$$

などである．なお，(1.53) は，a が自然数 n に等しいときには，2 項級数

$$(1+x)^n = \sum_{m=0}^{n} \frac{n!}{m!(n-m)!} x^m = \sum_{m=0}^{n} {}_n\mathrm{C}_m\, x^m \tag{1.57}$$

に一致し，x^{n+1} 以上のべき乗の項は存在しない．

§1.5　運動の法則

(1)　ニュートンの3法則

ニュートンは，身のまわりの物体や天体の運動に対する注意深い観察や実験の結果から，それらの運動が，**3つの基本法則**から説明できること，および**万有引力の法則**を見出した．3つの基本法則とは，以下のようなものである．

第1法則：静止している質点は，力を加えられない限り静止を続け，動いている質点は，力を加えられない限り，同じ速さで直線運動を続ける（**慣性系の存在**）．

第2法則：力 $\boldsymbol{F}$ を受けている質点の位置座標 $\boldsymbol{r}(t)$ は，**ニュートンの運動方程式**

$$m\frac{\mathrm{d}^2\boldsymbol{r}}{\mathrm{d}t^2} = \boldsymbol{F} \qquad \text{（基本法則）} \tag{1.1}$$

に従って変化する（**運動法則**）．m は質点の**慣性質量**，$\boldsymbol{F}$ は質点にかかるすべての力の和（**合力**）である．

第3法則：2個の質点1,2があり，互いに力を及ぼし合っているとき，質点1が質点2から受ける力 $\boldsymbol{F}_{12}$ は，質点2が質点1から受ける力 $\boldsymbol{F}_{21}$ と，大きさが同じで向きが反対である．つまり，

$$\boldsymbol{F}_{21} = -\boldsymbol{F}_{12} \qquad \text{（基本法則）} \tag{1.58}$$

である（**作用・反作用の法則**）．

ただし，質点とは，質量はあるが，大きさのない点状の物体をいう．大きさのある物体は質点の集合体として解析ができる．これは第11章，第12章で扱う．

第10章までは質点の運動のみを扱うが，日常的に経験する物体の運動が自転を伴わない場合は，その運動の特徴を質点の運動の解析で理解することができる．これを**質点近似**という．第11章で学ぶように，形のある物体の**質量中心**（**重心**）の運動は，質点と同じ運動法則に従うからである．本書で断りなし

に物体の運動を質点の運動の法則で解析するときは，自転していないか自転に変化がないことを暗黙に仮定している．

（2） 第1法則，第2法則と慣性系

物理の**基本法則とは他の法則から導くことのできない法則のこと**である．繰り返し実験や観測でその正しさを検証できるだけである．ところが，質点に全く力が働いていないときのことを述べているニュートンの第1法則は，地球からの万有引力からのがれられない地球上では検証することすらできない．この法則を前提とした第2法則の正しさが繰り返し検証される中で間接的に検証されるのみである．

運動の状態が変化しない性質を慣性というので，第1法則は慣性の法則と呼ばれることもある．これを「質点（あるいは物体）が慣性をもっている」ことを表す法則であると解釈してはならない．むしろ空間の性質を表現した法則なので，「慣性の法則」と呼ぶのはあまり適切でない．

第2法則の(1.1)で $\boldsymbol{F}=0$ とおく（大きさのないベクトルもベクトルなので $\boldsymbol{0}$ と書く場合があるが，本書では混乱のおそれはないので単に0と書く）と，

$$\frac{\mathrm{d}^2\boldsymbol{r}}{\mathrm{d}t^2}=\frac{\mathrm{d}\boldsymbol{v}}{\mathrm{d}t}=0 \tag{1.59}$$

となり $\boldsymbol{v}$ は一定となるから，第1法則は不要であるように思われるが，そうではない．第1法則は，第2法則よりも確固たる法則である．力を受けていない質点が等速直線運動をするのが正しいとしても，力を加えたときの運動が第2法則(1.1)に従うとは限らない．この式に従うかどうかは，詳しい実験によってしか確認できない．実際，速さが光速に近づいたり，質量が原子の質量に近づいたりすると，(1.1)は正確には成り立たなくなる．

本書では，第2法則(1.1)を**ニュートンの運動法則**と呼んで，次章以降でその深い内容を学んでいく．

第1法則が空間の性質を表しているという意味は，われわれのいる空間の中に第2法則が成り立つ座標系を定めることができるという意味である．どのような座標系で観測しても，力を受けていない質点が静止または等速直線運動を

続けるわけではない．図 1.10 のように電車の床に置かれた空き缶やボールが，電車が発車するとき動きはじめることを見たことがある人も多いだろう．これは，加速中の電車に固定された座標系で記述される運動は，第 2 法則を満たさないことを表している．さらに重力や床からの力もない場合について第 1 法則が成り立つ座標系が存在し，第 2 法則が成り立つのは，そのような座標系においてのみである．そのような座標系を**慣性系**という．これに対して，加速中の電車に固定された座標系を**非慣性系**という．非慣性系における運動の記述については第 8 章，第 9 章で学ぶ．

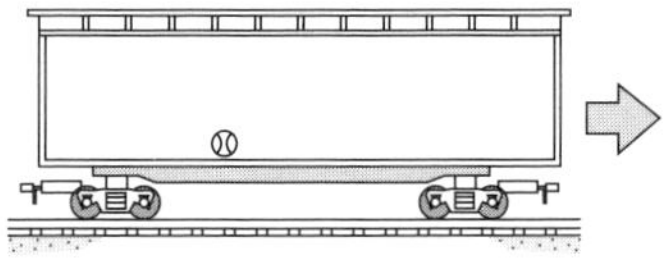

図 1.10

(3)　作用・反作用

第 3 法則は，力がもともと相互作用によって生じるものであり，片方が受ける力と他方が受ける力は大きさが同じで向きが反対であることを主張している．もちろん，これも基本法則であるから，他の法則から導くことはできず，実験や観測によってその正しさを繰り返し確かめることができるのみである．第 10 章で学ぶ 2 個の質点の運動の記述や，第 11 章で学ぶ剛体に関する運動方程式の導出には，この法則が重要な役割を果たしている．そのようにして導いた運動方程式が観測事実をよく説明することが，第 3 法則が確かに成り立っていることの重要な確認になっている．

質点間の万有引力や点電荷間の電気力のような自然界の基本的な力をはじめ，力学で扱うすべての力がこの法則を満たす．たとえば，手に持ったリンゴを離すと，下に落ちる (図 1.11 (a))．これはリンゴが地球から，§2.2 で学ぶ万有引力 $\boldsymbol{F}_1$ を受けているからである．その反作用として地球はリンゴから万有引力 $\boldsymbol{F}_2\ (= -\boldsymbol{F}_1)$ を受けている．

それでは，手のひらの上で静止しているリンゴはどうであろうか (図 1.11 (b))．地球からの万有引力 $\boldsymbol{F}_1$ はやはり働いているはずである．しかるにリンゴは静止している．これはリンゴが手のひらから力 $\boldsymbol{F}_3$ を受けており，

$$\boldsymbol{F}_3 = -\boldsymbol{F}_1 \qquad (\boldsymbol{F}_1 + \boldsymbol{F}_3 = 0) \tag{1.60}$$

であるために静止したままである，と考えざるをえない．ここで，$\boldsymbol{F}_3$ は第 2 法

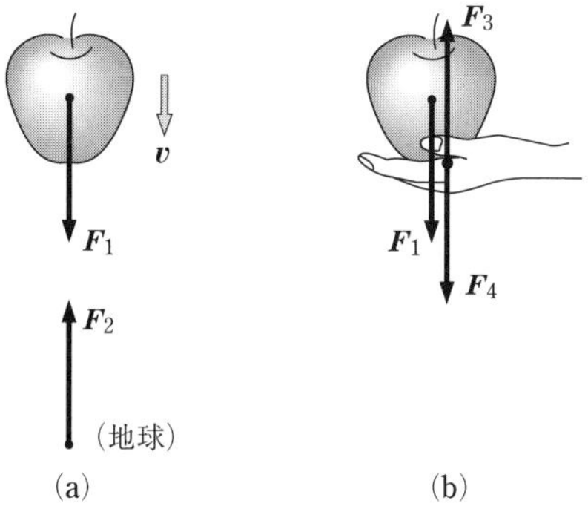

図 1.11

則からその存在を推測したのであり，第 3 法則から推測したのではないことに注意する．ところで，$\boldsymbol{F}_3$ はリンゴが手のひらから受けている力だから，第 3 法則より，手のひらはリンゴからその反作用の力 $\boldsymbol{F}_4\,(=-\boldsymbol{F}_3)$ を受けているはずであると推測できる．リンゴを持っている人がリンゴから受けていると感じる力はこの反作用の力である．$\boldsymbol{F}_3$ と $\boldsymbol{F}_4$ は双方が互いに作用・反作用として同時に発生し，何らかの理由でリンゴが手のひらから離れると，同時に消滅する．

問 5　物体 A にひも a, b がつけられて力 $\boldsymbol{F}_\mathrm{a}, \boldsymbol{F}_\mathrm{b}$ で引かれて静止している．他の力は働いていないとする．作用・反作用の力と，つり合っている力をいえ．

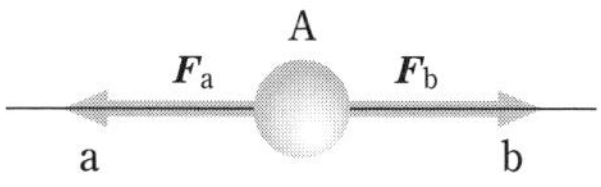

図 1.12

解　つり合っている力：$\boldsymbol{F}_\mathrm{a}$ と $\boldsymbol{F}_\mathrm{b}$

作用・反作用の力：$\boldsymbol{F}_\mathrm{a}$ と $\boldsymbol{F}_\mathrm{a}'$（描いてないが，A がひも a を引いている力）

$\boldsymbol{F}_\mathrm{b}$ と $\boldsymbol{F}_\mathrm{b}'$（描いてないが，A がひも b を引いている力）

演習問題 1

[A]

1.　xy 平面上の原点を中心とする半径 a の円周上を等速で運動している質点の位置ベクトル $\boldsymbol{r}$ のデカルト座標は，ω を定数として

$$x = a\cos\omega t,\qquad y = a\sin\omega t,\qquad z = 0$$

で与えられる．

(a)　この運動は確かに等速であることを示せ．

(b)　位置ベクトル $\boldsymbol{r}$，速度 $\boldsymbol{v}$，加速度 $\boldsymbol{a}$ の向きの関係を調べよ．

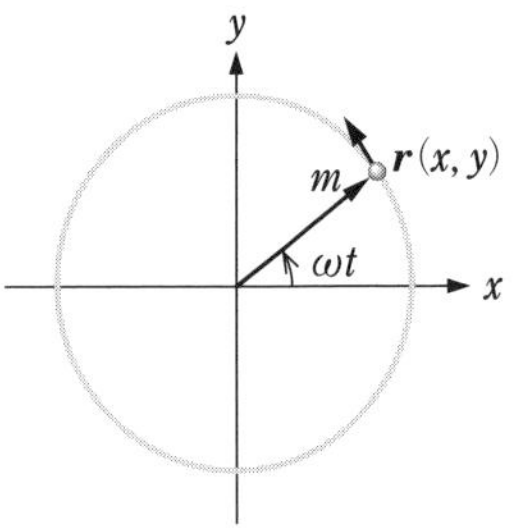

***2*．**　(a) $\sin x$，(b) $\cos x$，(c) e^x のマクローリン展開を導け．

***3*．**　$1/\sqrt{1+x^2} \approx 1-x^2/2$ を示せ．さらに，右辺と左辺の差が 5% になるまでの範囲で数値計算し，グラフに描け．（電卓で計算を行い，グラフ用紙を使って手書きのグラフをつくることを勧める．）

[B]

***4*．**　中空の球を 2 分したものに取っ手をつけ，切断面をよく磨いてゴムのパッキングをつけて張り合わせ内部を排気すると，取っ手を両側から 1 頭ずつの馬で引かせても離れなかった．しかし，2 頭ずつ計 4 頭の馬で引くと離すことができた．これを 2 頭の馬で離す方法を考え，理由を述べよ．

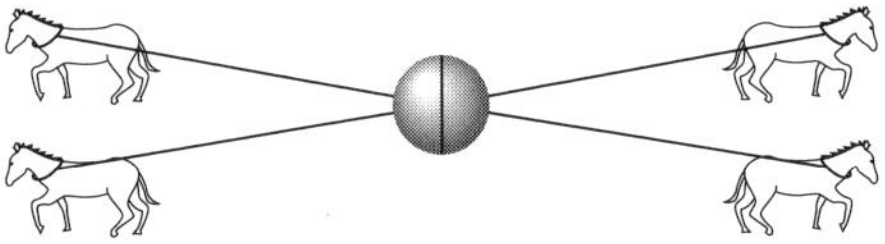

***5*．**　天井からひもでつるされた質量 m の物体がある．物体，ひも，天井にかかっている力とその作用・反作用の関係およびつり合いの関係を指摘せよ．ただし，ひもは力を伝える媒質とみなすものとする．

2

力と運動

§2.1 慣性質量

ニュートンの運動方程式(1.1)を

$$\frac{\mathrm{d}^2\boldsymbol{r}}{\mathrm{d}t^2}=\frac{\boldsymbol{F}}{m} \tag{2.1}$$

と書くとわかるように，m が大きいほど，同じ合力を受けたときの加速度，すなわち速度の変化率は小さい．つまり，運動の様子が変化しにくい．状態の変化にさからう性質を慣性と呼ぶことから，m に**慣性質量**という名がつけられている．これがニュートンの第2法則の内容である．§1.6で，第1法則は空間あるいは座標系の性質を表しており，慣性の法則と呼ぶのはあまり適切でないと述べた．質量をもった物体が運動のようすを変えにくいという性質は，第2法則に含まれる慣性質量が表す性質である．

§2.2 等加速度運動

本書では(1.1)に基づいてさまざまな運動を解析していくが，まず最も簡単な例として，質点の運動が直線上に限られており，その直線に沿って常に一定の力 $\boldsymbol{F}$ がかかっている場合を考える(図2.1)．その直線を x 軸に選び，$\boldsymbol{F}=F\boldsymbol{e}_x$ とすると，(1.1)は

$$m\frac{\mathrm{d}^2x}{\mathrm{d}t^2}=F \tag{2.2}$$

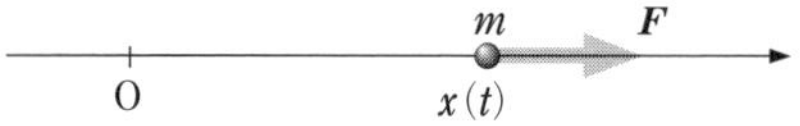

図2.1

(2.1)は

$$\frac{\mathrm{d}^2x}{\mathrm{d}t^2}=\frac{F}{m} \tag{2.3}$$

となる．ここで F は大きさではなく $\boldsymbol{F}$ の x 成分（ていねいに書けば F_x）なので，正・負の値をとる．図 2.1 は $F>0$ の場合を描いている．このように一定の力を受けている質点の運動は，加速度が一定なので，等加速度運動という．

もし，(2.2) を満たす $x(t)$ が時間 t の関数としてわかれば，その質点がどのような運動をするかは，すべてわかったといってよいだろう．そのような $x(t)$ を求めることを，「微分方程式 (2.2) を解く」あるいは「(2.2) を積分する」という．簡単な微分方程式の場合は，関数の微分に関する知識を参照して解くことができる．$\boldsymbol{F}$ が一定の場合は，微分の公式 (1.30) を参照して，まず

$$v(t)=\frac{\mathrm{d}x}{\mathrm{d}t}=\frac{F}{m}t+A \tag{2.4}$$

であることがわかる．A は任意の定数である．つまり，A の値が何であろうと (2.4) は (2.2) を満たす．$\mathrm{d}x/\mathrm{d}t$ は速さだからこれを $v(t)$ と書いた．さらに，再び (1.30) を参照すると，

$$x(t)=\frac{1}{2}\frac{F}{m}t^2+At+B \tag{2.5}$$

となる．B も任意定数である．(2.5) を (2.2) の**一般解**という．A, B は $t=0$ における質点の位置と速度（これらを**初期条件**という）を与えると決まる．いま仮に $x(0)=x_0$，$v(0)=v_0$ であったとすると

$$x(0)=B=x_0, \qquad v(0)=A=v_0 \tag{2.6}$$

より，解は

$$x(t)=\frac{1}{2}\frac{F}{m}t^2+v_0t+x_0 \tag{2.7}$$

である．x_0 や v_0 が異なる場合の $x(t)$ の様子を図 2.2 に示す．いずれも，同じ 2 次曲線を平行移動した曲線で与えられる．(2.7) を

$$x(t)=\frac{1}{2}\frac{F}{m}\left(t+\frac{mv_0}{F}\right)^2-\frac{m{v_0}^2}{2F}+x_0 \tag{2.8}$$

と書きなおせば，確かに，x_0 や v_0 が異なっていても，頂点の位置だけが異なる同じ

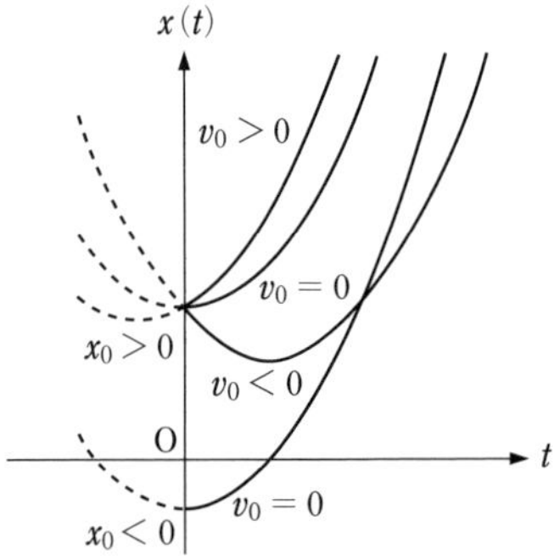

図 2.2

2次曲線であることがわかる．

ところで，速度や加速度のようなベクトルが直線上（1次元）に限られているとき，「大きさの正負で向きを表す」とされることがあるが，これは正しくない．1次元であっても**ベクトルの大きさは正の数で表され，向きによって正・負の値をとるのは成分（直線への写影）である．**

問1　なめらかな面に静止している質量2 kgの物体に5秒間一定の大きさ F の力を加えたところ，速さが8 m/sになった．F を求めよ．（単位については次節を参照のこと．）

解　$8\,\mathrm{m/s} = \dfrac{F}{2\,\mathrm{kg}} \times 5\,\mathrm{s}$ より

$$F = 3.2\,\mathrm{N}$$

問2　速さ v_0 で走っていた車がブレーキをかけて，大きさ $2\,\mathrm{m/s^2}$ の一定の加速度で減速したところ，36 m先で静止した．v_0 を求めよ．

解　$\dfrac{\mathrm{d}^2x}{\mathrm{d}t^2} = -2\,\mathrm{m/s^2}$，$\dfrac{\mathrm{d}x(0)}{\mathrm{d}t} = v_0$ より，$x(0) = 0$ とすると

$$v(t) = -2t + v_0, \qquad x(t) = \frac{1}{2}(-2)t^2 + v_0 t$$

よって，静止するまでの時間は $t = \dfrac{v_0}{2}$，

$$-\left(\frac{v_0}{2}\right)^2 + \frac{{v_0}^2}{2} = 36 \qquad \therefore \quad v_0 = 12\,\mathrm{m/s}$$

§2.3　物理量の次元と単位

（1）次　　元

ニュートンの運動方程式（1.1）は，（慣性）質量 m，加速度 $\mathrm{d}^2\boldsymbol{r}/\mathrm{d}t^2$，力 $\boldsymbol{F}$ という3つの物理量の間の関係式である．このうち加速度は距離 $\boldsymbol{r}$ と時間 t で表されているから，都合4個の物理量（概念）が含まれる．一方，これらの量を関係づける式として，運動方程式（1.1）が1個あるだけで，それ以外にはないから，これらの量のうち3（＝4－1）個は独立である．そこで，力学における独立な基本量として，通常，**長さ**（距離），**質量**，**時間**の3つを選ぶ．

特定の2点の間には距離がある．距離の大きさを長さという．いろいろな2点間の位置の違いやその間の距離の大きさにこだわらず，距離というものがもっている共通の性質を，長さの**次元**と呼ぶ．一般に物理量 A からその大きさ

を（A がベクトル量の場合はその向きも）除いた概念を A の次元と呼び，本書では $[A]$ で表す．たとえば，加速度の次元の表記は [加速度]，$[\mathrm{d}^2\boldsymbol{r}/\mathrm{d}t^2]$，力の次元の表記は [力]，$[\boldsymbol{F}]$ などである．先にあげた 3 つの基本量の次元を**基本次元**といい，それを表すのに特別の記号，L, M, T を用いる．

$$\mathsf{L} = [\text{長さ}] = [r], \quad \mathsf{M} = [\text{質量}] = [m], \quad \mathsf{T} = [\text{時間}] = [t] \tag{2.9}$$

空間の次元について，1 次元空間，2 次元空間，3 次元空間という表現がある．それぞれ，直線内，平面内，体積内の点の集合を表す．デカルト座標の x 軸，y 軸，z 軸方向の長さも同じく長さの次元 L であるから，長さ，面積，体積の次元はそれぞれ L, L^2, L^3 のよう長さの次元 L のべき乗の次元で表される．

力学に登場する諸物理量の次元は L, M, T の組み合わせで与えられる．それは，物理量の定義式あるいは物理法則の式の両辺の次元を調べることで，ただちにわかる．例をあげる前に，微分で表された量の次元を調べておくと

$$\left[\frac{\mathrm{d}f(x)}{\mathrm{d}x}\right] = \left[\lim_{\Delta x \to 0} \frac{\Delta f(x)}{\Delta x}\right] = \frac{[\Delta f(x)]}{[\Delta x]} = [f][x]^{-1} \tag{2.10}$$

である．ここで $[\Delta x] = [x \text{ の差}] = [x]$ を用いた．$[\Delta f] = [f]$ も同様である．高次の微分は

$$\left[\frac{\mathrm{d}^2 f(x)}{\mathrm{d}x^2}\right] = \left[\lim_{\Delta x \to 0} \frac{\Delta\left(\frac{\mathrm{d}f(x)}{\mathrm{d}x}\right)}{\Delta x}\right] = \left[\frac{\Delta\left(\frac{\mathrm{d}f(x)}{\mathrm{d}x}\right)}{\Delta x}\right] = \frac{\left[\frac{\mathrm{d}f}{\mathrm{d}x}\right]}{[x]}$$

$$= \frac{[f][x]^{-1}}{[x]} = [f][x]^{-2} \tag{2.11}$$

$$\left[\frac{\mathrm{d}^n f(x)}{\mathrm{d}x^n}\right] = [f][x]^{-n} \tag{2.12}$$

である．分子は $f(x)$ について差をとっているだけだから次元の次数は変わらず，分母の x については差をとって除する（割る）ので，そのたびに次元の負のべき乗数の絶対値が増えていく．

たとえば，速度 $\boldsymbol{v}$ と加速度 $\boldsymbol{a}$ の次元は，定義より

$$[\boldsymbol{v}] = \left[\frac{\mathrm{d}\boldsymbol{r}}{\mathrm{d}t}\right] = \mathsf{LT}^{-1}, \quad [\boldsymbol{a}] = \left[\frac{\mathrm{d}^2\boldsymbol{r}}{\mathrm{d}t^2}\right] = \mathsf{LT}^{-2} \tag{2.13}$$

また力の次元は，ニュートンの第 2 法則（1.1）より力の次元は

$$[\boldsymbol{F}] = [m]\left[\frac{\mathrm{d}^2\boldsymbol{r}}{\mathrm{d}t^2}\right] = [m][\boldsymbol{r}][t]^{-2} = \mathsf{MLT}^{-2} \tag{2.14}$$

である．

単位ベクトルは，次元をもつような名称であるが，

$$[\boldsymbol{e}_A] = \left[\frac{\boldsymbol{A}}{A}\right] = \frac{[\boldsymbol{A}]}{[A]} = 1 \tag{2.15}$$

からわかるように，次元と大きさが打ち消され，無次元で向きだけをもつ．

物理量に限らないが，一般に加え合わせることのできる量は，互いに次元が同じでなければならない．したがってたとえば，

$$f(x) = x^3 + ax^2 + bx + c \tag{2.16}$$

という関係式があり，$[x] = \mathsf{L}$ であったとすると，ただちに

$$[f] = \mathsf{L}^3, \quad [a] = \mathsf{L}, \quad [b] = \mathsf{L}^2, \quad [c] = \mathsf{L}^3 \tag{2.17}$$

などが明らかになる．

（2） 単　　位

次元は，物理量から大きさを除いた概念であったが，物理学では，量の大きさに関する情報もきわめて重要である．物理量の大きさを定量的に表すには，量ごとに基準になる大きさを定めて，量の大きさは基準の大きさの何倍であるかで表す．この基準の大きさを**単位**という．

基本次元の量の単位は互いに独立であるから，どのような大きさに決めてもいいのであるが，なるべく精度よく定義できて，設備さえあればどこでも再現できるような単位の体系が，国際的な合意の下に定められてきた．これを SI（日：国際単位系，仏：Système International d'unités，英：International System of Units）という．SI では**基本次元**をもつ量の単位を**基本単位**と定めているので，時間，長さ，質量の単位である，**秒（s）**，**メートル（m）**，**キログラム（kg）**は基本単位である．

物理量は数値と単位を使ってたとえば $m = 54\,\mathrm{kg}$ のように書かれるが，この場合の kg は単なる記号ではなく 1 kg という質量を表し，この式は $m = 54 \times \mathrm{kg}$，すなわち m が 1 kg の質量の 54 倍であることを表す．

秒（s）は以前は平均太陽日の長さの 60×60×24 分の 1 として定義されてい

たが，1960 年に 1 太陽年の 1/31 556 925.974 7（～60×60×24×365 分の 1）と改定され，さらに 1967 年以来，^{133}Cs のある準位間の遷移の電磁波の周期の 9 192 631 770 倍と定義されていた．メートル（m）は，1960 年以前はメートル原器と呼ばれる白金イリジウム合金の棒につけられた印の間の間隔として定義されていた．もとは，フランス革命の時代に計測されたたパリを通る子午線の北極から赤道までの長さの 1 万分の 1 の長さである．その後，^{86}Kr のある準位間の遷移の電磁波の波長の 1 650 763.73 倍として定義されていたが，SI では 1983 年から，光が真空中を 299 792 458 分の 1 秒の間に進む距離と定義していた．キログラム（kg）はもともと水 1 L（1000 分の 1 m^3）の質量として定義されたものである．その後 1889 年に定められた，白金イリシウム合金製のキログラム原器の質量を 1 kg とする定義が SI に引き継がれていた．

2018 年に SI の改定があり，2019 年 5 月から施行された．それによると

秒（s）：外場のない空間で ^{133}Cs のある準位間の遷移の電磁波の周波数 $\Delta\nu_{\mathrm{Cs}}$ の値がちょうど

$$\Delta\nu_{\mathrm{Cs}} = 9\,192\,631\,770\ \mathrm{Hz} = 9\,192\,631\,770\ \mathrm{s}^{-1} \tag{2.18}$$

となるように決めた時間．

メートル（m）：真空中の光の速さ c の値がちょうど

$$c = 299\,792\,458\ \mathrm{m\,s}^{-1} \tag{2.19}$$

となるように決めた長さ．

キログラム（kg）：プランク定数 h の値がちょうど

$$h = 6.626\,070\,15\times10^{-34}\ \mathrm{kg\,m^2\,s^{-1}} \tag{2.20}$$

となるように決めた質量の大きさ．

となった．このような単位の定義を，**定義定数**（**上記の基本単位では** $\Delta\nu_{\mathrm{Cs}}$，c，h）**による基本単位の定義**という．これに電流，温度，物質量，光度の単位である，**アンペア**（**A**），**ケルビン**（**K**），**モル**（**mol**），**カンデラ**（**cd**）を加えた 7 個の基本単位がすべて定義定数による定義に統一された．これにより，mol 以外の基本単位の値は互いに独立でなくなった（基本次元は独立）．

力学関連の基本単位のなかで，s と m は，2018 年以前の定義がすでに定義定数を含んでいたので，それを明示的に定義定数を用いた表現に言い換えただけである．それでも定義が変わったとみなす．kg は（2.20）を逆に解いて

$$\mathrm{kg} = \left(\frac{h}{6.626\,070\,15 \times 10^{-34}}\right) \mathrm{m^{-2}\,s} \tag{2.21}$$

となる．別に定義されている s, m と物理定数 h の定義値 (2.20) を使って kg をこのように定義したことになる．他の単位も逆に解いて表すことができる．定義定数による単位の定義の考え方につては，下記のコラムを参照されたい．

基本次元以外の次元の物理量の単位は物理法則に従って定める．これを組立(くみたて)単位という．組立単位の例をあげると，速度，加速度の単位は，(2.13) よりそれぞれ m/s，$\mathrm{m/s^2}$，力の単位は (2.14) より，$\mathrm{kg \cdot m/s^2}$ である．組立単位には特別な名前がつけられているものがあり，力の単位 N = newton もそのひとつである．

$$\mathrm{N = kg \cdot m/s^2 = kg\,m/s^2 = kg\,m\,s^{-2}} \tag{2.22}$$

このように，SI で認められている組立単位の表記法はいくつかあり，**掛け算は・または半角 1 文字分の空白，割り算は / または負のべき数で**表す．本書では，SI の正式文書の説明ではかけ算は半角 1 文字分の空白，割り算は負のべき数で表すが，それ以外では，掛け算は・，割り算は / で表す．さらに，数値と単位の間も半角 1 文字分の空白をあけて×（掛け算）の意味をもたせることになっている．もちろん，手書きの場合はこの限りではない．

すでに断りなく使ってきたが，ここで，**量の文字表記の約束事**をまとめておこう．物理量や数量（大きさのある量）にはアルファベットのイタリック体（斜体）の普通文字（m, t など）を用いる．単位も大きさをもつ量であるが，例外的にローマン体（立体）の普通文字（s, m, kg など）で表す．ローマン体（立体）の普通文字（a, b, c など）はこの他に“もの”を指し示す記号として用いる．ベクトル量（大きさと向きをもつ量）にはアルファベットのイタリック体の太文字（$\boldsymbol{A}, \boldsymbol{a}$ など）を用いる．これらの規則は，添え字にも適用される．たとえば，i 番目の質点の質量は m_i ではなく m_i で表し，a と名付けられた質点の質量は m_a ではなく m_a で表す．次元はサンセリフ［セリフ（ひげ）のない書体］ローマン体の大文字（T, L, M など）で表す．

また，これもすでに§2.2 の問 1 や問 2 で実行したが，本書では計算式中の物理量が 2 kg，8 m/s のように数値で表されているときは，数値に単位をつけた．単位こそが物理量だからである．ただし，計算の途中では単位を省いた．

問 3　$y = a \sin \omega t$ において，$[a] = \mathsf{L}$，$[t] = \mathsf{T}$ とするとき，$\omega, y, \mathrm{d}y/\mathrm{d}t$ の次元と SI 単位を書け．

解　$[\omega] = \mathsf{T}^{-1}$：$\mathrm{s}^{-1}$，　$[y] = \mathsf{L}$：m，　$[\mathrm{d}y/\mathrm{d}t] = \mathsf{LT}^{-1}$：m/s

†定義定数による基本単位の定義は堂々めぐり？†

2018 年に改定された SI の定義定数による基本単位の定義の意味を理解するために，表現だけが変わった m の定義を見てみよう．

m は 1960 年にそれまでのメートル原器による定義から ^{86}Kr 原子からの電磁波の波長を使った定義に変わったが，^{133}Cs からの電磁波を使った秒（s）より精度が低かった．そこで 1983 年に「光が真空中を 299 792 458 分の 1 秒の間に進む距離」と改められた．それが 2018 年の改定で，「真空中の光の速さの値がちょうど $c = 299\,792\,458\ \mathrm{m\,s^{-1}}$ となるような長さ」と言い換えられた．

この m の定義に使われている光の速さにはすでに m が入っている．これでは堂々めぐりではないか，と思われるかもしれないが，そうではない．

光速と時間を使って距離の単位を表す例は天文学の単位である光年（光が 1 年で進む距離 = 9 460 730 472 580.8 km）もある．われわれの日常生活でよく見かける．不動産広告の「駅から徒歩 12 分」も「徒歩」8 分で 1 km であるという暗黙の了解にもとづくらしい．「徒歩 0.48 秒」を 1 m と定義していることになる．「徒歩」の速さは人によって違い，またいつも一定ではないが，光の真空中の速さ c は常に一定である．これはさまざまなな測定で確かめられているし，また，このことを基本原理として構築されたアインシュタインの特殊相対性理論が多くの現象を正しく説明することからも間接的に証明されている．そこで，時間の単位が高い精度で決まっていれば，c を定義定数として上のように長さの単位を決めることで，その相対精度を時間の単位の精度と同じように高くできる．理解しづらいかも知れないが，光の速さは，299 792 458 m/s という「数値×単位」で表現するか否かにかかわらず一定であることがポイントである．

よく知られているように，質量の基本単位 kg ももともと，一辺が 1 cm の立方体の体積に含まれる水の質量を 1 g（0.001 kg）と定義したことに由来する．水の密度は普遍的な物理定数ではなく条件によって変化する物質定数であるが，特定の「数値×単位」で表現するか否かにかかわらず（ほぼ）一定なので，当時では十分な精度の範囲で利用したのである．

s と m の場合はどちらをそのままの定義で残してもよかったがより高い精度が得られる振動周期の測定から決まる s の方をそのまま残した．なぜちょうど 299 792 458 m/s と決めたかというと，当時の m の定義をもとにして測った光の速さが，ほぼその値だったからである．

この定義の意味をもっとよく理解するために，今後測定の精度が向上したときに m と c の値にどのような変化があるのかを検討してみよう．

^{86}Kr からの電磁波の波長に基づく以前の m の定義の場合は，測定するか否か

にかかわらず，定義に利用された電磁波の波長は変わらない．しかしその長さを認識する精度と光の速さ c の測定精度が向上すると，c の値は

$$c = 299\,792\,458\cdots \text{ m/s}$$

のように，8 のあとに新たな有効数字が付け加わる．もちろんそれで光の速さ自体が変わるわけではない．一方，現在の m の定義では，s の測定の精度と c の測定の精度が向上すると，m の実際の長さがより詳しい精度で与えられる．しかし，その場合でも定義定数として定められた光速の数値

$$c = 299\,792\,458 \text{ m/s}$$

と m の定義は変わらず，もちろん光の速さ自体も変わらない．

このように，いまの定義が続く限り m/s 単位で表した光の速さはこの 9 桁の整数のままである．覚えておく価値がありそうだ．ニククナクニヨコヤ（憎くなく似よ子や）m/s.

m 以外の基本単位とその定義定数の関係も同様である．m の場合と対応をつけながら考えると発想の転換がしやすいのではないかと思う．

§2.4 力の合成

これまで力を，大きさと向きをもつ量であるというだけでベクトルとして扱ってきたが，以下に示す実験によって確かにベクトルであることがわかる．

図 2.3 のように 3 本のひもを 1 点で結びつけ，3 方から引く．引く力の大きさがわかるようにそれぞれのひもにばね秤をつけておく．（ばね秤は §3.4 で学ぶ弾性力を使って力の大きさを測る器具である．）3 本のひもの角度を変えながら，結び目が静止した状態で力 $\boldsymbol{F}_1, \boldsymbol{F}_2, \boldsymbol{F}_3$ の大きさと角度 θ_1, θ_2 を測定する．このとき 3 本のひもは必ず同一平面上にある．この測定をもとに，力の大きさに比例した長さの矢印で図 2.4 を描く．そしてさらに，3 力のうち任意のひとつ，たとえば $\boldsymbol{F}_1$ を逆向きにした $\boldsymbol{F}_4 = -\boldsymbol{F}_1$，を描くと，面白いことに，

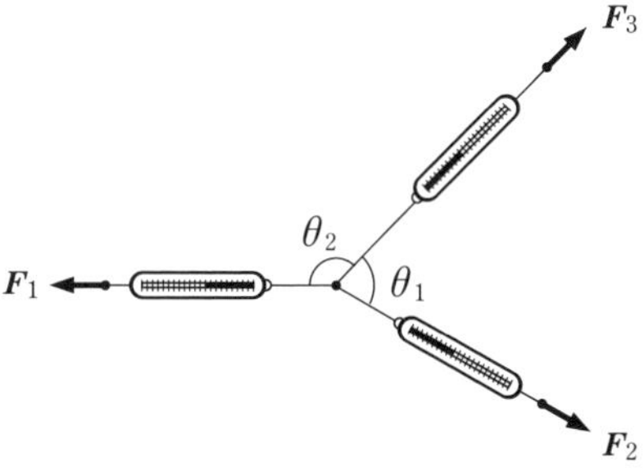

図 2.3

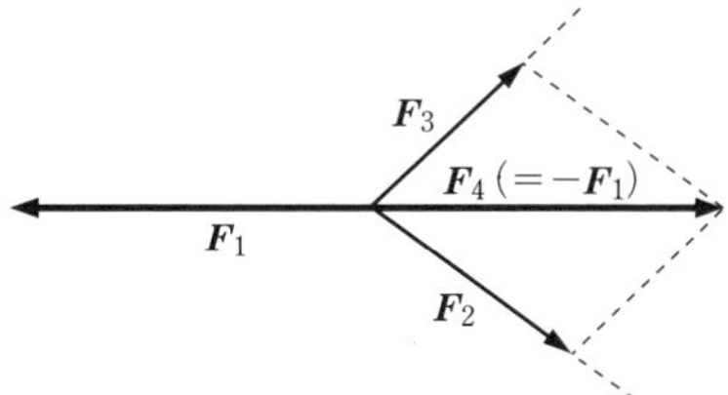

図 2.4

いかなる場合にも，$\boldsymbol{F}_4$ は他の 2 力，$\boldsymbol{F}_2$ と $\boldsymbol{F}_3$ がつくる平行四辺形の対角線になっている．

ところで仮に，$\boldsymbol{F}_1$ と $\boldsymbol{F}_4$ だけが結び目にかかっている場合は，この 2 力はつり合うので，結び目は静止したままで当然である．いまは実際には 3 力がかかった状態で結び目が静止しているのだから，$\boldsymbol{F}_2$ と $\boldsymbol{F}_3$ の和が $\boldsymbol{F}_4$ と同じ働きをしていると考えてよい．つまり，

$$\boldsymbol{F}_2 + \boldsymbol{F}_3 = \boldsymbol{F}_4 \tag{2.23}$$

である．これは，力の和が§1.2 で述べたベクトルの和の性質をもつことを示している．つまり，力はベクトルであるといえる．ベクトルの和の性質に従って力の和を求めることを**力の合成**，求められた力を**合力**という．

逆に，合力がある力に等しい 2 つの力を求める操作のことを**力の分解**ということもあるが，この表現はあまり適切ではない．同じ対角線をもつ平行四辺形は図 2.5 のように無数にあるから，ベクトル和がある力に等しくなる 2 力は無数にある．その中から，指定された向きをもち，合力がある力に等しいような 2 力を求める操作に過ぎない．

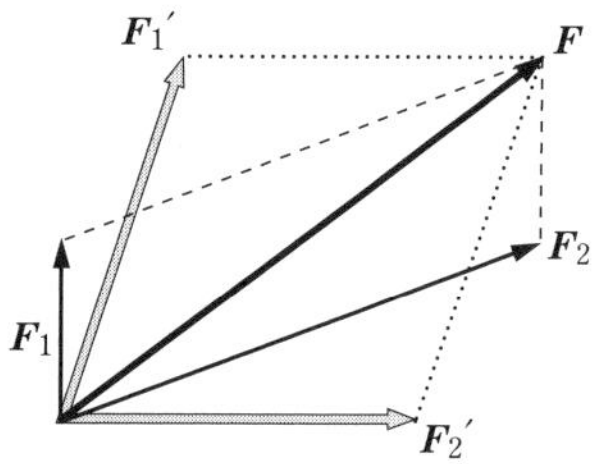

図 2.5

問 4　図 2.6 のようなひも 1,2,3 を用いて 1 kg の物体がつり下げられている．ひも 2,3 が結び目を引く力を求めよ．

解　おもりの重力を $\boldsymbol{F}_1$ とするとき，図 2.7 のように向きがひも 2,3 の向きに決まっている力で和が $-\boldsymbol{F}_1$ になる 2 力を求め

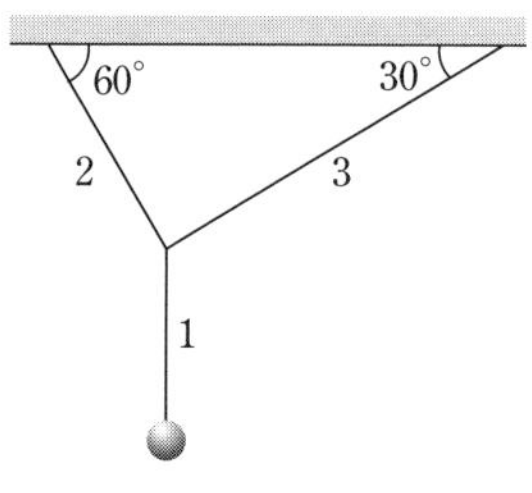

図 2.6

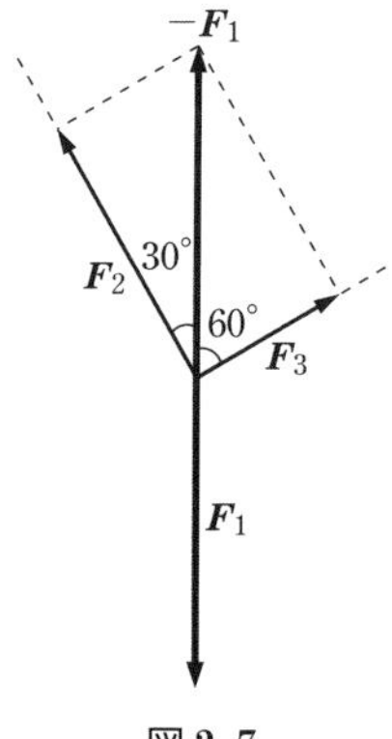

図 2.7

ればよい．$F_1 = 1\,\mathrm{kgw}$（次節参照）より，

$$F_2 = \frac{\sqrt{3}}{2}F_1 = 0.87\,\mathrm{kgw}, \qquad F_3 = \frac{1}{2}F_1 = 0.50\,\mathrm{kgw}$$

§2.5　地表付近での物体の運動

（1）　重力と重力質量

落下する物体は，時間とともに，あるいは落下距離とともに，速度を増す．われわれが，ある程度以上高いところから飛び降りることを恐れる理由のひとつは，このことを体験で知っているからであろう．ガリレオは，斜面を用いて重力の影響を減らした実験と考察を数年にわたって続け，落下速度は落下時間に比例して大きくなること，落下距離は落下時間の2乗に比例して増加することなどを見出した．

この物体の落下の現象を，ニュートンの運動方程式(1.1)に基づいて考察しよう．物体が落下するのは，地表付近にあるものにはすべて，下向きの**重力**が働いているからである(図2.8)．物体にかかっている重力の大きさがものによって違うのは，それぞれの物体が**重力質量**という物理量 m_G をもっており，重力がそれに比例するからであると考える．その比例定数を k と書くと，重力は

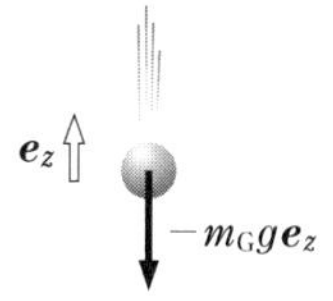

図2.8

$$\boldsymbol{F} = -km_\mathrm{G}\boldsymbol{e}_z \qquad (2.24)$$

で与えられる．$\boldsymbol{e}_z$ は鉛直上向きの単位ベクトルである．負号は $\boldsymbol{F}$ が鉛直下向きであることを表している．

したがって，重力だけを受けている物体の運動を記述する方程式は

$$m\frac{\mathrm{d}^2\boldsymbol{r}}{\mathrm{d}t^2} = -km_\mathrm{G}\boldsymbol{e}_z \qquad (2.25)$$

である．これは，常に同じ向きの一定の力を受けている物体の運動だから，等加速度運動である．§2.2で調べた運動に比べると，運動が3次元空間のどちら向きにも可能であるところが，違うだけである．

重力質量1kgの物体が受ける重力の大きさを1キログラム重といい，1 kgw，1kgfあるいは1kg重と表記する．なお，日常語の「重さ」は，重力

と重力質量の両方の意味を含んでいる．重力を利用したばね秤で測った牛肉の量を重さというとき，それは重力ではなく重力質量を意味している．体重を重さというときも，ほとんどの場合，質量を意味する．

（2） 重力質量と慣性質量

ものの重さと落下速度の関係は，古くはアリストテレス（Aristotelēs，384 BC–322 BC）が考察し，「重いものほど速く落ちる性質をもっている」とした．これはだいたい経験に合っていると思われて，長い間正しいと信じられていた．しかしガリレオは，むしろ「物体は重さによらず同じように落ちる」というほうが一般に成り立つ自然の法則であり，鳥の羽毛や綿くずのような遅く落ちるもののほうが特殊であることに気づいた．ガリレオ自身やニュートン，そしてその後の人々の精密な実験によって，物体は同じ場所で真空中であれば種類や重さによらず同じ加速度で落ちることが，高い精度で確かめられている．その共通の加速度は**重力加速度**と呼ばれ，その大きさは，わが国の各地では

$$g \approx 9.80\ \mathrm{m/s^2} \tag{2.26}$$

である．g の値は地球上の場所によって微妙に異なる．（北緯 42° 以北の地域では 9.81 $\mathrm{m/s^2}$ に近く，北緯 32° 以南の地域では 9.79 $\mathrm{m/s^2}$ に近い．）しかし，同じ場所で測定すると用いる物体の種類や大きさによらず正確に同じである．

そうであるならば，これは，物体の運動が重力質量に依存しないこと，つまり (2.25) を変形した

$$\frac{\mathrm{d}^2\boldsymbol{r}}{\mathrm{d}t^2} = -k\,\frac{m_{\mathrm{G}}}{m}\,\boldsymbol{e}_z \tag{2.27}$$

が物体によらない共通の形

$$\frac{\mathrm{d}^2\boldsymbol{r}}{\mathrm{d}t^2} = -g\boldsymbol{e}_z \tag{2.28}$$

をしていることを意味している．つまり

$$k\,\frac{m_{\mathrm{G}}}{m} = g \tag{2.29}$$

である．ということは，m_{G}/m が物質の種類や量に依存しないということである．大きな重力を受ける（m_{G} が大きい）ものほど，同じ力を受けたときに

速度が変化しにくい（m が大きい）ことになる．これを重力質量 m_G と慣性質量 m の**等価性**という．実験でわかることは，$k(m_\mathrm{G}/m)$ が物体によらないということだけなので，k と m_G を独立に確定することはできない．そこで，

$$m_\mathrm{G} = m \tag{2.30}$$

と決める．そうすると (2.29) から $k = g$ であり，重力 (2.24) は

$$\boldsymbol{F} = -mg\boldsymbol{e}_z \tag{2.31}$$

と書かれる．

また，鉛直下向きの**重力加速度ベクトル**

$$\boldsymbol{g} = -g\boldsymbol{e}_z \tag{2.32}$$

を用いると

$$\boldsymbol{F} = m\boldsymbol{g} \tag{2.33}$$

と書ける．(2.26) よりわが国各地で 1 kg の物体が受ける重力はほぼ 9.80 N であることもわかる．なお，1 kgw は単位の定義値としては

$$1\ \mathrm{kgw} = 9.80665\ \mathrm{N} \tag{2.34}$$

である．（これは，北緯 45° 付近のヨーロッパの値に基づいて定められたからである．）

ニュートンは，落下の現象や振り子の等時性の実験を自分の第 2 法則 (1.1) で説明するには，慣性質量 m の物体にはそれに比例する大きさ mg の重力がかかっていなければならない，という考えから出発して万有引力の発見に進んでいったので，重力質量という概念を意識することはなかった．ニュートンにとっては最初から慣性質量しかなかったのである．しかし，あらためてニュートンの運動方程式 (1.1) と重力の式 (2.33) をよく見ると，慣性質量と重力質量は全く別の物理量であり，すべての物体が同じように落下するというガリレオの観測は，これらがなぜか等しいことを示すものである．このことを最初に明確に意識したのは，マッハ (E. Mach, 1838-1916) であった．さらに，$m_\mathrm{G} = m$ であること自体が基本法則（**等価原理**）であるとして一般相対性理論を構築したのがアインシュタインであった．

以上で，重力による運動はどの物体に対しても (2.28) で記述されることがわかった．よって，同じ初期条件のもとでの解 $\boldsymbol{r}(t)$ も同一である．このこと

は重力による運動のきわめて特殊な性質である．他の種類の力が関与する運動の軌跡は必ず慣性質量 m に依存するものになる．

なお，比較的軽い（質量の小さい）物体の空気中での運動は，空気の抵抗の影響が大きく，近似的にそれを無視して (2.28) でよく記述できる重い物体の運動とは異なる．これについては§4.4で学ぶ．

(3) 放物運動

さてそれでは，(2.28) を解こう．成分に分けて書くと

$$\frac{\mathrm{d}^2 x}{\mathrm{d}t^2} = 0, \quad \frac{\mathrm{d}^2 y}{\mathrm{d}t^2} = 0, \quad \frac{\mathrm{d}^2 z}{\mathrm{d}t^2} = -g \tag{2.35}$$

である．これらのそれぞれの方程式には1つの変数しか含まれないので，独立に簡単に解くことができる．

まず t について積分すると，速度の各成分に対する式，

$$v_x = \frac{\mathrm{d}x}{\mathrm{d}t} = A_x, \quad v_y = \frac{\mathrm{d}y}{\mathrm{d}t} = A_y, \quad v_z = \frac{\mathrm{d}z}{\mathrm{d}t} = -gt + A_z \tag{2.36}$$

が得られる．A_x, A_y, A_z は任意の定数である．これらをさらに積分すると，

$$x(t) = A_x t + B_x, \quad y(t) = A_y t + B_y, \quad z(t) = -\frac{1}{2}gt^2 + A_z t + B_z \tag{2.37}$$

となる．B_x, B_y, B_z も任意の定数である．

時刻 $t = 0$ に，この質点を点 $\boldsymbol{r}_0$ から速度 $\boldsymbol{v}_0$ で放出したとする．z 軸は鉛直上向きにとったが，x 軸，y 軸はまだ任意に選べるから，$\boldsymbol{v}_0$ が xz 面内にあるように x 軸を選ぼう．そうすると

$$\boldsymbol{r}(0) = \boldsymbol{r}_0 = (x_0, y_0, z_0), \quad \boldsymbol{v}(0) = \boldsymbol{v}_0 = (v_{0x}, 0, v_{0z}) \tag{2.38}$$

である（図2.9）．x 軸に対する $\boldsymbol{v}_0$ の仰角を θ とすると

$$v_{0x} = v_0 \cos\theta, \quad v_{0z} = v_0 \sin\theta \tag{2.39}$$

である．これらを (2.36), (2.37) に代入すると

$$A_x = v_0 \cos\theta, \quad A_y = 0, \quad A_z = v_0 \sin\theta \tag{2.40}$$

$$B_x = x_0, \quad B_y = y_0, \quad B_z = z_0 \tag{2.41}$$

である．したがって，軌跡の座標を表す式は

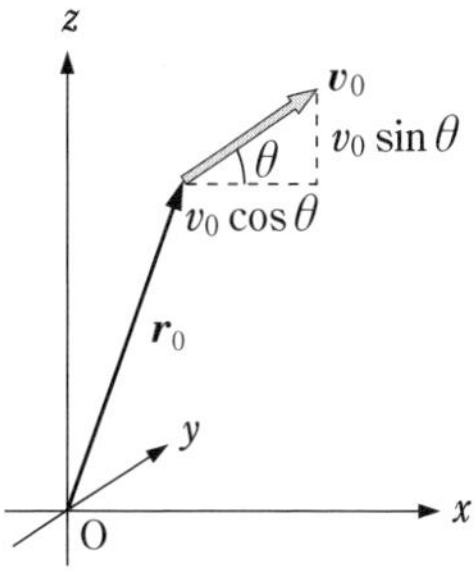

図 2.9

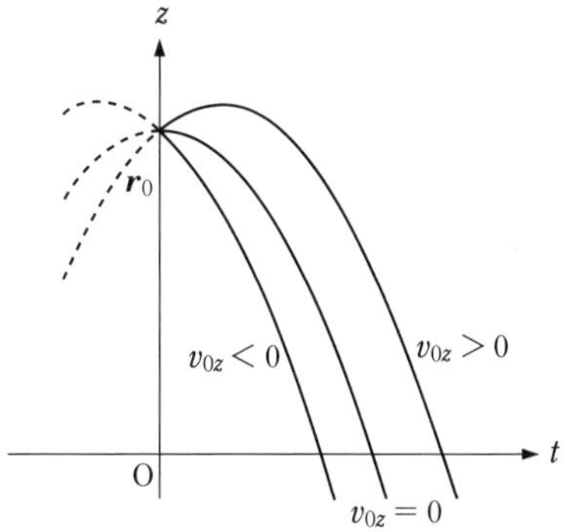

図 2.10

$$x(t) = (v_0 \cos \theta)t + x_0, \quad y(t) = y_0, \quad z(t) = -\frac{1}{2}gt^2 + (v_0 \sin \theta)t + z_0 \tag{2.42}$$

となる．これからわかるように，この質点は，x 方向には等速度運動，y 方向には運動せず（あるいは速さ 0 の等速度運動），z 方向には等加速度運動をする．いくつかの v_{0z} に対して，z 座標が時間とともにどう変化するかを描くと，図 2.10 のようになる．

（4） 放物運動の軌跡

質点の位置座標

$$\boldsymbol{r}(t) = (x(t), y(t), z(t)) \tag{2.43}$$

の時間依存性，つまり，質点がいつどの位置にいるかはわかったので，次にこの質点が描く軌跡がどうなるかを考えてみよう．そのためには，(2.42) から t を消去して x と z の関係を求めればよい．(2.42) の最初の式から

$$t = \frac{x - x_0}{v_0 \cos \theta} \tag{2.44}$$

だから，最後の式に代入して，

$$z = -\frac{g}{2{v_0}^2 \cos^2 \theta}(x - x_0)^2 + \frac{\sin \theta}{\cos \theta}(x - x_0) + z_0 \tag{2.45}$$

が得られる．これは，図 2.11 のような 2 次曲線を表す．2 次曲線が放物線と

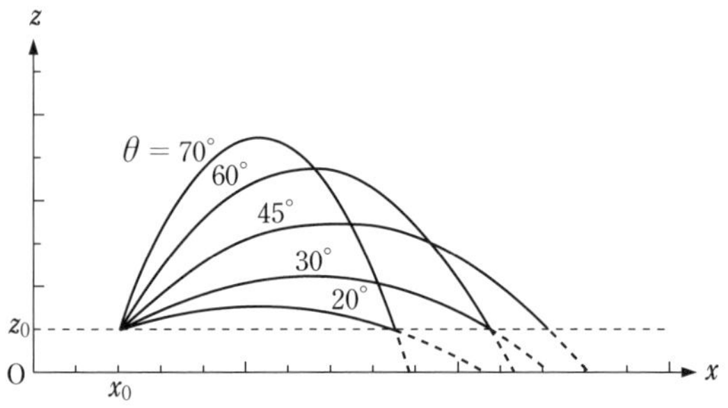

図 2.11

呼ばれるのは，放り投げた質点の軌跡がこのように 2 次曲線になるからである．また，横軸の変数が異なる図 2.10 と図 2.11 がともに 2 次曲線なのは，水平方向の移動距離 $x-x_0$ が時間 t に比例しているから，当然である．

問 5　ある遊園地のフリーフォール・マシンは地上 110 m の高さから自由落下し，最高時速 130 km/h に達するという．ブレーキがかかり始めるのは地上何 m の高さか．

解　$v = 130\ \mathrm{km/h} = 36.1\ \mathrm{m/s}$

この速度になるまでの時間は $t = \dfrac{36.1\ \mathrm{m/s}}{g} = 3.68\ \mathrm{s}$

この間の落下距離は $l = \dfrac{1}{2}gt^2 = 66.4\ \mathrm{m}$

よって地上から 43.6 m の高さ．

問 6　速さ v_0 で斜め上に投げられた物体が，再び同じ高さにもどる点が最も遠いのは仰角 θ が何度のときか．

解　(2.45) で $z = z_0$ とおいて解くと，解として

$$x = x_0, \qquad x = x_0 + \frac{2{v_0}^2 \sin\theta\cos\theta}{g} = x_0 + \frac{{v_0}^2 \sin 2\theta}{g} \tag{2.46}$$

が得られる．$x = x_0$ のほうは出発点を表すので，$x = (x_0 + {v_0}^2 \sin 2\theta)/g$ が求める座標である．これから，v_0 が一定の場合，$\theta = 45^\circ$ のとき，最も遠く，${v_0}^2/g$ まで届くことがわかる．(ただし，これは空気の抵抗を考えない場合であり，実際にボールなどを遠くに投げた場合は，空気の抵抗のために少し様子が異なる．)

§2.6　地表付近の重力と万有引力

物体が地表付近で受ける重力の原因は，その物体と地球との間の万有引力である．ニュートンが示したところによると，質量 m_1, m_2 の 2 個の質点が距離 a だけ離れて存在しているとき，それらの間には，質量の積に比例し a^2 に反比例する大きさ

$$F = G\frac{m_1 m_2}{a^2} \tag{2.47}$$

の引力が働く．G は**万有引力定数**と呼ばれ，現在知られている値はおよそ

$$G = 6.674\times 10^{-11}\ \mathrm{N\cdot m^2/kg^2} \tag{2.48}$$

である．

万有引力を，向きも含めて表すことを考えよう．いま，質量 m_1 の質点が位置 $\boldsymbol{r}_1$，質量 m_2 の質点が位置 $\boldsymbol{r}_2$ にあるとき，両方の質点は，大きさ

$$G\frac{m_1 m_2}{|\boldsymbol{r}_2 - \boldsymbol{r}_1|^2} \tag{2.49}$$

の万有引力で引き合っている（図 2.12）．そこで，たとえば 2 番目の質点が 1 番目の質点から受けている万有引力（ベクトル）$\boldsymbol{F}_{21}$ は，この式に，$\boldsymbol{r}_2$ から $\boldsymbol{r}_1$ に向かう単位ベクトル

$$\boldsymbol{e}_{\boldsymbol{r}_1-\boldsymbol{r}_2} = -\boldsymbol{e}_{\boldsymbol{r}_2-\boldsymbol{r}_1} = -\frac{\boldsymbol{r}_2 - \boldsymbol{r}_1}{|\boldsymbol{r}_2 - \boldsymbol{r}_1|} \tag{2.50}$$

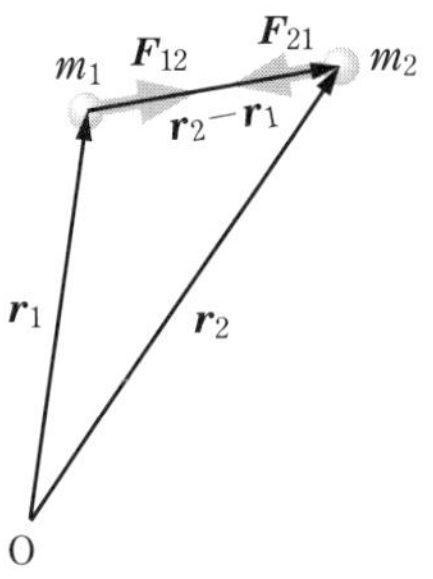

図 2.12

を乗じれば得られ，

$$\boldsymbol{F}_{21} = -G\frac{m_1 m_2}{|\boldsymbol{r}_2 - \boldsymbol{r}_1|^2}\boldsymbol{e}_{\boldsymbol{r}_2-\boldsymbol{r}_1} = -G\frac{m_1 m_2(\boldsymbol{r}_2 - \boldsymbol{r}_1)}{|\boldsymbol{r}_2 - \boldsymbol{r}_1|^3} \tag{2.51}$$

となる．

地球のような大きな体積をもつ物体と質点の間の引力は，物体の体積を細かく分けた部分と質点との万有引力をすべて加え合わせたものに等しい．§6.5 で証明するように，球対称の密度分布をもつ物体と質点の間の万有引力は，物体の全質量がその中心に集まったとして計算してよい．地球内部の密度分布はほぼ球対称であるから，地球の全質量を M，半径を R とすると，地表にある質量 m の質点が受ける万有引力の大きさは

$$F = G\frac{mM}{R^2} \tag{2.52}$$

である．これが(2.33)の $\boldsymbol{F}$ の大きさに等しいから

$$g = G\frac{M}{R^2} \tag{2.53}$$

のはずである．

問 7　地球の質量は $M \approx 5.98\times10^{24}$ kg，半径は $R \approx 6.38\times10^6$ m である．$g \approx 9.80\ \mathrm{m/s^2}$ から，万有引力定数がほぼ(2.48)で与えられることを示せ．

解

$$G = g\frac{R^2}{M} \approx 6.67\times10^{-11}\ \mathrm{N\cdot m^2/kg^2} \tag{2.54}$$

重力加速度の大きさ g の実際の値が場所によって異なるのは，(1) 地球が真球でない，(2) 地球の自転のための遠心力の効果が赤道に近いほど大きい，などの理由による．

演習問題 2

[A]

1.　水平に張られた 4 m のひもの中央に 100 g の鳥が止まったところ，その部分が 1 cm だけ下がった．ひもの質量は無視できるとして，ひもが壁を引く力の大きさを kgw と SI 単位で求めよ．

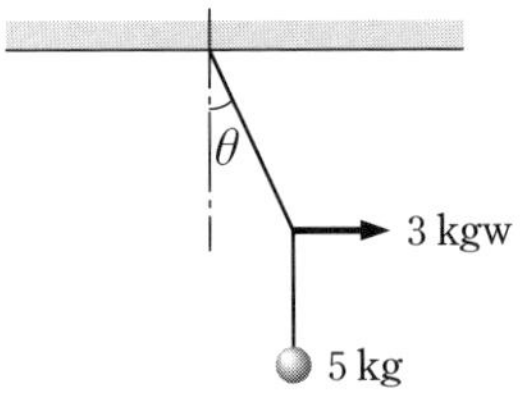

2.　5 kg の物体をひもでつるし，ひもの途中に水平に 3 kgw の力を加えた．ひもの鉛直線からの傾き θ と張力の大きさを求めよ．

3.　図のように，なめらかな水平面の上に，質量 m_A, m_B, m_C の物体 A, B, C を質量を無視できるひも l_{AB}, l_{BC} でつなぎ，物体 A を力 $\boldsymbol{F}$ で引き続けた．これらの

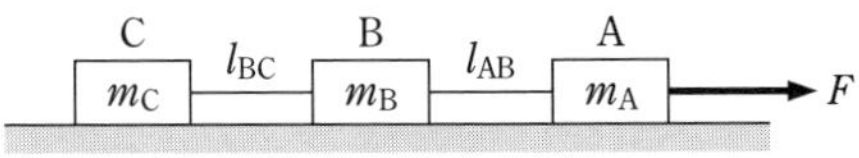

物体の加速度 a とひも l_{AB}, l_{BC} の張力の大きさ S_{AB}, S_{BC} を求めよ．

4．地球の質量は約 6.0×10^{24} kg，月の質量は約 7.3×10^{22} kg，地球と月の距離は約 3.8×10^{8} m である．地球と月の間の万有引力の大きさを求めよ．

5．M子さんは，友人が指先で上端をつまんでいる物差しの下端の位置に両手のひらを開いてわずかな間隔だけ離して構えた．友人が指を離して落下し始めた物差しをすぐに両手で挟んで止めたところ，物差しは 20 cm 落下していた．M子さんの目が物差しの動きを知覚した後，手のひらで挟むまでに要した時間はおよそ何秒か．また，物差しの速さがおよそ何 m/s のときに止めたことになるか．

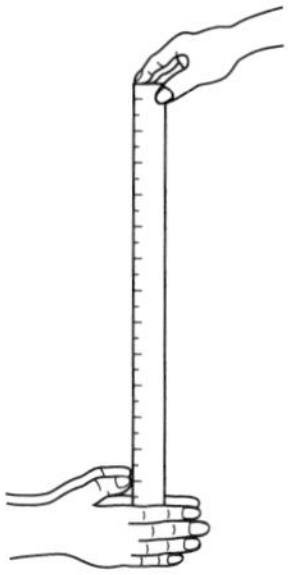

[B]

6．質量を無視できる糸に間隔を違えて5個のおもりをつけ，一番上のおもりを持ってつり下げた状態から静かに放したところ，0.3 秒後から 0.1 秒おきにおもりが床に着く音が聞こえた．放す前の一番下のおもりの高さと，各おもりの間隔を求めよ．

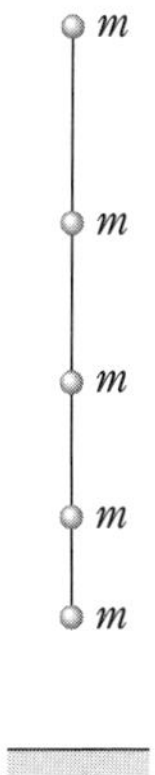

7．少年野球のコーチは，野手に，送球をワンバウンドで投げるように指導することがある．その理由を，以下の問によって考えよう．

(a) 小学生チームのショートを守るS君は，1塁手から 25 m 離れた位置で捕ったボールを全力で上向きに 25° の角度で投げると，ちょうど1塁手に届く．S君が全力で投げたボールの初速度の大きさ v_0 を求めよ．ただし，ボールが離れるときのS君の手の位置は地上 1.2 m，また1塁手が球を受け取る位置も地上 1.2 m とする．

(b) S君がボールを上向き 30° の角度で投げてちょうど1塁手（1.2 m の高さ）に届くようにすると，ボールは何秒後に1塁手に届くか．

(c) S君が全力（初速 v_0）で上向き 15° の角度で投げたボールは，1塁手の何 m 手前でバウンドするか．ただし，ボールが離れるときのS君の手の位置はこの場合も地上 1.2 m とする．またボールは何秒後に1塁手に届くか．ただし，バウンドしたときにボールの速度の水平方向の成分の大きさは変わらないものとす

る．

（d） 以上の計算から，野手の送球の心構えについて定性的にどのようなことがいえるか．

***8*．** 野球の投手が投げるフォークボールやスプリットはほとんど回転せずに進むので，空気の抵抗を無視すると，その重心は質点と同じような運動をすると考えてよい．いま投手がほとんど回転しない球を投げた．ボールが投手の手を離れた位置はホームプレートから 17.0 m で，高さはマウンドの高さも含めてホームプレートのレベルより 1.80 m 高い位置であった．また，初速度の水平成分は時速 126 km で，初速度の向きはホームプレートの位置の高さ 1.10 m の点（ストライク）の位置に向かっていた．

（a） ボールの初速度の鉛直成分は何 m/s か．

（b） このボールはホームプレート上に達するか．達するとすれば，そのときの高さは何 m か．もしホームプレートに達しないとすれば，何 m 手前でバウンドするか．

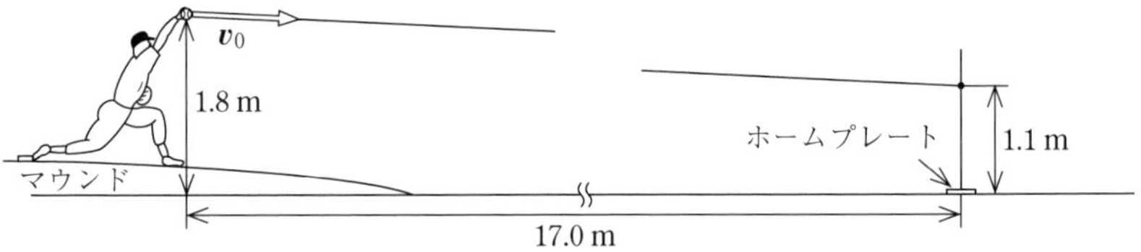

***9*．** ある宇宙ステーションは地表からほぼ 400 km の高さの軌道を回る．地球を半径 $R = 6.37 \times 10^3$ km の一様な球とするとき，この軌道の位置での重力加速度 g の値を求めよ．それは地表の値に比べて何 % 小さいか．近似計算で求めよ．

3

運動量と力積

§3.1　力学で使う数学の基礎（3）—— 積分

（1）不 定 積 分

微分方程式

$$\frac{\mathrm{d}F(x)}{\mathrm{d}x} = f(x) \tag{3.1}$$

を満たす関数，つまり，微分すると $f(x)$ になる関数 $F(x)$ を，$f(x)$ の**原始関数**という．$F(x)$ と定数だけ異なる関数も $f(x)$ の原始関数である．$f(x)$ の任意の原始関数 $F(x)+C$ を

$$\int f(x)\,\mathrm{d}x = F(x)+C \tag{3.2}$$

と書き，$f(x)$ の**不定積分**という．

問1　§1.4 で学んだことを参照して，$f(x) = a$（定数），x^n（$n \neq -1$），$1/x$，e^{kx}，$\sin kx$，$\cos kx$ の不定積分を求めよ．

解

$$\int a\,\mathrm{d}x = ax+C, \quad \int x^n\,\mathrm{d}x = \frac{1}{n+1}x^{n+1}+C \quad (n \neq -1) \tag{3.3}$$

$$\int \frac{1}{x}\,\mathrm{d}x = \log x+C, \quad \int \mathrm{e}^{kx}\,\mathrm{d}x = \frac{1}{k}\mathrm{e}^{kx}+C \tag{3.4}$$

$$\int \sin kx\,\mathrm{d}x = -\frac{1}{k}\cos kx+C, \quad \int \cos kx\,\mathrm{d}x = \frac{1}{k}\sin kx+C \tag{3.5}$$

（2）定 積 分

不定積分の公式は，力 $\boldsymbol{F}$ が与えられたときの運動方程式（1.1）を解くために利用することができる．しかし，物理を理解するためには，むしろ定積分とその意味についてよく理解する必要がある．

関数 $f(x)$ の $x=a$ から $x=b$ までの**定積分**を $\int_a^b f(x)\,\mathrm{d}x$ と書き，その定義は，

$$\int_a^b f(x)\,\mathrm{d}x = \lim_{n\to\infty}\sum_{i=1}^{n} f(x_i)\,\Delta x_i \qquad \text{（定義）} \tag{3.6}$$

である．$f(x_i)\,\Delta x_i$ は図 3.1 の陰をつけた長方形の部分の面積であるから，極限をとる前の (3.6) の右辺は，同図の長方形の短冊の面積を加え合わせたものを表す．$|\Delta x_i|$ の大きさは区間ごとに異なってよいが，(3.6) 右辺の極限 $n\to\infty$ をとる際，最も大きな区間の幅 $\mathrm{Max}\,\{\Delta x_i\}$ が 0 に近づくようにしながら区間 $[a, b]$ の分割数を増していくことを意味するものとする．

微分は $\Delta f(x)$ と Δx の比であったが，積分は (3.6) のような<u>積の和</u>である．積分で表示される物理概念や物理法則については，どのような量の積の和であるかに注意して理解する必要がある．たとえば，直線上を速さ $v(t)$ で動いている質点が，時刻 $t=t_\mathrm{A}$ から $t=t_\mathrm{B}$ までの間に進む距離 l は

$$l = \lim_{n\to\infty}\sum_{i=1}^{n} v(t_i)\,\Delta t_i = \int_{t_\mathrm{A}}^{t_\mathrm{B}} v(t)\,\mathrm{d}t \tag{3.7}$$

で与えられる (図 3.2)．積

$$v(t_i)\,\Delta t_i = \Delta l_i \tag{3.8}$$

は，速度 $v(t_i)$ で短い時間 Δt_i の間に進んだ道のりを表す．(3.7) は時間の分割数を増して積 (3.8) を全部加え合わせたものが l であることを示す．

以上で見たとおり，積分 (3.6) の $f(x)\,\mathrm{d}x$ は積 $f(x)\times\mathrm{d}x$ を表現しており，$\int$ は和の記号 Σ を変形したものである．よって積分記号内の $\mathrm{d}x$ の位置は誤解

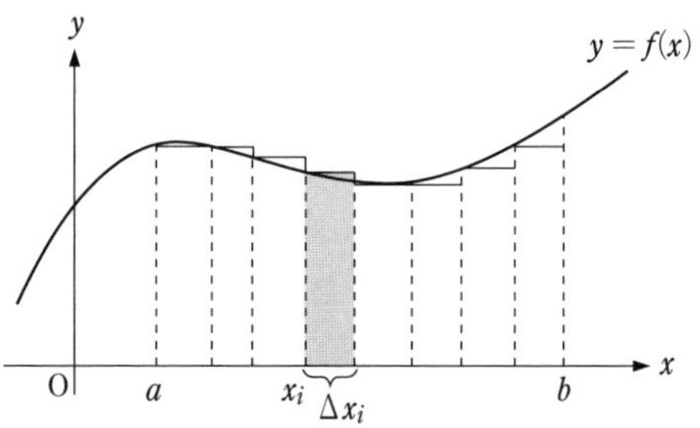

図 3.1

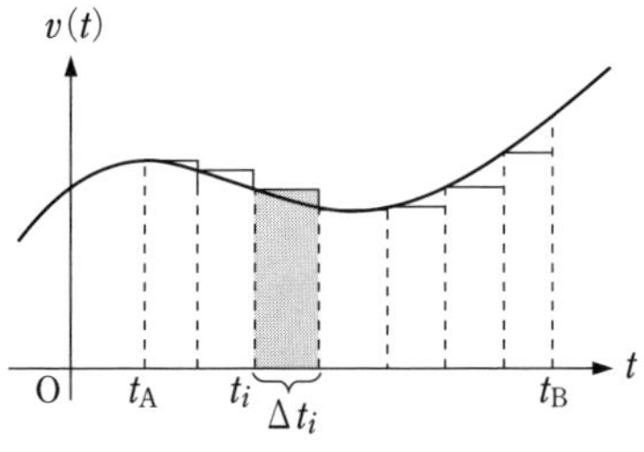

図 3.2

を生じない範囲で自由に動かすこともでき，(3.6) の左辺は

$$\int_a^b \mathrm{d}x\, f(x) \tag{3.9}$$

と書かれることもある．また，$a < c < b$ なら

$$\int_a^b f(x)\,\mathrm{d}x = \int_a^c f(x)\,\mathrm{d}x + \int_c^b f(x)\,\mathrm{d}x \tag{3.10}$$

が成り立つことは明らかであろう．

$$\int_b^a f(x)\,\mathrm{d}x = -\int_a^b f(x)\,\mathrm{d}x \tag{3.11}$$

と定義すると，c の大小にかかわらず (3.10) が成り立つ．

定積分で表される量の次元は当然

$$\left[\int_a^b f(x)\,\mathrm{d}x\right] = [f(x)][\mathrm{d}x] \tag{3.12}$$

である．不定積分の次元も同様である．

問 2　このことを (3.7) の l の次元について確かめよ．
解　$[l] = [v][t] = \mathsf{LT}^{-1}\,\mathsf{T} = \mathsf{L}$

(3) いくつかの注意

(i) ここで定積分

$$\int_a^b \mathrm{d}x \tag{3.13}$$

の意味を考えておこう．無次元の量 1 を導入して，これを図 3.3 のような「面積」

$$\int_a^b 1 \times \mathrm{d}x \tag{3.14}$$

と考えることは，ほとんど意味がない．定義

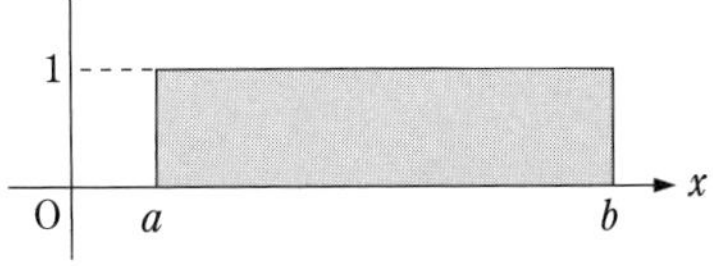

図 3.3

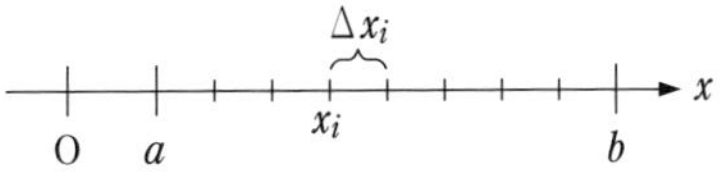

図 3.4

$$\int_a^b \mathrm{d}x = \lim_{n\to\infty}\sum_{i=1}^{n}\Delta x_i \tag{3.15}$$

にもどって考えると，これは x の区間 $[a, b]$ を n 個の区間に分けて，再び加え合わせることを意味するから（図3.4），量 x を表す直線上の a から b までの部分「長さ」を表す．つまり，

$$\int_a^b \mathrm{d}x = b-a \tag{3.16}$$

である．次元は当然 $[x]$ と同じ

$$\left[\int_a^b \mathrm{d}x\right] = [\mathrm{d}x] = [x] \tag{3.17}$$

である．

（**ii**） 物理量 x の関数である物理量 $f(x)$ が，別の物理量 $h(x)$ の x に関する微分

$$f(x) = \frac{\mathrm{d}h(x)}{\mathrm{d}x} \tag{3.18}$$

で与えられる場合がある．質点が進んだ距離の時間微分（2.4）で与えられる速さ $v(t)$ はその例である．このとき

$$\int_a^b f(x)\,\mathrm{d}x = \int_a^b \frac{\mathrm{d}h(x)}{\mathrm{d}x}\,\mathrm{d}x = \int_{x=a}^{x=b}\mathrm{d}h(x) = \int_{h(a)}^{h(b)}\mathrm{d}h = h(b)-h(a) \tag{3.19}$$

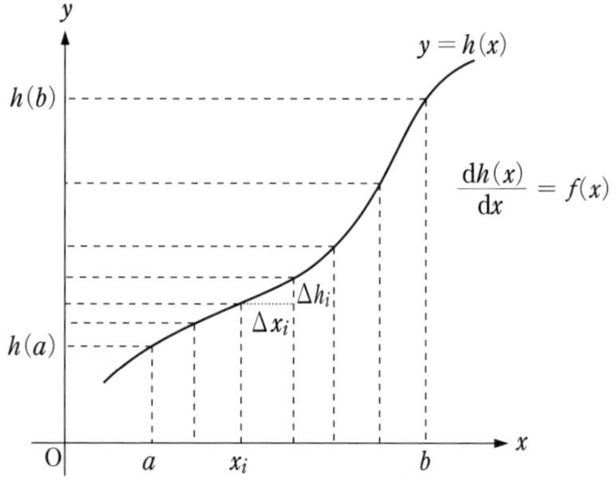

図 3.5

である．これを $y=h(x)$ のグラフ（図 3.5）に即して考えると次のようになる．$f(x_i)$ は $x=x_i$ における曲線 $y=h(x)$ の傾きだから，

$$f(x_i)\,\Delta x_i \approx \left.\frac{\mathrm{d}h(x)}{\mathrm{d}x}\right|_{x=x_i}\Delta x_i = \Delta h_i = h(x_i+\Delta x_i)-h(x_i) \qquad (3.20)$$

である．つまり (3.19) の左辺の，x に関する区間分けを h に関する区間分けに見直すことができる．そうすると，h の区間 $[h(a), h(b)]$ を n 区間に分けて，そのまま加えたものに等しいから，(3.16) と同じ解釈によって (3.19) が成り立つ．

(iii) また，関数 $h(x)$ が，関数 $f(x)$ の定積分

$$h(x)=\int_a^x f(t)\,\mathrm{d}t \qquad (3.21)$$

で表される場合，逆に (3.18) が成り立つ．これは次のようにしてわかる．x とその近傍 $x+\Delta x$ の $h(x)$ の差は

$$h(x+\Delta x)-h(x)=\int_a^{x+\Delta x} f(t)\,\mathrm{d}t-\int_a^x f(t)\,\mathrm{d}t=\int_x^{x+\Delta x} f(t)\,\mathrm{d}t \qquad (3.22)$$

である．右辺の積分は，これまで学んできたように，積分区間 x〜$x+\Delta x$ の間を細かく分けて，$f(x)$ と $\mathrm{d}x$ の積を加え合わせる（(3.22) の被積分関数では x を t と書き換えてある）ことを意味する．しかし，いまは Δx が小さい場合を考えているから，さらに細かく分けるまでもなく

$$\int_x^{x+\Delta x} f(t)\,\mathrm{d}t \approx f(x)\,\Delta x \qquad (3.23)$$

が成り立つ．(3.23) を (3.22) に代入して，両辺を Δx で割り，$\Delta x \to 0$ の極限をとると，≈（近似的に等しい）は ＝（厳密に等しい）になり，

$$f(x)=\lim_{\Delta x\to 0}\frac{h(x+\Delta x)-h(x)}{\Delta x}=\frac{\mathrm{d}h(x)}{\mathrm{d}x} \qquad (3.24)$$

である．つまり，確かに (3.18) の関係がある．

（4） 定積分と不定積分

(3.21) の $h(x)$ が (3.18) を満たすことは，$h(x)$ が微分方程式 (3.1) の解であることを意味する．つまり，$h(x)$ は $f(x)$ の不定積分である．ここで，(3.19) を参照すると，定積分の値は一般に原始関数を用いて

$$\int_a^b f(x)\,\mathrm{d}x = F(b)-F(a) \tag{3.25}$$

で与えられることがわかる．よって，いろいろな関数の原始関数を覚えておけば具体的な計算に便利である．

（5） 線積分・面積分・体積積分

力学で用いられる積分には，このほかに，2 次元空間や 3 次元空間における線積分，面積分，体積積分などがある．基本的な考え方はここに述べた 1 変数での積分と同じであるから，どのような物理量の「積」の「和」であるかに注目しながら学べば，容易に理解できる．

定積分 (3.6) は図 3.1 のように積分変数 x を横軸にとった図で表すことができた．一般の線積分や面積分や体積積分は，空間内のどの領域で和をとるかが指定されているような定積分である．この場合，積分領域は図に描けるが，その領域内で定義されている物理量の大小は，濃淡や色分けや等高線などの工夫をしなければ表現できないので，描かれないことも多い．

まず図 3.6 のような，点 A から点 B に至る曲線 l に沿っての**線積分**を考える．たとえば，この曲線の長さ L を表す積分を考えよう．l を多数に区切った各点の位置ベクトルを $\boldsymbol{r}_i$ とするとき，隣り合う点の間の変位ベクトル

$$\Delta \boldsymbol{r}_i = \boldsymbol{r}_{i+1} - \boldsymbol{r}_i \tag{3.26}$$

の長さは

$$\Delta l_i = |\Delta \boldsymbol{r}_i| \tag{3.27}$$

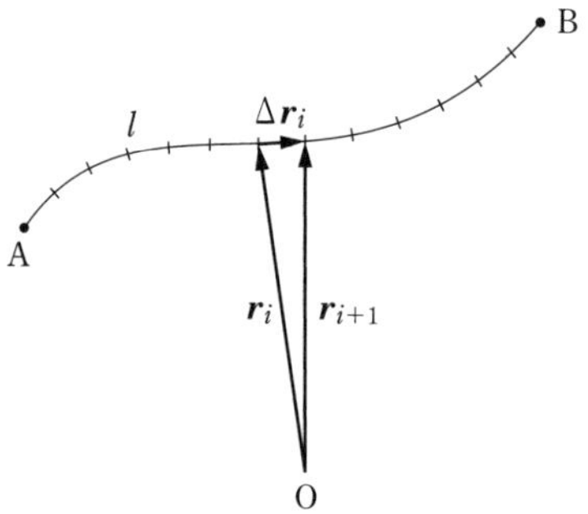

図 3.6

であるから，

$$L = \lim_{n\to\infty} \sum_{i=1}^{n} |\Delta \boldsymbol{r}_i| = \lim_{n\to\infty} \sum_{i=1}^{n} \Delta l_i = \int_{l\,\mathrm{A}}^{\mathrm{B}} \mathrm{d}l \tag{3.28}$$

である．曲線 l は，空間内に想定した幾何学的な曲線の場合もあるし，質点が運動してたどる経路の場合もあるし，実際にこの形で置かれたひも状の物体の場合もある．なお，(3.28) で $\int$ の上下に付した A, B と $\int$ の真下の l は (3.6) の場合のように積分変数の値（上限値と下限値）を表すのではなく，dl なる量を点 A から点 B まで，曲線 l に沿って，加え合わせることを示す．

例として，ひも状の物体 l の質量を表す表式を考えよう．まず，ひもの上の点 $\boldsymbol{r}$ を含む微小部分 Δl の質量を ΔM とすると，そのひもの**線密度**は

$$\lambda(\boldsymbol{r}) = \lim_{\Delta l\to 0} \frac{\Delta M(\boldsymbol{r})}{\Delta l} \qquad (\lambda：ラムダ) \tag{3.29}$$

と定義される．$\boldsymbol{r}$ は任意に定めた原点から，曲線 l の形に置かれたひもの各点を表す位置ベクトルである．$\Delta M(\boldsymbol{r})$ は点 $\boldsymbol{r}$ のまわりの微小な長さ Δl の部分に含まれる質量である．$\lambda(\boldsymbol{r})$ を用いると逆に

$$\Delta M(\boldsymbol{r}) \approx \lambda(\boldsymbol{r})\,\Delta l \tag{3.30}$$

である．このひもの質量は

$$M = \lim_{n\to\infty} \sum_{i=1}^{n} \Delta M_i = \int_l \mathrm{d}M \tag{3.31}$$

であるが，Δl を使うと

$$M = \lim_{n\to\infty} \sum_{i=1}^{n} \lambda(\boldsymbol{r}_i)\,\Delta l_i = \int_l \lambda(\boldsymbol{r})\,\mathrm{d}l \tag{3.32}$$

と表される．

次に，空間に曲面 S があるとする．この曲面の面積は，図 3.7 のように曲面を細かく分割してから加え合わせることにより

$$S = \lim_{n\to\infty} \sum_{i=1}^{n} \Delta S_i = \int_{\mathrm{S}} \mathrm{d}S \tag{3.33}$$

である．面 S は空間内に想定した幾何学的な曲面であってもよいが，いまは，非常に薄い曲面状の物体が実際にそこにあるとする．この面上の点 $\boldsymbol{r}$ のまわりの微小面（面積素片）に含まれる質量を $\Delta M(\boldsymbol{r})$ とすると，**面密度**は

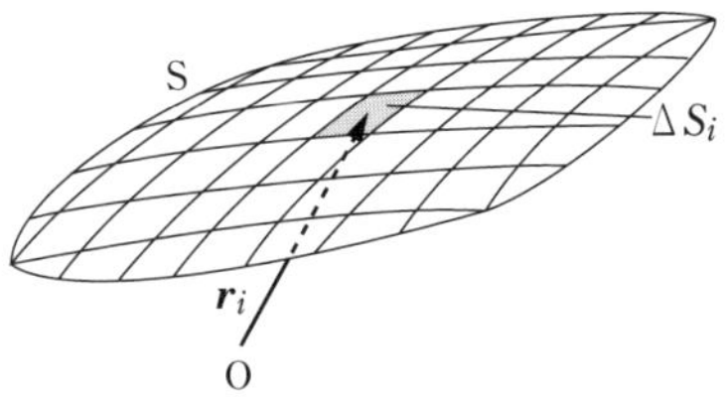

図 3.7

$$\sigma(\boldsymbol{r}) = \lim_{\Delta S \to 0} \frac{\Delta M(\boldsymbol{r})}{\Delta S} \qquad (\sigma：シグマ) \tag{3.34}$$

と定義できる．$\sigma(\boldsymbol{r})$ を用いると逆に

$$\Delta M(\boldsymbol{r}) \approx \sigma(\boldsymbol{r})\,\Delta S \tag{3.35}$$

である．この薄い物体全体の質量は，図 3.7 のように分割して，i 番目の微小面内の任意の一点の位置ベクトルを $\boldsymbol{r}_i$（図 3.7 では ΔS_i 内のほぼ中央の一点にとってある）とすると，

$$M = \lim_{n \to \infty} \sum_{i=1}^{n} \Delta M_i = \lim_{n \to \infty} \sum_{i=1}^{n} \sigma(\boldsymbol{r}_i)\,\Delta S_i = \int_{\mathrm{S}} \sigma(\boldsymbol{r})\,\mathrm{d}S \tag{3.36}$$

と表すことができる．(3.33)，(3.36) のような積分を**面積分**という．

最後に，空間に立体的な領域 V があるとする．この領域の体積は，それを図 3.8 のように細かく分割してできる体積素片 ΔV_i を加え合わせればよいから

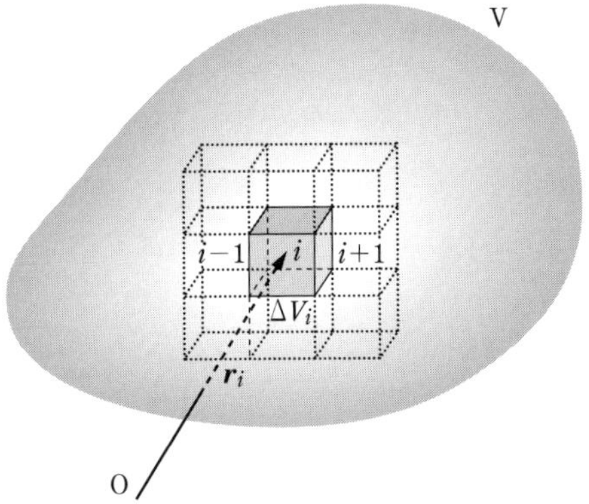

図 3.8

$$V = \lim_{n \to \infty} \sum_{i=1}^{n} \Delta V_i = \int_{\mathrm{V}} \mathrm{d}V \tag{3.37}$$

である．この領域は空間内に想定した幾何学的な曲面に囲まれた立体的な領域であってもよいが，いまは，実際に物体がそこにあるとする．この物体内の点 $\boldsymbol{r}$ のまわりの微小体積（体積素片）内に含まれる質量を $\Delta M(\boldsymbol{r})$ とすると，**密度**は

$$\rho(\boldsymbol{r}) = \lim_{\Delta V \to 0} \frac{\Delta M(\boldsymbol{r})}{\Delta V} \qquad (\rho：ロー) \tag{3.38}$$

と定義できる．$\rho(\boldsymbol{r})$ を用いると，逆に

$$\Delta M(\boldsymbol{r}) \approx \rho(\boldsymbol{r})\,\Delta V \tag{3.39}$$

である．この物体の質量はこれを用いて

$$M = \lim_{n \to \infty} \sum_{i=1}^{n} \Delta M_i = \lim_{n \to \infty} \sum_{i=1}^{n} \rho(\boldsymbol{r}_i)\,\Delta V_i = \int_{\mathrm{V}} \rho(\boldsymbol{r})\,\mathrm{d}V \tag{3.40}$$

と表すことができる．(3.37)，(3.40) のような積分を**体積積分**という．

なお，ここで扱った 3 種類の密度の次元と SI 単位は以下のとおりである．

$$線\quad密\quad度：\ [\lambda] = \mathsf{ML}^{-1}：\quad \mathrm{kg/m} \tag{3.41}$$

$$面\quad密\quad度：\ [\sigma] = \mathsf{ML}^{-2}：\quad \mathrm{kg/m^2} \tag{3.42}$$

$$(体積)密度：\ [\rho] = \mathsf{ML}^{-3}：\quad \mathrm{kg/m^3} \tag{3.43}$$

物理学では以上のほかに，ベクトルとベクトルのスカラー積の和を表す積分

$$W = \int_{\mathrm{A}}^{\mathrm{B}} \boldsymbol{F}(\boldsymbol{r}) \cdot \mathrm{d}\boldsymbol{r} \tag{3.44}$$

なども扱う．これについては第 5 章で学ぶ．

§3.2 運 動 量

前章で，ニュートンの運動方程式 (1.1) を，合力 $\boldsymbol{F}$ が単純で既知の場合について解き，質点の軌跡 $\boldsymbol{r}(t)$ を求めた．そのように (1.1) を「解く」ことも重要であるが，$\boldsymbol{F}$ がどのようなものであっても共通に成り立つことがらについて考え，(1.1) で記述される運動についての理解を深めることも重要である．本書では，各章で (1.1) をさまざまな角度から扱って，そのような理解を深めていく．本節で学ぶことはそのひとつである．

(1.1) は位置ベクトル $\boldsymbol{r}$ に対する方程式であるが，ここで**運動量**と呼ばれる

量

$$\boldsymbol{p} = m\frac{\mathrm{d}\boldsymbol{r}}{\mathrm{d}t} = m\boldsymbol{v} \qquad \text{（定義）} \tag{3.45}$$

を定義する．運動量は質量と速度の積で与えられる量で，運動の勢いを表すベクトルである．(3.45) は，それが質量が大きいほど大きく，また速度が大きいほど大きいこと，またその向きは速度ベクトルと同じ向きであることを表している．運動量の次元とその SI 単位は

$$[\boldsymbol{p}] = [m]\left[\frac{\mathrm{d}\boldsymbol{r}}{\mathrm{d}t}\right] = \mathsf{MLT}^{-1}: \quad \mathrm{kg \cdot m/s} \tag{3.46}$$

である．

$\boldsymbol{p}$ を用いると，ニュートンの運動方程式 (1.1) は

$$\frac{\mathrm{d}\boldsymbol{p}}{\mathrm{d}t} = \boldsymbol{F} \qquad \text{（法則）} \tag{3.47}$$

と書ける．これは，**「質点の運動量の時間微分は，その瞬間にその質点に働いている合力に等しい」**ことを表している．

$\boldsymbol{F} = 0$ のとき

$$\frac{\mathrm{d}\boldsymbol{p}}{\mathrm{d}t} = 0 \tag{3.48}$$

であるが，これは，**「合力が 0 ならば $\boldsymbol{p}$ は変化しない」**ことを示す．$\boldsymbol{p} = m\boldsymbol{v}$ だから，$\boldsymbol{p}$ が変化しないことはもちろん等速度運動を意味する．

問 3　時速 140 km で投げられた 145 g のボールと，分速 80 m で歩いている体重 50 kg の人とでは，どちらの運動量が大きいか．

解　ボール　$p = 0.145\ \mathrm{kg} \times \dfrac{140000\ \mathrm{m}}{3600\ \mathrm{s}} = 5.6\ \mathrm{kg \cdot m/s}$

人　$p = 50\ \mathrm{kg} \times \dfrac{80\ \mathrm{m}}{60\ \mathrm{s}} = 67\ \mathrm{kg \cdot m/s}$

人の運動量が大きい．

§3.3　力　　積

時刻 t の質点の運動量が $\boldsymbol{p}(t)$ であり，合力 $\boldsymbol{F}(t)$ を受けているとするとき，運動量がどのように変化していくか考えよう (図 3.9)．まず，直後の時刻

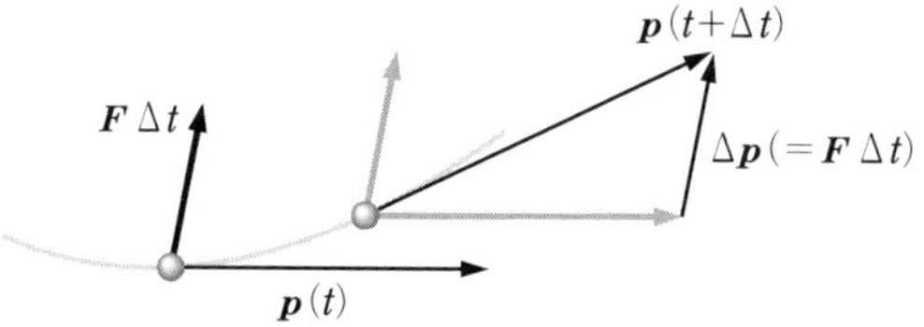

図 3.9

$t+\Delta t$ までの運動量の変化

$$\Delta \boldsymbol{p} = \boldsymbol{p}(t+\Delta t) - \boldsymbol{p}(t) \tag{3.49}$$

を考える．$\boldsymbol{p}(t)$ と $\boldsymbol{F}(t)$ の基本的な関係は，$\boldsymbol{p}$ を用いて表した運動方程式 (3.47) である．Δt を微小時間とすると，(3.47) の左辺の微分の定義式 (1.41) で lim を省いてそのかわりに $=$ を $\approx$ に置き換えると

$$\frac{\mathrm{d}\boldsymbol{p}}{\mathrm{d}t} = \lim_{\Delta t \to 0} \frac{\Delta \boldsymbol{p}}{\Delta t} \approx \frac{\Delta \boldsymbol{p}}{\Delta t} \quad \longrightarrow \quad \frac{\Delta \boldsymbol{p}}{\Delta t} \approx \boldsymbol{F} \tag{3.50}$$

なので

$$\Delta \boldsymbol{p} \approx \boldsymbol{F}\Delta t \tag{3.51}$$

である．これが知りたかった関係である．$\boldsymbol{F}\Delta t$ を，微小時間 Δt の間に質点が受けた**力積**という．

この種の近似計算は物理学で頻繁に用いるので，少しだけ違った扱いで繰り返しておく．微小時間 Δt の間の運動量 $\boldsymbol{p}$ の変化は，微分 $\mathrm{d}\boldsymbol{p}/\mathrm{d}t$ の意味より，

$$\Delta \boldsymbol{p} \approx \frac{\mathrm{d}\boldsymbol{p}}{\mathrm{d}t}\Delta t \tag{3.52}$$

である．ここで右辺に (3.47) を代入すると (3.51) が得られる．

ところで，

$$\lim_{\Delta t \to 0} \Delta \boldsymbol{p} = \lim_{\Delta t \to 0} \boldsymbol{F}\Delta t \tag{3.53}$$

であるが，$\Delta t \to 0$ の極限で成り立つこの等式を無限小の運動量 $\mathrm{d}\boldsymbol{p}$ と無限小の時間 $\mathrm{d}t$ を用いて

$$\mathrm{d}\boldsymbol{p} = \boldsymbol{F}\,\mathrm{d}t \tag{3.54}$$

と書くこともある．このような表記は後にもときどき利用する．

次に，時刻 t_1 における運動量 $\boldsymbol{p}(t_1)$ がわかっているとき，その後の任意の時刻 t_2 の運動量 $\boldsymbol{p}(t_2)$ を求めよう．微小時間の間の運動量の変化 (3.52) を，

$\boldsymbol{p}(t_1)$ に次々に加えていけばよいのだから，積分を用いて

$$\boldsymbol{p}(t_2) = \boldsymbol{p}(t_1) + \int_{t=t_1}^{t=t_2} \mathrm{d}\boldsymbol{p} = \boldsymbol{p}(t_1) + \int_{t_1}^{t_2} \boldsymbol{F}\,\mathrm{d}t \tag{3.55}$$

である．第2項に (3.54) を用いた．よって

$$\boldsymbol{p}(t_2) - \boldsymbol{p}(t_1) = \int_{t_1}^{t_2} \boldsymbol{F}(t)\,\mathrm{d}t \qquad \text{（法則）} \tag{3.56}$$

である．

(3.56) の右辺の

$$\boldsymbol{I} = \int_{t_1}^{t_2} \boldsymbol{F}(t)\,\mathrm{d}t \qquad \text{（定義）} \tag{3.57}$$

を，$t = t_1$ から $t = t_2$ までの間に質点が受けた**力積**という．(3.56) は，

$$\boldsymbol{p}(t_2) - \boldsymbol{p}(t_1) = \boldsymbol{I} \tag{3.58}$$

つまり「ある時間の間の質点の運動量の増加は，その間に質点が受けた力積に等しい」ことを表現している．これはもちろん，もとの運動方程式 (1.1) や (3.47) と同等の法則である．力積の次元は運動量の次元に等しい．

$$[\boldsymbol{I}] = [\boldsymbol{p}] = \mathsf{MLT}^{-1}: \quad \mathrm{kg \cdot m/s} \tag{3.59}$$

力積 $\boldsymbol{I}$ を (3.57) から計算することは，$\boldsymbol{F}(t)$ が時間 t の関数としてわかっている場合にしかできない．しかし，$\boldsymbol{F}(t)$ がわかっていなくても，逆に時刻 t_1 と t_2 における運動量 $\boldsymbol{p}(t_1)$，$\boldsymbol{p}(t_2)$ がわかれば，その間に質点が受けた力積がいかほどであったかはわかる．

たとえば，野球のバットでボールを打つ場合を考えよう (図 3.10)．バットがボールに加える力 $\boldsymbol{F}(t)$ は短い時間のみ継続し，その間の変化の様子はわか

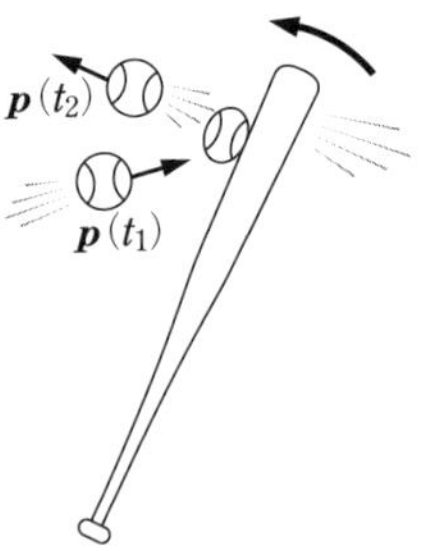

図 3.10

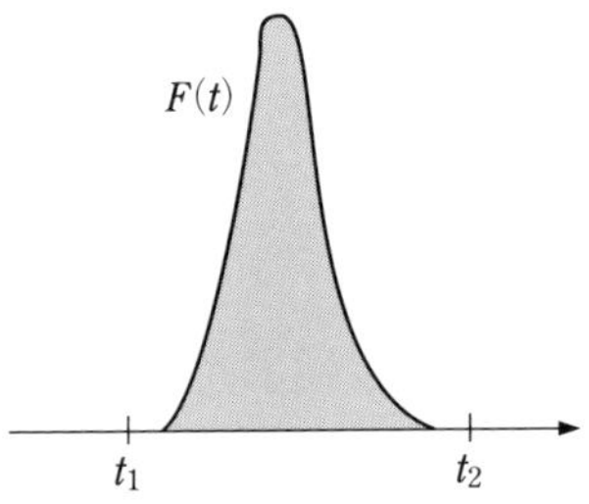

図 3.11

らない．大きさだけでなく向きも微妙に変わっているであろう．このようなごく短時間のみ継続する力を**撃力**という．図 3.11 は，大きさの変化の様子を想像して描いたものである．ボールがバットに接触する直前のある時刻を t_1，離れた直後のある時刻を t_2 とすると，$t = t_1$ でボールは運動量 $\boldsymbol{p}(t_1)$ で運動していたが，$t = t_2$ では，バットで打たれたために別の運動量 $\boldsymbol{p}(t_2)$ で運動している．$\boldsymbol{F}(t)$ の関数形がわからないので，この過程に対して力積 $\boldsymbol{I}$ を (3.57) から直接計算することはできないが，(3.56) によれば，この間にボールが受けた力積は $\boldsymbol{p}(t_2)-\boldsymbol{p}(t_1)$ であるということができる．なお，この間にバットがボールから受けた力積は，作用・反作用の法則より $-\boldsymbol{I}$ である．

このように，力がかかっている間の (1.1) で記述される軌道 $\boldsymbol{r}(t)$ や運動量 $\boldsymbol{p}(t)$ については力に関する情報が不足しているために何もいえなくても，(3.56) の形でながめることで，その現象について，限られた内容ではあるが何か語れる．これは，自然の理解のうえで意味のあることである．たとえば，(3.56) を「運動量の変化に対して，小さい力でも長く継続してかけると，短い時間に大きい力を加えた場合と同様な効果がある」というふうに理解することもできる．これは，いろいろなスポーツのプレーに応用できるだろう．

なお，力積の概念自体は (3.56) の t_1 と t_2 の間が短時間でなくても考えることができ，(3.51) は短時間 Δt の場合の近似式であることを注意しておく．

§3.4 種々の力

これまで，質点の運動の変化を引き起こす力として，地上付近の重力とその原因としての (質点どうしの) 万有引力を考えてきた．ここでは，力学で取り扱うその他の力の代表的なものを紹介する．

(1) 弾性力

固体に小さなひずみを与えると，もとの形にもどろうとする．固体は，それを構成する原子がそれぞれの固体に特有の原子間距離で規則的に配列しているが，変形させられると位置がずれる．それがもとにもどろうとして生じる力を，**弾性力**という．ばねの伸び縮みによる力は弾性力の典型である．実験すると，自然に置かれたときの長さ (自然長) l_0 のばねの一端を固定し，他端に力

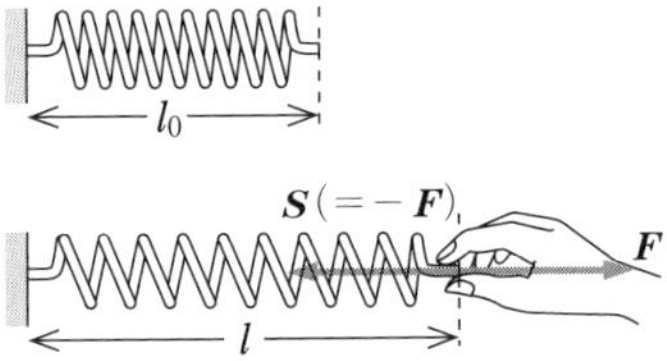

図 3.12

を加えて長さ l に伸ばすのには，伸び $l-l_0$ に比例する力 $\boldsymbol{F}$ を必要とする．このとき，作用・反作用の法則により，ばねは外から力を加えているもの（人の指など）に対して，同じ大きさで逆向き（長さが l_0 にもどる向き）の力 $\boldsymbol{S}=-\boldsymbol{F}$ を及ぼしている（図 3.12）．この弾性力 $\boldsymbol{S}$ をばねの張力という．ばねの伸び $l-l_0$ と外に及ぼす力の成分 S（伸びる向きを正とする）とすると

$$S=-k(l-l_0) \tag{3.60}$$

である．これはばねの性質であり，**フック**（R. Hooke, 1635-1703）**の法則**という．負号は，ばねが外に及ぼしている力の向きが，変形の向きと逆であることを表している．$l<l_0$ のとき $S>0$ であるが，これは，縮んだばねが伸びようとする力を表す．このような力は**復元力**とも呼ばれる．

定数 k は**ばね定数**と呼ばれ，ばねの材質，太さ，長さ，巻き方などで決まる．k が大きいばねほど，同じだけの伸び（縮み）でも大きな力を出す．ただし，現実のばねでは $|l-l_0|$ があまり大きくなると，(3.60) の関係が成り立たなくなり，また，外からの力を除いてもばねはもとの長さ l_0 にはもどらなくなる．(3.60) が成り立つ限界を**弾性限界**という．

ばね定数の次元と SI 単位は，

$$[k]=[F][l]^{-1}=\mathsf{MLT}^{-2}\mathsf{L}^{-1}=\mathsf{MT}^{-2}:\quad \mathrm{N/m}=\mathrm{kg/s^2} \tag{3.61}$$

である．

問 4　ばね定数 k_1 と k_2 のばねがある．質量 m の物体を次のようにしてつるしたときの全体の伸びを求めよ．

(a)　2 本のばねを縦につないだとき．

(b)　2 本のばねを横に並べて常に同じだけ伸びるようにしたとき．

解　(a)　$mg=k_1\Delta x_1=k_2\Delta x_2$ だから

$$\Delta x_1+\Delta x_2 = \frac{mg}{k_1}+\frac{mg}{k_2}$$

(b)　$mg = k_1\,\Delta x + k_2\,\Delta x$ だから

$$\Delta x = \frac{mg}{k_1+k_2}$$

(2)　束縛力(張力・抗力)

ばねの弾性力は，伸びと(3.60)の関係で結ばれている．そのようなおもりをばねにつけた振り子の運動は，刻々とばねの張力が変わり，伸びも変わるので，極めて複雑である．しかし，ばね定数 k が非常に大きいと，伸びはほとんどない．金属の針金や強い糸の伸びと力の関係がその例である．その場合は，伸びを無視して，伸びがないのに自在に張力が生じていると考えると，運動方程式は比較的簡単に解ける(§6.3(2))．糸の長さがおもりの可能な運動の範囲を幾何学的に制約しているのだが，力学的に見ると，**ニュートンの運動方程式(1.1)によって決まる軌道をその制約に合わせるために必要な力が，自動的に生じている**ことになる．このような力を**束縛力**という．束縛力の特徴は，物体が運動していても静止していても，その向きと大きさが，このように幾何学的な条件から推定できることである．

最も簡単な例として糸についた質量 m のおもりが鉛直に垂れ下がって静止しているとき(図3.13)，おもりには重力 $\boldsymbol{mg}$ がかかっている．しかしそれが静止していることから，重力とつり合う力 $\boldsymbol{S} = -\boldsymbol{mg}$ を糸から受けていることが，糸の伸びを調べなくてもわかる．

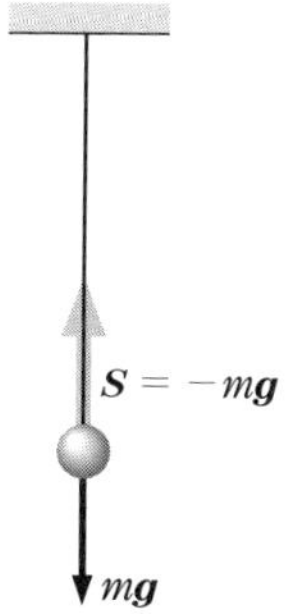

図3.13

別の例として，水平な面の上に置かれた物体が面から受けている力がある(図3.14)．この物体が重力 $\boldsymbol{mg}$ を受けているにもかかわらず面上に静止しているのは，面がごくわずかながら沈んで変形し，物体に上向きの弾性力を加えているからである．しかしこの場合も，沈みの程度と力の関係を論じてもあまり意味がない．むしろ，変形を無視し，重力につり合う力

$$\boldsymbol{N} = -\boldsymbol{mg} \tag{3.62}$$

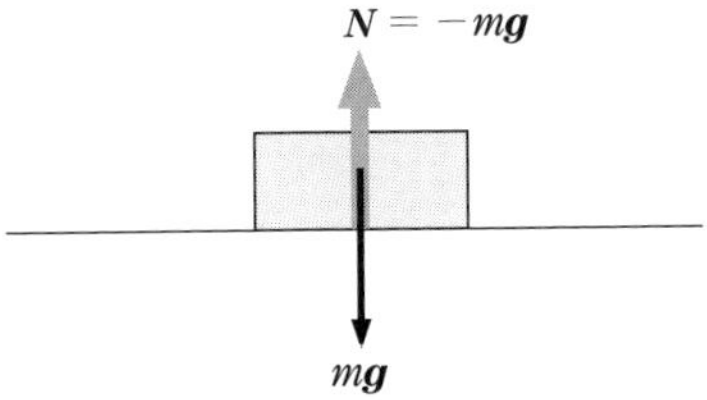

図 3.14

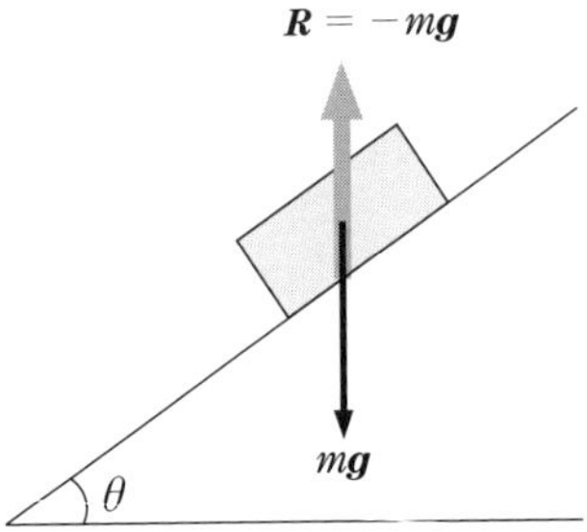

図 3.15

が自動的に生じて，これを含めて運動方程式を解いたときに，物体の運動の範囲が自動的に平面上に限られるようになっているとして取り扱う．このような力を面の**抗力**といい，とくにこの場合は**垂直抗力**という．

次に，図 3.15 のような斜面に置かれた物体が滑り落ちないで静止している場合を考えよう．この場合も物体が動かないのは重力 $m\boldsymbol{g}$ とつり合う力 $\boldsymbol{R} = -m\boldsymbol{g}$ が斜面から自動的に生じているからであると考えることができる．この束縛力を，斜面の**抗力**という．（斜面の抗力は垂直抗力と摩擦力に分けることができるが，これについてはすぐ後で学ぶ．）

斜面がなめらかな場合には，物体をある位置から静かに放すと，等加速度運動をしながら滑り下りる (図 3.16)．この運動の原因はもちろん重力である．このとき，斜面に垂直な方向には運動しないのだから，重力の斜面に垂直な成分 $mg\cos\theta$ とつり合って打ち消す束縛力 $\boldsymbol{N}$ が斜面から働いていると考えてよい．$\boldsymbol{N}$ を物体が斜面から受ける**垂直抗力**という．ところで，物体の運動はいつでもニュートンの運動方程式 (1.1) の右辺にその物体が受けている合力

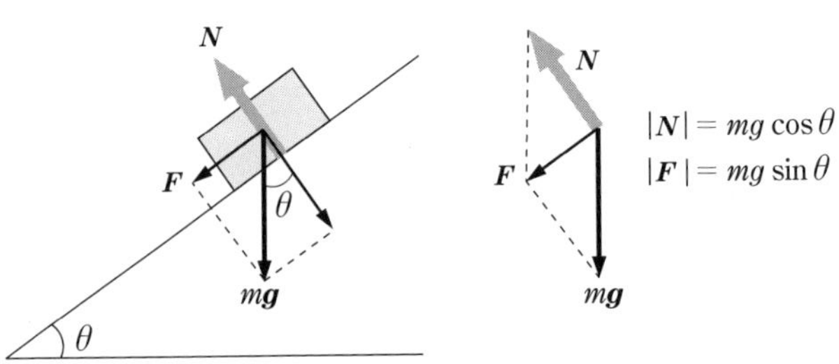

図 3.16

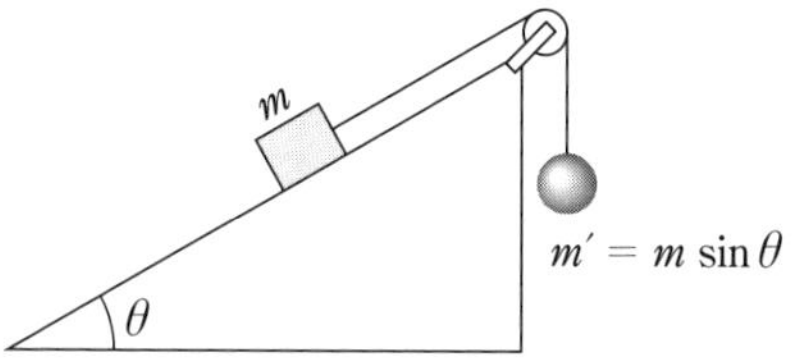

図 3.17

$\boldsymbol{F}$ を代入すれば求められた．いまの場合は

$$\boldsymbol{F} = m\boldsymbol{g} + \boldsymbol{N} \tag{3.63}$$

である．$|\boldsymbol{N}| = mg\cos\theta$ を考慮すると，図 3.16 からわかるように，この合力 $\boldsymbol{F}$ は斜面に沿って下向きの大きさ $mg\sin\theta$ の力である．実験してみると，確かにこの物体は加速度 $g\sin\theta$ で運動する．また，図 3.17 のように斜面の頂点につけた滑車とひもを使って物体と質量 m' のおもりをつり合わせてみると確かに

$$m' = m\sin\theta \tag{3.64}$$

のときにつり合う．

なお，伸びない糸の張力や，なめらかな面の垂直抗力のように，束縛力が物体の可能な軌道に常に垂直な場合を，**なめらかな束縛**という．

(3) 摩　擦　力

水平な面に置かれた質量 m の物体に，面に平行な力 $\boldsymbol{F}$ を加えた状態を考えよう．重力と垂直抗力はつり合っているから，面がなめらかであれば，物体はニュートンの運動方程式

$$m\frac{\mathrm{d}^2\boldsymbol{r}}{\mathrm{d}t^2} = \boldsymbol{F} \tag{1.1}$$

に従って，水平面上を動く．面がなめらかでない場合は，$\boldsymbol{F}$ がある大きさになるまで物体は動かない．(1.1) から，静止を続ける物体にかかっている力の合計はゼロでなければならない．したがって，このとき物体には，図 3.18 のように面に平行に力 $\boldsymbol{F}' = -\boldsymbol{F}$ が面からかけられていると考えざるをえない．この $\boldsymbol{F}'$ を**静止摩擦力**という．これも，面および物体の小さな変形（ただし，面全体の一様な変形ではなく局部的な変形の集まり）で大きな力が出ている弾

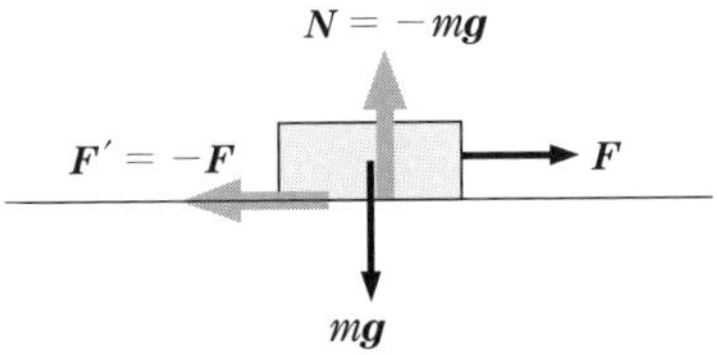

図 3.18

性力の一種であるが，力学的には，物体が静止していることから向きと大きさが推定できる束縛力であり，外から加えられる力に従って増減する．

$\boldsymbol{F}$ を次第に大きくしていくと，あるところで，静止摩擦力が限界に達し，物体は動き始める．この限界の摩擦力 $\boldsymbol{F}_{\mathrm{max}}{}'$ を**最大摩擦力**という．最大摩擦力の大きさは，近似的に垂直抗力の大きさに比例する．

$$F_{\mathrm{max}}{}' = \mu N \qquad (\mu：ミュー) \tag{3.65}$$

比例係数 μ を，**静止摩擦係数**という．μ は接触している両面の物質と状態によって決まる．

物体が動き始めると，摩擦力は μN より小さくなる．このときの摩擦力 $\boldsymbol{F}'$ を**動摩擦力**という．動摩擦力も近似的に N に比例する．

$$F' = \mu' N \tag{3.66}$$

比例係数 μ' $(< \mu)$ を**動摩擦係数**という．動摩擦係数は，速度があまり大きく変化しない範囲では，近似的に，速度によらず一定であり，束縛力である静止摩擦力とは性質が異なる．

なめらかでない斜面の上に置かれた物体が静止しているときは，図 3.15 のように重力と斜面からの抗力 $\boldsymbol{R}$ がつり合っている．この $\boldsymbol{R}$ は垂直抗力と静止摩擦力の合力である (図 3.19)．物体が斜面に垂直な運動はしていないという点では，なめらかな面を滑り下りている場合と同じだから，この場合も面から垂直には垂直抗力 $\boldsymbol{N}$ $(N = mg\cos\theta)$ だけがかかっていると考えてよい．そうすると残りは面に平行な力だけである．それは $\boldsymbol{R}$ が合力であることから

$$\boldsymbol{F}' = \boldsymbol{R} - \boldsymbol{N} \tag{3.67}$$

でなければならないが，これは確かに面に平行で上向きである．これが静止摩擦力である．その大きさは，斜面の傾斜角を θ とすると

$$F' = mg\sin\theta \tag{3.68}$$

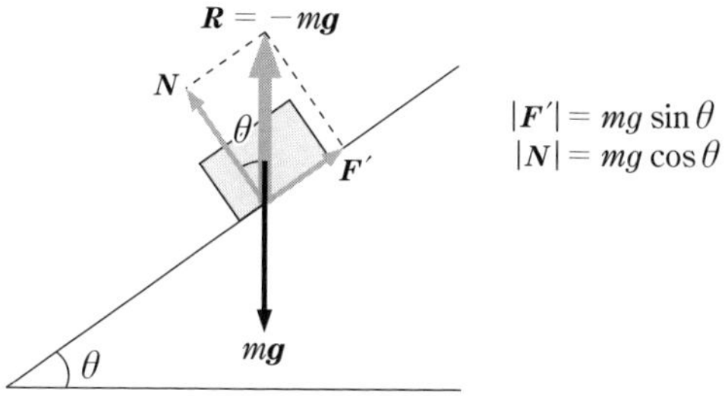

図 3.19

である．

物体が摩擦力を受けながら傾斜が一定の斜面上を運動しているときも，垂直抗力は変わらない．よって，動摩擦係数を μ' とすると，(3.66) より，面に平行（で速度の方向と反対向きに）に動摩擦力

$$F'' = \mu' N = \mu' mg \cos\theta \tag{3.69}$$

が働いていると考えてよい．

なお，(2),(3) の説明で「なめらかな」面という表現を定義なしに使ったが，これは $\mu = \mu' = 0$ の，摩擦力のない理想化された面のことである．よく磨いた面に潤滑油を塗った状態や，氷の上，または，面に多数開けた小穴から空気が吹き出して物体を支えるようつくられた面（エア・クッション）などでは，なめらかな面が近似的に実現されている．

身のまわりの生活において，摩擦力はさまざまな重要な役割を果たしている．自動車や自転車のブレーキは静止摩擦力や動摩擦力を利用した減速装置である．ねじや釘や画鋲は，静止摩擦力によって物体を固定する働きをする．人が椅子に安心して座っていられるのも，人と椅子，椅子と床の間に摩擦があるおかげである．

摩擦は加速にも利用される．人が歩いたり走ったりするときには，足と地面の間の静止摩擦力を利用する．摩擦がなければ滑って歩けない．車が加速できるのも，車輪と道路の間の静止摩擦力があるからである．車が発進するとき，車輪を速く回しすぎると，スリップする．こうなると，動摩擦力で加速することになるが，動摩擦力は最大摩擦力より小さいので，加速は低下する．

†歩く，走る†

人が歩いたり走ったりするときの力学を考えてみよう．第11章で学ぶように，人体のような形のある物体の重心は，その物体にかかるすべての力の合力を受けた質点と同様に，運動方程式(1.1)に従って運動する．(形のある物体の運動には，このほかに重心のまわりの回転運動があり，それは，重心のまわりの力のモーメントの和によって決まる．人が歩いたり走ったりしているときは，回転運動によってころぶことのないように無意識にバランスをとりながら前進している．ここでは簡単のために重心の運動だけについて考える．)

人が立ち止まっている状態から歩き始め，重心の速度が増加しつつあるときは，外から力を受けているはずである．この力は前向きに働いていなければならない．歩いている人にかかる力は，重力と，地面からの垂直抗力と，足が地面を(地球を！)後ろに押す力の反作用(静止摩擦力)である．重力と垂直抗力は鉛直方向に働くから，摩擦力だけが水平方向の推進力になっている．

ところで，歩き始めるときと等速で歩いているときは何がちがうのだろうか．また，スタートダッシュ時と自己の最高スピードで走っているときでは何がちがうのだろうか．

図は，短距離走者のスタートからトップスピードになるまでの細かい速度の変化の模式図である．このように減速と加速を繰り返しながら走っている．

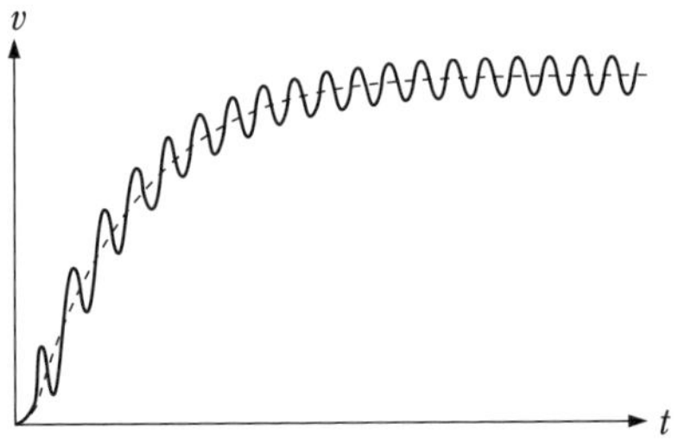

人の走り方の場合，重心より前に着地した足は地面を前に押すことになり，その反作用である後ろ向きの力を地面から受ける．(このことは，床の滑りやすい部分に足を踏み入れて転ぶときは，必ず着地した足が前方に滑ることからもわかる．)

スタートダッシュの加速中は，着地した足が重心より後ろになったときに静止摩擦力から得る前向きの力積(力積については§3.3を参照)が，着地の際の後ろ向きの力積を上回る．しかしトップスピードになると，両方の力積が同じ大きさになって(正確には空気の抵抗による力積もあわせて)平均すると0になり，等速度運動になってしまう．

人が一定の速さで歩いているときも同じようなことが起こっている．その状態から，もう少し速めに歩こうと思ったとき，人はどうするか，年齢による違いがあって面白い．若い人はたいてい，歩幅を広げて速く歩こうとする．着地のときの後ろ向きの力積は歩幅が大きいほど大きいが，それをものともせず，その後に得る前向きの力積を増加させようとする歩き方が，この歩き方である．年齢を重ねてくると，むしろ歩幅を狭くして踏み出す足の着地点がなるべく自分の体の真下近くになるようにして，着地の際の後ろ向きの力積を減らそうとする．これを継続するのが，「小走り」という，楽をしながらある程度のスピードを出す歩き方（走り方）である．

トップレベルの短距離走者が全速力で走っているときの様子を横から動画に撮って見ると，脚を体の前に思い切り出してはいるが，前に足が着いているわけではなく，結局着地は重心の真下付近になっている．つまり，ブレーキは最小になっている．それでもそれ以上加速できないのは，足を速く動かすことに限界があるために地面を押す力もあまり出せなくなっているからである．

なお，ここで書いたような地面を後に押す動作は，意識して効率よくできることではない．意志でできるのは，腿を上げたり腕を振ったりすることである．これらの動きと前向きの力を得ることの関係については，§11.7 のコラムを参照してほしい．

問 5　物体との静止摩擦係数が μ の面の上に物体を置き，面を傾けていったところ，水平面から θ_0 だけ傾けたところで物体は滑り始めた．この角度 θ_0 を求めよ．

解　(3.68),(3.69) より，

$$mg\sin\theta_0 = \mu mg\cos\theta_0 \longrightarrow \mu = \tan\theta_0 \longrightarrow \theta_0 = \tan^{-1}\mu \quad (3.70)$$

（4） 流体中を運動する物体が受ける抵抗力

液体や気体などの流体中を運動する物体は，運動を妨げようとする抵抗力 $\boldsymbol{F}'$ を流体から受ける（図 3.20）．速度が小さいときは抵抗力は物体の速さに比例する．これを**粘性抵抗力**という．これは，物体がまわりの流体を引きずって動くことに起因する抵抗力である．速度が速くなると速さの 2 乗に比例する抵抗力が主要になる．これは物体の正面が流体の分子と衝突しながら運動するために起こる抵抗力で，**慣性抵抗力**という．なお，ここでいう速さの大小は，流体の密度と粘性係数，および物体の形と大きさと速度で決まるレイノルズ数の大小で決まっている．1 気圧の空気

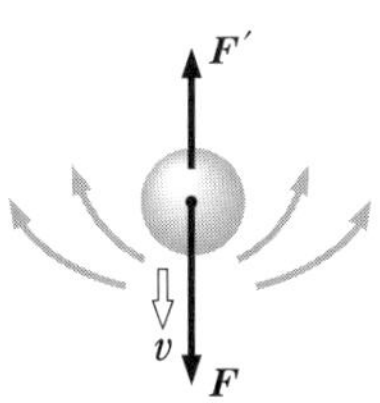

図 3.20

の中を半径 10 cm 程度の球形の物体が運動するときは，粘性抵抗と慣性抵抗が同程度になる速さは 7 cm/s 程度であり，かなり低速でもすでに慣性抵抗の領域に入っている．

（5） 電　気　力

電荷 q_1 と q_2 の間には，クーロン力と呼ばれる**電気力**が働く．電荷には質量と違って正と負があり，同符号の電荷の間には斥力（互いに遠ざけ合う向きの力），異符号の電荷の間には引力が働く．その大きさは，電荷の積に比例し電荷の間の距離の 2 乗に反比例する．すなわち，電荷の位置の位置ベクトルを $\boldsymbol{r}_1, \boldsymbol{r}_2$ とすると，2 番目の電荷が 1 番目の電荷から受けるクーロン力は

$$\boldsymbol{F}_{21} = k_{\mathrm{e}} \frac{q_1 q_2}{|\boldsymbol{r}_2 - \boldsymbol{r}_1|^2} \boldsymbol{e}_{\boldsymbol{r}_2 - \boldsymbol{r}_1} = k_{\mathrm{e}} \frac{q_1 q_2 (\boldsymbol{r}_2 - \boldsymbol{r}_1)}{|\boldsymbol{r}_2 - \boldsymbol{r}_1|^3} \tag{3.71}$$

である（図 3.21）．同種の電荷では斥力になるから $k_{\mathrm{e}} > 0$ で，万有引力の法則（2.51）と比べると，符号が異なっている．k_{e} は実験で決められるべき比例定数である．正確にいうと，k_{e} の値と q の単位が決められるべき量であるから，この式だけからはどちらも決められない．実は，電荷は，質量と同じように物質がもつ（究極的には素粒子がもつ）基本的な物理量であり，他の量から導出することはできない．そこで，4 番目の基本次元として［**電荷**］をあらたに定義し，その単位を電磁気学に都合よいように定義する．ただし，SI では，測定が容易な**電流**を基本次元として，基本単位アンペア（A）を定めてきた．2018 年の SI 改定でもこれは維持され，A は，電気素量（電子の電荷の絶対値）e の値がちょうど

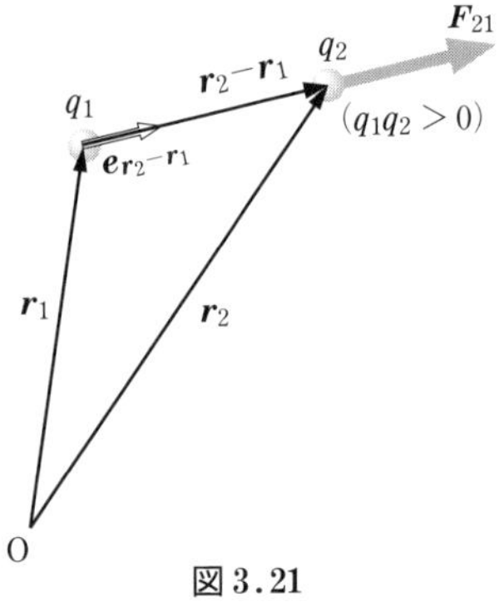

図 3.21

$$e = 1.602176634 \times 10^{-19}\ \mathrm{A\,s} \tag{3.72}$$

となるように決めた電流の大きさとされた．電荷の単位は以前どおり組立単位 $\mathrm{A\,s^{-1}}$ で，クローン（C）という特別な名前がついている．そうすると，（3.71）の左辺の力 $\boldsymbol{F}_{21}$ の次元は力学で決まっているから，k_{e} の次元は自ずと定まり，その大きさも実験によって定まる．電磁気の単位系および k_{e} の値については

電磁気学の本（たとえば拙著『電磁気学［増補修訂版］』裳華房，2021）を参照されたい．

（6） 形がある物体の万有引力

2質点間の万有引力は(2.51)で表されることを学んだ．位置 $\boldsymbol{r}$ にある質量 m の質点が位置 $\boldsymbol{r}_1, \cdots, \boldsymbol{r}_n$ にある質量 $m_1, \cdots, m_n$ の n 個の質点から受ける万有引力は単純な和

$$\boldsymbol{F} = -\sum_{i=1}^{n} G \frac{mm_i}{|\boldsymbol{r}-\boldsymbol{r}_i|^2} \boldsymbol{e}_{\boldsymbol{r}-\boldsymbol{r}_i} = -\sum_{i=1}^{n} G \frac{mm_i(\boldsymbol{r}-\boldsymbol{r}_i)}{|\boldsymbol{r}-\boldsymbol{r}_i|^3} \qquad (3.73)$$

で与えられる．これを「重ね合わせの原理が成り立つ」という．

図3.22のように，広がりをもつ物体が，位置 $\boldsymbol{r}$ にある質量 m の質点に及ぼす万有引力を考えよう．この場合も重ね合わせの原理が成り立つので，物体を微小部分に分けて各部分からの引力を加え合わせればよい．微小部分に分けることにより，各部分と質点との距離が決まるから，求める万有引力は，次のように積分で書くことができる．

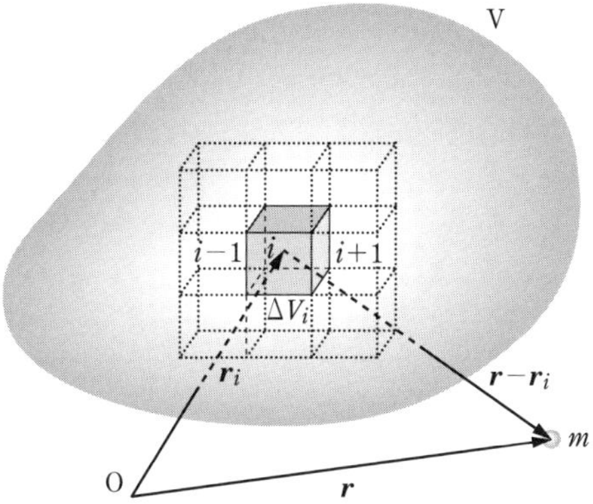

図3.22

$$\begin{aligned}\boldsymbol{F} &= -G \lim_{n\to\infty} \sum_{i=1}^{n} \frac{m\rho(\boldsymbol{r}_i)\Delta V_i}{|\boldsymbol{r}-\boldsymbol{r}_i|^2} \boldsymbol{e}_{\boldsymbol{r}-\boldsymbol{r}_i} \\ &= -G \int_{\mathrm{V}} \frac{m\rho(\boldsymbol{r}')\,\mathrm{d}V'}{|\boldsymbol{r}-\boldsymbol{r}'|^2} \boldsymbol{e}_{\boldsymbol{r}-\boldsymbol{r}'} \\ &= -G \int_{\mathrm{V}} \frac{m\rho(\boldsymbol{r}')(\boldsymbol{r}-\boldsymbol{r}')}{|\boldsymbol{r}-\boldsymbol{r}'|^3}\,\mathrm{d}V' \qquad (3.74)\end{aligned}$$

† 世界を支える電気力・不確定性原理・排他原理のせめぎあい †

前章で学んだ重力（万有引力）に加えて，§3.4でいくつかの種類の力について述べたが，このうちで基本的な力は「重力」と，電気力と電荷が運動するときに生じる磁気力を合わせた「電磁気力」のみである．基本的な力としては，このほ

かに原子核内の粒子の結合を支配する「強い力」と原子核のベータ崩壊を支配する「弱い力」が知られている．

§3.4 で述べた力のうち，重力（万有引力）以外はすべて，電子や原子核が電磁気力，および，力ではないが電子が 2 つの量子力学的原理，つまりハイゼンベルク（W. K. Heisenberg, 1901-1976）の不確定性原理とパウリ（W. Pauli, 1900-1958）の排他原理（排他律）に従うことに由来する．

もう少し説明すると，電子の状態はニュートンの運動方程式（1.1）では記述できず，シュレーディンガー（E. Schrödinger, 1887-1961）方程式と呼ばれる量子力学の基本方程式で記述される．これは波動方程式の一種で，「電子の位置と運動量を同時に確定することはできない」というハイゼンベルクの不確定性原理は，その方程式の中に自動的に組み込まれている．このため，電子が原子核の表面に付着して電気的に中性の粒子団になることはできず，電子は，1 個でもその存在確率が必ず原子核の半径の 100 万倍程度以上の距離まで広がって分布している．その分布範囲が原子の半径の大きさ（10^{-8} m 程度）である．水素原子以外の原子や分子，さらには固体のように 2 個以上の電子を含む場合の記述には，「電子は 2 個以上が全く同じ状態になることはできない」というパウリの排他原理を考慮したシュレーディンガーの方程式が必要になる．しかしいずれにしても，方程式に含まれる支配的な力に関する項は電気力の静電ポテンシャル・エネルギーを含む項のみである．その意味では，われわれ人間の肉体を含めて，原子からなる地球上のすべての物体の構造を支配する基本的な力は，電磁気力，とくに電気力のみであるといってよい．考えてみれば不思議なことである．

演習問題 3

[A]

1. 底面の半径 a，高さ h の直円錐の体積を求めよ．

2. 水平な面に置かれた質量 m の物体と面の間の動摩擦係数を μ' とする．物体に初速 v を与えて動かすと，どれだけ進んで静止するか．

3. 斜面に置かれた物体と斜面の間の静止摩擦係数を μ，動摩擦係数を μ' とする．斜面を傾けていくと，斜度 θ_0 のときに滑り始めた．滑り始めた時刻を $t=0$ として，時刻 t までに斜面に沿って滑り降りる距離 s を μ と μ' で表せ．

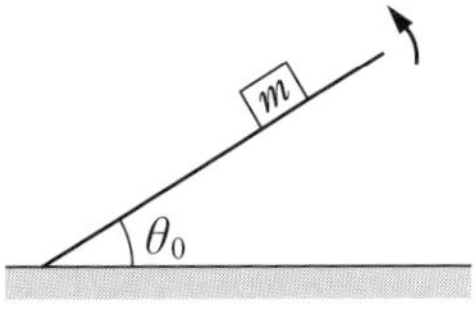

4. 質量 m の人が，大きさ a の加速度で上昇中のエレベーターの中にいるときの，床からの抗力を求めよ．

5. 水平面の上に，質量 m_A, m_B, m_C の物体 A, B, C を質量を無視できるひも l_{AB},

l_{BC} でつなぎ，物体 A に力 $\boldsymbol{F}$ を加えて一定の速さで引き続けた．動摩擦係数を μ とするとき，F とひも l_{AB}, l_{BC} の張力 S_{AB}, S_{BC} を求めよ．

6．野球の打者が，時速 144 km でほぼ水平に飛んできたボールを打ったところ，初速度の大きさ 35 m/s，仰角 45° で投手の真上を越えて飛んだ．バットがボールに与えた力積の向きと大きさを求めよ．ボールの質量は 145 g とする．

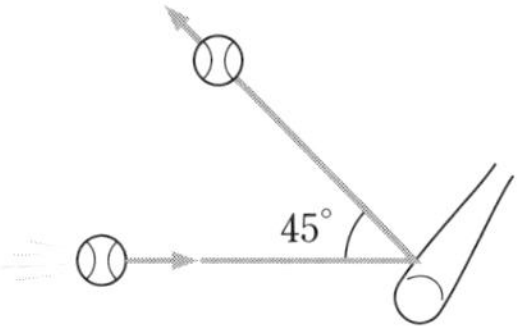

[**B**]

7．床の上に置かれた鎖の一端を持って一定の速さ v で持ち上げる．時間 t 後の力を求めよ．鎖の構造を無視して，単位長さあたりの質量（線密度）λ の，容易に曲がる連続的なひものようなものとして扱ってよいものとする．

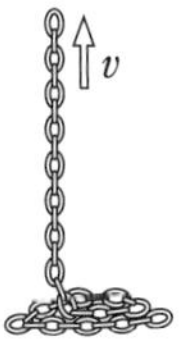

8．x 軸上に，太さを無視できる質量 M で長さ $2a$ の一様な棒が，質量中心が原点上にくるように置いてある．

（a）x 軸上の点 $(b, 0, 0)$ にある質量 m の質点 B が棒から受ける万有引力の大きさと向きを求めよ．ただし $b > a$ とする．

（b）その万有引力は，棒の代わりに質量 M の質点を x 軸上のどこに置いた場合に，質点 B が受ける万有引力に等しいか．

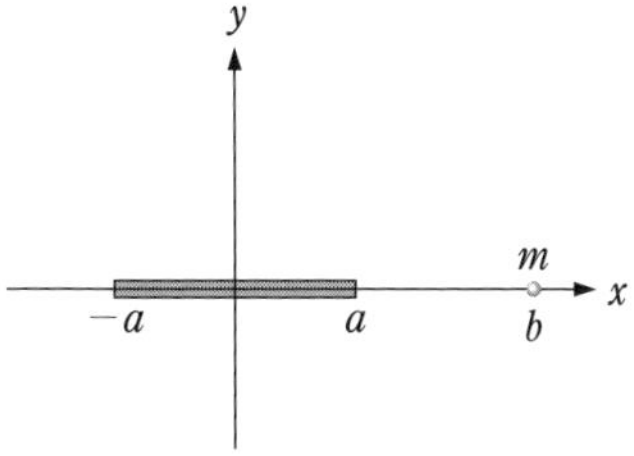

4

運動方程式の解法

第2章で，常に一定の力を受けている質点の運動の軌跡について学んだ．ここでは，もう少し複雑な力がかかる場合の質点の運動を調べよう．

§4.1 単　振　動

なめらかな水平面上に置かれた質量 m のおもりに，ばね定数 k のつる巻きばねがつけられており，ばねの他端が固定されている場合の運動を考える（図4.1）．おもりを質点として扱う．おもりには下向きに大きさ mg の重力も働いているが，これは面からの抗力 $\boldsymbol{N}$ と常につり合っているので考えなくてよい．面はなめらかで，おもりと面との間の摩擦力はないものとする．

ばねに沿って x 軸を定め，ばねの固定端の x 座標を0とする．ばねが自然長のときのおもりの中心の座標を x_0 とすると，おもりの中心が x にあるとき，ばねの伸びは $x-x_0$ で，おもりには復元力

$$\boldsymbol{F} = -k(x-x_0)\boldsymbol{e}_x \tag{4.1}$$

が働いている．$x-x_0$ をおもりの位置のずれと見るとき，これをおもりの**変位**という．（$\boldsymbol{F}$ は，図3.12ではばねの張力 $\boldsymbol{S}$．）

初速度に x 成分しかない場合を考えると，その後の運動も x 軸上にあるの

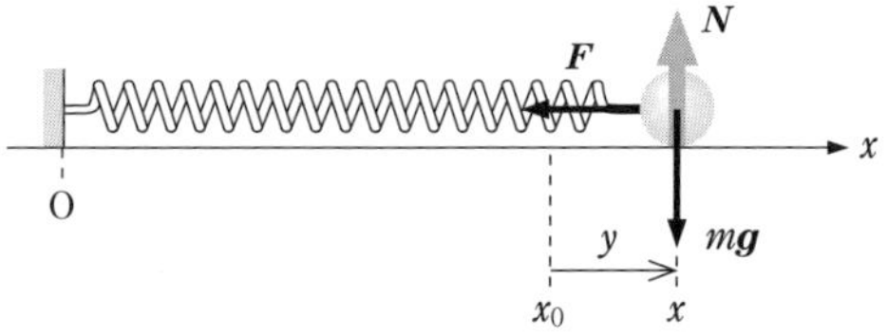

図4.1

で，x 成分に関する 1 次元の運動方程式

$$m\frac{\mathrm{d}^2x}{\mathrm{d}t^2} = -k(x-x_0) \tag{4.2}$$

のみを考えればよい．

実験してみると，このような場合のおもりの運動は $x = x_0$ を中心とする振動である．微分方程式 (4.2) を満たす解 $x(t)$ は，はたしてそのような振動を表すだろうか．

変位を表す変数

$$y(t) = x(t)-x_0 \tag{4.3}$$

を導入すると，

$$\frac{\mathrm{d}y}{\mathrm{d}t} = \frac{\mathrm{d}x}{\mathrm{d}t}, \qquad \frac{\mathrm{d}^2y}{\mathrm{d}t^2} = \frac{\mathrm{d}^2x}{\mathrm{d}t^2} \tag{4.4}$$

だから，(4.2) は

$$\frac{\mathrm{d}^2y}{\mathrm{d}t^2} = -\frac{k}{m}y \tag{4.5}$$

となる．この微分方程式は，**単振動の微分方程式**あるいは**調和振動の微分方程式**と呼ばれ，物理学で最も基本的な微分方程式のひとつである．

これは，よく見ると，「t で 2 回微分すると自分自身を $-k/m$ 倍したものになる関数 $y(t)$ を見つけなさい」という方程式である．そうであれば，われわれはすでにその解を知っている．すなわち，三角関数の微分の公式 (1.39)，(1.40) から，ω（**オメガ**）を定数とすると，

$$\frac{\mathrm{d}^2}{\mathrm{d}t^2}\sin\omega t = -\omega^2\sin\omega t, \qquad \frac{\mathrm{d}^2}{\mathrm{d}t^2}\cos\omega t = -\omega^2\cos\omega t \tag{4.6}$$

であるが，これから

$$y_1(t) = \sin\omega t, \qquad y_2(t) = \cos\omega t \tag{4.7}$$

ただし

$$\omega = \sqrt{\frac{k}{m}} \tag{4.8}$$

がともに (4.5) の解であることがわかる．

2 階の常微分方程式の解で 2 個の任意定数を含むものを**一般解**という．A，

B を任意の定数として，

$$y(t) = A\sin\omega t + B\cos\omega t \tag{4.9}$$

をつくると，これは (4.5) の一般解である．もとの (4.2) の一般解は (4.3) より

$$x(t) = A\sin\omega t + B\cos\omega t + x_0 \tag{4.10}$$

である．

一般解の任意定数の値を初期条件から定めれば，その初期条件のもとでの運動を記述する解が得られる．たとえば，$t = 0$ におもりを $x = a$ の位置から静かに (初速度 0 で) 離したとすると，

$$x(0) = a, \qquad v(0) = \frac{\mathrm{d}x(0)}{\mathrm{d}t} = 0 \tag{4.11}$$

である．これを満たすように A, B を決めよう．まず，

$$x(0) = B + x_0 = a \tag{4.12}$$

より，

$$B = a - x_0 \tag{4.13}$$

である．次に，(4.10) を t で微分すると

$$v(t) = \dot{x}(t) = A\omega\cos\omega t - B\omega\sin\omega t \tag{4.14}$$

だから，

$$v(0) = A\omega = 0 \quad \longrightarrow \quad A = 0 \tag{4.15}$$

である．よって，初期条件 (4.11) のもとでの解は

$$x(t) = (a - x_0)\cos\omega t + x_0 \tag{4.16}$$

である．

一般に，関数

$$f(x) = A\cos\omega t \quad \text{あるいは} \quad g(x) = A\sin\omega t \tag{4.17}$$

は**振幅** A，**周期** $T = 2\pi/\omega$ の振動を表す．このように $\sin\omega t$ または $\cos\omega t$ で表される振動を，**単振動**または**調和振動**という．ω を**角振動数**，$\nu = 1/T = \omega/2\pi$ を**振動数**という (ν：ニュー)．

よって確かに (4.16) は実験すると見られる振動を表している．詳しくいうと，$x = x_0$ を中心とする，振幅 $a - x_0$，角振動数 $\omega = \sqrt{k/m}$ (振動数 $\nu = (1/2\pi)\sqrt{k/m}$)，周期 $T = 2\pi\sqrt{m/k}$ の単振動である (図 4.2)．

ωt は無次元 (単位ラジアン) だから，ω の次元と SI 単位は

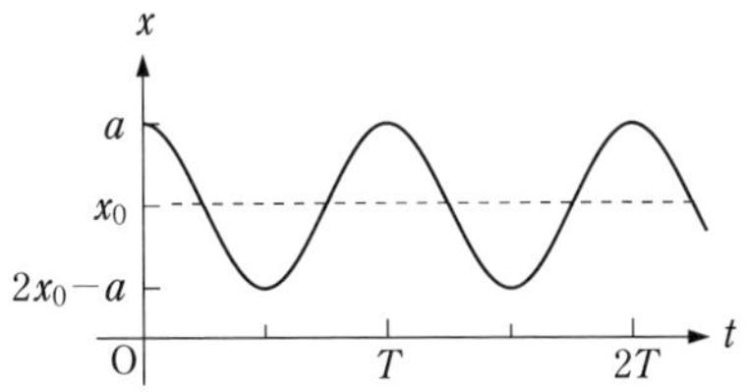

図 4.2

$$[\omega] = \mathsf{T}^{-1}: \quad \text{rad/s} \tag{4.18}$$

である．よって，T, ν の次元と SI 単位は

$$[T] = \mathsf{T}: \quad \text{s}, \qquad [\nu] = [T^{-1}] = \mathsf{T}^{-1}: \quad \text{s}^{-1} \tag{4.19}$$

である．

なお，微分方程式 (4.5) の一般解としては，(4.9) と同等な

$$y(t) = C\sin(\omega t+\varphi) \quad \text{あるいは} \quad y(t) = C\cos(\omega t+\varphi) \tag{4.20}$$

もある．C, φ（ファイ）は任意の定数である．この形では，(4.5) の解が角振動数 $\omega = \sqrt{k/m}$ の正弦関数あるいは余弦関数的な振動で表せることがただちに明らかである．φ を**初期位相**という．

問 1　(4.9) と (4.20) が同等であることを示せ．

解　$C = \sqrt{A^2+B^2}$ とし，角度 φ を図 4.3 (a) のように定めると，

$$A = C\cos\varphi, \quad B = C\sin\varphi \tag{4.21}$$

だから

$$y = C\cos\varphi\sin\omega t + C\sin\varphi\cos\omega t = C\sin(\omega t+\varphi) \tag{4.22}$$

である．また，角度 φ を図 4.3 (b) のように定めると

$$A = -C\sin\varphi, \quad B = C\cos\varphi \tag{4.23}$$

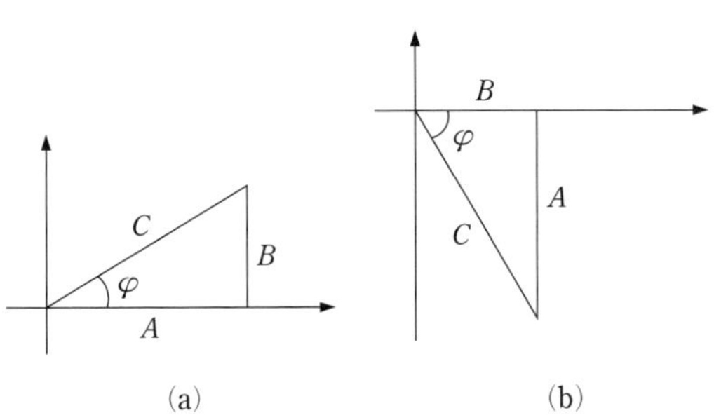

図 4.3

だから

$$y = C\cos\varphi\cos\omega t - C\sin\varphi\sin\omega t = C\cos(\omega t+\varphi) \tag{4.24}$$

である.

§4.2 力学で使う数学の基礎 (4) ── 指数関数と線形常微分方程式の解法

運動方程式の解（質点の位置座標の時間変化）を表す関数として，これまで (2.7)，(2.37) のような多項式と (4.10) のような三角関数が現れた．これらと同様あるいはそれ以上によく現れる関数に**指数関数**がある．その数学的基礎については付録 B にまとめてある．ここではその主要な性質を確認した後，先に進む．

(1) 指 数 関 数

指数関数 $e^{\lambda x}$ の最も重要な性質は

$$\frac{d}{dx}e^x = e^x, \quad \frac{d}{dx}e^{\lambda x} = \lambda e^{\lambda x} \quad 一般に \quad \frac{d^n}{dx^n}e^{\lambda x} = \lambda^n e^{\lambda x} \tag{4.25}$$

のように，微分すると自分自身の定数倍になるという性質である．

$\lambda > 0$ のとき，

$$y(x) = e^{\lambda x} \tag{4.26}$$

は x が増すに従って値と傾きが急激に増加する関数である（図 4.4）．一方，関数

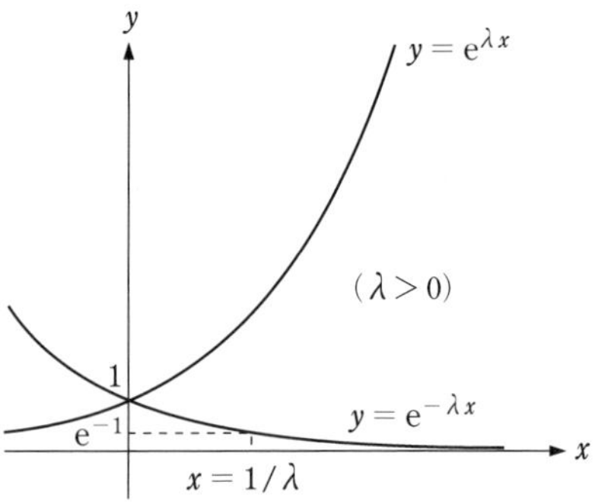

図 4.4

$$y(x) = e^{-\lambda x} = \frac{1}{e^{\lambda x}} \tag{4.27}$$

は x が増すに従って急激に 0 に近づく．この関数は

$$x = 1/\lambda \tag{4.28}$$

のとき

$$y(x) = e^{-1} \approx 0.368 \tag{4.29}$$

になる．

λ が純虚数

$$\lambda = \pm ik \tag{4.30}$$

のときは，

$$y(x) = e^{\pm ikx} = \cos kx \pm i \sin kx \tag{4.31}$$

である．これを**オイラーの公式**という．

また (4.31) の 2 式のように虚数単位 i を $-i$ に置き換えてつくられる 1 組の複素数を互いに**共役な複素数**という．

問 2

$$e^{ix} = \cos x + i \sin x \tag{4.32}$$

を示せ．

解　e^x の微分の性質 (4.25) から，マクローリン展開 (1.56) が成り立つことがわかる．この x を機械的に ix に置き換え，$i^2 = -1$ に注意して実部と虚部に分けると，

$$e^{ix} = 1 - \frac{1}{2!}x^2 + \frac{1}{4!}x^4 + \cdots + i\left(x - \frac{1}{3!}x^3 + \frac{1}{5!}x^5 + \cdots\right) \tag{4.33}$$

となる．(1.54), (1.55) を参照すれば，題意が示される．

問 3

$$\cos x = \frac{e^{ix} + e^{-ix}}{2}, \quad \sin x = \frac{e^{ix} - e^{-ix}}{2i} \tag{4.34}$$

を示せ．

解　(4.31) よりただちに得られる．

関数 (4.31) の**実部**および**虚部**はそれぞれ，三角関数的に振動する関数である．また，複素数の絶対値は $\sqrt{(\text{実部})^2 + (\text{虚部})^2}$ なので，(4.31) の絶対値は

$$|y(x)| = |e^{\pm ikx}| = \sqrt{\cos^2 kx + \sin^2 kx} = 1 \tag{4.35}$$

である．一般に複素数 z の絶対値が，z に共役な複素数 z^* を用いて

$$|z| = \sqrt{zz^*} \tag{4.36}$$

で与えられることを用いても (4.35) は得られる．

λ が一般の複素数

$$\lambda = \gamma \pm ik \qquad (\gamma：ガンマ) \tag{4.37}$$

の場合は，

$$y(x) = \mathrm{e}^{(\gamma \pm ik)x} = \mathrm{e}^{\gamma x}(\cos kx \pm i \sin kx) \tag{4.38}$$

である．$|y(x)| = \mathrm{e}^{\gamma x}$ は，$\gamma > 0$ なら x の増加に従って増加する関数，$\gamma < 0$ なら x の増加に従って 0 に近づく関数である．

（2） 定係数の同次線形常微分方程式

2 階の微分方程式の場合を例にとって述べる．関数 $y(t)$ とその導関数しか含まず，係数がすべて定数の微分方程式

$$a_2 \frac{\mathrm{d}^2 y}{\mathrm{d}t^2} + a_1 \frac{\mathrm{d}y}{\mathrm{d}t} + a_0 y = 0 \tag{4.39}$$

を**定係数の同次線形常微分方程式**という．(2.12) からわかるように，この微分方程式の各項に含まれる y の次元はすべて 1 次 $[y]$ なので「同次」と呼ばれる．このような偏導関数を含まない微分方程式を常微分方程式というが，本書では単に微分方程式と呼ぶこともある．なお，微分方程式に含まれる微分の階数の最大が n 階であるとき，n 階の微分方程式という．

(4.39) を解く一般的な方法がある．

指数関数 $y = \mathrm{e}^{\lambda t}$ の形の解を仮定して (4.39) に代入し，$\mathrm{e}^{\lambda t}$ $(\neq 0)$ で割ると

$$a_2 \lambda^2 + a_1 \lambda + a_0 = 0 \tag{4.40}$$

が得られる．$\mathrm{e}^{\lambda t}$ を t で n 回微分しても (4.25) からわかるように必ず $\mathrm{e}^{\lambda t}$ が含まれるので，それで割って代数方程式 (4.40) が得られたことに注意しよう．解として $y = \mathrm{e}^{\lambda t}$ の形を仮定したのは，この性質を利用するためである．

λ に関する 2 次方程式 (4.40) を解いて解

$$\lambda = \lambda_{\pm} = \frac{-a_1 \pm \sqrt{{a_1}^2 - 4a_0 a_2}}{2a_2} \tag{4.41}$$

を求めれば，2 個の任意定数 A, B を含む一般解

$$y(t) = A\,\mathrm{e}^{\lambda_+ t} + B\,\mathrm{e}^{\lambda_- t} \tag{4.42}$$

が得られる．ただし

$$a_1{}^2 - 4a_0a_2 = 0 \tag{4.43}$$

のときは，

$$\lambda_+ = \lambda_- = -\frac{a_1}{2a_2} = \lambda_0 \qquad (\text{重解}) \tag{4.44}$$

だから (4.39) を満たす解はまだ

$$y(t) = C\,\mathrm{e}^{\lambda_0 t} \tag{4.45}$$

1 個しか見つかっていない．何とかもう 1 個探さなければならないが，先人の試行錯誤の中で見出された巧妙な方法の 1 つに，C が定数ではなく t に依存すると仮定して

$$y = C(t)\mathrm{e}^{\lambda_0 t} \tag{4.46}$$

の形の一般解を探す方法がある．(4.39) に代入すると

$$\begin{aligned} &a_2(\ddot{C}+2\dot{C}\lambda_0+C\lambda_0{}^2)\mathrm{e}^{\lambda_0 t}+a_1(\dot{C}+C\lambda_0)\mathrm{e}^{\lambda_0 t}+a_0C\mathrm{e}^{\lambda_0 t}=0 \\ &\longrightarrow\ a_2\ddot{C}+(2a_2\lambda_0+a_1)\dot{C}+(a_2\lambda_0{}^2+a_1\lambda_0+a_0)C=0 \end{aligned} \tag{4.47}$$

となる．ニュートンの微分記号を用いた．$\dot{C}$ の係数は (4.44) より 0 であり，C の係数は，(4.44) を代入するまでもなく，λ_0 が (4.40) の解であるから，0 である．よって，

$$\ddot{C} = 0 \tag{4.48}$$

である．2 回微分して 0 になる関数は 1 次関数だから，C に関するこの微分方程式の一般解は

$$C(t) = At + B \tag{4.49}$$

である．よってもとの (4.39) の一般解は

$$y = (At+B)\mathrm{e}^{\lambda_0 t} \tag{4.50}$$

とすればよいことがわかる．

線形常微分方程式の**解の存在**とその**一意性**の定理，すなわち，上に与えた一般解の任意定数の値を決めることで，任意の初期条件を満たす解が 1 つだけ得られることについては，微分方程式論の教科書を参照されたい．

（3） 定係数の非同次線形常微分方程式

y やその導関数を含まない項 $f(t)$ を含む

$$a_2 \frac{\mathrm{d}^2 y}{\mathrm{d}t^2} + a_1 \frac{\mathrm{d}y}{\mathrm{d}t} + a_0 y = f(t) \tag{4.51}$$

を非同次線形常微分方程式という．その一般解は，同次微分方程式 (4.39) の一般解 ((4.42) または (4.50)) に，(4.51) の**特殊解** $y_\mathrm{p}(t)$ を加えた

$$y(t) = A\,\mathrm{e}^{\lambda_+ t} + B\,\mathrm{e}^{\lambda_- t} + y_\mathrm{p}(t) \qquad ({a_1}^2 - 4a_1 a_4 \neq 0 \text{ のとき}) \tag{4.52}$$

または

$$y(t) = (At + B)\mathrm{e}^{\lambda_0 t} + y_\mathrm{p}(t) \qquad ({a_1}^2 - 4a_1 a_4 = 0 \text{ のとき}) \tag{4.53}$$

で与えられる．特殊解とは，解きたい非同次微分方程式 (4.51) を満たす任意の関数である．(つまり，特殊解の「特殊」とは，「特別な」「格別な」という意味ではなく，**任意に1つ選んだ**という程度の意味である．)

§4.3　等加速度運動と単振動への応用

定係数の線形常微分方程式は上の方法で必ず解ける．まず簡単な例として，§2.5 で解いた放物運動の z 成分の方程式と，§4.1 で解いた単振動の方程式 (4.2) をこの方法で解いてみよう．

(1)　自 由 落 下

第 2 章では，放物運動の z 成分の方程式

$$m \frac{\mathrm{d}^2 z}{\mathrm{d}t^2} = -mg \quad \longrightarrow \quad \frac{\mathrm{d}^2 z}{\mathrm{d}t^2} = -g \tag{4.54}$$

あるいはこれと同等な等加速度運動の方程式 (2.3) をすでに，微分の知識 (§2.2 の解法)，あるいは結局同じことではあるが不定積分に関する知識 (§2.5 (3) の解法)を使って解いた．

よく見ると (4.54) は定係数の非同次常微分方程式だから，本節の一般的な方法でも解けるはずである．まず，同次微分方程式

$$\frac{\mathrm{d}^2 z}{\mathrm{d}t^2} = 0 \tag{4.55}$$

の一般解を求める．$z = \mathrm{e}^{\lambda t}$ とおいてみると，

$$\lambda^2\,\mathrm{e}^{\lambda t} = 0 \longrightarrow \lambda^2 = 0 \longrightarrow \lambda = 0 \quad (\text{重解}) \tag{4.56}$$

となる．よって (4.50) より一般解は

$$z(t) = (At+B)e^{0t} = At+B \tag{4.57}$$

となる．(4.54) の特殊解は，たとえば，

$$z_{0p}(t) = -\frac{1}{2}gt^2 \tag{4.58}$$

でよいことは，代入すればすぐにわかる．よって一般解は

$$z(t) = At+B-\frac{1}{2}gt^2 \tag{4.59}$$

である．これは確かに (2.37) の最後の式と同じである．特殊解 (4.58) を探すところでは，この方法の場合でも，微分あるいは不定積分の知識を使ったことに注意する．非同次微分方程式を解くときには，この作業は避けられない．ただし，どんな単純な関数でもよいのだから，試行錯誤で探せばよい．

問 4 次の微分方程式の一般解を求めよ．

(1) $\dfrac{d^2y}{dt^2}+2\dfrac{dy}{dt}-8y = 0$　　(2) $\dfrac{d^2y}{dt^2}-y+3 = 0$

(3) $\dfrac{d^2y}{dt^2}+4\dfrac{dy}{dt}+4y = 0$

解 A, B を任意の定数として

(1) $y = A\,e^{-4t}+B\,e^{2t}$　　(2) $y = A\,e^{t}+B\,e^{-t}+3$

(3) $y = (At+B)\,e^{-2t}$

(2) 単　振　動

次に，§4.1 で解いた単振動の方程式 (4.2)

$$m\frac{d^2x}{dt^2} = -k(x-x_0) \tag{4.60}$$

を，ここで学んだ方法で解いてみよう．これを

$$m\frac{d^2x}{dt^2}+kx = kx_0 \tag{4.61}$$

と書くと，2 階の非同次線形微分方程式であることがわかる．まず，同次微分方程式

$$m\frac{d^2x}{dt^2}+kx = 0 \tag{4.62}$$

の一般解を求める．$x = e^{\lambda t}$ とおくと，

$$m\lambda^2 + k = 0 \tag{4.63}$$

となり，解は

$$\lambda_{\pm} = \pm i\sqrt{\frac{k}{m}} = \pm i\omega \tag{4.64}$$

である．ω は (4.8) と同じであることがわかる．よって一般解は

$$x(t) = A\,\mathrm{e}^{i\omega t} + B\,\mathrm{e}^{-i\omega t} \tag{4.65}$$

である．解きたいもとの非同次微分方程式 (4.61) の特殊解として

$$x_{\mathrm{p}} = x_0 \qquad (\text{定数}) \tag{4.66}$$

があることは，代入してみればわかる．よって一般解は

$$x(t) = A\,\mathrm{e}^{i\omega t} + B\,\mathrm{e}^{-i\omega t} + x_0 \tag{4.67}$$

である．

これは一見，(4.10) や，(4.20) に x_0 を加えたものとは全く異なる形をしているが，たとえば § 4.1 で扱ったのと同じ初期条件 (4.11)

$$x(0) = a, \qquad v(0) = \frac{\mathrm{d}x(0)}{\mathrm{d}t} = 0$$

を代入すると

$$x(0) = A + B + x_0 = a \tag{4.68}$$

$$\frac{\mathrm{d}x(0)}{\mathrm{d}t} = i\omega A - i\omega B = 0 \quad \longrightarrow \quad A - B = 0 \tag{4.69}$$

より，

$$A = B = \frac{a - x_0}{2} \tag{4.70}$$

である．これを一般解 (4.67) に代入すると (4.34) を利用して

$$x(t) = \frac{a - x_0}{2}(\mathrm{e}^{i\omega t} + \mathrm{e}^{-i\omega t}) + x_0 = (a - x_0)\cos\omega t + x_0 \tag{4.71}$$

となり，(4.16) と全く同じ解が得られる．(4.67) は一般に複素数であるが，現実の初期条件は実数で表現されるから，その条件を課すことにより，定係数 A, B の値が調整され，**自ずと実数解が得られる**のである．

§ 4.4　速度に比例する抵抗がある場合の落下運動

軽くまるめた薄い紙とコインを同じ高さから同時に落とすと，コインのほう

が先に床に着く(図 4.5). これは一見, §2.5 で学んだことに反するように見える. しかし実はそうではなく, 方程式(2.22)あるいは(4.54)は厳密には真空中でのみ正しく, 空気中や水中を運動する物体に対しては, 運動を妨げる向きの, 空気や水からの抵抗力を考慮しなければならないからである.

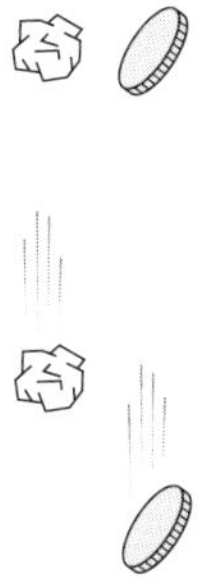

図 4.5

ここでは, 空気中を速度に比例する抵抗力(粘性抵抗力)を受けながら落下する物体の運動を考えよう. (§3.4(4)で述べたように, 実際に空気中を落下する物体には速度の 2 乗に比例する慣性抵抗力が働く場合が多いが, ここでは線形微分方程式で扱える粘性抵抗力の場合を考える.)

鉛直上向きに z 軸をとり, 鉛直線上でのみ運動する場合, すなわち初速度に水平成分がない場合を考える. 運動方程式は,

$$m\frac{\mathrm{d}^2 z}{\mathrm{d}t^2} = -mg - b\frac{\mathrm{d}z}{\mathrm{d}t} \tag{4.72}$$

である. 右辺第 2 項が粘性抵抗力を表す. $b > 0$ である. これを

$$\frac{\mathrm{d}^2 z}{\mathrm{d}t^2} + \frac{b}{m}\frac{\mathrm{d}z}{\mathrm{d}t} = -g \tag{4.73}$$

と書き直しておこう. これは 2 階の非同次線形常微分方程式である. (4.54)に比べると第 2 項が余分に加わっている. b に比べて m が十分小さい場合は抵抗力の効果が大きいことがわかる. 軽くまるめた薄い紙の場合がこれに相当する. これに対して, コインを落とす場合は b に比べて m が大きいので, この項を無視してもかなりよい近似で運動を記述できる.

さて(4.73)を解くのに, まず, 同次微分方程式

$$\frac{\mathrm{d}^2 z}{\mathrm{d}t^2} + \frac{b}{m}\frac{\mathrm{d}z}{\mathrm{d}t} = 0 \tag{4.74}$$

の一般解を求める. $z = \mathrm{e}^{\lambda t}$ とおいて代入すると

$$\lambda^2 + \frac{b}{m}\lambda = 0 \quad \longrightarrow \quad \lambda_1 = 0,\ \lambda_2 = -\frac{b}{m} \tag{4.75}$$

が得られるから(4.74)の一般解は

$$z(t) = A\,\mathrm{e}^{0t} + B\,\mathrm{e}^{-(b/m)t} = A + B\,\mathrm{e}^{-(b/m)t} \tag{4.76}$$

となる．次に，(4.73) の特殊解は，t についての 1 次式に対して (4.73) の左辺第 1 項は 0 になり，第 2 項は定数（t の係数）になることを考慮すると，

$$z_{\mathrm{p}} = -\frac{mg}{b}t \tag{4.77}$$

でよいことがわかる．よって，(4.73) の一般解は

$$z(t) = A + B\,\mathrm{e}^{-(b/m)t} - \frac{mg}{b}t \tag{4.78}$$

である．

いま，時刻 $t=0$ にこの物体を $z=z_0$ の位置から静かに落としたとすると，初期条件

$$z(0) = A + B = z_0, \qquad \frac{\mathrm{d}z(0)}{\mathrm{d}t} = -\frac{b}{m}B - \frac{mg}{b} = 0 \tag{4.79}$$

より，

$$A = z_0 + \frac{m^2}{b^2}g, \qquad B = -\frac{m^2}{b^2}g \tag{4.80}$$

だから，

$$z(t) = z_0 + \frac{m^2}{b^2}g - \frac{m^2}{b^2}g\,\mathrm{e}^{-(b/m)t} - \frac{mg}{b}t \tag{4.81}$$

である．時刻 t における速度は

$$v(t) = \dot{z}(t) = \frac{mg}{b}\mathrm{e}^{-(b/m)t} - \frac{mg}{b} \tag{4.82}$$

である．

$z(t)$ と $v(t)$ を t に対して描くと図 4.6 (a), (b) のようになる．破線は $b =$

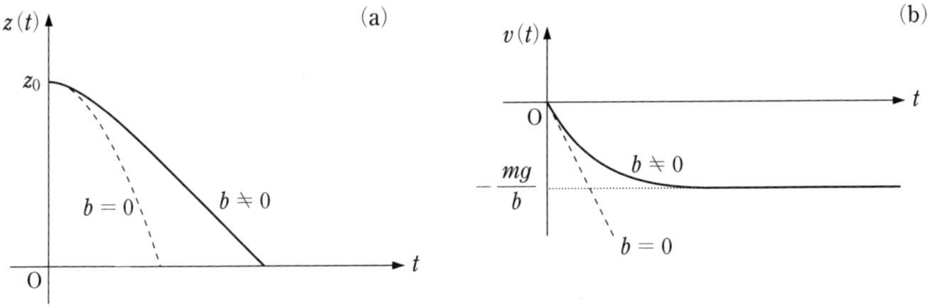

図 4.6

0の（抵抗のない）場合を表す．$v(t)$ の指数関数を含む部分は，十分長い時間が経過して

$$\frac{b}{m}t \gg 1 \quad \text{つまり} \quad t \gg \frac{m}{b} \tag{4.83}$$

となると，0に限りなく近づくから，物体は一定速度

$$v_{\mathrm{f}} = -\frac{m}{b}g \tag{4.84}$$

で落下するようになる．v_{f} を**終速度**または**終端速度**という．

問5　上に考えた状況で，抵抗力は速度が大きくなるほど大きくなるのだから，速度には限界があるだろうと予想できる．この予想をもとに，もとの方程式(4.74)を解かずに終速度 v_{f} を求めよ．

解　速度が一定値 v_{f} であることを式に表すと

$$t \to \infty \text{ で} \quad \frac{\mathrm{d}z}{\mathrm{d}t} = v_{\mathrm{f}}, \quad \frac{\mathrm{d}^2 z}{\mathrm{d}t^2} = 0 \tag{4.85}$$

である．これを(4.73)に代入して，

$$\frac{b}{m}v_{\mathrm{f}} = -g \quad \longrightarrow \quad v_{\mathrm{f}} = -\frac{mg}{b} \tag{4.86}$$

となる．

§4.5　減衰振動

§4.1で調べた微分方程式(4.2)に従う，ばねにつながれたおもりの運動は，いつまでも繰り返す単振動(4.10)であった．しかし，現実に図4.1のようなばねにつけたおもりを振動させると，振幅がしだいに小さくなり，いつかは止まる．これは床との摩擦や空気による抵抗力が存在するからである．その様子を表す方程式として，速度に比例する抵抗力がある場合を考えよう．変位(4.3)に対する微分方程式で書くと，

$$m\ddot{y} = -ky - b\dot{y} \tag{4.87}$$

である．時間微分にニュートンの記号を用いた．右辺第1項が復元力，第2項が抵抗力を表す．$b > 0$ である．これを

$$\ddot{y} + \frac{b}{m}\dot{y} + \frac{k}{m}y = 0 \tag{4.88}$$

と書くと，2階の同次線形微分方程式であることがわかる．このままで解いて

もよいが，

$$\gamma = \frac{b}{2m}, \qquad \omega_0 = \sqrt{\frac{k}{m}} \qquad (\gamma：ガンマ) \tag{4.89}$$

とおくと，

$$\ddot{y} + 2\gamma\dot{y} + {\omega_0}^2 y = 0 \tag{4.90}$$

となる．ω_0 は，$b = 0$ のとき（抵抗力がないとき）の角振動数(4.8)である．

いままでと同様に，$y = \mathrm{e}^{\lambda t}$ とおいて代入すると，

$$\lambda^2 + 2\gamma\lambda + {\omega_0}^2 = 0 \tag{4.91}$$

が得られるから，これを解いて

$$\lambda_\pm = -\gamma \pm \sqrt{\gamma^2 - {\omega_0}^2} = \frac{-b \pm \sqrt{b^2 - 4mk}}{2m} \tag{4.92}$$

が得られる．これから得られる解の性質は，$\lambda_\pm$ が実解であるか，重解である

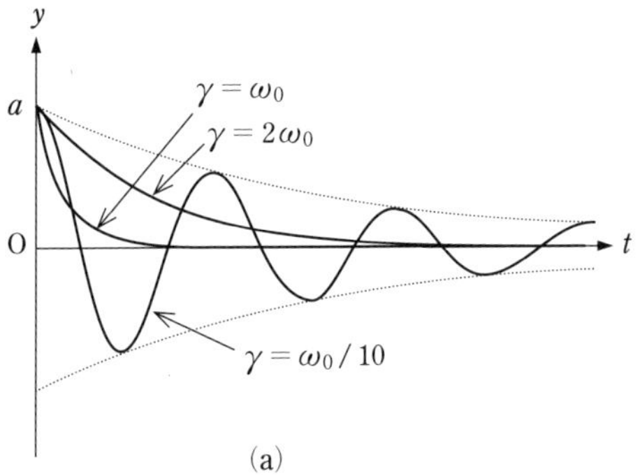

(a)

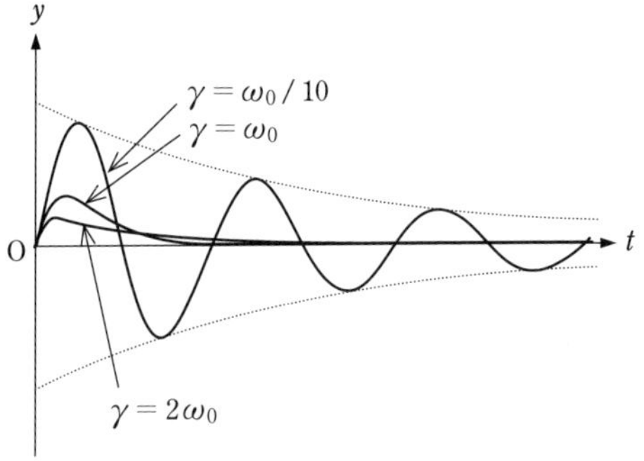

(b)

図 4.7

か，複素解であるかで様子がかなり異なる．これらをひとつひとつ見ていこう．図 4.7 (a) と (b) に，異なる初期条件の場合の様子をあらかじめ示しておく．

（i） $\gamma < \omega_0\,(b^2 < 4mk)$ のとき，つまり抵抗力が小さいとき

$$\lambda_{\pm} = -\gamma \pm i\sqrt{{\omega_0}^2 - \gamma^2} = -\gamma \pm i\omega \tag{4.93}$$

は互いに共役な複素数である．ただし

$$\omega = \sqrt{{\omega_0}^2 - \gamma^2} \tag{4.94}$$

とおいた．このとき，(4.88) の一般解は，A と B，または C と φ を任意の定数として

$$\begin{aligned} y &= A\,\mathrm{e}^{\lambda_+ t} + B\,\mathrm{e}^{\lambda_- t} = A\,\mathrm{e}^{(-\gamma + i\omega)t} + B\,\mathrm{e}^{(-\gamma - i\omega)t} \\ &= \mathrm{e}^{-\gamma t}(A\,\mathrm{e}^{i\omega t} + B\,\mathrm{e}^{-i\omega t}) = C\,\mathrm{e}^{-\gamma t}\cos(\omega t + \varphi) \end{aligned} \tag{4.95}$$

である．最後の等号は (4.24) による．抵抗があるときは角振動数が (4.94) の ω になる．ω は ω_0 より常に小さいので，振動はゆっくりになる．

$\mathrm{e}^{-\gamma t}$ は $t = \gamma^{-1}$ で $t = 0$ の値の $\mathrm{e}^{-1} \approx 0.368$ 倍に減衰するような関数であるから (4.95) は時間とともに減衰する振動（**減衰振動**）を表している．γ が大きいほど，つまり b が大きいほど，また質量 m が小さいほど減衰が速い．

（ii） $\gamma = \omega_0\,(b^2 = 4mk)$ のとき

(4.92) は

$$\lambda_+ = \lambda_- = -\gamma = -\frac{b}{2m} \qquad \text{（重解）} \tag{4.96}$$

となるから (4.50) より (4.88) の一般解は

$$y = (At + B)\mathrm{e}^{-\gamma t} \tag{4.97}$$

である．これは，振動せずに減衰する解である．次の (iii) の場合も振動せずに減衰するが，(ii) の場合は最も速く 0 に近づくので，**臨界減衰**という．

（iii） $\gamma > \omega_0\,(b^2 > 4mk)$ のとき

(4.92) は再び異なる 2 解になるが，今度は (i) と違って $\lambda_{\pm}$ はともに実数である．(4.88) の一般解は

$$y = A\,\mathrm{e}^{\lambda_+ t} + B\,\mathrm{e}^{\lambda_- t} \tag{4.98}$$

であるが，常に $\lambda_{\pm} < 0$ であるため，これは指数関数的に減衰する関数の和で，振動はしない．しかし臨界減衰の場合よりはゆっくりと 0 に近づく．これは，抵抗が大きくなり，おもりの動きが鈍くなるためである．これを**過減衰**と

いう．

γ（あるいは b）の値の変化に伴って，減衰振動から，臨界減衰，さらには過減衰に至る様子を図 4.7 に示してある．図 4.7（a）は，変位 $y = a$ の位置から静かに放した場合，図 4.7（b）は，ばねの自然長の状態（変位 $y = 0$）からおもりに初速度 v（> 0）を与えた場合を示す．

§4.6 強制振動

§4.2 で，抵抗を受けない系の振動はいつまでも続くことを学び，§4.5 で，抵抗があるといつかは止まってしまうことを学んだ．それでは，抵抗がある（$b > 0$ すなわち $\gamma > 0$ の）場合に振動させる作用（駆動力）を外から加え続けた場合はどうであろうか．たとえば，ばねのおもりがついていない側の端を固定しないで，$x = 0$ のまわりに $a\cos\omega t$ のように振動させた場合を考えよう（図 4.8）．これを**強制振動**という．ばねの一端が $x = 0$ にあって，ばねが自然長の状態にあるときの，おもりの中心の位置座標を x_0 とすると，時刻 t における ばねの伸びは $x(t) - a\cos\omega t - x_0$ だから，おもりの運動方程式は

$$m\ddot{x} = -k(x - a\cos\omega t - x_0) - b\dot{x} \qquad (4.99)$$

である．摩擦力は，通常の動摩擦力と異なり，速さに比例するとした．その方が数学的扱いが簡単だからである．

$$y = x - x_0, \qquad ka = F_0 \qquad (4.100)$$

とすると

$$m\ddot{y} = -ky - b\dot{y} + F_0\cos\omega t \quad \longrightarrow \quad \ddot{y} + \frac{b}{m}\dot{y} + \frac{k}{m}y = \frac{F_0}{m}\cos\omega t \qquad (4.101)$$

ここでさらに（4.89）と同じ置き換え（$\gamma = b/2m$，$\omega_0 = \sqrt{k/m}$）をすると

$$\ddot{y} + 2\gamma\dot{y} + {\omega_0}^2 y = \frac{F_0}{m}\cos\omega t \qquad (4.102)$$

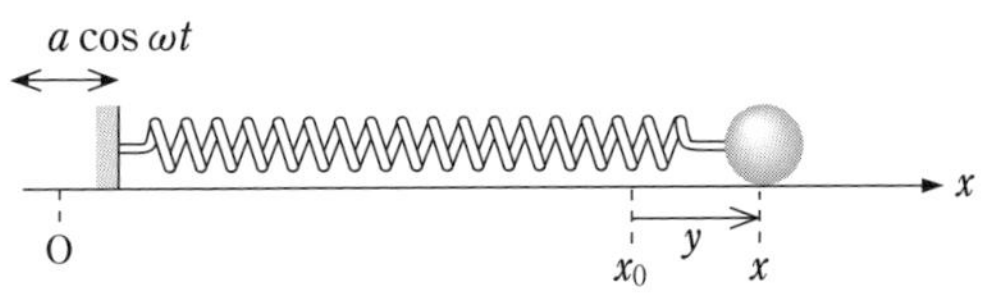

図 4.8

となる．これは 2 階の非同次線形微分方程式である．まず同次微分方程式

$$\ddot{y}+2\gamma\dot{y}+{\omega_0}^2 y=0 \tag{4.103}$$

は (4.90) と同じだから**一般解は (4.95), (4.97), (4.98) である．**

つまり，$\gamma<\omega_0$ のときは減衰振動で，$\gamma \geqq \omega_0$ のとき $|y|$ は (初期条件によっては図 4.7 のように一度極値をとることがあってもその後) 単調に減少する．

次に非同次微分方程式 (4.102) の特殊解 $y_\mathrm{p}(t)$ を求めよう．試みに外からの駆動力と同じ角振動数 ω で振動する解を探す．A を t に依存しない定数として

$$y_\mathrm{p}=A\cos\omega t \tag{4.104}$$

とおいてみる．(4.102) に代入すると

$$A=\frac{F_0/m}{-\omega^2+2\gamma\omega\tan\omega t+{\omega_0}^2} \tag{4.105}$$

となるが，これは t に依存する．(4.105) を求める途中で A が t に依存しないことを使っているからこれは矛盾である．$y_\mathrm{p}=A\sin\omega t$ とおいても同じである．そうすると次に

$$y_\mathrm{p}=A\,\mathrm{e}^{i\omega t} \tag{4.106}$$

とおいてみたくなる．しかし，これも (4.102) に代入してみるとうまくいかない．

そこで，(4.102) の右辺に

$$i\,\frac{F_0}{m}\sin\omega t \tag{4.107}$$

を加えた微分方程式

$$\ddot{y}+2\gamma\dot{y}+{\omega_0}^2 y=\frac{F_0}{m}\,\mathrm{e}^{i\omega t} \tag{4.108}$$

を考える．(4.107) を加えたので，右辺はオイラーの公式 (4.31) を用いてこのように書き換えることができた．これは (4.102) とは異なる方程式なのに，なぜこれを使って解いてよいかは後で考えることにして，この方程式の特殊解を探す作業を続ける．あらためて (4.106) を仮定して (4.108) に代入すると，

$$(-\omega^2+2\gamma\omega i+{\omega_0}^2)A\,\mathrm{e}^{i\omega t}=\frac{F_0}{m}\,\mathrm{e}^{i\omega t} \tag{4.109}$$

となるが，こんどは両辺に $\mathrm{e}^{i\omega t}$ ($\neq 0$) があるからこれで割ると，仮定にあう，

t に依存しない

$$A=\frac{F_0/m}{{\omega_0}^2-\omega^2+2\gamma\omega i}=\frac{F_0/m}{\sqrt{({\omega_0}^2-\omega^2)^2+4\gamma^2\omega^2}}\,\mathrm{e}^{-i\varphi} \qquad (4.110)$$

が得られる．最後の等号は§4.7 に述べる方法に従って，分母を

$$ {\omega_0}^2-\omega^2+2\gamma\omega i=\sqrt{({\omega_0}^2-\omega^2)^2+4\gamma^2\omega^2}\,\mathrm{e}^{i\varphi} \qquad (4.111)$$

としたものである．φ は

$$\cos\varphi=\frac{{\omega_0}^2-\omega^2}{\sqrt{({\omega_0}^2-\omega^2)^2+4\gamma^2\omega^2}},\qquad \sin\varphi=\frac{2\gamma\omega}{\sqrt{({\omega_0}^2-\omega^2)^2+4\gamma^2\omega^2}} \qquad (4.112)$$

を満たす，図 4.9 のような角度である．よって (4.108) の特殊解として

$$y_{\mathrm{p}}=\frac{F_0/m}{\sqrt{({\omega_0}^2-\omega^2)^2+4\gamma^2\omega^2}}\,\mathrm{e}^{i(\omega t-\varphi)} \qquad (4.113)$$

があることがわかる．本来解きたかった微分方程式 (4.102) の特殊解はこの関数の実部をとって

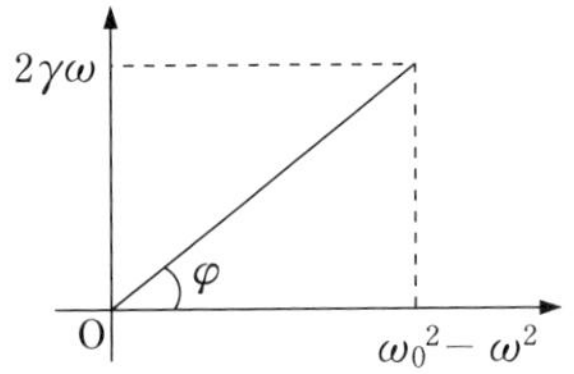

図 **4.9**

$$y_{\mathrm{p}}=\frac{F_0/m}{\sqrt{({\omega_0}^2-\omega^2)^2+4\gamma^2\omega^2}}\cos(\omega t-\varphi) \qquad (4.114)$$

である．

これで (4.102) の一般解は，抵抗力の大小に応じて (4.95)，(4.97)，(4.98) の中の 1 つと (4.114) の和で与えられることがわかった．しかしいま，振動を開始してから十分長い時間がたった後の状態のみを考えることにすると，同次方程式の一般解は，初期条件や k, b, ω の値のいかんにかかわらず減衰してしまうから，特殊解 (4.114) のみが残る．これは，初期条件のいかんにかかわらず，外からの駆動力によって，それと一定の位相関係をもった振動のみが残ることを意味する．

一般に，非同時線形常微分方程式の一般解は，同時方程式の一般解に非同時方程式の特殊解を加えたものであった．もとの方程式が定係数の場合は，同時方程式の一般解には§4.2 の (2) に述べた一般的な解法があるが，その場合でも非同時方程式の特殊解は試行錯誤で求めるしかなかった．ところがいまの場

合，試行錯誤でたまたま見つけた特殊解が唯一の解であった．その意味を考えてみよう．非同時方程式の特殊解は無数にあるが，それらはどれも，勝手に選んだ特殊解に，同時方程式の一般解の任意定数をある値に確定したものを加えたものでしかない．いま考えている抵抗がある場合の強制振動は，同時方程式の一般解が任意定数が何であれ時間が経過すると0になるので，非同時方程式の特殊解を試行錯誤を重ねて何とか見つけると，それは常に時間が経過したときの唯一の解なのである．

そこで，この特殊解(4.114)の性質をさらに調べよう．まず振幅を調べる．分母を書き直すと

$$y_{\mathrm{p}} = \frac{F_0/m}{\sqrt{[\omega^2-({\omega_0}^2-2\gamma^2)]^2+4\gamma^2({\omega_0}^2-\gamma^2)}}\cos(\omega t+\varphi) \qquad (4.115)$$

となるから，分母の極値を調べることにより以下のことがわかる．

（i） $\gamma < \omega_0/\sqrt{2}$ つまり $b < \sqrt{2mk}$（抵抗が小）のとき

$$\omega = \sqrt{{\omega_0}^2-2\gamma^2} \qquad (< \omega_0) \qquad (4.116)$$

で振幅 A(4.110)が最大になる．つまり，外からの駆動力の角振動数 ω を変化させると，それが小さくても大きくてもおもりはあまり動かないが，(4.116)を満たす ω に近づくと振幅が大きくなる．これを共振あるいは共鳴と

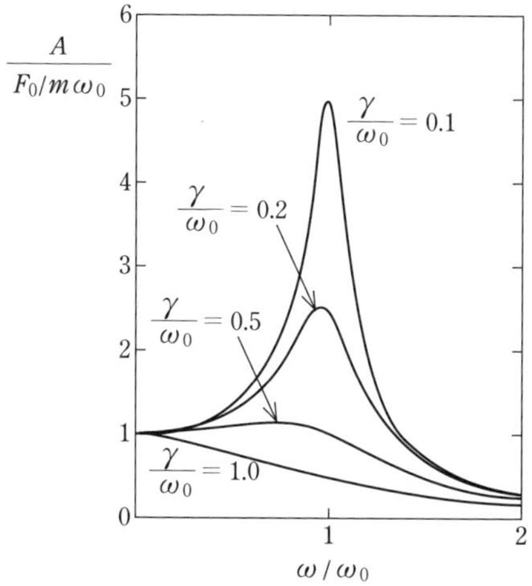

図 4.10

いい，(4.116) の ω を共振角周波数という．共振の鋭さは γ/ω_0 に依存する．その様子を図 4.10 に示す ($\gamma = \omega_0/\sqrt{2}$ は $\gamma/\omega_0 \approx 0.71$)．

(ii) $\gamma \geqq \omega_0/\sqrt{2}$ つまり $b \geqq \sqrt{2mk}$ (抵抗が大) のとき

(4.114) の分母は ω とともに単調に増大するから，振幅 A は ω とともに単調に減少する．その様子も図 4.10 に示す．

それでは次に，十分時間が経った後の，外から加える振動 $\alpha\cos\omega t$ の位相と解 (4.114) の位相の関係を調べよう．それは φ の符号を調べればわかる．(4.112) より

$$\tan\varphi = \frac{2\gamma\omega}{{\omega_0}^2 - \omega^2}$$

であるが，抵抗があるので $\gamma > 0$ だから，

$$0 < \varphi < \pi$$

である．すなわち振動の位相は外から加えられる振動より常に遅れている．外からの影響で同じ角振動数 ω の振動が起きている状況なので当然であろう．詳しく見ると，外からの振動がゆっくりで ω が小さいときは余り遅れず (φ が小さい)，$\omega = \omega_0$ では $\varphi = \pi/2$ で 1/4 周期後れ，ω が非常に大きいと $\varphi \to \pi$ で半周期近い後れになる．

さて，もとにもどって，(4.114) が確かに (4.102) の特殊解であることは，代入して確かめることができるが，どうして (4.108) の解を求めることで (4.102) の解が得られるのかを考えてみよう．実は，時間の関数 $z(t)$ が複素数の値をもつとき，これを時間で微分しても実部 $\mathrm{Re}\,(z)$ と虚部 $\mathrm{Im}\,(z)$ が混じり合うことはない．つまり

$$\mathrm{Re}\left(\frac{\mathrm{d}z}{\mathrm{d}t}\right) = \frac{\mathrm{d}}{\mathrm{d}t}\mathrm{Re}\,(z), \qquad \mathrm{Im}\left(\frac{\mathrm{d}z}{\mathrm{d}t}\right) = \frac{\mathrm{d}}{\mathrm{d}t}\mathrm{Im}\,(z) \tag{4.117}$$

である．

問 6 複素数の値をもつ関数 $z(t) = \mathrm{e}^{i\omega t} = \cos\omega t + i\sin\omega t$ について (4.117) を確かめよ．

解

$$\mathrm{Re}\left(\frac{\mathrm{d}\mathrm{e}^{i\omega t}}{\mathrm{d}t}\right) = \mathrm{Re}\,(i\omega\,\mathrm{e}^{i\omega t})$$
$$= \mathrm{Re}\,(-\omega\sin\omega t + i\omega\cos\omega t) = -\omega\sin\omega t$$
$$\frac{\mathrm{d}}{\mathrm{d}t}\mathrm{Re}\,(\mathrm{e}^{i\omega t}) = \frac{\mathrm{d}}{\mathrm{d}t}\cos\omega t = -\omega\sin\omega t$$

$$\mathrm{Im}\left(\frac{\mathrm{d}e^{i\omega t}}{\mathrm{d}t}\right) = \mathrm{Im}\,(i\omega\,\mathrm{e}^{i\omega t}) = \omega\cos\omega t$$

$$\frac{\mathrm{d}}{\mathrm{d}t}\mathrm{Im}\,(\mathrm{e}^{i\omega t}) = \frac{\mathrm{d}}{\mathrm{d}t}\sin\omega t = \omega\cos\omega t$$

微分が実数 Δt による割算にすぎないことを考えると，(4.117) が成り立つのは当然のことである．(4.108) の解 $y(t)$ は一般に複素数である．その実部を y_1，虚部を y_2 と書くと

$$y = y_1 + iy_2 \tag{4.118}$$

であるが，y_1 は

$$\ddot{y} + 2\gamma\dot{y} + {\omega_0}^2 y = \frac{F_0}{m}\cos\omega t \tag{4.119}$$

の実数解，y_2 は

$$\ddot{y} + 2\gamma\dot{y} + {\omega_0}^2 y = \frac{F_0}{m}\sin\omega t \tag{4.120}$$

の実数解になっている．つまり (4.108) の解を求めることは，(4.119) と (4.120) の実数解をそれぞれ実部，虚部として同時に並行して求めていることになるのである．

§4.7　力学で使う数学の基礎 (5) —— 複素数の極形式とガウス平面

x, y を実数とするとき，複素数

$$z = x + iy \tag{4.121}$$

を，図 4.11 のようなデカルト座標の点 (x, y) に対応づけることができる．これをガウス平面という．図に示す角度 (偏角) φ を定義すると，

$$x = r\cos\varphi, \qquad y = r\sin\varphi \tag{4.122}$$

ただし

$$r = |z| = \sqrt{x^2 + y^2} \tag{4.123}$$

だから，

$$z = r(\cos\varphi + i\sin\varphi) \tag{4.124}$$

である．さらにオイラーの公式 (4.31) より

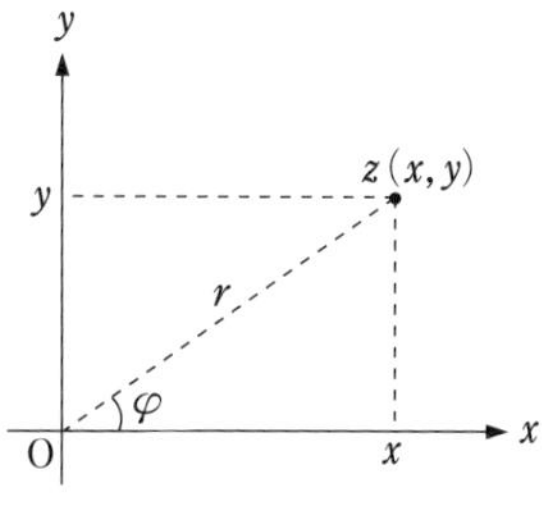

図 4.11

$$z = r\,\mathrm{e}^{i\varphi} = |z|\,\mathrm{e}^{i\varphi} \tag{4.125}$$

と書ける．(4.124)，(4.125) を複素数 z の**極形式**という．

演習問題 4

[A]

1．$\lambda > 0$ とするとき，$\mathrm{e}^{\lambda t} = 10$，100 となる t，および $\mathrm{e}^{-\lambda t} = 1/2$，$1/\mathrm{e}$，$1/10$，$1/100$ となる t を，電卓を使って求めよ．

2．なめらかな水平面に置かれた質量 m のおもりに，一端を固定されたばね定数 k のばねがつけられている (図 4.1)．ばねが自然長の状態で，おもりに撃力を加えて，ばねが縮む向きに初速 v_0 を与えた．その後の運動を調べよ．

3．両端に質量 $M = 1\,\mathrm{kg}$ のおもりをつけたひもを，なめらかで，おもりどうしが接触しないほど太い水平な丸棒にかける．

(a) 右側のおもりに下向きの初速 v_0 を与えた．時間 t 後の速度を求めよ．

(b) 右側のおもりにさらに質量 $m = 100\,\mathrm{g}$ のおもりを加え，静止状態から静かに放した．時間 t 後の速度を求めよ．

4．自然長 l_0 のばねの片方の端を固定し，他端に質量 m のおもりをつけて，なめらかな床の上で振動させたところ，角振動数 ω で振動した．このばねを縦につるして同じおもりをつけると，長さはいくらになるか．またその状態で振動させるとどのような振動をするか．

5．自然長 l_0，ばね定数 k のばねに質量 m の小さなおもりをつけてつるし，上端を $a\cos\omega_0 t$ のように振動させた．おもりの運動方程式を書け．

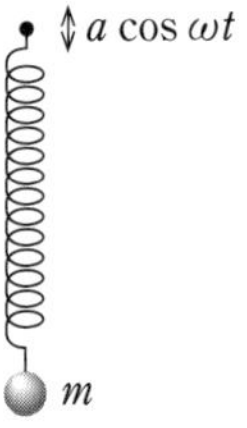

[B]

6．軽いシャワー・キャップとコインを同じ高さから同時に落下させると，コインのほうが先に落ちる．これは，シャワー・キャップにかかる空気の抵抗が無視できないからである．シャワー・キャップの質量を m とする．抵抗力の大きさが速さに比例する (比例係数 α) 場合の終速度の大きさは $v_1 = (m/\alpha)g$，速さの 2 乗に比例する (比例係数 β) 場合の終速度の大きさは $v_2 = \sqrt{mg/\beta}$ である (本章演習問題 8 参照)．

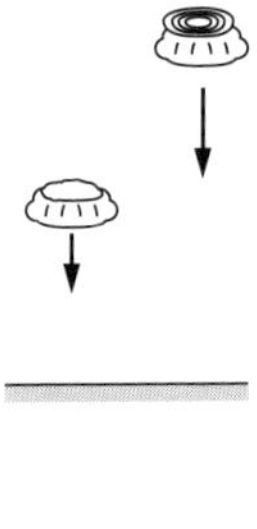

非常に軽いシャワー・キャップ 1 個を基準面からの高さ h の位置から，また，4 個重ねたものを高さ $2h$ の位置から同時に落下させると，ほぼ同時に基準面に到達した．このことから，シャワー・キャップが空気から受ける抵抗について，上

のどちらが成り立っているといえるか．α, β は十分大きく，シャワー・キャップはすぐに終速度に達するものとする．

7．自然長 l_1，ばね定数 k_1 のばねと自然長 l_2，ばね定数 k_2 のばねの間に質量 m のおもりをつけてなめらかな水平面の上に置き，両方のばねの他端を自然長の位置で固定する．このおもりをばねの長さ方向に振動させたときの周期を求めよ．おもりの大きさは無視してよい．

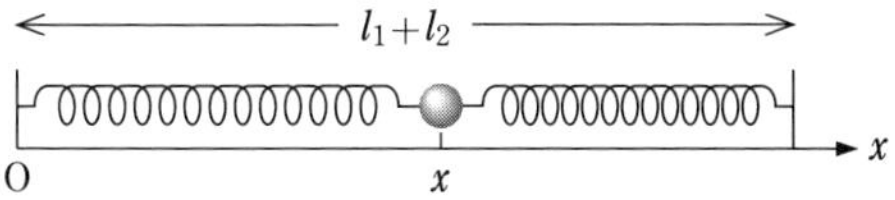

8．ある物体が空気中を運動するとき，速さ v の 2 乗に比例する抵抗力 βv^2 を受けると仮定する．

(a) この物体を初速度 0 で落下させたときの運動方程式を書け．

(b) 終速度を運動方程式を解かずに求めよ．

(c) 終速度を運動方程式を解いて求めよ．

5

仕事とエネルギー

仕事およびエネルギーという言葉は，日常生活でもよく使われる．このうち「仕事」は，日常語を物理学が借りて限定した意味で使っている．一方，「エネルギー」は，逆にギリシャ語を語源としてつくられた物理学の用語を，日常でも使っている．いずれも，日常の意味と物理学上の意味にはずれがあるから，物理学上の意味を正確に理解する必要がある．

§5.1　仕事と仕事率

合力 $\boldsymbol{F}$ を受けている質量 m の質点に対するニュートンの運動方程式 (1.1) について，§3.2 では運動量の変化と力積という観点から考えた．ここではこの運動方程式を，仕事とエネルギーという観点から考える．

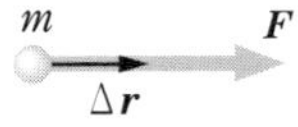

図 5.1

力 $\boldsymbol{F}$ が質点に働いている状態で質点が $\boldsymbol{F}$ と同じ向きに $\Delta\boldsymbol{r}$ だけ移動したとする (図 5.1)．このとき，スカラー量

$$|\boldsymbol{F}||\Delta\boldsymbol{r}| \qquad (5.1)$$

を，この間にその**力が質点にした仕事**，あるいは**質点がされた仕事**という．ただし，変位 $\Delta\boldsymbol{r}$ がこのように $\boldsymbol{F}$ の向きに起こるのは，静止している質点に力が働いて動きはじめた場合か，質点の速度 $\boldsymbol{v}\,(= \mathrm{d}\boldsymbol{r}/\mathrm{d}t)$ と同じ向きに力が加えられた場合のみである．一般には，質点は必ずしも静止しているとは限らないし，質点の速度の向き (動いている向き) に力がかかるとは限らないので，時間 Δt の間の質点の変位

$$\Delta\boldsymbol{r} = \frac{\mathrm{d}\boldsymbol{r}}{\mathrm{d}t}\Delta t \qquad (5.2)$$

は $\boldsymbol{F}$ と平行であるとは限らない (図 5.2)．このような場合に

図 5.2

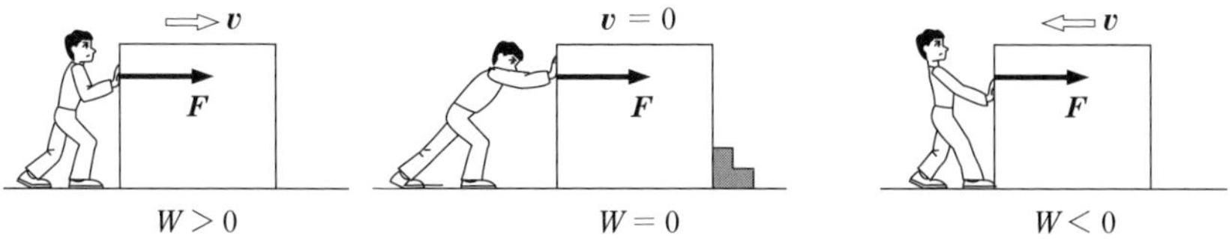

図 5.3

も適用できる一般的な仕事の定義として，$\boldsymbol{F}$ と $\Delta\boldsymbol{r}$ のスカラー積

$$\Delta W = \boldsymbol{F}\cdot\Delta\boldsymbol{r} = |\boldsymbol{F}||\Delta\boldsymbol{r}|\cos\theta \tag{5.3}$$

を用いる．θ は $\boldsymbol{F}$ と $\Delta\boldsymbol{r}$ の間の角である．

日常生活で人がする仕事の量と疲労感には相関があるが，(5.3) で定義される物理学的な仕事の場合は，必ずしも疲労感と相関はない．いま仮に，$\boldsymbol{F}$ を，人が物体に加える力であるとする (図 5.3)．$\boldsymbol{F}$ と $\Delta\boldsymbol{r}$ がほぼ平行である場合は，疲労感の大小は ΔW の大小に従っている．しかし，いくら力 $\boldsymbol{F}$ を加えても，摩擦力などの他の力がそれとつり合っているために物体が動かず $\Delta\boldsymbol{r} = 0$ のときは，物体が受ける仕事は $\Delta W = 0$ である．この場合でも人は疲労する．また，$\boldsymbol{F}$ と $\Delta\boldsymbol{r}$ が反対向きの場合，すなわち，力を加えているのに物体は $\boldsymbol{F}$ と逆方向に動き続けているとき，あるいは一般に，(5.3) で $\pi/2 < \theta \leqq \pi$ の場合，$\boldsymbol{F}$ のする仕事は負である．この場合，人は「負の仕事」をするが，それで自分が活力を得るわけではなく，やはり疲労する．$\boldsymbol{F} \perp \Delta\boldsymbol{r}$ の場合も $\Delta W = 0$ であるが，このときも人は疲労する．円運動をしている物体に対して向心力がする仕事は $\boldsymbol{F} \perp \Delta\boldsymbol{r}$ の例である．

これらは，力学的な仕事が力と変位に関係しているのに対し，人の疲労はむしろ力を出している時間に関係していることによる．筋肉の収縮に必要なエネルギーを供給しているアデノシン三リン酸の消費量が，筋収縮の継続時間に比例するからである．

(5.3) の ΔW は微小変位 $\Delta\boldsymbol{r}$ の間の仕事であるが，図 5.4 のように力 $\boldsymbol{F}$ を受けながら運動している質点が点 A ($\boldsymbol{r} = \boldsymbol{r}_{\mathrm{A}}$) から点 B ($\boldsymbol{r} = \boldsymbol{r}_{\mathrm{B}}$) まで移動する間に $\boldsymbol{F}$ がする仕事は，(5.3)

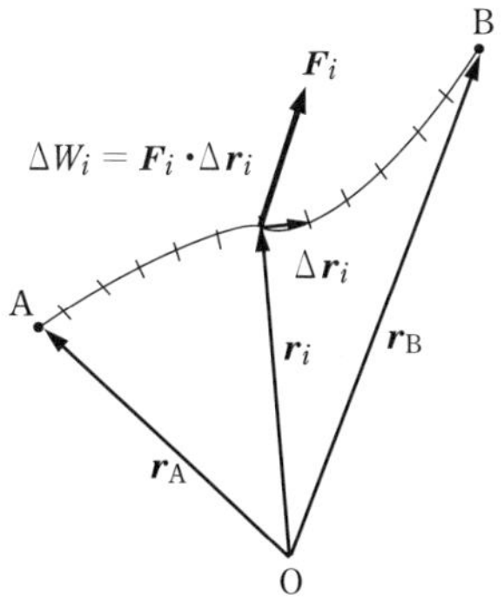

図 5.4

の ΔW を加え合わせて

$$W_{\mathrm{AB}} = \lim_{n\to\infty}\sum_{i=1}^{n}\Delta W_i = \lim_{n\to\infty}\sum_{i=1}^{n}\boldsymbol{F}_i\cdot\Delta\boldsymbol{r}_i = \int_{\mathrm{A}\,(\mathrm{C})}^{\mathrm{B}}\boldsymbol{F}\cdot\mathrm{d}\boldsymbol{r} \qquad \text{（定義）} \tag{5.4}$$

である．C は質点の軌跡を表す．$\boldsymbol{F}$ は質点が軌跡上の点 $\boldsymbol{r}$ を通っているときに受ける力である．ただし一般には，$\boldsymbol{F}$ は場所の関数であるとは限らない．つまり，別の時刻に同じ位置を通っても，そこで同じ力を受けるとは限らない．

(5.3) あるいは (5.4) より，仕事の次元と SI 単位は

$$[W] = [F]\mathsf{L} = \mathsf{MLT}^{-2}\mathsf{L} = \mathsf{ML}^2\mathsf{T}^{-2}：\quad \mathrm{kg\cdot m^2/s^2 = N\cdot m = J = joule} \tag{5.5}$$

である．1 J（ジュール）は，物体に 1 N の力を加えながら 1 m 移動させたときに力がする仕事である．

機械などに仕事をさせるとき，仕事の量だけでなく，その仕事をどれだけ速くするかが問題になる．それを表す量として，単位時間あたりの仕事 P を考える．これを**仕事率**という．短い時間 Δt の間に力がする仕事を ΔW とすると

$$P = \lim_{\Delta t\to 0}\frac{\Delta W}{\Delta t} = \frac{\mathrm{d}W}{\mathrm{d}t} \qquad \text{（定義）} \tag{5.6}$$

である．仕事率の次元と SI 単位は

$$[P] = [W]\mathsf{T}^{-1} = \mathsf{ML}^2\mathsf{T}^{-3}：\quad \mathrm{kg\cdot m^2/s^3 = J/s = W = watt}$$

である．1 W（ワット）は 1 秒間に 1 J の割の仕事率である．

§5.2 運動エネルギー

（1） 全部の力がする仕事と一部の力がする仕事

ニュートンの運動方程式 (1.1) の右辺に登場する力 $\boldsymbol{F}$ は質点に働く合力であり，これ（と初期条件）によって運動の軌跡が決まる．一般にこの力は，いくつかの異なる力の和で成り立っている．

$$\boldsymbol{F} = \boldsymbol{F}_1 + \boldsymbol{F}_2 + \cdots \tag{5.7}$$

たとえば，糸の先におもりをつけて支点からつるしたものを単振り子というが，おもりの質量を m とすると，おもりは重力 $m\boldsymbol{g}$ と糸からの力（張力）$\boldsymbol{S}$ を

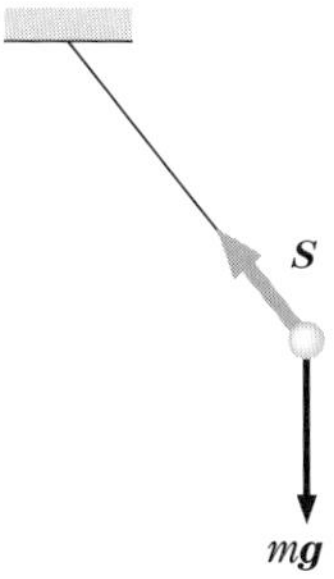

図 5.5

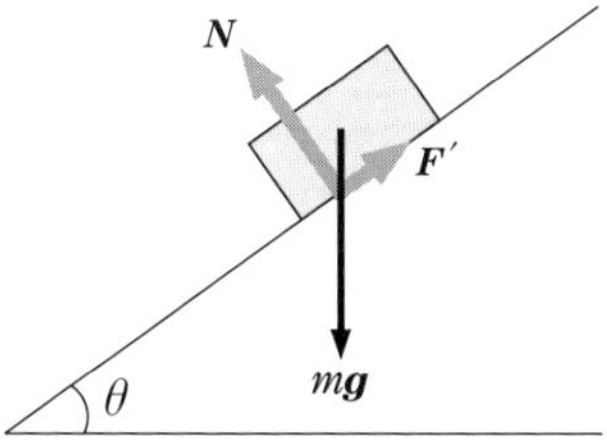

図 5.6

受けている（図 5.5）．別の例として，斜面をすべり下りつつある物体は，重力 $m\boldsymbol{g}$ と面の垂直抗力 $\boldsymbol{N}$ と摩擦力 $\boldsymbol{F}'$ を受けている（図 5.6）．

前節で，質点に加わっている力 $\boldsymbol{F}$ がする仕事について考えたが，$\boldsymbol{F}$ が質点に加えられている力の一部であるか全部（合力）であるかについては，指定しなかった．実際，(5.4) の力 $\boldsymbol{F}$ は質点にかかっている力の一部であってよく，その場合，W は質点が合力で決まる軌跡をたどる間にその力がする仕事を表す．

問 1　質量 m の質点が合う合力

$$\boldsymbol{F} = \boldsymbol{F}_1 + \boldsymbol{F}_2 + \cdots + \boldsymbol{F}_n$$

を受けて運動した．その経路を C とするとき，力 $\boldsymbol{F}, \boldsymbol{F}_1, \boldsymbol{F}_2$ がした仕事 W, W_1, W_2 を書け．

解　$W = \int_C \boldsymbol{F}\cdot d\boldsymbol{r}$,　　$W_1 = \int_C \boldsymbol{F}_1\cdot d\boldsymbol{r}$,　　$W_2 = \int_C \boldsymbol{F}_2\cdot d\boldsymbol{r}$

（2）　合力がする仕事と運動エネルギー

質点の刻々の運動を支配している合力 $\boldsymbol{F}$ がする仕事をまず考えよう．繰り返し述べているように，ニュートンの運動方程式 (1.1) に現れる力は合力 $\boldsymbol{F}$ である．いま，質点が微小な時間 Δt の間に位置 $\boldsymbol{r}$ から $\boldsymbol{r}+\Delta\boldsymbol{r}$ に $\Delta\boldsymbol{r}$ だけ移動したとする．この間に $\boldsymbol{F}$ のした仕事について調べるために，(1.1) の両辺と $\Delta\boldsymbol{r}$ のスカラー積をとってみよう．

$$m\frac{d^2\boldsymbol{r}}{dt^2}\cdot\Delta\boldsymbol{r} = \boldsymbol{F}\cdot\Delta\boldsymbol{r} \tag{5.8}$$

右辺は確かに，この間に $\boldsymbol{F}$ がする仕事であるが，左辺は何であろうか．$\Delta\boldsymbol{r}$ は

Δt の間の変位だから，速度 $\mathrm{d}\boldsymbol{r}/\mathrm{d}t$ と Δt の積で近似できる．

$$\Delta \boldsymbol{r} \approx \frac{\mathrm{d}\boldsymbol{r}}{\mathrm{d}t}\Delta t \tag{5.9}$$

よって，(5.8) は

$$m\frac{\mathrm{d}^2\boldsymbol{r}}{\mathrm{d}t^2}\cdot\frac{\mathrm{d}\boldsymbol{r}}{\mathrm{d}t}\Delta t = \boldsymbol{F}\cdot\frac{\mathrm{d}\boldsymbol{r}}{\mathrm{d}t}\Delta t \tag{5.10}$$

と書ける．ここで，今後もときどき利用する微分の公式 (1.44) を $\boldsymbol{A} = \mathrm{d}\boldsymbol{r}/\mathrm{d}t$ に適用すると

$$\frac{\mathrm{d}}{\mathrm{d}t}\left(\frac{\mathrm{d}\boldsymbol{r}}{\mathrm{d}t}\right)^2 = 2\frac{\mathrm{d}\boldsymbol{r}}{\mathrm{d}t}\cdot\frac{\mathrm{d}^2\boldsymbol{r}}{\mathrm{d}t^2} \tag{5.11}$$

だから，これを (5.10) の左辺に代入して

$$\frac{\mathrm{d}}{\mathrm{d}t}\left[\frac{1}{2}m\left(\frac{\mathrm{d}\boldsymbol{r}}{\mathrm{d}t}\right)^2\right]\Delta t = \boldsymbol{F}\cdot\frac{\mathrm{d}\boldsymbol{r}}{\mathrm{d}t}\Delta t \tag{5.12}$$

となる．これを，時刻 $t = t_\mathrm{A}$ のとき点 A ($\boldsymbol{r} = \boldsymbol{r}_\mathrm{A}$) にあった質点が (1.1) に従って運動し，時刻 $t = t_\mathrm{B}$ に点 B ($\boldsymbol{r} = \boldsymbol{r}_\mathrm{B}$) に達するまでの間について，加え合わせる．その和は積分で表され，

$$\int_{t_\mathrm{A}}^{t_\mathrm{B}}\frac{\mathrm{d}}{\mathrm{d}t}\left[\frac{1}{2}m\left(\frac{\mathrm{d}\boldsymbol{r}}{\mathrm{d}t}\right)^2\right]\mathrm{d}t = \int_{t_\mathrm{A}}^{t_\mathrm{B}}\boldsymbol{F}\cdot\frac{\mathrm{d}\boldsymbol{r}}{\mathrm{d}t}\mathrm{d}t \tag{5.13}$$

である．(3.19) を参照すると，左辺は

$$\int_\mathrm{A}^\mathrm{B}\mathrm{d}\left[\frac{1}{2}m\left(\frac{\mathrm{d}\boldsymbol{r}}{\mathrm{d}t}\right)^2\right] = \frac{1}{2}m\left(\frac{\mathrm{d}\boldsymbol{r}}{\mathrm{d}t}\right)_\mathrm{B}^2 - \frac{1}{2}m\left(\frac{\mathrm{d}\boldsymbol{r}}{\mathrm{d}t}\right)_\mathrm{A}^2 = \frac{1}{2}m{\boldsymbol{v}_\mathrm{B}}^2 - \frac{1}{2}m{\boldsymbol{v}_\mathrm{A}}^2 \tag{5.14}$$

となる．ここで

$$\boldsymbol{v}_\mathrm{A,B} = \left(\frac{\mathrm{d}\boldsymbol{r}}{\mathrm{d}t}\right)_\mathrm{A,B} \tag{5.15}$$

は，点 A, B における質点の速度である．

$$K = \frac{1}{2}m\left(\frac{\mathrm{d}\boldsymbol{r}}{\mathrm{d}t}\right)^2 = \frac{1}{2}mv^2 \qquad \text{（定義）} \tag{5.16}$$

を，速度 $\boldsymbol{v}$ で運動している質点の**運動エネルギー**という．運動エネルギーはスカラーである．

一方，(5.13) の右辺は，

$$\int_A^B \boldsymbol{F}\cdot d\boldsymbol{r} = W_{AB} \tag{5.17}$$

に等しい．

よって，(5.14) は，**質点が点 A から点 B まで運動する間の運動エネルギーの増分は，その間に質点に働いた合力がする仕事に等しい**

$$K_B - K_A = \int_A^B \boldsymbol{F}\cdot d\boldsymbol{r} = W_{AB} \quad \text{(法則)} \tag{5.18}$$

ことを示している．運動エネルギーの次元と SI 単位は，

$$[K] = \mathsf{ML^2T^{-2}}: \quad kg\cdot m^2/s^2 = J \tag{5.19}$$

で，仕事の次元および SI 単位と同じである．

問 2　時速 140 km で投げられた 145 g のボールと，分速 80 m で歩いている体重 50 kg の人とでは，どちらの運動エネルギーが大きいか．

解　ボール：$K = \dfrac{1}{2} \times 0.145\ \text{kg} \times \left(\dfrac{140000\ \text{m}}{3600\ \text{s}}\right)^2 = 110\ \text{J}$

人　　：$K = \dfrac{1}{2} \times 50\ \text{kg} \times \left(\dfrac{80\ \text{m}}{60\ \text{s}}\right)^2 = 44\ \text{J}$

ボールの運動エネルギーが大きい．

（3）　運動エネルギーと運動量

ここで，運動量の変化 (3.56) と運動エネルギーの変化 (5.18) を比較してみよう．質点が合力 $\boldsymbol{F}$ を受けながら時刻 t_A のとき $\boldsymbol{r}_A$ にあり，時刻 t_B に $\boldsymbol{r}_B$ に至ったとする．(3.56) は，この間の運動量の変化は，$\boldsymbol{F}$ が働いていた時間に関係することを示し，(5.18) は，運動エネルギーの変化は，$\boldsymbol{F}$ を受けながら進んだ距離に関係することを示している．なお，運動エネルギーと運動量の間には，(3.45) と (5.16) を比較するとわかるように

$$K = \frac{p^2}{2m} \tag{5.20}$$

なる関係がある．

（4）　一部の力がする仕事

ここで (5.4) の左辺の W_{AB} と (5.18) の右辺の W_{AB} の違いについて，あら

ためて検討しておこう．

(5.18) の右辺の W_{AB} は，本節 (2) のはじめに断ったとおり，運動方程式 (1.1) の右辺に登場する合力，すなわち質点にかかっているすべての力の和 $\boldsymbol{F}$ がする仕事で，これが運動エネルギーの変化に等しい．一方，一般的な仕事の定義 (5.4) の右辺の $\boldsymbol{F}$ は，質点が受けている力が (5.7) のように書ける場合，その中の 1 つの $\boldsymbol{F}_i$，またはそのいくつかの和，またはすべての力の和を表しており，左辺の W_{AB} はその注目した力 (の和) がする仕事を表している．ただしいずれの場合も，質点の動く経路 C は，合力に支配されてニュートンの運動方程式 (1.1) によって決まっている．C として，次節のように空間内の任意の経路をとって議論を進めることがあるが，このときは，質点にその経路をたどらせるべく，他の力および初期条件が適当に調節されていることを暗黙に仮定している．そのような他の力のイメージとしては，重力だけがする仕事を考えるとき質点を人が指でつまんで力を加え，好きなように動かしている様子を思えばよいであろう．

問 3　傾角 θ の斜面上を，質量 m の物体が滑り下りている．この物体と斜面の動摩擦係数を μ とする．

(1)　物体が斜面に沿って距離 s だけ移動する間に重力，斜面の垂直抗力，動摩擦力がする仕事を求めよ．

(2)　その間の物体の運動エネルギーの変化量を求めよ．

解　(1)　物体の変位を $\Delta\boldsymbol{r}$，$|\Delta\boldsymbol{r}| = s$ とする．

重力がする仕事：$W_1 = m\boldsymbol{g}\cdot\Delta\boldsymbol{r} = mgs\sin\theta$

垂直抗力がする仕事：$W_2 = 0$

摩擦力がする仕事：$W_3 = -mgs\mu\cos\theta$

(2)　運動エネルギーの変化量はすべての力がした仕事に等しいから

$$\Delta K = W_1 + W_2 + W_3 = mgs(\sin\theta - \mu\cos\theta)$$

§5.3　保存力とポテンシャル・エネルギー

(1)　場

一般に，位置座標の関数として表現される物理量を**場**という．空間内の温度の場 $T(\boldsymbol{r})$ つまり温度分布，流体の流れの場 $\boldsymbol{j}(\boldsymbol{r})$ つまり流束密度分布，電場 $\boldsymbol{E}(\boldsymbol{r})$，磁場 $\boldsymbol{B}(\boldsymbol{r})$ などがその例である．力が位置座標の関数として与えられる場合は，力の場 $\boldsymbol{F}(\boldsymbol{r})$ が存在すると考える．ここにあげた例のうち $T(\boldsymbol{r})$ はスカラー場，他はベクトル場である．

力の場の中のさらに特別な場合として，次に述べる保存力の場がある．

(2) 保　存　力

いま，質点に，位置座標で決まる場の力 $\boldsymbol{F}(\boldsymbol{r})$ が働いているものとする．同時にそれ以外の他の力が働いていてもよい．適当な他の力も働いて，質点が点Aから別の点Bまで経路Cに沿って運動する間に，場の力 $\boldsymbol{F}(\boldsymbol{r})$ がする仕事だけを計算すると

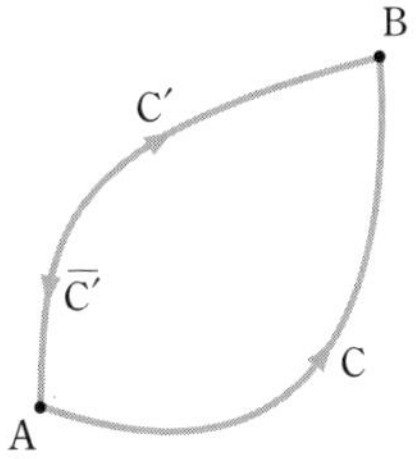

図 5.7

$$W_{\mathrm{A(C)B}} = \int_{\mathrm{A}\,(\mathrm{C})}^{\mathrm{B}} \boldsymbol{F}(\boldsymbol{r})\cdot \mathrm{d}\boldsymbol{r} \tag{5.21}$$

である．いま，$\boldsymbol{F}(\boldsymbol{r})$ 以外に働いている力を適当に変えて，質点にAからBに至る別の経路C′をたどらせると(図5.7)，その間に $\boldsymbol{F}(\boldsymbol{r})$ がする仕事は

$$W_{\mathrm{A(C')B}} = \int_{\mathrm{A}\,(\mathrm{C'})}^{\mathrm{B}} \boldsymbol{F}(\boldsymbol{r})\cdot \mathrm{d}\boldsymbol{r} \tag{5.22}$$

である．もし，そのようにたどる任意の2つの経路C,C′について

$$W_{\mathrm{A(C)B}} = W_{\mathrm{A(C')B}} \quad \text{つまり} \quad \int_{\mathrm{A}\,(\mathrm{C})}^{\mathrm{B}} \boldsymbol{F}(\boldsymbol{r})\cdot \mathrm{d}\boldsymbol{r} = \int_{\mathrm{A}\,(\mathrm{C'})}^{\mathrm{B}} \boldsymbol{F}(\boldsymbol{r})\cdot \mathrm{d}\boldsymbol{r} \tag{5.23}$$

が成り立つとき，すなわち $\boldsymbol{F}(\boldsymbol{r})$ のする仕事が始点と終点だけで決まり途中の経路に依存しないとき，$\boldsymbol{F}(\boldsymbol{r})$ は**保存力の場である**，あるいは単に**保存力**であるという．

(5.23) はまた

$$\int_{\mathrm{A}\,(\mathrm{C})}^{\mathrm{B}} \boldsymbol{F}(\boldsymbol{r})\cdot \mathrm{d}\boldsymbol{r} - \int_{\mathrm{A}\,(\mathrm{C'})}^{\mathrm{B}} \boldsymbol{F}(\boldsymbol{r})\cdot \mathrm{d}\boldsymbol{r} = 0 \quad \longrightarrow \quad \int_{\mathrm{A}\,(\mathrm{C})}^{\mathrm{B}} \boldsymbol{F}(\boldsymbol{r})\cdot \mathrm{d}\boldsymbol{r} + \int_{\mathrm{B}\,(\overline{\mathrm{C}}')}^{\mathrm{A}} \boldsymbol{F}(\boldsymbol{r})\cdot \mathrm{d}\boldsymbol{r} = 0 \tag{5.24}$$

と書ける．(5.24) の第2項は，経路C′に沿ってBからAまで逆もどりする経路 $\overline{\mathrm{C}}'$ での積分を表す．$\overline{\mathrm{C}}'$ では $\mathrm{d}\boldsymbol{r}$ の向きがC′と逆なので $\boldsymbol{F}\cdot\mathrm{d}\boldsymbol{r}$ の符号が変わり，積分の値も符号が変わる．(5.24) は，閉じた経路 $\mathrm{ACB\overline{C}'A}$ に沿っての

積分が0であることを示す．仮定より，C, C′ は任意の点A, Bを結ぶ任意の経路だったから，あらためて一般に，任意の閉じた経路Cについての積分が0である

$$\oint_{\mathrm{C}} \boldsymbol{F}(\boldsymbol{r})\cdot \mathrm{d}\boldsymbol{r} = 0 \tag{5.25}$$

ことが，$\boldsymbol{F}(\boldsymbol{r})$ が保存力の場である条件であるといってもよい．$\oint \cdots \mathrm{d}\boldsymbol{r}$ は，閉じた経路の1周にわたっての積分を表す記号である．

(3) ポテンシャル・エネルギー（位置エネルギー）

力の場 $\boldsymbol{F}(\boldsymbol{r})$ が保存力の場で (5.25) を満たすとき，任意の基準点 $\boldsymbol{r}_0$ を定めると，他の任意の点 $\boldsymbol{r}$ までの任意の経路に沿って質点が動く間に $\boldsymbol{F}(\boldsymbol{r})$ がする仕事 $\int_{\boldsymbol{r}_0}^{\boldsymbol{r}} \boldsymbol{F}(\boldsymbol{r})\cdot \mathrm{d}\boldsymbol{r}$ は，経路に依存しない．つまり，$\boldsymbol{r}$（と $\boldsymbol{r}_0$）だけの関数である．このとき

$$U(\boldsymbol{r}) = -\int_{\boldsymbol{r}_0}^{\boldsymbol{r}} \boldsymbol{F}(\boldsymbol{r})\cdot \mathrm{d}\boldsymbol{r} \qquad \text{（定義）} \tag{5.26}$$

を（$\boldsymbol{r}_0$ を基準としたときの）**ポテンシャル・エネルギー**，または**位置エネルギー**という．負号は，§5.5で学ぶ力学的エネルギーの保存法則を見やすく書くために，最初から定義の中に入れたものである．(5.26) から明らかに

$$U(\boldsymbol{r}_0) = -\int_{\boldsymbol{r}_0}^{\boldsymbol{r}_0} \boldsymbol{F}(\boldsymbol{r})\cdot \mathrm{d}\boldsymbol{r} = 0 \tag{5.27}$$

であり，これが「$\boldsymbol{r}_0$ を基準にする」という意味である．

ポテンシャル・エネルギーの次元とSI単位は

$$[U] = [F]\mathsf{L} = \mathsf{MLT^{-2}L} = \mathsf{ML^2T^{-2}} : \quad \mathrm{kg\cdot m^2/s^2 = J} \tag{5.28}$$

で，仕事や運動エネルギーの次元およびSI単位と同じである．

(5.26) より，質点が点 $\boldsymbol{r}$ にあるときと $\boldsymbol{r}'$ にあるときのポテンシャル・エネルギーの差は

$$U(\boldsymbol{r}') - U(\boldsymbol{r}) = -\int_{\boldsymbol{r}_0}^{\boldsymbol{r}'} \boldsymbol{F}(\boldsymbol{r})\cdot \mathrm{d}\boldsymbol{r} - \left(-\int_{\boldsymbol{r}_0}^{\boldsymbol{r}} \boldsymbol{F}(\boldsymbol{r})\cdot \mathrm{d}\boldsymbol{r}\right) = -\int_{\boldsymbol{r}}^{\boldsymbol{r}'} \boldsymbol{F}(\boldsymbol{r})\cdot \mathrm{d}\boldsymbol{r} \tag{5.29}$$

で与えられる．

このように，保存力がする仕事に関係するのは $U(\boldsymbol{r})$ の差であるから，基準点 $\boldsymbol{r}_0$ は任意に決めてよい．通常は表式がなるべく単純になるように選ぶ．

§5.4 保存力の例

(1) 1次元の力の場

1次元の力の場，つまり1次元の位置座標の連続関数として与えられる力 $\boldsymbol{F}(x)$ はすべて保存力である． このことを証明するには，点 x_A から点 x_B に至るまでに $\boldsymbol{F}(x)$ がする仕事

$$W_\mathrm{AB}=\int_{x_\mathrm{A}}^{x_\mathrm{B}} F(x)\,\mathrm{d}x \tag{5.30}$$

が経路によらないことをいえばよい．ここで $F(x)$ は大きさではなく $\boldsymbol{F}(x)$ の x 成分（ていねいに書けば $F_x(x)$）である．大きさではないので，正・負の値をとることに注意したい．この場合，x_A から直接 x_B に至る経路以外の経路としては，図5.8のように x_A からいったん x_A と反対側の点 x_C に行ってそこから x_B にもどる経路や，いったん x_B を通り過ぎた点 x_C に行って x_B にもどる経路が考えられるが，いずれにしても，

図5.8

$$W_\mathrm{ACB}=\int_{\mathrm{A}\to\mathrm{C}\to\mathrm{B}} F(x)\,\mathrm{d}x=\int_{x_\mathrm{A}}^{x_\mathrm{C}} F(x)\,\mathrm{d}x+\int_{x_\mathrm{C}}^{x_\mathrm{B}} F(x)\,\mathrm{d}x=\int_{x_\mathrm{A}}^{x_\mathrm{B}} F(x)\,\mathrm{d}x=W_\mathrm{AB} \tag{5.31}$$

である．よって，$\boldsymbol{F}(x)$ は保存力である．

ポテンシャル・エネルギーは，任意の点 x_0 を基準として

$$U(x)=-\int_{x_0}^{x} F(x)\,\mathrm{d}x \tag{5.32}$$

で与えられる．

一端を固定したつる巻きばねによる力の場が，その例である．固定していないほうの端の座標を x とする．§3.4や§4.1で学んだように自然な状態でのこの端の座標を x_0 とすると，力の場 $F(x)$ はばねの伸び $x-x_0$ に比例し

$$F(x)=-k(x-x_0) \tag{5.33}$$

である．これは1次元の場だから，保存力の場である．この場合のポテンシャル・エネルギーは，$x = x_0$ をその基準にとると

$$U(x) = -\int_{x_0}^{x}[-k(x-x_0)]\mathrm{d}x = \int_{x_0}^{x} k(x-x_0)\,\mathrm{d}x = k\left[\frac{x^2}{2}-x_0x\right]_{x_0}^{x} = \frac{k}{2}(x-x_0)^2 \tag{5.34}$$

である．

（2） 3次元空間の一様な力の場

3次元空間で，質点がどの位置にあっても同じ一定の力

$$\boldsymbol{F}(\boldsymbol{r}) = \boldsymbol{F} \tag{5.35}$$

を受けるとき，質点は一様な力を受けているという．このような場も保存力の場である．地表付近の重力

$$\boldsymbol{F}(\boldsymbol{r}) = m\boldsymbol{g} = -mg\boldsymbol{e}_z \tag{5.36}$$

は，$\boldsymbol{g}$ が一定であるような限られた地域内では，近似的に一様な力の場である．質量 m の質点が点A（$\boldsymbol{r} = \boldsymbol{r}_\mathrm{A}$）から経路Cを通って点B（$\boldsymbol{r} = \boldsymbol{r}_\mathrm{B}$）に至るまでに重力がする仕事を計算すると（図5.9）

$$W_{\mathrm{ACB}} = \int_{\mathrm{A}\,(\mathrm{C})}^{\mathrm{B}}(-mg\boldsymbol{e}_z)\cdot\mathrm{d}\boldsymbol{r} = -\int_{\mathrm{A}\,(\mathrm{C})}^{\mathrm{B}} mg\,\mathrm{d}z = -\int_{z_\mathrm{A}}^{z_\mathrm{B}} mg\,\mathrm{d}z = -mg(z_\mathrm{B}-z_\mathrm{A}) \tag{5.37}$$

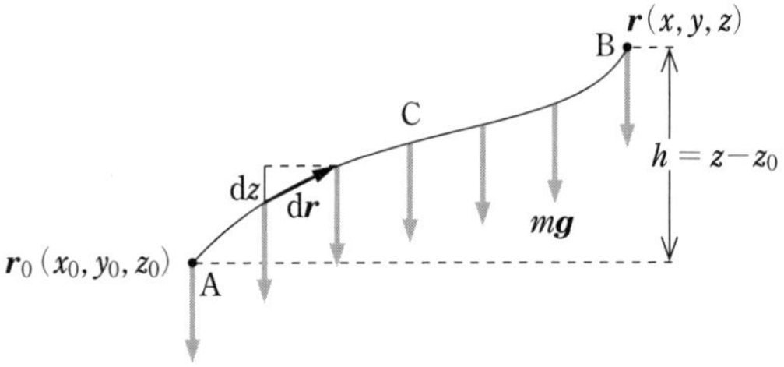

図5.9

となる．ただし，無限小の変位ベクトル

$$\mathrm{d}\boldsymbol{r} = (\mathrm{d}x, \mathrm{d}y, \mathrm{d}z) \tag{5.38}$$

に対し (1.19) を適用した．このように，W_{ACB} は2点A, Bの z 座標だけで決

まり，途中の経路Cに無関係であるから，(5.36) は保存力である．よってポテンシャル・エネルギーが存在し，点 $\boldsymbol{r}_0(x_0, y_0, z_0)$ を基準にとると，

$$U(\boldsymbol{r}) = -\int_{\boldsymbol{r}_0}^{\boldsymbol{r}} (-mg\boldsymbol{e}_z)\cdot \mathrm{d}\boldsymbol{r} = \int_{z_0}^{z} mg\,\mathrm{d}z = mg(z-z_0) = mgh \qquad (5.39)$$

である．$h(=z-z_0)$ は $\boldsymbol{r}$ と $\boldsymbol{r}_0$ の高さの差である．

問4　ばね定数 k のばねに質量 m のおもりがつり下げられて静止している．ばねが自然長にある状態を基準とするポテンシャル・エネルギーを求めよ．

解　ばねの伸び x は

$$kx = mg \quad \text{より} \quad x = \frac{mg}{k}$$

よって，ポテンシャル・エネルギーは

$$U = \frac{1}{2}kx^2 - mgx = -\frac{m^2g^2}{2k}$$

（3）等方的な中心力

このほか，万有引力のような，等方的な中心力の場も保存力であることを示すことができるが，これについては第6章で扱う．

§5.5　力学的エネルギーの保存法則

（1）力学的エネルギーの保存法則

§5.2 で，質点が位置Aから B まで動く間の運動エネルギーの変化分は，その間に働いていた合力がする仕事に等しいことを学んだ．いま，質点が保存力だけを受けながら運動している場合を考えると，保存力がする仕事は，(5.29) を参照して

$$W_{\mathrm{AB}} = \int_{\mathrm{A}}^{\mathrm{B}} \boldsymbol{F}(\boldsymbol{r})\cdot \mathrm{d}\boldsymbol{r} = -U(\boldsymbol{r}_{\mathrm{B}}) + U(\boldsymbol{r}_{\mathrm{A}}) \qquad (5.40)$$

だから，(5.18) より

$$K_{\mathrm{B}} - K_{\mathrm{A}} = -U(\boldsymbol{r}_{\mathrm{B}}) + U(\boldsymbol{r}_{\mathrm{A}}) \qquad (5.41)$$

である．位置 $\boldsymbol{r}_{\mathrm{A}}$ に関する量を左辺，$\boldsymbol{r}_{\mathrm{B}}$ に関する量を右辺に集めると

$$K_{\mathrm{A}} + U(\boldsymbol{r}_{\mathrm{A}}) = K_{\mathrm{B}} + U(\boldsymbol{r}_{\mathrm{B}}) \qquad (5.42)$$

と書ける．ここに現れた

$$E = K + U(\boldsymbol{r}) = \frac{1}{2}mv^2 + U(\boldsymbol{r}) \qquad (\text{定義}) \tag{5.43}$$

は，運動エネルギーとポテンシャル・エネルギーの和であり，これを，**力学的エネルギー**という．(5.42) は

$$E_{\mathrm{A}} = E_{\mathrm{B}} \tag{5.44}$$

つまり「**保存力のみを受けながら運動している物体の運動においては，力学的エネルギーは常に一定である**」ことを表している．これを**力学的エネルギーの保存法則**という．

(2) 保存力以外の力がある場合

力学的エネルギーの保存法則は，もともと，(1.1) の $\boldsymbol{F}$ が保存力のみである場合に成り立つ関係である．

(1.1) の $\boldsymbol{F}$ が保存力 $\boldsymbol{F}_{\mathrm{c}}$ と保存力以外の力 $\boldsymbol{F}'$ の和

$$\boldsymbol{F} = \boldsymbol{F}_{\mathrm{c}} + \boldsymbol{F}' \tag{5.45}$$

で与えられる場合は，(5.41) は成り立たず，

$$\begin{aligned} \frac{1}{2}m{v_{\mathrm{B}}}^2 - \frac{1}{2}m{v_{\mathrm{A}}}^2 &= \int_{\mathrm{A}}^{\mathrm{B}} \boldsymbol{F}_{\mathrm{c}} \cdot \mathrm{d}\boldsymbol{r} + \int_{\mathrm{A}}^{\mathrm{B}} \boldsymbol{F}' \cdot \mathrm{d}\boldsymbol{r} \\ &= -U_{\mathrm{c}}(\boldsymbol{r}_{\mathrm{B}}) + U_{\mathrm{c}}(\boldsymbol{r}_{\mathrm{A}}) + \int_{\mathrm{A}}^{\mathrm{B}} \boldsymbol{F}' \cdot \mathrm{d}\boldsymbol{r} \end{aligned} \tag{5.46}$$

となる．ただし，

$$U_{\mathrm{c}}(\boldsymbol{r}) = -\int_{\boldsymbol{r}_0}^{\boldsymbol{r}} \boldsymbol{F}_{\mathrm{c}} \cdot \mathrm{d}\boldsymbol{r} \tag{5.47}$$

は保存力 $\boldsymbol{F}_{\mathrm{c}}$ のポテンシャル・エネルギーである．(5.46) の最後の項は，保存力以外の力がする仕事で，これは点 A だけに関係する量と B だけに関係する量に分離できないから，(5.42) のように保存法則の形に書くことはできない．

しかし，$\boldsymbol{F}'$ が束縛力でなめらかな束縛の場合は，すべての瞬間に

$$\boldsymbol{F}' \perp \mathrm{d}\boldsymbol{r} \tag{5.48}$$

だから，(5.46) の最後の項は 0 になる．このことを，「**なめらかな束縛の場合，束縛力は仕事をしない**」という．この場合も力学的エネルギーの保存法則 (5.44) が成り立つ．

たとえば，質量 m のおもりを長さ l の糸でつるした単振り子（図 5.10）のおもりにかかる糸の張力 $\boldsymbol{S}$ は，おもりの運動の方向に垂直な束縛力である．この振り子の運動を知るには運動方程式

$$m\frac{\mathrm{d}^2\boldsymbol{r}}{\mathrm{d}t^2} = m\boldsymbol{g}+\boldsymbol{S} \tag{5.49}$$

を解く必要がある．しかし，たとえば，おもりを角度 θ_0 の位置から静かに放した場合の振動で，おもりが角度 θ の位置にきたときの速さ v を知るだけなら，力学的エネルギーの保存法則から求めることができる．すなわち，ポテンシャル・エネルギーの基準点を糸の支点の高さにとると，

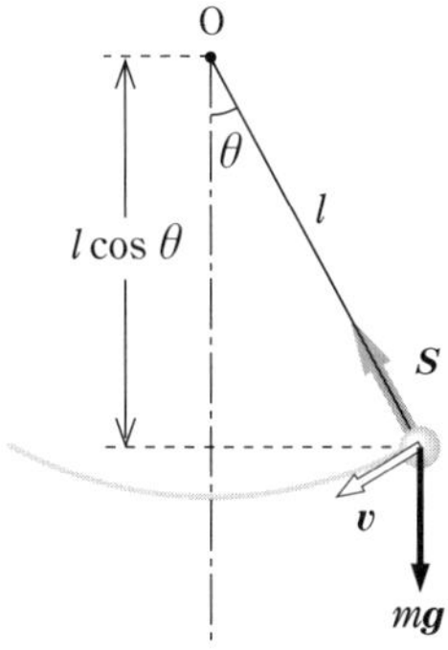

図 5.10

$$0-mgl\cos\theta_0 = \frac{1}{2}mv^2-mgl\cos\theta \tag{5.50}$$

だから，

$$v = \sqrt{2gl(\cos\theta-\cos\theta_0)} \tag{5.51}$$

である．

また，なめらかな斜面（図 5.11）または曲面（図 5.12）を滑り下りる物体が面から受けている抗力も，物体の運動方向に垂直だから，仕事をしない．よって，高さ z_1 の位置で速さ v_1 であった物体が高さ z_2 の位置にきたときの速さを v_2 とすると，力学的エネルギーの保存法則から

$$\frac{1}{2}m{v_2}^2+mgz_2 = \frac{1}{2}m{v_1}^2+mgz_1 \tag{5.52}$$

より，

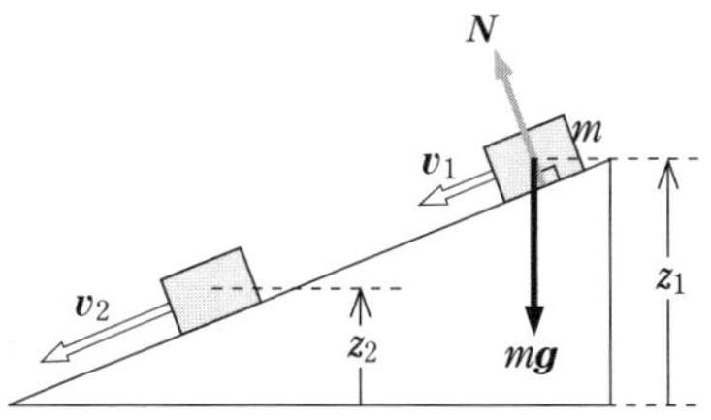

図 5.11

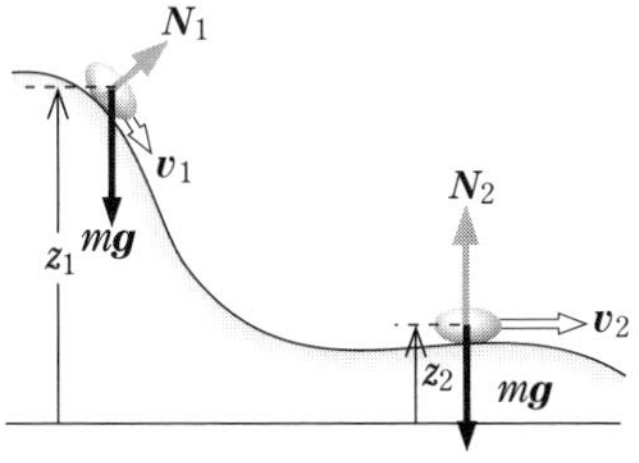

図 5.12

$$v_2 = \sqrt{{v_1}^2 + 2g(z_1 - z_2)} \tag{5.53}$$

であることがわかる．

（3） 摩擦力のする仕事

物体と斜面の間に摩擦があるときは，(5.46) の最後の項で摩擦力 $\boldsymbol{F}'$ の効果を考慮しなければならないから，(5.53) は成り立たない．

一般に摩擦力 $\boldsymbol{F}'$ は常に物体の移動の変位ベクトル $\mathrm{d}\boldsymbol{r}$ と逆向きに働くから

$$\boldsymbol{F}' \cdot \mathrm{d}\boldsymbol{r} = -|\boldsymbol{F}'||\mathrm{d}\boldsymbol{r}| < 0 \tag{5.54}$$

である．よって，摩擦力がする仕事は負

$$W' = \int_{\substack{r_0 \\ (\mathrm{C})}}^{r} \boldsymbol{F}' \cdot \mathrm{d}\boldsymbol{r} < 0 \tag{5.55}$$

である．$|W'|$ だけ物体の力学的エネルギーは失われる．しかし，熱力学によれば，この仕事は物体の底と面に発生する熱のエネルギーになっており，この熱のエネルギーを含めたエネルギーは保存することが知られている．

§5.6 保存力とポテンシャル・エネルギーの微分関係

§5.3 で，保存力の場があるときに，それに付随するポテンシャル・エネルギーを求めることを学んだが，ここでは逆に，ポテンシャル・エネルギー $U(\boldsymbol{r})$ がわかっているときに，点 $\boldsymbol{r}$ にある質点が受ける力（保存力）を求めることを考える．

（1） 1次元の保存力の場合

ばねの力など，1次元の保存力 $F(x)$ が与えられているとき，ポテンシャル・エネルギーは (5.32) で与えられる．$U(x_0) = 0$ であることを考慮してこれを

$$\int_{x_0}^{x} F(x)\,\mathrm{d}x = -U(x) - (-U(x_0)) = -U(x) \tag{5.56}$$

と書き，(3.25) と比較すると，$-U(x)$ は $F(x)$ の原始関数であることがわかる．したがって，(3.1) より

$$F(x) = -\frac{\mathrm{d}U(x)}{\mathrm{d}x} \tag{5.57}$$

の関係がある．

（2） 3次元の保存力の場合

3次元空間の保存力場 $\boldsymbol{F}(\boldsymbol{r})$ とポテンシャル・エネルギー $U(\boldsymbol{r})$ の関係は(5.26)であるが，$U(\boldsymbol{r})$ から逆に $\boldsymbol{F}(\boldsymbol{r})$ を求めよう．点 $\boldsymbol{r}$ とその近傍の点 $\boldsymbol{r}+\Delta\boldsymbol{r}$ のポテンシャル・エネルギーの差は，(5.29)より

$$U(\boldsymbol{r}+\Delta\boldsymbol{r})-U(\boldsymbol{r}) = -\int_{\boldsymbol{r}}^{\boldsymbol{r}+\Delta\boldsymbol{r}} \boldsymbol{F}(\boldsymbol{r})\cdot\mathrm{d}\boldsymbol{r} \tag{5.58}$$

である(図5.13)．$\boldsymbol{F}(\boldsymbol{r})$ は保存力であるから右辺の積分は経路によらないので，いまとくにベクトル $\Delta\boldsymbol{r}$ に沿った直線的な経路を考えよう．$\Delta\boldsymbol{r}$ が十分小さい場合を考えれば，この経路の至るところで $\boldsymbol{F}(\boldsymbol{r})$ はほとんど同じ向きと大きさをもつベクトルであるから，(5.58)の右辺の積分を，定義に従って $\Delta\boldsymbol{r}$ の間をさらに小さく分けて計算するまでもなく，よい近似で

$$U(\boldsymbol{r}+\Delta\boldsymbol{r})-U(\boldsymbol{r}) \approx -\boldsymbol{F}(\boldsymbol{r})\cdot\Delta\boldsymbol{r} \tag{5.59}$$

が成り立つ．これから(5.57)に対応する $\boldsymbol{F}(\boldsymbol{r})$ に対する表式を求めたいのであるが，$\boldsymbol{F}(\boldsymbol{r})$ は $\Delta\boldsymbol{r}$ とスカラー積で結びついているので，1次元の場合のように単純ではない．

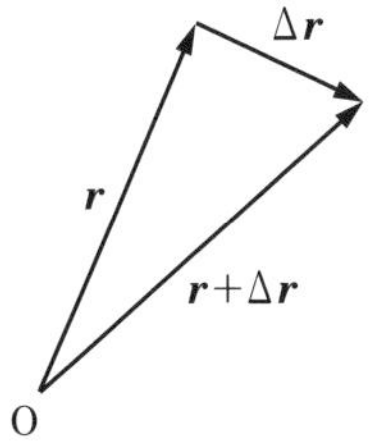

図5.13

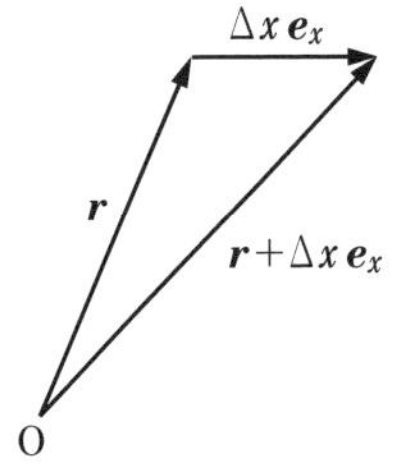

図5.14

そこでまず，$\Delta\boldsymbol{r}$ として x 軸に沿った特別な変位 $\Delta\boldsymbol{r} = \Delta x\,\boldsymbol{e}_x$ を考えると(図5.14)

$$U(\boldsymbol{r}+\Delta x\,\boldsymbol{e}_x)-U(\boldsymbol{r}) \approx -\boldsymbol{F}(\boldsymbol{r})\cdot\Delta x\,\boldsymbol{e}_x = -F_x(\boldsymbol{r})\,\Delta x \tag{5.60}$$

である．

$$F_x(\boldsymbol{r}) = \boldsymbol{F}(\boldsymbol{r})\cdot\boldsymbol{e}_x \tag{5.61}$$

は，$\boldsymbol{F}(\boldsymbol{r})$ の x 成分である．(5.60) の両辺を Δx で除すると

$$F_x(\boldsymbol{r}) \approx -\frac{U(\boldsymbol{r}+\Delta x\,\boldsymbol{e}_x)-U(\boldsymbol{r})}{\Delta x} \tag{5.62}$$

である．$\Delta x \to 0$ の極限で $\approx$ は $=$ になる．すなわち，

$$\begin{aligned} F_x(\boldsymbol{r}) &= -\lim_{\Delta x\to 0}\frac{U(\boldsymbol{r}+\Delta x\,\boldsymbol{e}_x)-U(\boldsymbol{r})}{\Delta x} \\ &= -\lim_{\Delta x\to 0}\frac{U(x+\Delta x, y, z)-U(x, y, z)}{\Delta x} = -\frac{\partial U(\boldsymbol{r})}{\partial x} \end{aligned} \tag{5.63}$$

である．

一般に多変数の関数 $f(x_1, x_2, \cdots, x_n)$ の 1 変数 x_i 以外の値を固定して，x_i について微分することを**偏微分**といい，$\partial f/\partial x_i$ で表す．偏微分して得られる関数を**偏導関数**という．

$$\frac{\partial f(x_1, x_2, \cdots, x_n)}{\partial x_i} = \lim_{\Delta x_i\to 0}\frac{f(x_1, \cdots, x_i+\Delta x_i, \cdots, x_n)-f(x_1, \cdots, x_i, \cdots, x_n)}{\Delta x_i} \tag{5.64}$$

(5.63) は，$-U(\boldsymbol{r})$ を x に関して偏微分したものが力 $\boldsymbol{F}(\boldsymbol{r})$ の x 成分であることを示している．同様に，y 軸および z 軸に沿った特別な変位 $\Delta\boldsymbol{r} = \Delta y\,\boldsymbol{e}_y$，$\Delta z\,\boldsymbol{e}_z$ を考えることにより，

$$F_y(\boldsymbol{r}) = -\frac{\partial U(\boldsymbol{r})}{\partial y}, \qquad F_z(\boldsymbol{r}) = -\frac{\partial U(\boldsymbol{r})}{\partial z} \tag{5.65}$$

が得られる．これらをまとめると力 $\boldsymbol{F}(\boldsymbol{r})$ の 3 成分のすべてを表すことができるので，目的を達したことになる．

$$\begin{aligned} \boldsymbol{F}(\boldsymbol{r}) &= \left(-\frac{\partial U(\boldsymbol{r})}{\partial x}, -\frac{\partial U(\boldsymbol{r})}{\partial y}, -\frac{\partial U(\boldsymbol{r})}{\partial z}\right) \\ &= -\left(\frac{\partial U(\boldsymbol{r})}{\partial x}\boldsymbol{e}_x + \frac{\partial U(\boldsymbol{r})}{\partial y}\boldsymbol{e}_y + \frac{\partial U(\boldsymbol{r})}{\partial z}\boldsymbol{e}_z\right) \end{aligned} \tag{5.66}$$

負号は $U(\boldsymbol{r})$ の定義 (5.26) の負号に由来する．上式は形式的に

$$\boldsymbol{F}(\boldsymbol{r}) = -\left(\frac{\partial}{\partial x}, \frac{\partial}{\partial y}, \frac{\partial}{\partial z}\right)U(\boldsymbol{r}) \tag{5.67}$$

と書くことができる．この x, y, z 成分をもつ演算子（ベクトル演算子）を ∇

と書き，**ナブラ**または**デル**と呼ぶ．

$$\nabla = \left(\frac{\partial}{\partial x}, \frac{\partial}{\partial y}, \frac{\partial}{\partial z}\right) \tag{5.68}$$

この演算子は，空間座標を変数とするスカラー関数すなわちスカラー場に作用すると，その関数の x, y, z に関する偏微分をそれぞれ x 成分，y 成分，z 成分とするベクトル場をつくる．これを用いると (5.66) は

$$\boldsymbol{F}(\boldsymbol{r}) = -\nabla U(\boldsymbol{r}) \tag{5.69}$$

と書ける．$\nabla U(\boldsymbol{r})$ はまた $\mathrm{grad}\, U(\boldsymbol{r})$ とも書かれる．

$$\boldsymbol{F}(\boldsymbol{r}) = -\mathrm{grad}\, U(\boldsymbol{r}) \tag{5.70}$$

$\mathrm{grad}\, U(\boldsymbol{r})$ つまり $\nabla U(\boldsymbol{r})$ を $U(\boldsymbol{r})$ の**勾配**ともいう．(5.66), (5.67), (5.69), (5.70) などを見ると，$U(\boldsymbol{r})$ は力の場 $\boldsymbol{F}(\boldsymbol{r})$ を導く潜在的なスカラー場であることがわかる．この意味で，$U(\boldsymbol{r})$ は“ポテンシャル”・エネルギーと呼ばれる．

問 5　(5.57) を以上と同様の議論から導け．

解

$$U(x+\Delta x) - U(x) = -\int_x^{x+\Delta x} F(x)\,\mathrm{d}x \approx -F(x)\,\Delta x$$

$$\therefore \quad F(x) \approx -\frac{U(x+\Delta x) - U(x)}{\Delta x}$$

$\Delta x \to 0$ の極限をとると $F(x) = -\dfrac{\mathrm{d}U(x)}{\mathrm{d}x}$

保存場 $\boldsymbol{F}(\boldsymbol{r})$ が力の場 (保存力の場) であるとき，(5.26) はエネルギーの次元 $[F]\mathsf{L} = \mathsf{ML}^2\mathsf{T}^{-2}$ をもつので $U(\boldsymbol{r})$ をポテンシャル・エネルギーと呼んだ．一般に保存場が力の場であるとは限らない．電荷 q に力を及ぼす静電場 $\boldsymbol{E}(\boldsymbol{r})$ はその例である．その場合 (5.26) の左辺の $U(\boldsymbol{r})$ はエネルギーではないので，単にポテンシャル，あるいは静電ポテンシャルと呼ばれる．ちなみに，その場合，位置 $\boldsymbol{r}$ にある電荷 q がもっている位置エネルギーは $qU(\boldsymbol{r})$ で，電磁気学ではこの量がポテンシャル・エネルギーである．なお，保存場 $\boldsymbol{F}(\boldsymbol{r})$ が保存力の場のときに $U(\boldsymbol{r})$ を単にポテンシャルと呼ぶ場合もある．それも当然許されるので，読む際に混乱しないように注意したい．

§5.7　ポテンシャル・エネルギーから保存力を求める

それでは，§5.4 で扱った具体的な例について，ポテンシャル・エネルギーから保存力の場の表式を求めてみよう．

(1)　ば ね の 力

ばねのポテンシャル・エネルギーは (5.34) で与えられるから，保存力は

$$F(x) = -\frac{\mathrm{d}}{\mathrm{d}x}\frac{k}{2}(x-x_0)^2 = -k(x-x_0) \tag{5.71}$$

であるが，確かに (5.33) に等しい．

(2)　3 次元空間の一様な力の場

一様な力の場である地表付近の重力の場のポテンシャル・エネルギーは (5.39) で与えられるから，重力の各成分は

$$F_x = -\frac{\partial}{\partial x}mg(z-z_0) = 0 \tag{5.72}$$

$$F_y = -\frac{\partial}{\partial y}mg(z-z_0) = 0 \tag{5.73}$$

$$F_z = -\frac{\partial}{\partial z}mg(z-z_0) = -mg \tag{5.74}$$

よって，(5.36)

$$\boldsymbol{F}(\boldsymbol{r}) = -mg\boldsymbol{e}_z = m\boldsymbol{g} \tag{5.75}$$

が得られる．

(3)　等方的な中心力の場

万有引力に代表される等方的な中心力の場のポテンシャル・エネルギーについては，第 6 章で学ぶ．

演 習 問 題 5

[A]

***1*．**　摩擦のない図のような形の針金に通した玉を点 A から静かに放した．点 B と

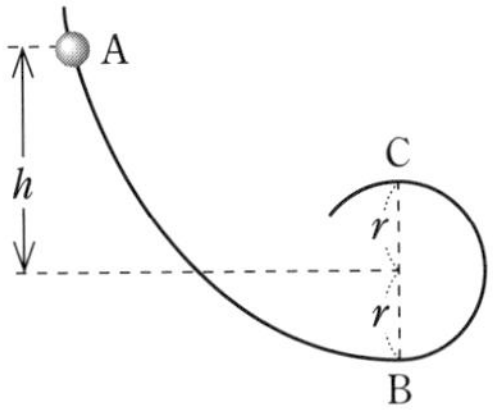

点Cにおける速さを求めよ．

***2*．** 長さ $2a$ のなめらかな直線レールABを，その中点Cが地球（質量 M，半径 R の球とする）に接するように架設する．空気による抵抗，および地球の自転，公転の効果を無視して，この架空の施設に関する問に答えよ．$a \ll R$ とし，万有引力定数を G とする．

(a) レールの片方の端Aにテスト車（質量 m）を置き，時刻 $t = 0$ に静かに放したとする．テスト車が点Cにきたときの速さはいくらか．

(b) テスト車はレールの上を往復振動することを示し，その周期 T を求めよ．

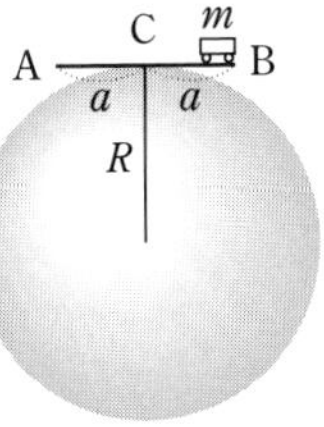

***3*．** 地球表面上で質量 m の物体に鉛直上向きの初速度を与えて無限遠まで飛び去るようにしたい．そのような最小の初速度の大きさ v_0 を求めよ．ただし空気の摩擦や地球の自転の効果および太陽との間の万有引力は考えなくてもよいものとする．

***4*．** 粗い面の上にある質量1 kgの物体を速度0.5 m/sで2 mだけ移動させた．発生した摩擦熱を求めよ．ただし，動摩擦係数を0.4とする．

***5*．** 質量 m_1 と m_2 の物体をひもでつなぎ，図のような台の端の軽い滑車にかけて静かに放した．物体が x だけ移動したときの速さを求めよ．ただし，台と物体の間の動摩擦係数を μ とする．

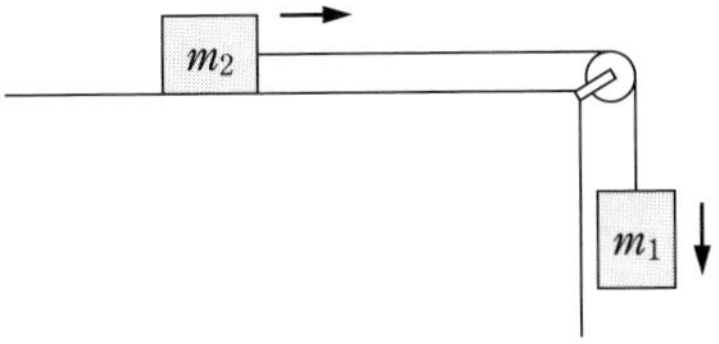

[B]

6． 十分に長い糸の両端と中央に質量 m のおもりをつけたものを，水平に距離 $2a$ だけ離れたなめらかな釘にかける．中央のおもりが釘の中間の位置にくるものとする．

(a) 中央のおもりを手で支えながらゆっくり下げたとき，つり合って静止するのは，どれだけ下がった位置か．

(b) 中央のおもりを釘と同じ高さに保持した位置から初速度 0 で放すと振動を始める．中央のおもりはどれだけ下がった位置からまた上昇を始めるか．

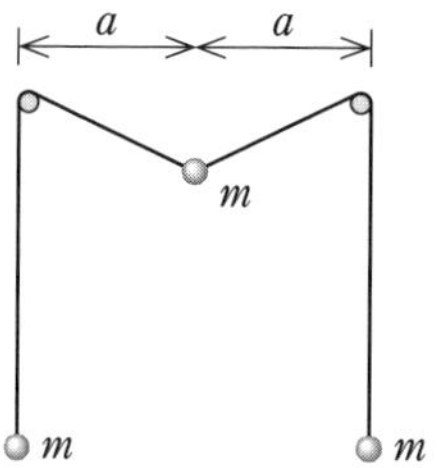

7． 質量 m のおもりを長さ l の糸につけて，糸の他端を支点に固定して，糸が張った状態で支点と同じ高さから静かに放す．おもりが支点の鉛直真下を過ぎて糸が角度 θ だけ傾いた点で糸を切った．おもりのその後の運動の軌跡の最高点の，最下点からの高さ h を求めよ．

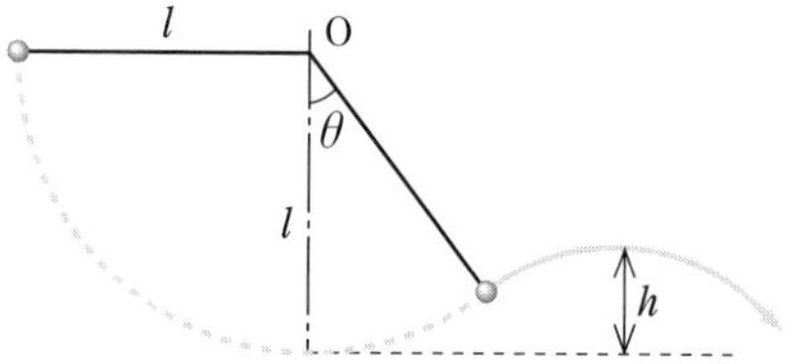

8． 太さを無視できる質量 M で長さ $2a$ の一様な棒が，中央の点が原点上にくるように x 軸上に置かれている．

(a) x 軸上の点 $(x, 0, 0)$，$x > a$ にある質量 m の質点の，棒との間の万有引力のポテンシャル・エネルギーを求めよ．

(b) 上で求めたポテンシャル・エネルギーから，質点が感じる万有引力の x, y, z 成分を求めよ．

6

極座標による記述

これまでニュートンの運動方程式(1.1)に従う質点の運動を具体的に追跡するためにデカルト座標を用いてきた．ここでは対称性のよい力の場の記述や回転運動の記述に便利な極座標や円筒座標(円柱座標ともいう)について学ぶ．

§6.1 極　座　標

(1) 2次元極座標

まず**2次元極座標**を学ぶ．デカルト座標では，原点を通り直交するx軸，y軸を定め，図6.1の点Pの位置を(x, y)で指定し，位置ベクトル$\boldsymbol{r}$を，x方向，y方向の単位ベクトル$\boldsymbol{e}_x, \boldsymbol{e}_y$を用いて，(1.10)

$$\boldsymbol{r} = x\boldsymbol{e}_x + y\boldsymbol{e}_y$$

と表した．

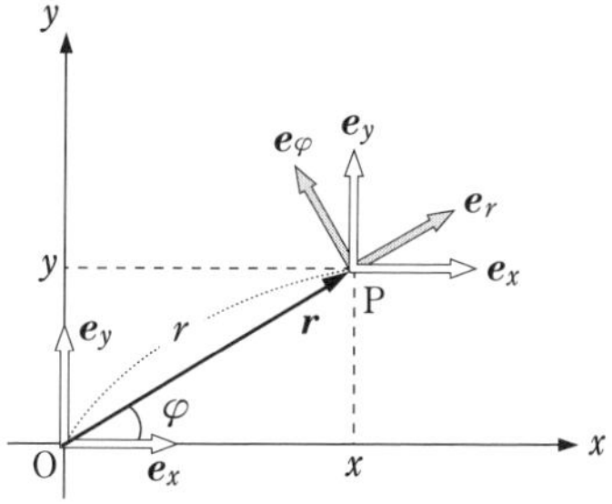

図6.1

点Pの位置を指定するのに図6.1の(r, φ)を用いることもできる．この表示を(2次元)極座標という．rを動径といい，原点Oから点Pまでの距離$|\boldsymbol{r}|$に等しい．φを偏角または方位角と呼び，x軸と位置ベクトル$\boldsymbol{r}$との角度を表す．デカルト座標の(x, y)と極座標の(r, φ)との間には

$$x = r\cos\varphi, \quad y = r\sin\varphi, \quad r = \sqrt{x^2+y^2} \tag{6.1}$$

の関係がある．

r方向(動径方向)の単位ベクトル$\boldsymbol{e}_r$とφ方向(偏角方向，あるいは方位角

方向）の単位ベクトル $\boldsymbol{e}_\varphi$ を，図6.1のように定める．$\boldsymbol{e}_r$ の向きは，φ を固定して r を増したときに点Pが移動する向き，つまり $\boldsymbol{r}$ を延長する向きである．$\boldsymbol{e}_\varphi$ の向きは，r を固定して φ を増加させたときにPが移動する向き，つまり $\boldsymbol{e}_r$ に直角で反時計まわりの向きである．デカルト座標の $\boldsymbol{e}_x$ と $\boldsymbol{e}_y$ は，点Pの位置に関係なく全平面で一定の向きを向いているが，$\boldsymbol{e}_r$ と $\boldsymbol{e}_\varphi$ は点Pの位置によって向きが異なる．ただし，$\varphi=$ 一定 なる直線上の点では，$\boldsymbol{e}_r$ も $\boldsymbol{e}_\varphi$ も一定である．つまり $\boldsymbol{e}_r, \boldsymbol{e}_\varphi$ はともに φ のみの関数である．

点 (r, φ) の $\boldsymbol{e}_r, \boldsymbol{e}_\varphi$ と $\boldsymbol{e}_x, \boldsymbol{e}_y$ の関係は

$$\boldsymbol{e}_r = \cos\varphi\, \boldsymbol{e}_x + \sin\varphi\, \boldsymbol{e}_y \tag{6.2}$$

$$\boldsymbol{e}_\varphi = -\sin\varphi\, \boldsymbol{e}_x + \cos\varphi\, \boldsymbol{e}_y \tag{6.3}$$

である．これは，

$$|\boldsymbol{e}_x| = |\boldsymbol{e}_y| = |\boldsymbol{e}_r| = |\boldsymbol{e}_\varphi| = 1 \tag{6.4}$$

を考慮すれば，図6.2から容易に理解できる．$\boldsymbol{e}_x, \boldsymbol{e}_y$ は常に一定だから，確かに $\boldsymbol{e}_r$ も $\boldsymbol{e}_\varphi$ も φ のみの関数である．逆に解くと

$$\boldsymbol{e}_x = \cos\varphi\, \boldsymbol{e}_r - \sin\varphi\, \boldsymbol{e}_\varphi \tag{6.5}$$

$$\boldsymbol{e}_y = \sin\varphi\, \boldsymbol{e}_r + \cos\varphi\, \boldsymbol{e}_\varphi \tag{6.6}$$

である．

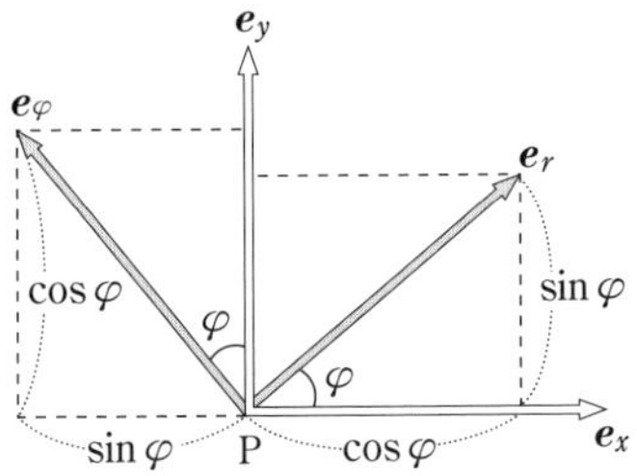

図6.2

問1 (6.5),(6.6) を導け．また，図6.2と同様の図形的考察からあらためて導け．
解 略

ここで，後の章で面積分の計算に利用する，面積素片 $\mathrm{d}S$ の極座標表示を求めておこう．図6.3のような点 (r, φ) を頂点のひとつとして，動径座標の無限小変化分 $\mathrm{d}r$ と，偏角座標の無限小変化 $\mathrm{d}\varphi$ で生じる無限小の辺 $r\,\mathrm{d}\varphi$ を2辺とする長方形が面積素片で，

$$\mathrm{d}S = \mathrm{d}r \times r\,\mathrm{d}\varphi = r\,\mathrm{d}r\,\mathrm{d}\varphi \tag{6.7}$$

である．

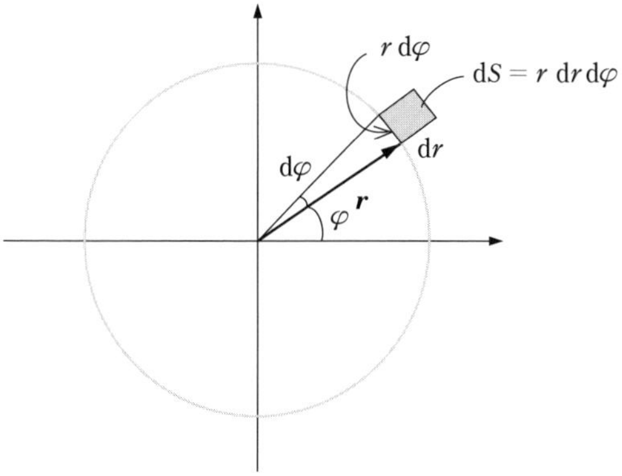

図 6.3

(2) 3次元極座標

3次元空間の位置ベクトル $\boldsymbol{r}$ の点Pは，3次元デカルト座標 (x, y, z) のほか，図6.4のような**3次元極座標** (r, θ, φ) でも指定することができる．この場合も r は動径と呼ばれ $\boldsymbol{r}$ の大きさ，θ は天頂角と呼ばれ z 軸の正の向きと $\boldsymbol{r}$ とのなす角度，φ は偏角（方位角）で，$\boldsymbol{r}$ の xy 平面への射影 ξ が x 軸となす角度である．デカルト座標 (x, y, z) との関係は

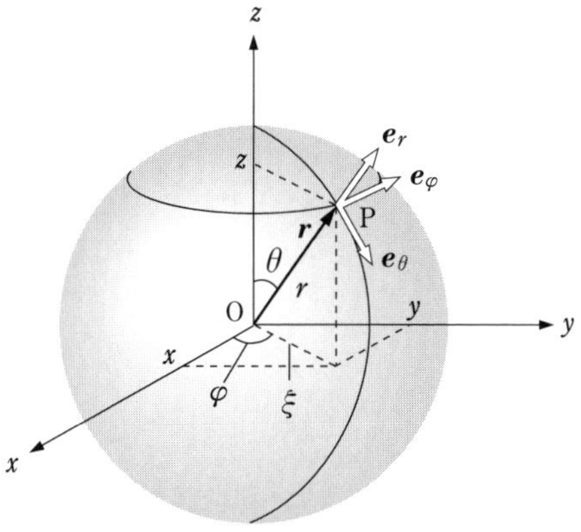

図 6.4

$$x = \xi \cos \varphi = r \sin \theta \cos \varphi, \quad y = \xi \sin \varphi = r \sin \theta \sin \varphi, \quad z = r \cos \theta \tag{6.8}$$

$$r = \sqrt{x^2 + y^2 + z^2}, \quad \xi = r \sin \theta \qquad (\xi：クシー) \tag{6.9}$$

である．2次元極座標と同様に，単位ベクトルは，r, θ, φ のうち2つを固定して残りの1つを増加させたときに点Pが移動する向きをもつ，大きさ1のベクトルと定義する．$\boldsymbol{e}_r$ の向きは原点から点Pへ向かう向き，つまり $\boldsymbol{r}$ を延長する向き（動径方向）である．$\boldsymbol{e}_\theta$ の向きは，半径 r の球面を地球の表面にたとえると，経線に沿って表面を北から南に向かう向き（天頂角方向）である．$\boldsymbol{e}_\varphi$ の向きは，同じく緯線上を西から東に向かう向き（偏角方向）である．デカルト座標の $\boldsymbol{e}_x, \boldsymbol{e}_y, \boldsymbol{e}_z$ は点Pの位置に無関係であるが，$\boldsymbol{e}_r, \boldsymbol{e}_\theta, \boldsymbol{e}_\varphi$ が点Pの位置によって異なる（(θ, φ) の関数である）ことは，2次元極座標の場合と同様である．

体積素片の3次元極座標表示は，図6.5のような点 (r, θ, φ) を頂点のひとつとして，座標の微小変化 $\mathrm{d}r, \mathrm{d}\theta, \mathrm{d}\varphi$ で生じる無限小の辺 $\mathrm{d}r$, $r\,\mathrm{d}\theta$, $r \sin \theta\, \mathrm{d}\varphi$ を3辺とする直方体である．その体積は

$$\mathrm{d}V = \mathrm{d}r \times r\,\mathrm{d}\theta \times r \sin \theta\, \mathrm{d}\varphi = r^2 \sin \theta\, \mathrm{d}r\, \mathrm{d}\theta\, \mathrm{d}\varphi \tag{6.10}$$

である．

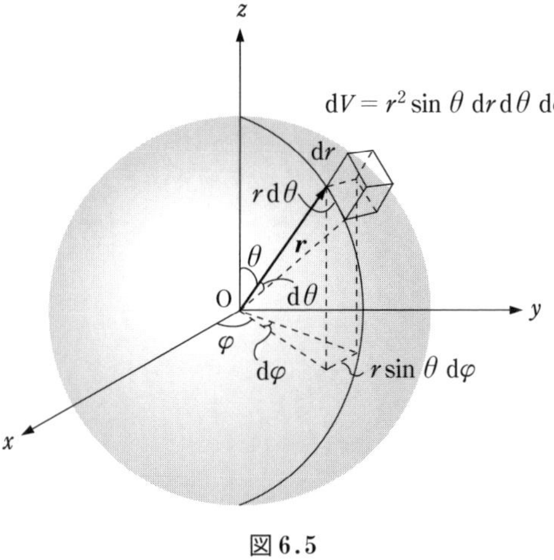

図6.5

(3) 円筒座標

図6.6のように，3次元デカルト座標の z 軸はそのまま用い，xy 平面に対して2次元極座標を用いる座標 (ξ, φ, z) を**円筒座標**または**円柱座標**という．筒状あるいは柱状の対称性，つまり軸対称性をもつ現象の記述に便利である．

デカルト座標 (x, y, z) との関係は

$$x = \xi\cos\varphi, \quad y = \xi\sin\varphi, \quad z = z, \quad \xi = \sqrt{x^2+y^2} \tag{6.11}$$

である．

体積素片の円筒座標表示は，図6.7に示すように

$$\mathrm{d}V = \mathrm{d}\xi \times \xi\,\mathrm{d}\varphi \times \mathrm{d}z = \xi\,\mathrm{d}\xi\,\mathrm{d}\varphi\,\mathrm{d}z \tag{6.12}$$

である．

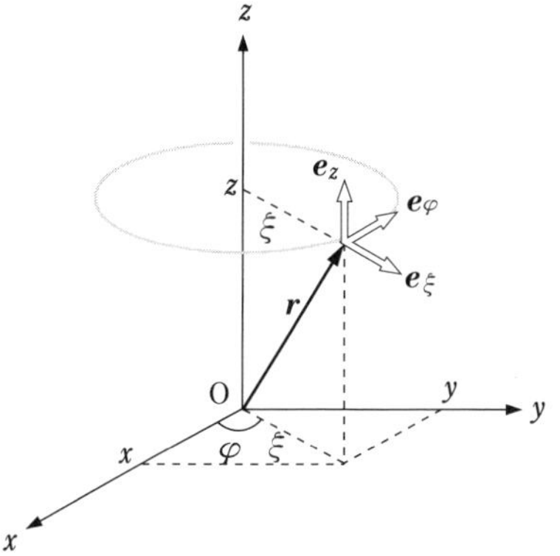

図6.6

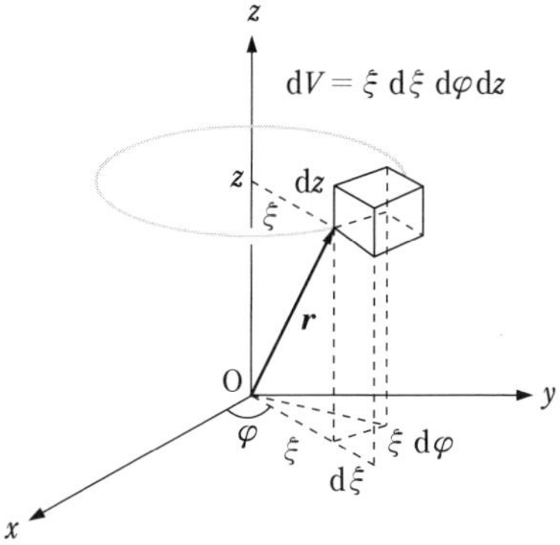

図6.7

なお，ここで学んだ極座標や円筒座標の任意の点の単位ベクトルは互いに直交している．このような座標を一般に**直交座標**という．中でもデカルト座標はとくに**標準直交座標**と呼ばれることもあるが，まぎらわしいので，本書ではこの呼び方は使わない．

§6.2 2次元ベクトルの極座標成分

今後，平面運動に対して2次元極座標を使うことが多いので，さらに詳しく調べよう．いま，デカルト座標の成分が A_x, A_y であるような2次元ベクトル

$$\boldsymbol{A} = A_x \boldsymbol{e}_x + A_y \boldsymbol{e}_y \tag{6.13}$$

があり，これが2次元の位置ベクトル $\boldsymbol{r}$ に関連づけられているとする．

$$\boldsymbol{A} = \boldsymbol{A}(\boldsymbol{r}) \tag{6.14}$$

たとえば，力の場 $\boldsymbol{F}(\boldsymbol{r})$，電場 $\boldsymbol{E}(\boldsymbol{r})$，磁場 $\boldsymbol{B}(\boldsymbol{r})$ のようなベクトル場の場合や，たまたま点 $\boldsymbol{r}$ を通過中の質点の速度 $\boldsymbol{v}$ の場合などである．このとき，$\boldsymbol{A}(\boldsymbol{r})$ の極座標成分を $(A_r(\boldsymbol{r}), A_\varphi(\boldsymbol{r}))$ と書くと

$$\boldsymbol{A}(\boldsymbol{r}) = A_r(\boldsymbol{r})\boldsymbol{e}_r(\boldsymbol{r}) + A_\varphi(\boldsymbol{r})\boldsymbol{e}_\varphi(\boldsymbol{r}) \tag{6.15}$$

である．ベクトル $\boldsymbol{A}$ の極座標表示は，$\boldsymbol{A}$ が $\boldsymbol{r}$ に関連づけられているときにしか意味がない．これは，§6.1 で述べたように，$\boldsymbol{e}_r, \boldsymbol{e}_\varphi$ が $\boldsymbol{r}$（正確には $\boldsymbol{r}$ の φ 座標）とともに変化するからである．(6.15) ではそのことを明示するために $\boldsymbol{r}$ を明示したが，以下ではこれは自明のこととして，単に $A_r, A_\varphi, \boldsymbol{e}_r, \boldsymbol{e}_\varphi$ などと記す．

さて，A_r, A_φ と A_x, A_y の関係は，(6.13) に (6.5), (6.6) を代入して整理すると

$$\begin{aligned}\boldsymbol{A}(\boldsymbol{r}) &= A_x(\cos\varphi\,\boldsymbol{e}_r - \sin\varphi\,\boldsymbol{e}_\varphi) + A_y(\sin\varphi\,\boldsymbol{e}_r + \cos\varphi\,\boldsymbol{e}_\varphi) \\ &= (A_x\cos\varphi + A_y\sin\varphi)\boldsymbol{e}_r + (-A_x\sin\varphi + A_y\cos\varphi)\boldsymbol{e}_\varphi \end{aligned} \tag{6.16}$$

だから

$$A_r = A_x\cos\varphi + A_y\sin\varphi \tag{6.17}$$

$$A_\varphi = -A_x\sin\varphi + A_y\cos\varphi \tag{6.18}$$

である．単位ベクトルの間の関係 (6.2), (6.3) と同じ形であることに注意しよ

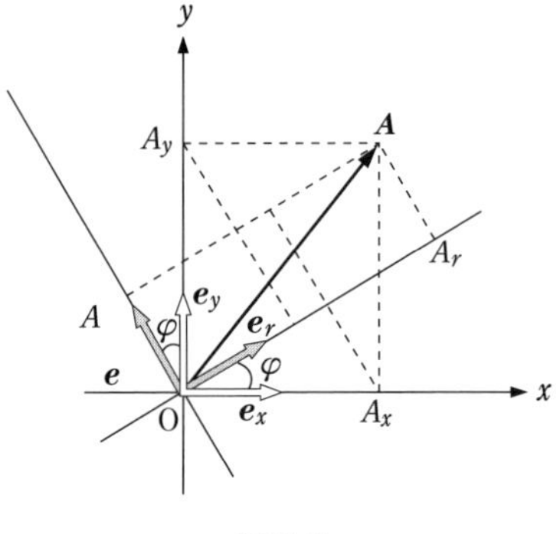

図6.8

う．この関係は図 6.8 と図 6.2 を比較すれば明らかであろう．

例として，質点の運動に関連する 2 次元ベクトル量を極座標で表してみよう．

（1） 位置座標 $\boldsymbol{r}$

明らかに，位置ベクトル $\boldsymbol{r}$ の r 成分 r_r は r，φ 成分 r_φ は 0 であるが，これを形式的に (6.17),(6.18) から導いてみよう．

$$r_x = x = r\cos\varphi, \qquad r_y = y = r\sin\varphi \tag{6.19}$$

だから

$$r_r = r_x\cos\varphi + r_y\sin\varphi = r(\cos^2\varphi+\sin^2\varphi) = r \tag{6.20}$$

$$r_\varphi = -r_x\sin\varphi + r_y\cos\varphi = r(-\sin\varphi\cos\varphi+\sin\varphi\cos\varphi) = 0 \tag{6.21}$$

である．

（2） 速度 $\boldsymbol{v}$

時間に関する微分にニュートンの記号を使うと

$$v_x = \dot{x}, \qquad v_y = \dot{y} \tag{6.22}$$

だから (6.17),(6.18) より

$$v_r = v_x\cos\varphi + v_y\sin\varphi = \dot{x}\cos\varphi + \dot{y}\sin\varphi \tag{6.23}$$

$$v_\varphi = -v_x\sin\varphi + v_y\cos\varphi = -\dot{x}\sin\varphi + \dot{y}\cos\varphi \tag{6.24}$$

であるが，これらを r, φ のみで表さなければ有用でない．そこで，$\dot{x}, \dot{y}$ を r，φ で表した

$$\dot{x} = \frac{\mathrm{d}}{\mathrm{d}t}(r\cos\varphi) = \dot{r}\cos\varphi - r\dot{\varphi}\sin\varphi \tag{6.25}$$

$$\dot{y} = \frac{\mathrm{d}}{\mathrm{d}t}(r\sin\varphi) = \dot{r}\sin\varphi + r\dot{\varphi}\cos\varphi \tag{6.26}$$

を代入すると，

$$v_r = \dot{r}\cos^2\varphi - r\dot{\varphi}\sin\varphi\cos\varphi + \dot{r}\sin^2\varphi + r\dot{\varphi}\sin\varphi\cos\varphi = \dot{r} \tag{6.27}$$

$$v_\varphi = -\dot{r}\sin\varphi\cos\varphi + r\dot{\varphi}\sin^2\varphi + \dot{r}\sin\varphi\cos\varphi + r\dot{\varphi}\cos^2\varphi = r\dot{\varphi} \tag{6.28}$$

である．v_r **は質点が** r **方向に動く速さ（成分）を表し，**v_φ **は** φ **の変化率に腕の長さ** r **を掛けた回転方向の速さ（成分）を表している．**(6.15) の形にまとめ

て書くと，

$$\boldsymbol{v} = \dot{\boldsymbol{r}} = \dot{r}\boldsymbol{e}_r + r\dot{\varphi}\boldsymbol{e}_\varphi \tag{6.29}$$

である．

（3） 加速度 $\boldsymbol{a}$

再び (6.17),(6.18) より

$$a_r = a_x \cos\varphi + a_y \sin\varphi = \ddot{x}\cos\varphi + \ddot{y}\sin\varphi \tag{6.30}$$

$$a_\varphi = -a_x \sin\varphi + a_y \cos\varphi = -\ddot{x}\sin\varphi + \ddot{y}\cos\varphi \tag{6.31}$$

であるから，$\ddot{x}, \ddot{y}$ を r, φ で表せばよい．それには，(6.25)，(6.26) から得られる

$$\ddot{x} = \ddot{r}\cos\varphi - 2\dot{r}\dot{\varphi}\sin\varphi - r\ddot{\varphi}\sin\varphi - r\dot{\varphi}^2\cos\varphi \tag{6.32}$$

$$\ddot{y} = \ddot{r}\sin\varphi + 2\dot{r}\dot{\varphi}\cos\varphi + r\ddot{\varphi}\cos\varphi - r\dot{\varphi}^2\sin\varphi \tag{6.33}$$

を (6.30),(6.31) に代入すればよく

$$a_r = \ddot{r} - r\dot{\varphi}^2 \tag{6.34}$$

$$a_\varphi = 2\dot{r}\dot{\varphi} + r\ddot{\varphi} = \frac{1}{r}\frac{\mathrm{d}}{\mathrm{d}t}(r^2\dot{\varphi}) \tag{6.35}$$

となる．(6.15) の形にまとめて書くと，

$$\boldsymbol{a} = \ddot{\boldsymbol{r}} = (\ddot{r} - r\dot{\varphi}^2)\boldsymbol{e}_r + (2\dot{r}\dot{\varphi} + r\ddot{\varphi})\boldsymbol{e}_\varphi = (\ddot{r} - r\dot{\varphi}^2)\boldsymbol{e}_r + \frac{1}{r}\frac{\mathrm{d}}{\mathrm{d}t}(r^2\dot{\varphi})\boldsymbol{e}_\varphi \tag{6.36}$$

である．v_r, v_φ とちがって，a_r, a_φ の直観的な解釈はむずかしい．

問 2 (6.36) の各項の次元を確認せよ．

解 $[\dot{r}\dot{\varphi}] = \mathsf{L}\mathsf{T}^{-1}\mathsf{T}^{-1} = \mathsf{L}\mathsf{T}^{-2}$,　$[\ddot{r}] = \mathsf{L}\mathsf{T}^{-2}$,　$[r\dot{\varphi}^2] = \mathsf{L}(\mathsf{T}^{-1})^2 = \mathsf{L}\mathsf{T}^{-2}$

$[r\ddot{\varphi}] = \mathsf{L}\mathsf{T}^{-2}$　$\left[\frac{1}{r}\frac{\mathrm{d}}{\mathrm{d}t}(r^2\dot{\varphi})\right] = \mathsf{L}^{-1}\mathsf{T}^{-1}\mathsf{L}^2\mathsf{T}^{-1} = \mathsf{L}\mathsf{T}^{-2}$

§6.3　2 次元極座標による運動の記述

極座標は，回転を含む運動を記述したり考察したりする場合に便利である．2 次元の平面内における運動について，例を見てみよう．

（1） 等 速 円 運 動

まず，力がわかっている場合に運動方程式を解くのではなく，**等速円運動**をしている質点があったとして，それがどのような力を受けているはずであるかを考えよう．図 6.9 のように質量 m の質点が，原点のまわりの半径 r_0 の円周上を一定の速さ v_0 で運動しているものとする．

この運動を，円の中心を原点とする 2 次元極座標 (r, φ) で表す．円運動では動径の長さは $r = r_0$ で一定だから

$$\dot{r} = 0, \quad \ddot{r} = 0 \tag{6.37}$$

である．微小時間 Δt の間に質点が円弧上を進む距離は $v_0 \Delta t$ であるから，この間の偏角の変化は，角の定義 (A.2) (付録 A) から

$$\Delta\varphi \approx \frac{v_0 \Delta t}{r_0} \tag{6.38}$$

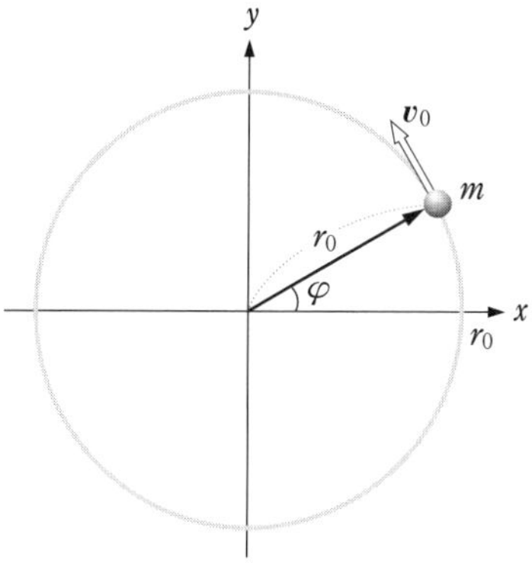

図 6.9

である．よってその時間変化率は

$$\dot{\varphi} = \lim_{\Delta t \to 0} \frac{\Delta\varphi}{\Delta t} = \frac{v_0}{r_0} \tag{6.39}$$

である．$\dot{\varphi}$ を**角速度**の大きさといい，ω で表すこともある．さらに，いまの場合はこの $\dot{\varphi}$ が一定だから

$$\ddot{\varphi} = \dot{\omega} = 0 \tag{6.40}$$

である．$\ddot{\varphi}$ すなわち $\dot{\omega}$ を**角加速度**の大きさという．

角速度，角加速度の次元と SI 単位は

$$[\omega] = [\varphi]\mathsf{T}^{-1}: \quad \mathrm{rad/s} \tag{6.41}$$

$$[\dot{\omega}] = [\varphi]\mathsf{T}^{-2}: \quad \mathrm{rad/s^2} \tag{6.42}$$

である．$[\varphi] = 1$ (無次元) であるが，φ の単位に rad という名称があるので，次元 $[\varphi]$ も残しておいた．

以上を考慮して，等速円運動の速度の極座標成分を計算すると，(6.27), (6.28) より

$$v_r = \dot{r} = 0, \qquad v_\varphi = r\dot{\varphi} = r_0\omega_0 \tag{6.43}$$

である．ただし

$$\omega_0 = \frac{v_0}{r_0} \tag{6.44}$$

とおいた．加速度は，(6.34)，(6.35) より

$$a_r = \ddot{r} - r\dot{\varphi}^2 = -r_0{\omega_0}^2 = -\frac{{v_0}^2}{r_0}, \qquad a_\varphi = 2\dot{r}\dot{\varphi} + r\ddot{\varphi} = 0 \tag{6.45}$$

である．つまり

$$\boldsymbol{v} = r_0\omega_0\boldsymbol{e}_\varphi = v_0\boldsymbol{e}_\varphi, \qquad \boldsymbol{a} = -r_0{\omega_0}^2\boldsymbol{e}_r = -\frac{{v_0}^2}{r_0}\boldsymbol{e}_r \tag{6.46}$$

である．**等速円運動の速度は φ 成分しかもたず，加速度は r 成分しかもたない**ことがわかる．

この質点は，当然，ニュートンの運動方程式 (1.1) に従って運動しているはずだから，加速度が (6.46) なら，力

$$\boldsymbol{F} = m\boldsymbol{a} = -mr_0{\omega_0}^2\boldsymbol{e}_r \tag{6.47}$$

を受けながら運動していることになる．この中心に向かう力を，**向心力**という．常に $\boldsymbol{F} \perp \boldsymbol{v}$ だから，向心力 $\boldsymbol{F}$ は質点に対して仕事をしない．よって，質点は速度の向きを変えるだけで大きさ（速さ）は変わらない．われわれは等速円運動について調べていたのだから，これは当然である．

問 3　静止衛星の軌道半径は地球の半径 R（$= 6.38\times10^6$ m）の何倍か．

解　衛星の質量を m とすると，半径 r の円軌道での重力は

$$F = mg\frac{R^2}{r^2}$$

これを向心力とする円軌道の角速度を ω とすると (6.47) より

$$mg\frac{R^2}{r^2} = mr\omega^2 \quad \longrightarrow \quad \omega = \frac{R\sqrt{g}}{r^{3/2}}$$

よって，周期 T は

$$T = \frac{2\pi}{\omega} = \frac{2\pi r^{3/2}}{R\sqrt{g}} = (3.15\times10^{-7}\ \mathrm{s/m^{3/2}})r^{3/2}$$

静止衛星は $T = 24\ \mathrm{h} = 86400\ \mathrm{s}$ だから

$$r = 4.22\times10^7\ \mathrm{m} = 6.6R \quad \longrightarrow \quad 6.6\ 倍$$

なお，赤道地表からの高さは $h = r - R = 5.6R = 3.6\times 10^7$ m である．

(2) 単振り子

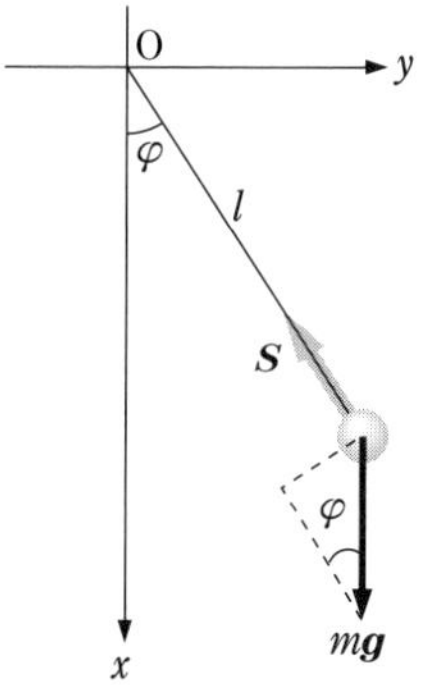

図 6.10

それでは，運動方程式(1.1)を解く問題にうつろう．すでに何度か登場したが，質量 m の小さなおもり（厳密には質点）を質量を無視できる長さ l の糸の先端につけた図 6.10 のようなものを，**単振り子**という．糸の支点 O を原点とし，鉛直下方から測った糸の傾きの角度を φ とする 2 次元極座標 (r, φ) でその運動を記述する．これは，x 軸を鉛直下向きにとったデカルト座標に対して変換式(6.1)を適用したことに相当する．おもりに働く力 $\boldsymbol{F}$ は重力 $m\boldsymbol{g}$ と糸の張力 $\boldsymbol{S}$ であるから，(6.34),(6.35)を用いて，(1.1)を r 成分と φ 成分の方程式に分けて表すと，

$$m(\ddot{r} - r\dot{\varphi}^2) = mg\cos\varphi - S \tag{6.48}$$

$$m(2\dot{r}\dot{\varphi} + r\ddot{\varphi}) = -mg\sin\varphi \tag{6.49}$$

である．単振り子では，$r = l$（= 一定）だから $\dot{r} = 0$，$\ddot{r} = 0$ であることを考慮すると，

$$-ml\dot{\varphi}^2 = mg\cos\varphi - S \tag{6.50}$$

$$ml\ddot{\varphi} = -mg\sin\varphi \tag{6.51}$$

となる．このままでは簡単には解けないので，振幅の小さい振動のみを考える．

$$\varphi \ll 1 \text{ のとき成り立つ近似} \quad \sin\varphi \approx \varphi \tag{6.52}$$

を用いると，(6.51)は

$$ml\ddot{\varphi} = -mg\varphi \quad \longrightarrow \quad \ddot{\varphi} = -\frac{g}{l}\varphi \tag{6.53}$$

となる．これは(4.5)と同じ単振動の微分方程式である．したがって一般解は

$$\varphi(t) = A\sin\omega t + B\cos\omega t \tag{6.54}$$

$$\varphi(t) = A\sin(\omega t + \alpha) \tag{6.55}$$

$$\varphi(t) = A\,\mathrm{e}^{i\omega t} + B\,\mathrm{e}^{-i\omega t} \tag{6.56}$$

などで表される．ただし，

$$\omega = \sqrt{\frac{g}{l}} \tag{6.57}$$

である．任意定数 A, B, α などは，初期条件から決まる．すでに学んだように，どの形の一般解から出発しても，初期条件を与えれば全く同じ解に到達する．

いま，$t = 0$ におもりを $\varphi = \varphi_0$ の位置から静かに放した場合を考える．一般解 (6.54) を用いてこの初期条件を表すと，

$$\varphi(0) = B = \varphi_0 \tag{6.58}$$

$$v_\varphi(0) = l\dot{\varphi}(0) = \omega A l = 0 \qquad \longrightarrow \qquad A = 0 \tag{6.59}$$

である．よって，解は，

$$\varphi(t) = \varphi_0 \cos \omega t \tag{6.60}$$

である．ここでは振り子の振れの角度 φ が三角関数で表されている．糸の長さが l に固定されているから，角度 φ が決まればおもりの位置の極座標は

$$(l, \varphi(t)) \tag{6.61}$$

と一意的に決まる．

角振動数 ω が (6.57) で与えられるから，振動数は

$$\nu = \frac{\omega}{2\pi} = \frac{1}{2\pi}\sqrt{\frac{g}{l}} \tag{6.62}$$

周期は

$$T = \frac{1}{\nu} = \frac{2\pi}{\omega} = 2\pi\sqrt{\frac{l}{g}} \tag{6.63}$$

である．$l = 1\,\mathrm{m}$ であれば，$T = 2.0\,\mathrm{s}$ である．これからわかるように，単振り子の周期はおもりの質量や振幅にはよらず，糸の長さの平方根 $\sqrt{l}$ に比例する．これを単振り子の等時性という．ただし，振幅によらないといっても，振幅が小さく，(6.52) の近似が成り立っていなければならない．

$$\varphi_0 \lesssim 0.1\,\mathrm{rad} = 0.1 \times \frac{180^\circ}{\pi} \sim 6^\circ \tag{6.64}$$

程度以下なら，等時性がかなりよく成り立っていると考えてよいだろう．詳しい計算によると，たとえば振幅が 30° のときに周期は (6.63) より約 2% 長い．

問 4　一般解 (6.55), (6.56) から同じ初期条件のもとで (6.60) を導け．

解　(6.55) を用いると $\dot{\varphi}(t) = A\omega\cos(\omega t+\alpha)$

$$\varphi(0) = A\sin\alpha = \varphi_0$$

$$\dot{\varphi}(0) = A\omega\cos\alpha = 0 \quad\longrightarrow\quad \alpha = \frac{\pi}{2}$$

$$\therefore\quad A\sin\frac{\pi}{2} = \varphi_0 \quad\longrightarrow\quad A = \varphi_0$$

$$\therefore\quad \varphi(t) = \varphi_0\sin\left(\omega t+\frac{\pi}{2}\right) = \varphi_0\cos\omega t$$

(6.56) を用いると

$$\dot{\varphi}(t) = i\omega A\,\mathrm{e}^{i\omega t} - i\omega B\,\mathrm{e}^{-i\omega t}$$

$$\varphi(0) = A+B = \varphi_0$$

$$\dot{\varphi}(0) = i\omega(A-B) = 0 \quad\longrightarrow\quad A = B$$

$$\therefore\quad A = B = \frac{\varphi_0}{2}$$

$$\therefore\quad \varphi(t) = \frac{\varphi_0}{2}(\mathrm{e}^{i\omega t}+\mathrm{e}^{-i\omega t}) = \varphi_0\cos\omega t$$

§6.4　万有引力のポテンシャル・エネルギー

(1)　中　心　力

ある点を中心として放射状の向きをもつ力，すなわち 3 次元極座標で表したときに r 成分しかもたない力の場を，中心力の場という (図 6.11)．向きは中

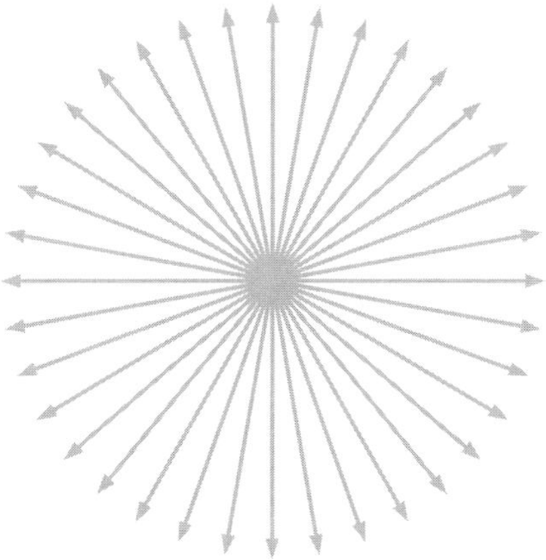

図 6.11

心に向かう場合もあり，反対に中心から遠ざかる向きの場合もある．さらに，その力の大きさが原点からの距離 $r=|\boldsymbol{r}|$ のみに依存する場合，中心力は等方的であるという．中心となる点を原点に選ぶと，等方的な中心力は極座標表示で

$$\boldsymbol{F}=F(r)\boldsymbol{e}_r \tag{6.65}$$

と書ける．$F(r)$ は r 方向の成分で，$F(x)>0$ なら中心から離れる向きの力，$F(r)<0$ なら近づく向きの力である．

（2） 万有引力のポテンシャル・エネルギー

質量 M と m の質点の間の万有引力を考えよう．図 6.12 のように，質量 M の質点の位置を原点に選んで，質量 m の質点の位置を $\boldsymbol{r}$ で表すと，後者が前者から受ける万有引力は，(2.51) より

$$\boldsymbol{F}(\boldsymbol{r})=-G\frac{Mm}{r^2}\boldsymbol{e}_r=-G\frac{Mm\boldsymbol{r}}{r^3} \tag{6.66}$$

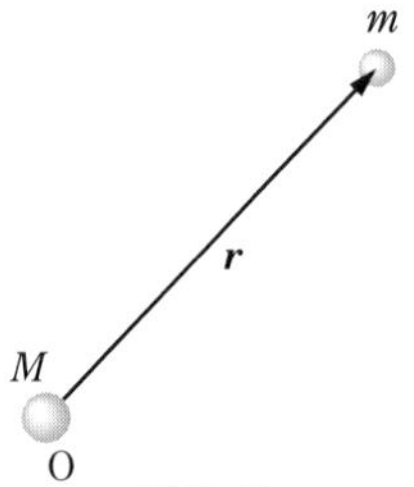

図 6.12

と表せる．これは明らかに等方的な中心力である．

一般に，等方的な中心力は保存力である．これは次のようにしてわかる．質点が点 A から経路 C に沿って点 B へ移動する間に力 (6.65) がする仕事は（図 6.13）

$$W_{\mathrm{A(C)B}}=\int_{\substack{\mathrm{A}\\ (\mathrm{C})}}^{\mathrm{B}}F(r)\boldsymbol{e}_r\cdot\mathrm{d}\boldsymbol{r}=\int_{\substack{\mathrm{A}\\ (\mathrm{C})}}^{\mathrm{B}}F(r)\,\mathrm{d}r=\int_{r_{\mathrm{A}}}^{r_{\mathrm{B}}}F(r)\,\mathrm{d}r \tag{6.67}$$

である．ただし経路上の各点において，(1.9) より

$$\boldsymbol{e}_r\cdot\mathrm{d}\boldsymbol{r}=\mathrm{d}r \tag{6.68}$$

であることを用いた．(6.67) は，質点が中心力から受ける仕事 $W_{\mathrm{A(C)B}}$ は，どのような経路をたどっても，途中の無限小変位 $\mathrm{d}\boldsymbol{r}$ の r 成分 $\mathrm{d}r$ と $F(r)$ の積を加え合わせたものであるから，明らかに経路 C に無関係である．

したがって，この場合にはポテンシャル・エネルギーを定義できる．点 $\boldsymbol{r}_0$ を基準にとったときの点 $\boldsymbol{r}$ のポテンシャル・エネルギーは，

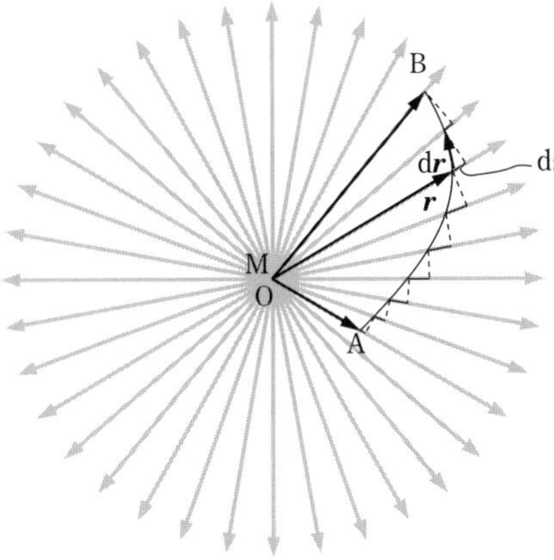

図 6.13

$$U(\boldsymbol{r}) = -\int_{r_0}^{r} F(r)\boldsymbol{e}_r\cdot \mathrm{d}\boldsymbol{r} = -\int_{r_0}^{r} F(r)\,\mathrm{d}r \tag{6.69}$$

で与えられる．万有引力の場合は，

$$U(\boldsymbol{r}) = -\int_{r_0}^{r}\left(-G\frac{Mm}{r^2}\right)\mathrm{d}r = GMm\int_{r_0}^{r}\frac{1}{r^2}\,\mathrm{d}r \tag{6.70}$$

$$= -GMm\frac{1}{r}\bigg|_{r_0}^{r} = -GMm\left(\frac{1}{r}-\frac{1}{r_0}\right) \tag{6.71}$$

である．通常は無限遠 $r_0 \to \infty$ を基準点にとる．そうすると

$$U(\boldsymbol{r}) = -G\frac{Mm}{r} \tag{6.72}$$

である．

以上では原点を片方の質点の位置にとったが，図 6.14 のように全く別の位置に原点をとっても力の大きさや性質は変わらないはずである．質量 M, m の質点の位置をそれぞれ $\boldsymbol{R}, \boldsymbol{r}$ とすると，質量 m の質点が受ける万有引力は (2.51) より，

$$\boldsymbol{F} = -G\frac{mM(\boldsymbol{r}-\boldsymbol{R})}{|\boldsymbol{r}-\boldsymbol{R}|^3} \tag{6.73}$$

である．力の性質は原点の選び方によらないはず

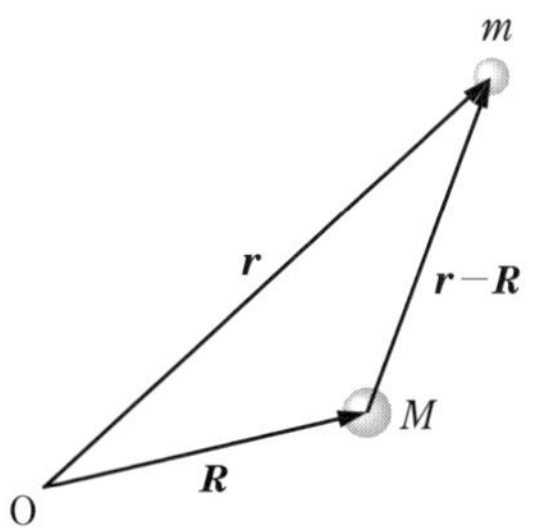

図 6.14

だからこれは当然，保存力であり，ポテンシャル・エネルギーを定義できる．基準点を無限遠にとると

$$U(\boldsymbol{r}) = -G\frac{mM}{|\boldsymbol{r}-\boldsymbol{R}|} \tag{6.74}$$

である．

多数の質点（質量 $m_1, m_2, \cdots, m_n$ とする）が位置 $\boldsymbol{r}_1, \boldsymbol{r}_2, \cdots, \boldsymbol{r}_n$ にあるとき，点 $\boldsymbol{r}$ にある質量 m の質点が受ける万有引力は，他の各質点からの万有引力の**重ね合わせ**で与えられる．(6.73) で $M \to m_1, m_2, \cdots, m_n$, $\boldsymbol{R} \to \boldsymbol{r}_1, \boldsymbol{r}_2, \cdots, \boldsymbol{r}_n$ として加え合わせると

$$\boldsymbol{F} = -\sum_{i=1}^{n} G\frac{mm_i(\boldsymbol{r}-\boldsymbol{r}_i)}{|\boldsymbol{r}-\boldsymbol{r}_i|^3} \tag{6.75}$$

である．ポテンシャル・エネルギーにも当然，重ね合わせが成り立ち，無限遠を基準にとると

$$U(\boldsymbol{r}) = -\sum_{i=1}^{n} G\frac{mm_i}{|\boldsymbol{r}-\boldsymbol{r}_i|} \tag{6.76}$$

である．

(3) ポテンシャル・エネルギーから万有引力を導く

それでは逆に，ポテンシャル・エネルギー (6.72) から万有引力 (6.66) を導いてみよう．デカルト座標と極座標の両方で計算する．

まずデカルト座標を利用する．(6.72) は

$$U(\boldsymbol{r}) = -G\frac{Mm}{\sqrt{x^2+y^2+z^2}} \tag{6.77}$$

と書けるから

$$F_x(\boldsymbol{r}) = -\frac{\partial}{\partial x}\frac{-GMm}{\sqrt{x^2+y^2+z^2}} = -\frac{GMmx}{(x^2+y^2+z^2)^{3/2}} = -\frac{GMmx}{r^3} \tag{6.78}$$

同様に

$$F_y(\boldsymbol{r}) = -\frac{GMmy}{r^3}, \qquad F_z(\boldsymbol{r}) = -\frac{GMmz}{r^3} \tag{6.79}$$

である．よって

$$\boldsymbol{F}(\boldsymbol{r}) = -\frac{GMm(x, y, z)}{r^3} = -\frac{GMm\boldsymbol{r}}{r^3} = -\frac{GMm}{r^2}\boldsymbol{e}_r \qquad (6.80)$$

で，確かに (6.66) が得られる．

次に，同じことを極座標で計算してみよう．そのためには，(5.68) のナブラ ∇ の極座標表示が必要である．ベクトル $\nabla f(\boldsymbol{r})$ のデカルト座標表示の，たとえば x 成分は

$$\nabla_x f(\boldsymbol{r}) = \frac{\partial}{\partial x} f(\boldsymbol{r}) = \lim_{\Delta x \to 0} \frac{\Delta f(\boldsymbol{r})}{\Delta x} \qquad (6.81)$$

つまり，x 方向への変位 Δx に伴う関数 $f(\boldsymbol{r})$ の変化と Δx の間の比の極限であった．極座標の場合も同様であるが，各座標成分の微小変化 $\Delta r, \Delta\theta, \Delta\varphi$ に対応する変位がそれぞれ，Δr，$r\,\Delta\theta$，$r \sin\theta\,\Delta\varphi$ であることに注意すると

$$\nabla f(\boldsymbol{r}) = \left(\frac{\partial f(\boldsymbol{r})}{\partial r}, \frac{1}{r}\frac{\partial f(\boldsymbol{r})}{\partial \theta}, \frac{1}{r\sin\theta}\frac{\partial f(\boldsymbol{r})}{\partial \varphi}\right) \qquad (6.82)$$

であることがわかる．よって，∇ の極座標表示は

$$\nabla = \left(\frac{\partial}{\partial r}, \frac{1}{r}\frac{\partial}{\partial \theta}, \frac{1}{r\sin\theta}\frac{\partial}{\partial \varphi}\right) \qquad (6.83)$$

である．これを万有引力のポテンシャル・エネルギー $U(\boldsymbol{r})$ (6.72) に作用させるわけであるが，これは r だけに依存するから

$$F_r(\boldsymbol{r}) = -\frac{\partial U(\boldsymbol{r})}{\partial r} = \frac{\partial}{\partial r}\left(G\frac{Mm}{r}\right) = -G\frac{Mm}{r^2} \qquad (6.84)$$

$$F_\theta(\boldsymbol{r}) = -\frac{1}{r}\frac{\partial U(\boldsymbol{r})}{\partial \theta} = 0 \qquad (6.85)$$

$$F_\varphi(\boldsymbol{r}) = -\frac{1}{r\sin\theta}\frac{\partial U(\boldsymbol{r})}{\partial \varphi} = 0 \qquad (6.86)$$

であり，これは

$$\boldsymbol{F}(\boldsymbol{r}) = -G\frac{Mm}{r^2}\boldsymbol{e}_r \qquad (6.87)$$

である．確かに (6.66) が得られた．

§ 6.5　球対称の質量分布からの万有引力

第 2 章の最後に述べたように，**球対称の密度分布をもつ物質と質点の間の万**

有引力は，物体の全質量が中心に集まった場合の引力に等しい．これを証明しよう．

（1） 連続体からの万有引力

位置 $\boldsymbol{r}$ にある質量 m の質点が大きさと形をもつ物体から受ける万有引力は，§3.4(6) で述べたように，物体を図 3.22 のように細かい部分に分けて，各部分の質量

$$\mathrm{d}M_i = \rho(\boldsymbol{r}_i)\,\mathrm{d}V_i \tag{6.88}$$

からの引力を重ね合わせればよいから，

$$\boldsymbol{F} = -\int_{\mathrm{V}} G\,\frac{m\rho(\boldsymbol{r}')\boldsymbol{e}_{\boldsymbol{r}-\boldsymbol{r}'}\,\mathrm{d}V'}{|\,\boldsymbol{r}-\boldsymbol{r}'|^2} \tag{6.89}$$

である．

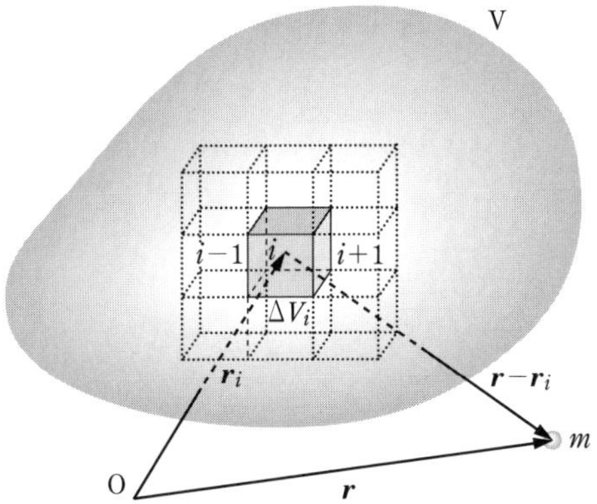

図 3.22 （再）

（2） 球対称の密度分布をもつ球状物体からの万有引力

(6.89) を利用して，球対称な，つまり r には依存してよいが (θ, φ) には依存しない密度 $\rho(r)$ をもつ半径 R の球形の物体が，その外側の中心からの距離が l の点にある質量 m の質点に及ぼす万有引力を計算する．図 6.15 のように，球の中心を原点にとり，質量 m の質点の位置が z 軸上にあるように座標軸を定める．(6.89) の表示では，質点の位置を $\boldsymbol{r}$ で表し，球形の物体内部の点は $\boldsymbol{r}'$ で表しているが，いまは質点の位置を固定して計算するので，表示の

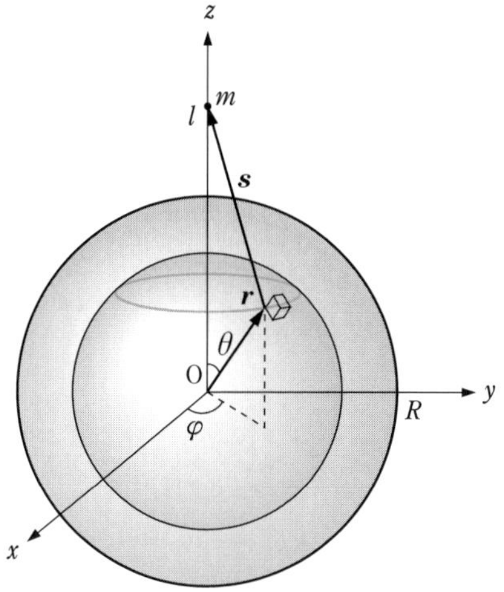

図 6.15

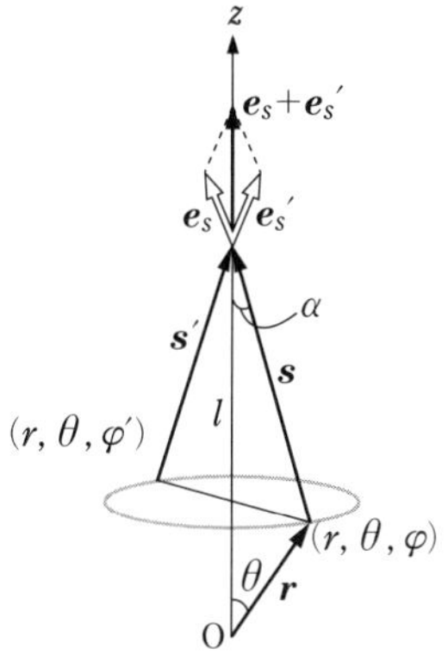

図 6.16

煩雑さを避けるために，物体内部の点の座標を，′を省略して (r, θ, φ) で表す．3 次元極座標を利用すると，体積素片 $\mathrm{d}V$ は (6.10) で与えられるから，(6.89) は

$$\boldsymbol{F} = -Gm\iiint\frac{\rho(r)r^2\sin\theta\,\mathrm{d}r\,\mathrm{d}\theta\,\mathrm{d}\varphi\,\boldsymbol{e}_s}{s^2} \tag{6.90}$$

$$= -Gm\int_0^R\mathrm{d}r\;r^2\rho(r)\int_0^\pi\mathrm{d}\theta\,\frac{\sin\theta}{s^2}\int_0^{2\pi}\mathrm{d}\varphi\;\boldsymbol{e}_s \tag{6.91}$$

となる．ただし，$\boldsymbol{s}$ は，球内の点 (r, θ, φ) から質点の位置に向かうベクトル（(6.89) の $\boldsymbol{r}-\boldsymbol{r}'$）である．(6.91) は，$\varphi$ と θ についての積分が終わると半径 $r \sim r+\mathrm{d}r$ の球殻からの引力を表し，それを r について積分すると球全体からの引力を表すことを示している．

まず，φ に関する積分を考える．これは (r, θ) を固定したままで，$\boldsymbol{e}_s\,\mathrm{d}\varphi$ を $\varphi=0$ から $\varphi=2\pi$ まで加え合わせる計算である．ベクトルの和であるが，図 6.16 からわかるように 1 周する間の $\varphi=\varphi$ 近傍の $\mathrm{d}\varphi$ に対して必ず z 軸に関して反対側の $\varphi'=\varphi+\pi$ 近傍の $\mathrm{d}\varphi$ が存在するので，それらの和をとると，z 軸に垂直な成分は打ち消し合い，z 成分のみが残る．よって，結局この積分の結果は z 軸に平行なベクトルになるから，最初から $\boldsymbol{e}_s\,\mathrm{d}\varphi$ の z 成分

$$(\boldsymbol{e}_S)_z\,\mathrm{d}\varphi = \cos\alpha\,\mathrm{d}\varphi \tag{6.92}$$

だけを加え合わせればよいことになる．ただし，ベクトル $\boldsymbol{s}$ と z 軸との間の角度を α とした．よって，

$$\int_0^{2\pi} \mathrm{d}\varphi\,\boldsymbol{e}_S = \int_0^{2\pi} \mathrm{d}\varphi\,(\boldsymbol{e}_S)_z\boldsymbol{e}_z = \cos\alpha\int_0^{2\pi} \mathrm{d}\varphi\,\boldsymbol{e}_z = 2\pi\cos\alpha\,\boldsymbol{e}_z \tag{6.93}$$

となる．α は (r, θ) の関数だから，積分の中に残して (6.91) は

$$\boldsymbol{F} = -2\pi Gm\int_0^R \mathrm{d}r\ r^2\rho(r)\int_0^\pi \mathrm{d}\theta\,\frac{\sin\theta\cos\alpha}{s^2}\,\boldsymbol{e}_z \tag{6.94}$$

となる．次に θ に関する積分を実行するのであるが，θ を変化させると s が変化することから，これを s に関する積分に変換する．余弦定理より

$$\cos\theta = \frac{l^2+r^2-s^2}{2lr}, \quad \cos\alpha = \frac{l^2+s^2-r^2}{2ls} \tag{6.95}$$

である．また，(6.95) の最初の式の両辺を s で微分すると

$$-\sin\theta\,\frac{\mathrm{d}\theta}{\mathrm{d}s} = \frac{-2s}{2lr} \quad\longrightarrow\quad \sin\theta\,\mathrm{d}\theta = \frac{s}{lr}\,\mathrm{d}s \tag{6.96}$$

で，

$$\theta : 0 \to \pi \quad のとき \quad s : l-r \to l+r \tag{6.97}$$

である．ただしこれは，質点が球殻の外にあり，$l > r$ の場合である．あとで，質点が球殻の内部にある場合についても考える．よって，θ に関する積分は

$$\int_0^\pi \mathrm{d}\theta\,\frac{\sin\theta\cos\alpha}{s^2} = \int_{l-r}^{l+r}\frac{(l^2+s^2-r^2)s\,\mathrm{d}s}{s^2\cdot lr\cdot 2ls} = \frac{1}{2rl^2}\int_{l-r}^{l+r}\left(1+\frac{l^2-r^2}{s^2}\right)\mathrm{d}s$$
$$= \frac{1}{2rl^2}\left[s-\frac{l^2-r^2}{s}\right]_{l-r}^{l+r} = \frac{2}{l^2} \tag{6.98}$$

となる．よって (6.94) は，

$$\boldsymbol{F} = -Gm\frac{\displaystyle\int_0^R \mathrm{d}r\ 4\pi r^2\rho(r)}{l^2}\boldsymbol{e}_z \tag{6.99}$$

である．ここで，(6.99) の積分記号 $\int$ だけを除いた

$$\mathrm{d}\boldsymbol{F} = -Gm\frac{\mathrm{d}r\ 4\pi r^2\rho(r)}{l^2}\boldsymbol{e}_z \tag{6.100}$$

を考えると，半径 r，厚さ $\mathrm{d}r$ の球殻から質点が受ける万有引力を表してい

る．

$$\mathrm{d}M(\boldsymbol{r}) = 4\pi r^2\,\mathrm{d}r\ \rho(r) \tag{6.101}$$

はその球殻の質量だから，

$$\mathrm{d}\boldsymbol{F} = -G\frac{m\,\mathrm{d}M(r)}{l^2}\boldsymbol{e}_z \tag{6.102}$$

と書ける．よって，一様な密度の球殻がその外側にある質点に及ぼす万有引力は，その全質量が中心に集まってできる質点が及ぼす万有引力に等しい．

$$M = \int_{r=0}^{r=R}\mathrm{d}M(r) = \int_0^R \mathrm{d}r\ 4\pi r^2\rho(r) \tag{6.103}$$

は明らかに球の全質量であるから，(6.99) は

$$\boldsymbol{F} = -G\frac{mM}{l^2}\boldsymbol{e}_z \tag{6.104}$$

と書ける．つまり，この球全体がその外側にある質点に及ぼす万有引力は，全質量が中心に集まってできる質点が及ぼす万有引力に等しい．

以上からわかるように球対称の密度分布をもつ球形の物体の及ぼす万有引力の性質 (6.104) は，一様な密度の球殻からの万有引力 (6.102) がすでにもっている性質の重ね合わせにすぎない．

(3) 質点が球の内部にある場合

以上の計算は質点が球の外にあるとして計算したから，(6.104) は，そのような場合，つまり $l > R$ のときに成り立つ性質である．質点が球の内部にあるときは，どのような引力を感じるであろうか．それを調べるために，(6.91) にもどって計算をやり直す．$l < r$ つまり，質点が半径 r の球殻の内部にあるとき，(6.96) までは外にあるときと同じように成り立つが，(6.97) は

$$\theta : 0 \to \pi \quad \text{のとき} \quad s : r-l \to r+l \quad (0 < l < r) \tag{6.105}$$

となる．よって，θ に関する積分は

$$\int_0^\pi \mathrm{d}\theta\frac{\sin\theta\cos\alpha}{s^2} = \int_{r-l}^{r+l}\frac{(l^2+s^2-r^2)s\,\mathrm{d}s}{s^2\cdot lr\cdot 2ls} = \frac{1}{2rl^2}\int_{r-l}^{r+l}\left(1+\frac{l^2-r^2}{s^2}\right)\mathrm{d}s$$

$$= \frac{1}{2rl^2}\left[s-\frac{l^2-r^2}{s}\right]_{r-l}^{r+l} = 0 \tag{6.106}$$

となる．よって，(6.94) は

$$\boldsymbol{F} = -2\pi Gm\left\{\int_0^l + \int_l^R\right\}\mathrm{d}r\, r^2\rho(r)\int_0^\pi \mathrm{d}\theta\, \frac{\sin\theta\cos\alpha}{s^2}\,\boldsymbol{e}_z$$
$$= -2\pi Gm\int_0^l \mathrm{d}r\, r^2\rho(r)\int_0^\pi \mathrm{d}\theta\, \frac{\sin\theta\cos\alpha}{s^2}\,\boldsymbol{e}_z$$
$$= -G\,\frac{mM_l}{l^2}\,\boldsymbol{e}_z \tag{6.107}$$

となる．ここで，

$$M_l = \int_0^l \mathrm{d}r\, 4\pi r^2\rho(r) = \int_0^l \mathrm{d}M(\boldsymbol{r}) \tag{6.108}$$

は，半径 l の球の質量である．

つまり，**一様な密度の球体の内部にある質点は，その質点の位置を含む球殻の外側の質量からの万有引力は受けず，内側の部分にある質量からの引力だけを受ける．**

一様な密度の球殻の内部にある質点に対して (6.106) が成り立つのは，まわりの各部分からの引力がちょうど打ち消すからである．もちろん，密度が一様でなければ打ち消しが完全でないから，密度の高い方向からの引力が勝る．また，球形でない殻の内部におかれた質点は，やはり打ち消しが十分でないから，その位置に応じて決まる向きの引力が残る．

演習問題 6

[A]

***1*．** 地表付近の重力加速度の大きさが $g = 9.8\ \mathrm{m/s^2}$ であることから，地表すれすれの軌道を回る人工衛星の周期 T を求めよ．

***2*．** 長さ l の糸の先につるした質量 m のおもりを鉛直方向からの角度 $\varphi_0\ (< \pi/2)$ の位置から静かに放す．張力が最大になるのは質点がどの位置を通るときか．また，そのときの張力を求めよ．

***3*．** 長さ l の糸の先につるした質量 m の小球に水平方向の初速 v_0 を与える．糸がゆるまずに円運動をして鉛直方向からの角度 φ の位置にあるときの糸の張力の大きさを求めよ．また，糸がゆるまずに 1 回転するために必要な v_0 の最小値を求めよ．

***4*．** (a) 質量 1800 kg の自動車が半径 40 m のカーブを横滑りせずに曲がることの

できる最高スピードを求めよ．ただし，タイヤと道路の静止摩擦係数は0.5であるとする．

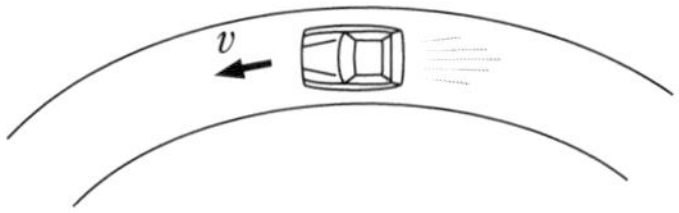

(b) 同じカーブを雨の日に走ったところ，時速30 kmに達したときに横滑りしはじめた．タイヤと道路の静止摩擦係数はいくらか．

(c) 別の半径40 mのカーブは同じような舗装であるが，内側に5°傾斜している．同じ車が晴れた日にこのカーブを横滑りせずに曲がることのできる最高スピードを求めよ．

***5*.**（**円錐振り子**） 長さ l の糸でつるされた質量 m のおもりが，糸と鉛直方向との間の角度を θ に保ちながら，水平面内で等速円運動をしている．これを**円錐振り子**という．円運動の周期 T とおもりの速さ v を求めよ．

[**B**]

***6*.** 質量500 kgの人工衛星が，地表の上空400 kmの円形軌道の上を回っている．地球の質量を $M = 5.98\times10^{24}$ kg，半径を $R = 6.38\times10^{3}$ km，万有引力定数を $G = 6.67\times10^{-11}\ \mathrm{N{\cdot}m^2/kg^2}$ とする．

(a) この人工衛星の運動エネルギーを求めよ．

(b) ある期間の後，この人工衛星は半径が1 kmだけ小さくなった円軌道を回っていた．この間の人工衛星の運動エネルギーの増減を求めよ．

(c) この間の力学的エネルギーの増減を求め，軌道半径が小さくなったのは，希薄な空気の抵抗で力学的エネルギーが熱エネルギーに変わったためであることを確かめよ．

***7*.** xy 平面上に半径 a の薄い円板がある．この円板の面密度を σ とする．z 軸上の点P$(0,0,z)$ $(z > 0)$ に質量 m の質点がある．

(a) この質点が円板から受ける万有引力 $\boldsymbol{F}$ は，z 成分しかもたないことを説明し，$\boldsymbol{F} = F_z\boldsymbol{e}_z$ とするとき，F_z を円板の質量 M を用いて表せ．

(b) 点Pの質点が受ける万有引力のポテンシャル $U(\boldsymbol{r})$ を M を用いて表せ．

(c) $U(\boldsymbol{r})$ から，$\boldsymbol{F}$ の大きさを求めよ．

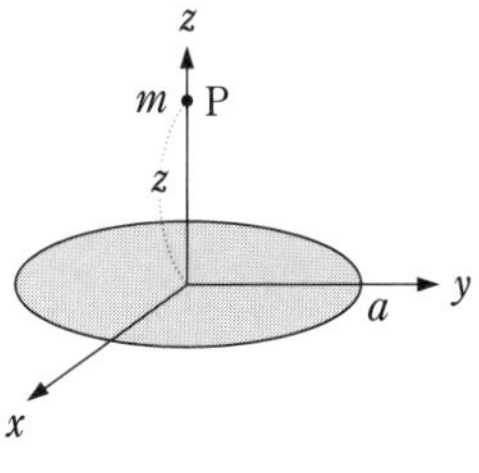

7

角 運 動 量

本章では，エネルギー，運動量と並んで重要な物理量である角運動量について学ぶ．そのためにはまず，ベクトル量の外積（ベクトル積）について理解する必要がある．

§7.1　力学で使う数学の基礎 (6) —— ベクトルのベクトル積（外積）

2個のベクトル $\boldsymbol{A}, \boldsymbol{B}$ があるとき，次のように定義されるベクトル $\boldsymbol{C}$ を，$\boldsymbol{A}$ と $\boldsymbol{B}$ の**ベクトル積**（外積）という（図7.1）．

$$\boldsymbol{C} = \boldsymbol{A}\times\boldsymbol{B} = |\boldsymbol{A}|\,|\boldsymbol{B}|\sin\theta\,\boldsymbol{e}_\perp \quad \text{（定義）} \tag{7.1}$$

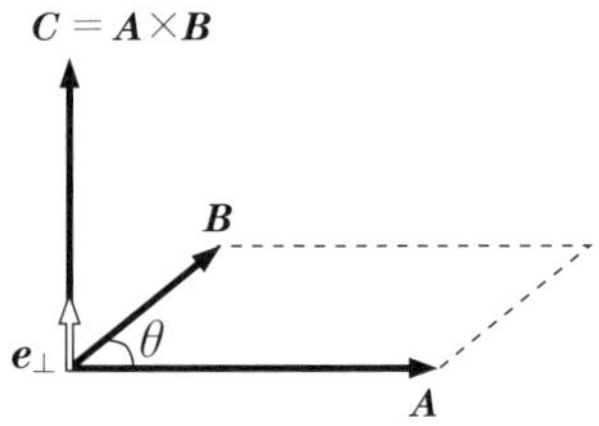

図7.1

ただし，$\boldsymbol{e}_\perp$ は $\boldsymbol{A}$ と $\boldsymbol{B}$ の両方に垂直で，$\boldsymbol{A}$ の向きから $\boldsymbol{B}$ の向きに回転させたときに右ねじ（図7.2 (a) のような，時計まわりに回すと前に進む普通のねじ）が進む向きの，単位ベクトルである．$\boldsymbol{C}$ の大きさは，$\boldsymbol{A}, \boldsymbol{B}$ がつくる平行四辺形の面積の大きさに等しい．この定義より，ベクトル積には次の性質がある．

$$\boldsymbol{B}\times\boldsymbol{A} = -\boldsymbol{A}\times\boldsymbol{B} \tag{7.2}$$

$$\boldsymbol{A}/\!/\boldsymbol{B} \quad \text{なら} \quad \boldsymbol{A}\times\boldsymbol{B} = 0, \qquad \text{とくに} \quad \boldsymbol{A}\times\boldsymbol{A} = 0 \tag{7.3}$$

右手系の直交座標の単位ベクトル $\boldsymbol{e}_i, \boldsymbol{e}_j, \boldsymbol{e}_k$（$i, j, k$ はたとえば，この順序にデカルト座標の x, y, z，または極座標の r, θ, φ など）に対して

$$\boldsymbol{e}_i\times\boldsymbol{e}_i = \boldsymbol{e}_j\times\boldsymbol{e}_j = \boldsymbol{e}_k\times\boldsymbol{e}_k = 0 \tag{7.4}$$

$$\boldsymbol{e}_i\times\boldsymbol{e}_j = \boldsymbol{e}_k, \qquad \boldsymbol{e}_j\times\boldsymbol{e}_k = \boldsymbol{e}_i, \qquad \boldsymbol{e}_k\times\boldsymbol{e}_i = \boldsymbol{e}_j \tag{7.5}$$

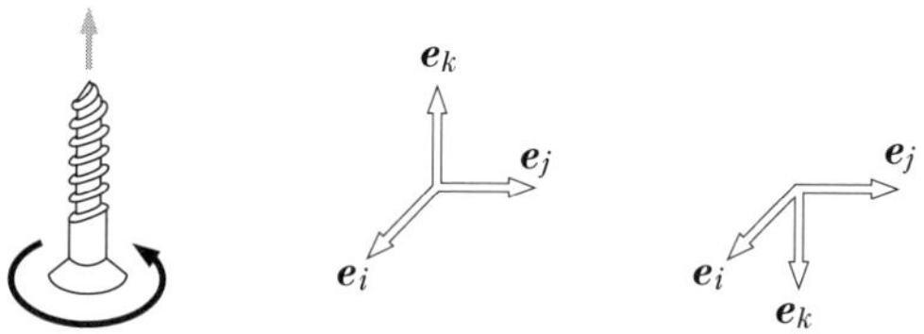

(a) 右ねじ　(b) 右手系　(c) 左手系

図 7.2

が成り立つ．(7.5) はむしろこれが右手系の定義である (図 7.2)．ちなみに

$$\boldsymbol{e}_i \times \boldsymbol{e}_j = -\boldsymbol{e}_k, \quad \boldsymbol{e}_j \times \boldsymbol{e}_k = -\boldsymbol{e}_i, \quad \boldsymbol{e}_k \times \boldsymbol{e}_i = -\boldsymbol{e}_j \tag{7.6}$$

となるような向きにとった座標系を左手系という．

デカルト座標を用いると，ベクトル積は

$$\begin{aligned}\boldsymbol{A} \times \boldsymbol{B} &= (A_y B_z - A_z B_y)\boldsymbol{e}_x + (A_z B_x - A_x B_z)\boldsymbol{e}_y + (A_x B_y - A_y B_x)\boldsymbol{e}_z \\ &= \begin{vmatrix} \boldsymbol{e}_x & \boldsymbol{e}_y & \boldsymbol{e}_z \\ A_x & A_y & A_z \\ B_x & B_y & B_z \end{vmatrix}\end{aligned} \tag{7.7}$$

と表される．$|\cdots|$ は行列式を表す．

3 個のベクトルの間のベクトル積には

$$\boldsymbol{A} \times (\boldsymbol{B} \times \boldsymbol{C}) = \boldsymbol{B}(\boldsymbol{A} \cdot \boldsymbol{C}) - \boldsymbol{C}(\boldsymbol{A} \cdot \boldsymbol{B}) \tag{7.8}$$

が成り立つ．また，微分については

$$\frac{\mathrm{d}(\boldsymbol{A} \times \boldsymbol{B})}{\mathrm{d}t} = \frac{\mathrm{d}\boldsymbol{A}}{\mathrm{d}t} \times \boldsymbol{B} + \boldsymbol{A} \times \frac{\mathrm{d}\boldsymbol{B}}{\mathrm{d}t} \tag{7.9}$$

が成り立つ．

問 1　(7.7) を用いて (7.8),(7.9) を証明せよ．

解　ベクトルの関係式だから，ひとつの成分について証明すれば十分である．

$$\begin{aligned}[\boldsymbol{A} \times (\boldsymbol{B} \times \boldsymbol{C})]_x &= A_y(\boldsymbol{B} \times \boldsymbol{C})_z - A_z(\boldsymbol{B} \times \boldsymbol{C})_y \\ &= A_y(B_x C_y - B_y C_x) - A_z(B_z C_x - B_x C_z) \\ &= B_x(A_y C_y + A_z C_z) - C_x(A_y B_y + A_z B_z)\end{aligned}$$

$$\begin{aligned}[\boldsymbol{B}(\boldsymbol{A} \cdot \boldsymbol{C}) - \boldsymbol{C}(\boldsymbol{A} \cdot \boldsymbol{B})]_x &= B_x(A_x C_x + A_y C_y + A_z C_z) \\ &\quad - C_x(A_x B_x + A_y B_y + A_z B_z) \\ &= B_x(A_y C_y + A_z C_z) - C_x(A_y B_y + A_z B_z)\end{aligned}$$

より (7.8) が成り立つ．

$$\left[\frac{\mathrm{d}(\boldsymbol{A}\times\boldsymbol{B})}{\mathrm{d}t}\right]_x = \frac{\mathrm{d}}{\mathrm{d}t}[A_y B_z - A_z B_y]$$
$$= \dot{A}_y B_z + A_y \dot{B}_z - \dot{A}_z B_y - A_z \dot{B}_y$$
$$\left[\frac{\mathrm{d}\boldsymbol{A}}{\mathrm{d}t}\times\boldsymbol{B} + \boldsymbol{A}\times\frac{\mathrm{d}\boldsymbol{B}}{\mathrm{d}t}\right]_x = \dot{A}_y B_z - \dot{A}_z B_y + A_y \dot{B}_z - A_z \dot{B}_y$$

より (7.9) が成り立つ

§7.2 角運動量

等速直線運動では，運動エネルギーと運動量が時間によらず一定である．一方，等速円運動では，運動エネルギーと運動量の大きさは一定であるが，運動量の向きが刻々変化する．等速円運動において時間によらず一定のベクトル量がある．それが，中心のまわりの角運動量である．

角運動量はある点のまわりの量として定義され，回転運動にとって重要な量である．速度 $\boldsymbol{v}$ で点 $\boldsymbol{r}$ を通過中の質点の，点 $\boldsymbol{r}_0$ のまわりの角運動量は

$$\boldsymbol{L} = (\boldsymbol{r}-\boldsymbol{r}_0)\times\boldsymbol{p} = (\boldsymbol{r}-\boldsymbol{r}_0)\times m\boldsymbol{v} = m(\boldsymbol{r}-\boldsymbol{r}_0)\times\frac{\mathrm{d}\boldsymbol{r}}{\mathrm{d}t} \quad (\text{定義}) \qquad (7.10)$$

である (図 7.3)．$\boldsymbol{L}$ は $\boldsymbol{r}_0$ には依存するが原点の選び方には依存しない．とくに $\boldsymbol{r}_0$ を原点にとった，原点のまわりの角運動量は，

$$\boldsymbol{L} = \boldsymbol{r}\times\boldsymbol{p} = \boldsymbol{r}\times m\boldsymbol{v} = m\boldsymbol{r}\times\frac{\mathrm{d}\boldsymbol{r}}{\mathrm{d}t} = m\boldsymbol{r}\times\dot{\boldsymbol{r}} \quad (\text{定義}) \qquad (7.11)$$

である．図 7.4 には図 7.3 の $\boldsymbol{r}_0$ を原点に選んだ場合を描いてある．(7.11) を

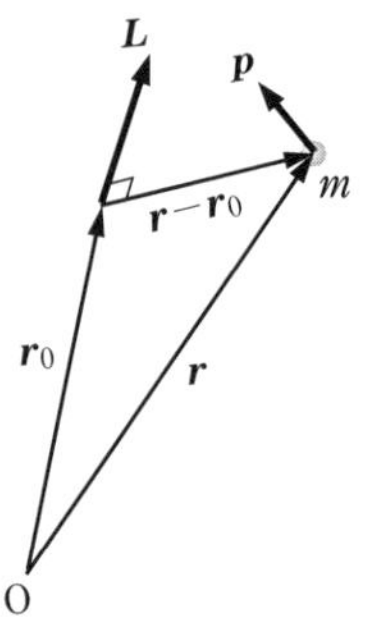

図 7.3

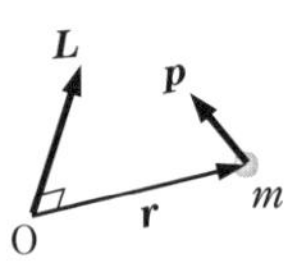

図 7.4

デカルト座標の成分で表すと

$$L_x = yp_z - zp_y = m(y\dot{z} - z\dot{y}) \tag{7.12}$$

$$L_y = zp_x - xp_z = m(z\dot{x} - x\dot{z}) \tag{7.13}$$

$$L_z = xp_y - yp_x = m(x\dot{y} - y\dot{x}) \tag{7.14}$$

である．

角運動量の次元とSI単位は

$$[\boldsymbol{L}] = \mathsf{LMLT^{-1}} = \mathsf{ML^2T^{-1}}: \quad \mathrm{kg \cdot m^2/s} \tag{7.15}$$

である．

質点はいかなる運動をしている場合も常にニュートンの運動方程式 (1.1) に従っている．このことから，角運動量が満たすべき方程式を導くことができる．

角運動量 $\boldsymbol{L}$ (7.11) の時間微分を計算すると

$$\frac{\mathrm{d}\boldsymbol{L}}{\mathrm{d}t} = \frac{\mathrm{d}}{\mathrm{d}t}\left[(\boldsymbol{r}-\boldsymbol{r}_0)\times m\frac{\mathrm{d}\boldsymbol{r}}{\mathrm{d}t}\right] = \frac{\mathrm{d}\boldsymbol{r}}{\mathrm{d}t}\times m\frac{\mathrm{d}\boldsymbol{r}}{\mathrm{d}t} + (\boldsymbol{r}-\boldsymbol{r}_0)\times m\frac{\mathrm{d}^2\boldsymbol{r}}{\mathrm{d}t^2}$$

$$= (\boldsymbol{r}-\boldsymbol{r}_0)\times m\frac{\mathrm{d}^2\boldsymbol{r}}{\mathrm{d}t^2} \tag{7.16}$$

である ((7.3) を利用した)．右辺に (1.1) を代入すると，

$$\frac{\mathrm{d}\boldsymbol{L}}{\mathrm{d}t} = (\boldsymbol{r}-\boldsymbol{r}_0)\times\boldsymbol{F} \tag{7.17}$$

となる．

$$\boldsymbol{N} = (\boldsymbol{r}-\boldsymbol{r}_0)\times\boldsymbol{F} \qquad \text{（定義）} \tag{7.18}$$

は原点のまわりの**力のモーメント**あるいは**トルク**と呼ばれるベクトル量で，回転させようとする力の効果を表す (図 7.5)．

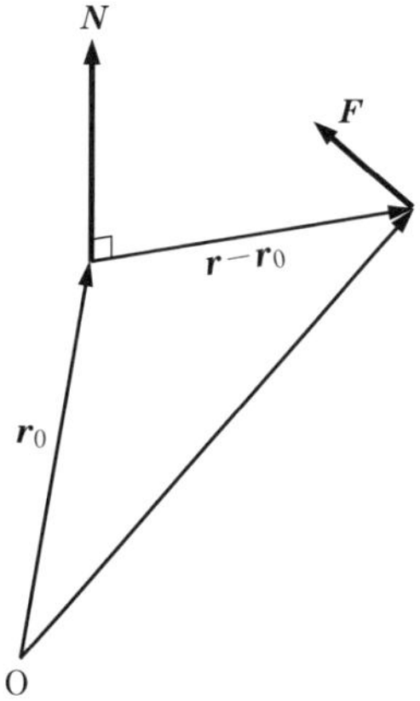

図 7.5

$\boldsymbol{N}$ を用いると角運動量が満たすべき方程式 (7.17) は

$$\frac{\mathrm{d}\boldsymbol{L}}{\mathrm{d}t} = \boldsymbol{N} \qquad \text{（法則）} \tag{7.19}$$

と書くことができる．(7.10) と (7.18) を比べると

わかるように，(7.19) の左辺の $\boldsymbol{L}$ と右辺の $\boldsymbol{N}$ は同じ点 ($\boldsymbol{r}_0$) のまわりで定義されていなければならない．とくに，$\boldsymbol{N}=0$ ならば

$$\frac{\mathrm{d}\boldsymbol{L}}{\mathrm{d}t}=0 \tag{7.20}$$

だから，$\boldsymbol{L}=$ 一定 である．つまりこの場合，角運動量は保存する．

点 $\boldsymbol{r}_0$ を原点に選んだときは，(7.11) の時間微分を計算して，同じく (1.1) を代入すれば，

$$\frac{\mathrm{d}\boldsymbol{L}}{\mathrm{d}t}=\boldsymbol{r}\times\boldsymbol{F} \qquad \text{(法則)} \tag{7.21}$$

が成り立つことがわかる．右辺は原点のまわりの力のモーメントである．

§7.3 中心力と面積速度一定の法則

質点に中心力 $\boldsymbol{F}$ が働いているものとする．力の中心を座標の原点に選ぶと，

$$\boldsymbol{F}=F(\boldsymbol{r})\boldsymbol{e}_r \tag{7.22}$$

である．このとき，力の中心 (原点) のまわりの力のモーメントは，

$$\boldsymbol{N}=\boldsymbol{r}\times\boldsymbol{F}=r\boldsymbol{e}_r\times F\boldsymbol{e}_r=0 \tag{7.23}$$

である．よって，原点のまわりの質点の角運動量を $\boldsymbol{L}$ とすると，常に (7.20) が成り立つから

$$\boldsymbol{L}=\text{一定} \tag{7.24}$$

である．

ところで

$$\boldsymbol{L}=\boldsymbol{r}\times m\boldsymbol{v} \tag{7.25}$$

だから，$\boldsymbol{r}$ と $\boldsymbol{v}=\dot{\boldsymbol{r}}$ はともに $\boldsymbol{L}$ に垂直である (図 7.6)．よって，$\boldsymbol{L}$ が一定ならば，$\boldsymbol{L}$ に垂直な面，すなわち $\boldsymbol{r}$ と $\boldsymbol{v}$ をともに含む面も不変である．つまり，このとき質点は $\boldsymbol{L}$ に垂直な面から出ることなく，同じ面内を運動し続ける．よって，質点の位置はその面内の 2 次元座標で完全に指定できる．いま，力の中心を原点とする $\boldsymbol{L}$ に垂直な面内の 2 次元極座標 (r,φ) を用いると，(6.29) より

$$\begin{aligned}\boldsymbol{L}&=mr\boldsymbol{e}_r\times(\dot{r}\boldsymbol{e}_r+r\dot{\varphi}\boldsymbol{e}_\varphi)\\&=mr\dot{r}\boldsymbol{e}_r\times\boldsymbol{e}_r+mr^2\dot{\varphi}\boldsymbol{e}_r\times\boldsymbol{e}_\varphi\\&=mr^2\dot{\varphi}\boldsymbol{e}_z\end{aligned} \tag{7.26}$$

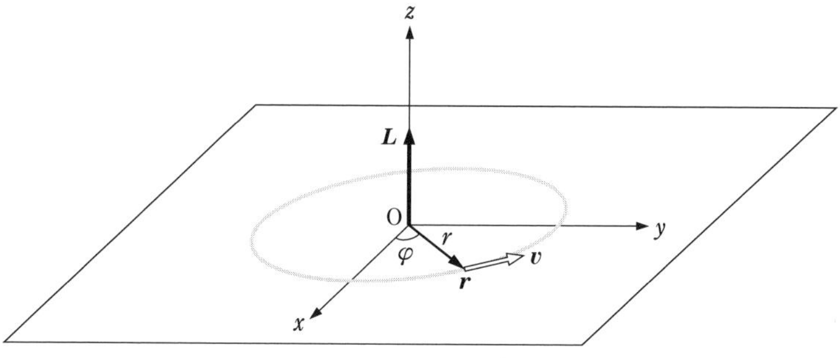

図 7.6

である．ただし $\boldsymbol{e}_z$ は面に垂直な方向の単位ベクトルである．円筒座標表示で，いまは運動が $\xi\varphi$ 面内に限られているので，$\xi = r$ と記したと考えればよい．

さて，図 7.7 のように微小時間 Δt の間に質点の位置ベクトルの動径が"掃く"三角形の面積を ΔS とすると，底辺 $|\boldsymbol{r}|$，高さ $v_\varphi \Delta t$ であることから，

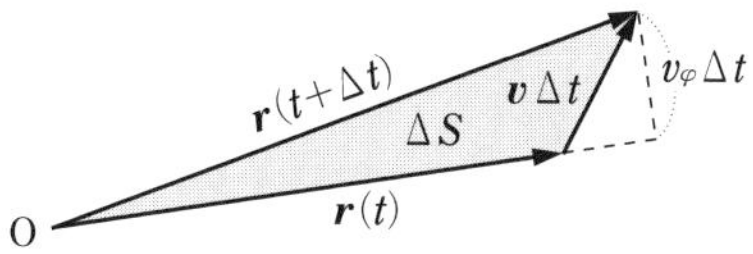

図 7.7

$$\Delta S \approx \frac{1}{2} r v_\varphi \Delta t \tag{7.27}$$

である．よって，単位時間あたりに動径が掃く面積（面積の時間変化率）は

$$\frac{\mathrm{d}S}{\mathrm{d}t} = \lim_{\Delta t \to 0} \frac{\Delta S}{\Delta t} = \frac{1}{2} r v_\varphi = \frac{1}{2} r^2 \dot{\varphi} \tag{7.28}$$

である．(6.28) を用いた．これを**面積速度**という．面積速度の次元と SI 単位は

$$\left[\frac{\mathrm{d}S}{\mathrm{d}t}\right] = [r][v_\varphi] = \mathsf{L}^2\mathsf{T}^{-1}: \quad \mathrm{m^2/s} \tag{7.29}$$

である．(7.26) から，面積速度と角運動量の大きさ L との間には

$$\frac{\mathrm{d}S}{\mathrm{d}t} = \frac{L}{2m} \tag{7.30}$$

なる関係がある．

質点が受けている合力が中心力のときは，$L =$ 一定 だったから，当然

$$\frac{\mathrm{d}S}{\mathrm{d}t} = 一定 \tag{7.31}$$

でもある．これを，**中心力を受けて運動している質点の面積速度は一定である**という．

演習問題 7

[A]

1．xy 平面上で原点を中心とする円運動

$$x = a\cos\omega t, \quad y = a\sin\omega t, \quad a > 0$$

をしている質量 m の質点がある．

(a) 時刻 t に質点が受けている，中心のまわりの力のモーメント $\boldsymbol{N}$ が 0 であることを，デカルト座標を用いた計算によって確認せよ．

(b) 時刻 t の中心のまわりの角運動量 $\boldsymbol{L}$ をデカルト座標で計算して求めよ．

2．xz 平面内を質量 m の質点が等速度運動をして $x = vt$，$y = 0$，$z = b$ のような軌跡を進んでいるとき，原点のまわりの角運動量を求めよ．

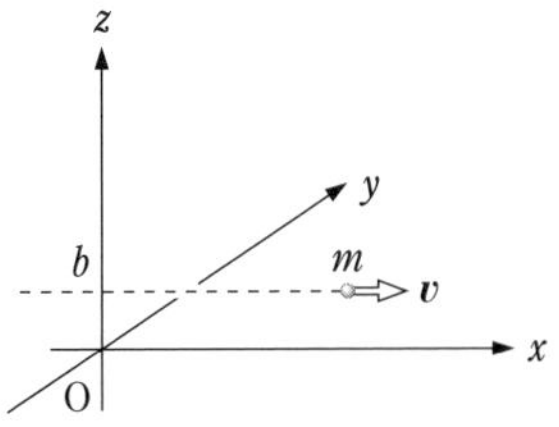

[B]

3．原点からの距離 r の平方に反比例する斥力 k/r^2 を受けながら原点のほうに近づいてくる質量 m の質点がある．無限遠における速度を $\boldsymbol{v}_0$，無限遠における軌道の延長と原点の距離を b とする．速度 $\boldsymbol{v}$ が位置ベクトル $\boldsymbol{r}$ に垂直になる点 A における $|\boldsymbol{v}|$ と $|\boldsymbol{r}|$ を求めよ．

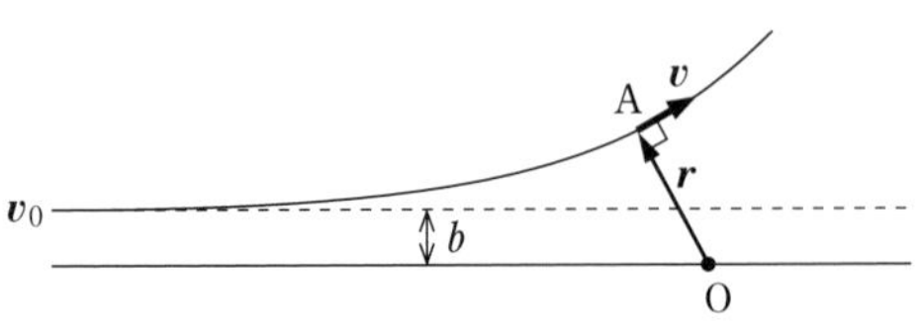

4． 長さ l の糸で支点Aからつるされた質量 m のおもりが，糸と鉛直方向との間の角度を θ に保ちながら，水平面内で等速円運動をしている円錐振り子がある．円軌道の中心をOとする．時刻 t におもりは図の位置にあり，速度 $\boldsymbol{v}$ の向きに進んでいる．

(a) Oのまわりのおもりの角運動量 $\boldsymbol{L}_{\mathrm{O}}(t)$ の大きさを $\boldsymbol{v}$ を使って表し，向きを図示せよ．

(b) 時刻 t におけるAのまわりのおもりの角運動量 $\boldsymbol{L}_{\mathrm{A}}(t)$ の向きを図示せよ．また，その大きさを書け．

(c) $\mathrm{d}\boldsymbol{L}_{\mathrm{A}}(t)/\mathrm{d}t$ の向きを図示し，その大きさを求めよ．また，質点が円軌道を1周する間に，$\boldsymbol{L}_{\mathrm{A}}(t)$ はどのように変化するかを述べよ．

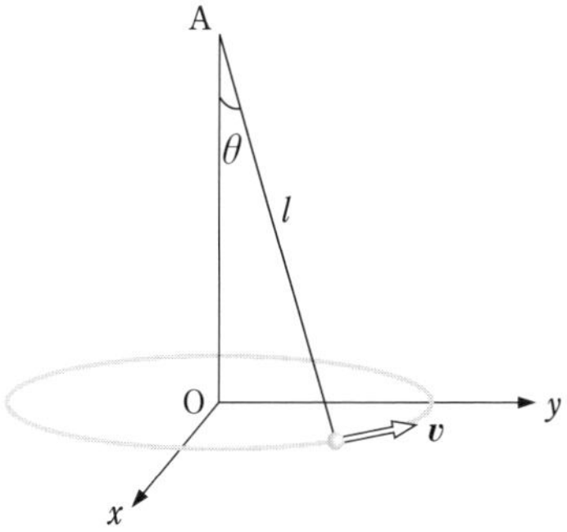

8

座標系の相対運動 (1) —— 並進運動

一定の速度で進んでいる旅客機や電車に乗っているとき，われわれはその速さを感じない．機内や車内で体験する現象が，地上で体験する，ニュートンの運動方程式 (1.1) で理解できる現象と変わらないからである．たとえば，手に持った物を落としても，地上と同じようにまっすぐ足下に落ちる．つまり，機上や車内でも (1.1) が成立しているように見える．しかし，旅客機や電車が加速している最中は，地上とはちがった現象を体験する．

本章と次章では，質点の運動を異なる座標系で見たときの関係を理論的に調べ，上のような日常の経験の意味を理解する．

§8.1　座標系とその相対運動

2つのデカルト座標系 O-xyz と O′-$x'y'z'$ を考える (図 8.1)．前者を S 系，後者を S′ 系と呼ぶことにする．同じ質点の位置 P を S 系で見たときの位置ベ

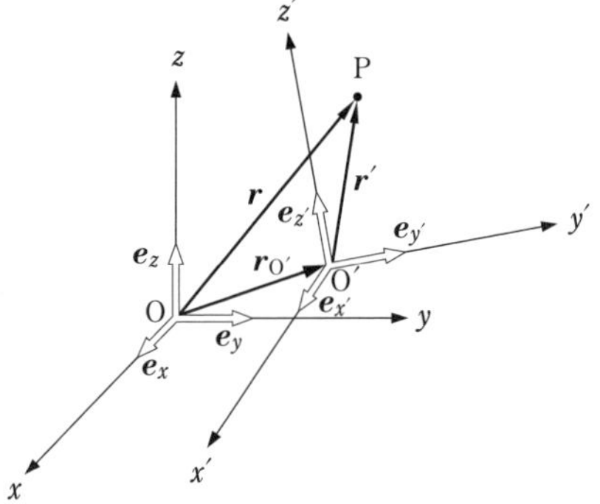

図 8.1

クトルを

$$\boldsymbol{r} = x\boldsymbol{e}_x + y\boldsymbol{e}_y + z\boldsymbol{e}_z \tag{8.1}$$

S′ 系で見たときの位置ベクトルを

$$\boldsymbol{r}' = x'\boldsymbol{e}_{x'} + y'\boldsymbol{e}_{y'} + z'\boldsymbol{e}_{z'} \tag{8.2}$$

とする．S′ 系から見た量には，$\boldsymbol{r}'$ のように ′ をつけて表す．$\boldsymbol{e}_{x'}, \boldsymbol{e}_{y'}, \boldsymbol{e}_{z'}$ は，S′ 系の x', y', z' 軸方向の単位ベクトルである．また，S 系から見た S′ 系の原点 O′ の位置ベクトルを

$$\boldsymbol{r}_{\mathrm{O}'} = x_{\mathrm{O}'}\boldsymbol{e}_x + y_{\mathrm{O}'}\boldsymbol{e}_y + z_{\mathrm{O}'}\boldsymbol{e}_z \tag{8.3}$$

とする．

$$\boldsymbol{r} = \boldsymbol{r}' + \boldsymbol{r}_{\mathrm{O}'} \tag{8.4}$$

つまり

$$x\boldsymbol{e}_x + y\boldsymbol{e}_y + z\boldsymbol{e}_z = x'\boldsymbol{e}_{x'} + y'\boldsymbol{e}_{y'} + z'\boldsymbol{e}_{z'} + x_{\mathrm{O}'}\boldsymbol{e}_x + y_{\mathrm{O}'}\boldsymbol{e}_y + z_{\mathrm{O}'}\boldsymbol{e}_z \tag{8.5}$$

である．

S 系に対する S′ 系の運動には

（イ） 原点 O′ の移動

（ロ） 座標軸 $\boldsymbol{e}_{x'}, \boldsymbol{e}_{y'}, \boldsymbol{e}_{z'}$ の回転

がある．一般的には，（イ），（ロ）が共存する複雑な運動が考えられるが，本章では，純粋に（イ）のみの場合を考える．第 9 章で純粋に（ロ）のみの場合を考える．

§ 8.2 慣性系に対して等速直線運動をしている座標系

S′ 系は S 系に対して回転せずに一定速度 $\boldsymbol{V}$ で動いているものとする．このとき，$\boldsymbol{e}_{x'}, \boldsymbol{e}_{y'}, \boldsymbol{e}_{z'}$ は $\boldsymbol{e}_x, \boldsymbol{e}_y, \boldsymbol{e}_z$ と平行である必要はないが，向きは時間がたっても変わらない．このようなときは，あらためて図 8.2 のように $\boldsymbol{e}_{x'} /\!/ \boldsymbol{e}_x$，$\boldsymbol{e}_{y'} /\!/ \boldsymbol{e}_y$，$\boldsymbol{e}_{z'} /\!/ \boldsymbol{e}_z$ であるように選んでも一般性を失わない．時刻 $t = 0$ における O′ の位置が S 系から見て $\boldsymbol{r}_{\mathrm{O}'}(0)$ であったとすると，時刻 t には

$$\boldsymbol{r}_{\mathrm{O}'}(t) = \boldsymbol{V}t + \boldsymbol{r}_{\mathrm{O}'}(0) \tag{8.6}$$

である．よって，同じ質点の S 系と S′ 系における位置座標の間の関係は，(8.4) に (8.6) を代入して

$$\boldsymbol{r}(t) = \boldsymbol{r}'(t) + \boldsymbol{V}t + \boldsymbol{r}_{\mathrm{O}'}(0) \tag{8.7}$$

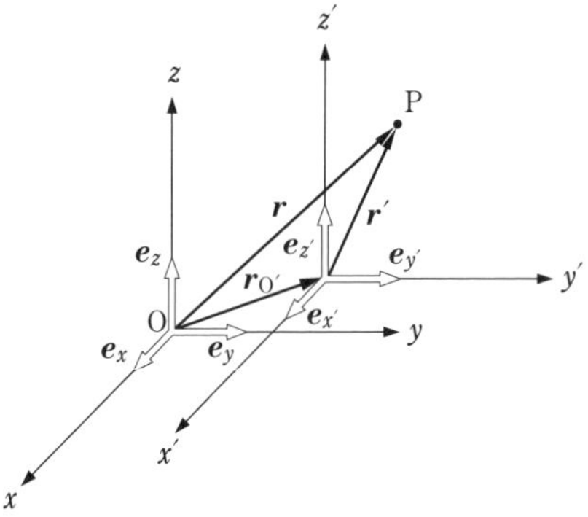

図8.2

である．(8.4) あるいは (8.7) を用いて，$\boldsymbol{r}'$ から $\boldsymbol{r}$ を求めたり，逆に $\boldsymbol{r}$ から $\boldsymbol{r}'$ を求めたりすることを，**座標変換**という．

質点の速度は

$$\text{S 系}：\boldsymbol{v} \equiv \dot{\boldsymbol{r}}, \qquad \text{S}' \text{系}：\boldsymbol{v}' \equiv \dot{\boldsymbol{r}}' \tag{8.8}$$

だから，(8.7) を t で微分して得られる

$$\dot{\boldsymbol{r}}(t) = \dot{\boldsymbol{r}}'(t) + \boldsymbol{V} \tag{8.9}$$

に (8.8) を代入して

$$\boldsymbol{v}(t) = \boldsymbol{v}'(t) + \boldsymbol{V} \tag{8.10}$$

である．

たとえば，S′ 系が等速度運動をしている電車に固定された座標系であれば，地上で静止している物体は $\boldsymbol{v} = 0$ だから，(8.10) より $\boldsymbol{v}' = -\boldsymbol{V}$ となる．これは，電車から見た外の景色が，速度 $-\boldsymbol{V}$ で後ろに動いているように見えることと対応している．

質点の加速度は

$$\text{S 系}：\boldsymbol{a} \equiv \dot{\boldsymbol{v}} = \ddot{\boldsymbol{r}}, \qquad \text{S}' \text{系}：\boldsymbol{a}' \equiv \dot{\boldsymbol{v}}' = \ddot{\boldsymbol{r}}' \tag{8.11}$$

であるが，$\boldsymbol{V}$ が一定だから (8.9) より

$$\ddot{\boldsymbol{r}}(t) = \ddot{\boldsymbol{r}}'(t) \quad \text{つまり} \quad \boldsymbol{a}(t) = \boldsymbol{a}'(t) \tag{8.12}$$

である．つまり，**座標系の相対速度 $\boldsymbol{V}$ が一定のとき，加速度はどちらの系から見ても同じである．**このことは重要である．

いま，S 系が慣性系であるとすると，合力 $\boldsymbol{F}$ を受けながら運動する質点の

軌跡はニュートンの運動方程式(1.1)で記述できる．これをS′系から見るとどうであろうか．(8.12)を(1.1)に代入すると

$$m\ddot{\boldsymbol{r}}' = \boldsymbol{F} \tag{8.13}$$

となる．このように，S′系から見た運動も，まさに運動方程式(1.1)と同じ形で表される．これは，**慣性系に対して等速度運動をしている座標系では，すべての運動が(1.1)で表されること，つまり，そのような座標系もまた慣性系であること**を示している．

§8.3　運動の軌跡・運動量・運動エネルギー

(1)　運 動 の 軌 跡

2つの慣性系S, S′で同じ質点の運動を観測したとき，運動量と運動エネルギー，およびそれらの変化の様子は座標系によってどのようにちがうであろうか．

次のような例を考えてみよう．図8.3のように一定の速度 $\boldsymbol{V}$ で進んでいる電車の中(S′系)のAさんがボールを初速度 $\boldsymbol{v}_0$ で真上に投げ上げると，ボールは最上点に達した後，またまっすぐ下向きにもとの位置までもどってくる．これはS′系における(2.35)

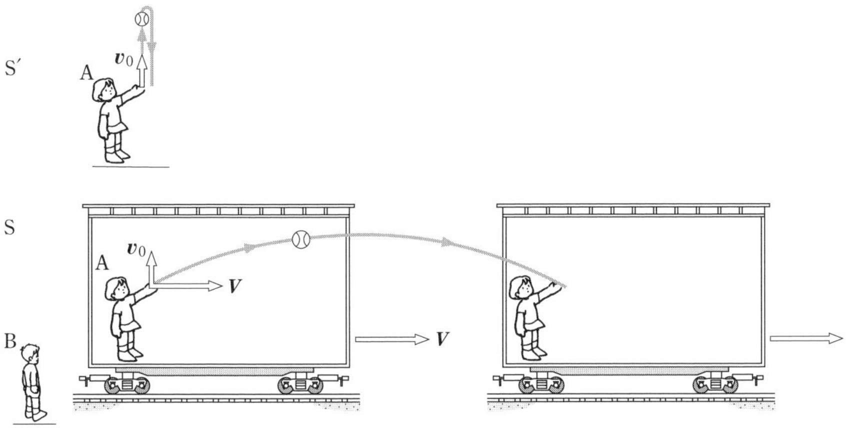

図8.3

$$\frac{d^2x'}{dt^2}=0,\quad \frac{d^2y'}{dt^2}=0,\quad \frac{d^2z'}{dt}=-g$$

で $v_{0x}{}'=0$，$v_{0y}{}'=0$，$v_{0z}{}'=v_0$ としたときの解である．同じ現象を地上（S系）にいるBさんが見ると，Aさんは電車と同じ速さ V で動きながらボールを投げ上げる．ボールは，もとからもっていた水平方向の成分 V とAさんが与えた上向きの成分 v_0 をもつ速度で運動を開始し，放物線の軌跡を描く．これは(2.35)で，$v_{0x}=V$，$v_{0y}=0$，$v_{0z}=v_0$ としたときの解である．このように，観測者によってボールの軌跡はちがって見えるが，これらは，同じ運動方程式(2.28)，(2.35)の，異なる初期条件に対応する解になっている．

問1　上の例でS系から見たボールの軌跡を，S′系での軌跡からの座標変換で求めよ．ただし，ボールが手を離れた瞬間の座標を $(0,0,z_0)$，$(0,0,z_0{}')$ とする．

解　S′系での時間 t 後の位置は

$$x'=0,\quad y'=0$$

$$z'=-\frac{1}{2}gt^2+v_0t+z_0{}'$$

座標の間には(8.7)より

$$x=x'+Vt,\quad y=y',\quad z=z'$$

の関係があるから

$$x=Vt,\quad y=0$$

$$z=-\frac{1}{2}gt^2+v_0t+z_0{}'$$

よって軌跡は

$$z=-\frac{1}{2}\frac{g}{V^2}x^2+\frac{v_0}{V}x+z_0$$

(2)　運動量と運動エネルギー

2つの慣性系S, S′において，運動量はそれぞれ

$$\boldsymbol{p}=m\dot{\boldsymbol{r}},\quad \boldsymbol{p}'=m\dot{\boldsymbol{r}}' \tag{8.14}$$

であるが，(8.9)より，それらの間には

$$\boldsymbol{p}=m(\dot{\boldsymbol{r}}'+\boldsymbol{V})=m\boldsymbol{v}'+m\boldsymbol{V}=\boldsymbol{p}'+m\boldsymbol{V} \tag{8.15}$$

なる関係がある．また，運動エネルギーは

$$K=\frac{1}{2}m\dot{\boldsymbol{r}}^2,\quad K'=\frac{1}{2}m\dot{\boldsymbol{r}}'^2 \tag{8.16}$$

であるから,

$$K=\frac{1}{2}m(\dot{\boldsymbol{r}}'+\boldsymbol{V})^2=\frac{1}{2}m\dot{\boldsymbol{r}}'^2+m\dot{\boldsymbol{r}}'\cdot\boldsymbol{V}+\frac{1}{2}mV^2=K'+\boldsymbol{p}'\cdot\boldsymbol{V}+\frac{1}{2}mV^2 \tag{8.17}$$

である．質点の速度が座標系によって異なることの当然の帰結として，このように質点の運動量や運動エネルギーも，座標系によって異なってくる．

それでは，質点に力 $\boldsymbol{F}$ が加わったときの運動量や運動エネルギーの変化の様子は，異なる座標系から見るとどうちがうであろうか．簡単のために，時刻 $t=0$ において，質点は座標系 S′ に対して静止しているものとする．

$$\boldsymbol{v}'(0)=0 \tag{8.18}$$

このような状況は，座標系 S に対して速度 $\boldsymbol{V}$ で運動している質点があるとき，質点と同じ速度 $\boldsymbol{V}$ で並進運動している座標系 S′ を考えると実現する．図 8.4 には $\boldsymbol{V}$ に平行に $\boldsymbol{e}_x$ と $\boldsymbol{e}_{x'}$ を選び，かつ $\boldsymbol{e}_{y'} /\!/ \boldsymbol{e}_y$，$\boldsymbol{e}_{z'} /\!/ \boldsymbol{e}_z$ とした場合の図が描いてある．

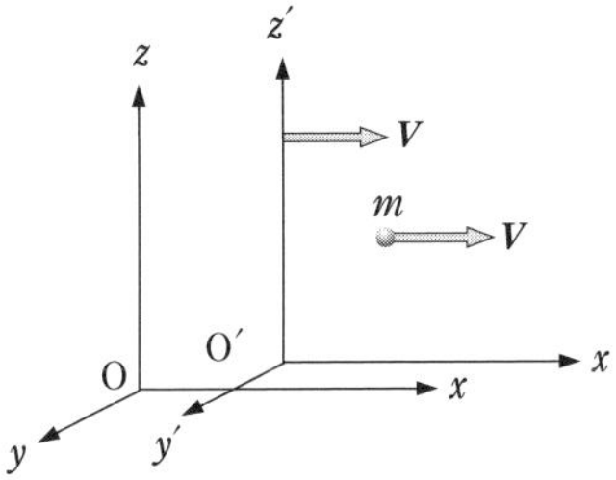

図 8.4

いま，時刻 $t=0$ から Δt の間，この質点に $\boldsymbol{V}$ と同じ向きの一定の力 $\boldsymbol{F}$ を加えたときの，運動量と運動エネルギーの変化を考えよう．S′ 系で見ると，はじめ静止していた質点が，時間 Δt の間，等加速度運動 ($\boldsymbol{a}'=\boldsymbol{F}/m$) をするので，$t=\Delta t$ になったときの速度は

$$\boldsymbol{v}'(\Delta t)=\frac{\boldsymbol{F}}{m}\Delta t \tag{8.19}$$

となる．したがって，運動量と運動エネルギーは，

$$\boldsymbol{p}'(\Delta t)=m\boldsymbol{v}'=\boldsymbol{F}\,\Delta t \tag{8.20}$$

$$K'(\Delta t)=\frac{1}{2}mv'^2=\frac{F^2}{2m}(\Delta t)^2 \tag{8.21}$$

である．$t=0$ で $\boldsymbol{p}'=0$，$K'=0$ だったから，これらはそれぞれ，S′ 系で見た変化分 $\Delta\boldsymbol{p}', \Delta K'$ ということもできる．つまり，時間 Δt の間に力積 $\boldsymbol{F}\,\Delta t$ を受け，仕事 $(F^2/2m)(\Delta t)^2$ をされたことになる．

同じ現象をS系から見ても，質点は同じ力 $\boldsymbol{F}$ を同じ時間 Δt だけ受けて，同じ加速度 $\boldsymbol{a}=\boldsymbol{a}'=\boldsymbol{F}/m$ の等加速度運動をする．ただし初速度が $\boldsymbol{v}(0)=\boldsymbol{V}$ で，0でないところが，S′系で見た場合とは異なる．この間の質点の運動量と運動エネルギーの変化は，速度の変化がわかればわかる．そのためにニュートンの運動方程式(1.1)を初期条件 $\boldsymbol{v}(0)=\boldsymbol{V}$ で解いてもよいが，S′系での様子はすでにわかっているので，座標変換から簡単に求めることができる．すなわち，運動量の変化は(8.15)に(8.18),(8.19)を代入して

$$\boldsymbol{p}(0)=m\boldsymbol{V},\qquad \boldsymbol{p}(\Delta t)=m\boldsymbol{v}'(\Delta t)+m\boldsymbol{V}=\boldsymbol{F}\,\Delta t+m\boldsymbol{V} \tag{8.22}$$

より

$$\Delta\boldsymbol{p}=\boldsymbol{p}(\Delta t)-\boldsymbol{p}(0)=\boldsymbol{F}\,\Delta t \tag{8.23}$$

である．一方，運動エネルギーの変化は(8.17)に(8.18),(8.19)を代入して

$$K(0)=\frac{1}{2}mV^2 \tag{8.24}$$

$$K(\Delta t)=\frac{F^2}{2m}(\Delta t)^2+\boldsymbol{F}\,\Delta t\cdot\boldsymbol{V}+\frac{1}{2}mV^2=\frac{F^2}{2m}(\Delta t)^2+FV\,\Delta t+\frac{1}{2}mV^2 \tag{8.25}$$

より

$$\Delta K=\frac{F^2}{2m}(\Delta t)^2+FV\,\Delta t=\Delta K'+FV\,\Delta t \tag{8.26}$$

となる．

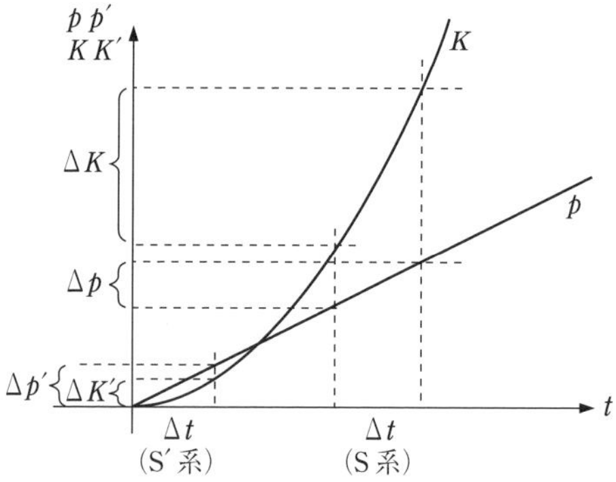

図8.5

つまり，S 系で見たときの運動量の変化は S′ 系で見たときと同じであるが，運動エネルギーの変化は $FV\,\Delta t$ だけ異なることになる．すなわち，同じ力から質点が受ける力積は，S 系から見た場合と S′ 系から見た場合で同じであるが，**質点がされる仕事は座標系によって異なる．**その様子を図 8.5 に示す．この少々意外な結果は，力積が力と時間という，両系で共通な量の積で与えられるのに対し，仕事は力と移動距離のスカラー積で与えられ，時間 Δt の間の質点の移動距離は座標系によって異なることの帰結である．

§8.4 投げ技とリフト

前節でわれわれは，質点の初速度が $\boldsymbol{V}$ である系（S 系）と 0 である系（S′ 系）で観測したときの力の効果の類似点と相違点を学んだ．S 系と S′ 系は慣性系として対等であるから，初速度のちがいだけが運動エネルギーの差異を生じたことになる．言い換えると，同じ座標系（たとえば S 系）において，質点に力 $\boldsymbol{F}$ を時間 Δt の間加えたとき，初速度のちがいによって相当の差が生じることを意味する．

そこで，座標変換の問題をしばし離れて，この効果について考えてみよう．§5.1 で述べたように，人の疲労感は一定の力を出しながらどれだけの距離を進んだかよりは，その力をどれだけの時間継続して出したかに関係が深い．このため，同じ労力（疲労）で与えることのできる仕事の量は力を加える対象の初速度によって異なることになる．

（1） 相手の動きを利用して投げる

柔道や合気道などの武道に，相手の初速度を有効に利用する，「相手の動きを利用して投げる」極意がある（図 8.6）．その意味を考えよう．

図 8.6

速度 $\boldsymbol{V}$ で進んでいる質点に対して，$\boldsymbol{V}$ に平行な力 $\boldsymbol{F}$ を時間 Δt だけ加えた場合は，変位が

$$\Delta \boldsymbol{r} = \frac{1}{2}\frac{\boldsymbol{F}}{m}(\Delta t)^2 + \boldsymbol{V}\,\Delta t \qquad (8.27)$$

だから，この間に $\boldsymbol{F}$ がする仕事は

$$W = \boldsymbol{F}\cdot\Delta\boldsymbol{r} = \frac{F^2}{2m}(\Delta t)^2 + FV\,\Delta t \tag{8.28}$$

で，最終的に質点が得る運動エネルギーは

$$K(\Delta t) = \frac{F^2}{2m}(\Delta t)^2 + FV\,\Delta t + \frac{1}{2}mV^2 \tag{8.29}$$

となる．当然 (8.26) と同じ形をしている．

これに基づいて，$\Delta t = 0.1$ 秒程度の短い時間だけ全力を出して相手を投げる場合を考える．武道においては，相手に大きな運動エネルギーを与えて投げることに意味がある．相手が床に衝突して運動エネルギーが 0 にもどるときにダメージが起こるからである．同じ力でも，相手が静止している状態から始めた場合は (8.29) で $V = 0$ とおいたときに残る第 1 項のエネルギーしか与えることができない．もし何らかの理由で相手がすでに動いているときに，その動きの方向にこの力を加えると，同じ労力 (疲労) ではるかに大きな運動エネルギーを与えることができる．「相手の動きを利用して投げる」技の極意は，相手が自分でつくった運動エネルギー ((8.29) の第 3 項) を利用するという意味よりは，相手の速度を利用して加える力の効果 (第 2 項) を高めることを意味していると思われる．

(2) バレエやフィギュアスケートのリフト

もうひとつの例として，バレエやフィギュアスケートで男性が女性をリフトする (両手で支えてかかえ上げる) ときのタイミング合わせの重要さを検討する (図 8.7)．

リフトのとき，女性は自力でジャンプして協力する．それに合わせて男性がリフトする．男性が力を入れはじめるタイミングとして，(i) 女性がジャンプを始めた瞬間と (ii) 女性が自力ジャンプで頂点に達した瞬間のどちらがよいだろうか．質量 m の人が上向きの初速 V のときに上向きの力 F を Δt だけ加え続けると，移動距離は (8.27) より

$$\Delta z = \frac{1}{2}\frac{F - mg}{m}(\Delta t)^2 + V\,\Delta t \tag{8.30}$$

である．これは，$V > 0$ なら，$F = mg$ でも，つまり体重を支えているだけ

で，有限の上昇距離 Δz だけリフトできることを示している．このとき女性に加わる力は重力とつり合って0なので，(8.30)の第1項は0であるが，第2項の効果によって（あるいは慣性で，といってもよい）女性は等速運動を続け，リフトされることになる．よって，望ましいのは（i）のタイミングである．たとえば最初の自力のジャンプは，10 cm だけ飛び上がる程度の小さいものだったとする．この程度でも，初速度は意外に大きく，1.4 m/s である．この状態を0.5秒間支えれば，それだけで70 cm リフトできることになる．実際のリフトの場合，女性はもっと大きなジャンプをしているようなので，男性は女性の体重を支える力以下の力で効果を出しているはずである．一方，同じようにジャンプした女性を（ii）のタイミングでリフトする場合は，女性が自力で10 cm までは上昇するが，そこで速度 $V=0$ になるので，男性は女性の体重を支える以上の力を加えて上向きに加速させなければならない．たとえば，一定の力を加えて0.5秒間に70 cm 上昇させようとすると，女性の体重の1.5倍を支える力を加え続けなければならない．動きを優雅に見せなければならないバレエやフィギュアスケートでは，（i）のタイミングを用いることにより，余計な力を使わずに効果を出すことがきわめて重要になる．

図8.7

問2　スズメが地面をぴょんぴょん跳んでいるときの跳躍の高さは約1 cm である．スズメが飛び立つときに，足でまずこれと同じ跳躍をしてから，体重を支えるだけの羽ばたきで飛んでいくとすると，はじめの速さはどの程度か．また，計算の結果を実際の観察と比較せよ．

解　高さが1 cm の跳躍のための初速度の垂直成分を v_z とすると，

$$\frac{mv^2}{2} = mgh$$

より

$$v_z = \sqrt{2gh} = \sqrt{2\times9.8\times0.01} = 0.44 \text{ m/s}$$

である．実際には水平成分もあるので，速さ v は，$v > 0.44$ m/s である．観察するとほぼこの程度の一定の速さで飛び立つ．

† 跳び（飛び）を上手に支えるコツ †

同じ力が物体に与える運動エネルギーが観測する慣性系で異なるという§8.3の発見から発展して，動いているものに力を加えると大きな仕事をすることができることを§8.4で学んだ．このテクニックは，さまざまなスポーツにおいて，選手が自らの力を最大限に生かすために利用できる．しかし，その積極的な利用価値は十分に認識されているとはいえない．とくに，練習の段階でこれを意識することは，より早い上達につながるはずである．参考のために，さらにいくつかの例をあげておこう．

ラグビーでは，ラインアウトのボールを受け取る選手のジャンプを他の選手がサポートしてよい．このときのサポートのタイミングも，バレエやフィギュア・スケートのリフトと同じである．つまり，ジャンプする選手の足が地面を離れた直後の最高速度の瞬間に力を加えると，体重と同じ力を加えるだけでスルスルと持ち上げることができる．自力ジャンプの高さが最高点に近づいてから支えたのでは遅いのである．

学校の体育で用いられる跳び箱を上手に跳ぶコツにも利用できる．跳び箱は，踏み切りのジャンプで得た運動エネルギーに，箱の上面に着いた手による仕事を加えて箱を飛び越えるスポーツである．上手に飛び越える要領は，(1) 勢いよく踏み切ること，(2) 手をなるべく遠くに着くこと，(3) 手をなるべく早く着くこと，の3点である．(1) は十分な初速度を得るために重要である．(2) は箱が低めのときに有効であるが，その意義は手を遠くに着くこと自体にあるのではなく，そうしようと意識することによって，水平方向の速度成分を十分にもった踏み切りができ，そのために手による仕事が大きく生きてくることにある．箱の高さが高くなると手を遠くに着くこと自体が不可能になり，(3) が重要になる．体が上向きの速度を十分にもっているうちに手を着けば，手の力が十分な仕事をして，体をぐいと引き上げることができる．そのときに水平方向の運動を止めるような力をかけないように注意すれば，身長より高い跳び箱も跳ぶことができる．

同様のことは，トランポリンのジャンプのタイミングについてもいえる．トランポリンでは，ひざを伸ばすタイミングを調節してジャンプのたびに高度を上げることができる．そのためには，沈むときに少しひざを曲げておき，シートの周囲のばねが十分に伸びきって収縮に向かうときに合わせて，ひざを伸ばして体の重心に上向きの速度を与える．そうすると，ばねの力が有効に仕事をして，下りてきたときより速い速度で体がネットを離れ，より高く跳ぶことができる．

以上の説明では，自分の手や足が体の運動を変化させたように述べたが，ニュートン力学の立場では，物体の（重心の）運動を変化させるものは外力のみだから（第11章参照），手や足が跳び箱の面やネットに加えた力の反作用（垂直抗力や静止摩擦力）が，体の運動を変化させたことになる．このとき，体を変形させる筋肉でエネルギーが消費され，重心の運動エネルギーになる．

これらのスポーツでうまくできたときはとても気持ちがよい．これは，同じ力で思いがけないほど大きな運動エネルギーを与えたり得たりしたことを体が認識するからであろうと思われる．

初速度の重要さを体で知っている動物がいる．鳥たちである．身近なカラスやハトやスズメが地面から飛び立つときの様子を注意してよく見ると，必ず，脚を使ってジャンプしてから飛び立つ．このとき脚を伸ばしはじめるのと同時に羽ばたきを始める．それによって彼らは自分の体重を支えるのに必要な羽ばたき（と空気の抵抗をカバーするための少しだけ余分の羽ばたき）だけで，初速度を保って飛んでいくことができるのである．

§8.5 慣性系に対して並進加速度運動をしている座標系

再び，座標変換の解析にもどる．§8.3 で，慣性系に対して等速度で運動している任意の座標系から観測した質点の運動は，同じニュートンの運動方程式(1.1) で記述できることを学び，等速度で進んでいる電車の中などで経験する現象についての理論的な根拠を得た．

ところで，われわれは，電車の中で，地上に立っているときには体験しない現象も体験する．それは，電車が加速や減速をしているとき，体が倒れそうになる現象である．またそのとき，床に置かれたボールや空き缶がひとりでに転がり出す．

この現象を，地上にいる観測者（地面に固定された慣性系 S）の立場から説明することは簡単である．いま A さんが電車の中に立っているとする．電車が等速度運動の状態（あるいは静止の状態）から加速あるいは減速（負の加速）の状態に入っても，A さんの体はこれまでと同じ運動（あるいは静止）をする．しかし，A さんと電車の床は靴の底で接しているので，靴底は床から静止摩擦力 $\boldsymbol{F}$ を受けて，電車の加速度の向きに動き出す．このとき上体はいままでの運動（あるいは静止）を続けようとするので，加速とは逆の向きに倒れそうになる（図 8.8）．（人の体は大きさをもっており，これまで学んできた質点の力学では律しきれない．よって，ここでの説明は感じで理解するだけでよい．第 12, 13 章で学ぶことによれば，大きさのある物体の端のほうにだけ力が加わると，並進運動だけでなく回転運動（ここでは転倒）が起こる．）また，もし仮に，靴底と床の間に全く摩擦がなければ，電車が加速を始めても A さんは地上に対して静止を続けるので，電車の後方の壁が迫ってきて衝突するであ

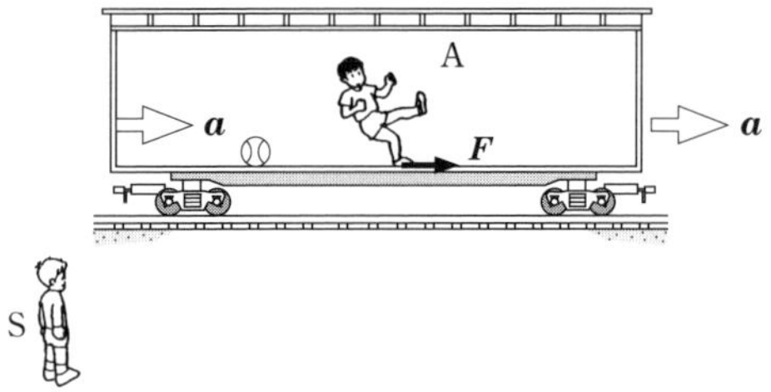

図 8.8

ろう．電車の床の上に置かれたボールが転がるのも，地上の観測者から見れば，静止しているボールに，壁が迫ってくる現象に近い．

このような現象を，地面に対して並進加速度運動をしている電車に固定された座標系 S′ で記述しようとすると，どういうことになるであろうか．質点の位置 P を表す座標 $\boldsymbol{r}$ と $\boldsymbol{r}'$ の間にはもちろん (8.4) が成り立つ．前節では

$$\dot{\boldsymbol{r}}_{\mathrm{O}'}(t) = \boldsymbol{V} = \text{一定} \quad \longrightarrow \quad \ddot{\boldsymbol{r}}_{\mathrm{O}'}(t) = 0 \tag{8.31}$$

の場合を考えたが，いまの場合は，S′ 系は加速度運動をしているから

$$\ddot{\boldsymbol{r}}_{\mathrm{O}'}(t) \neq 0 \tag{8.32}$$

である．S 系での質点の運動はニュートンの運動方程式 (1.1) で記述されるから，(8.4) を代入すると

$$m(\ddot{\boldsymbol{r}}' + \ddot{\boldsymbol{r}}_{\mathrm{O}'}) = \boldsymbol{F} \tag{8.33}$$

である．(ここでは，合力のうち重力と床からの垂直抗力はつり合っているとして無視する近似で考える．) これを

$$m\ddot{\boldsymbol{r}}' = \boldsymbol{F} - m\ddot{\boldsymbol{r}}_{\mathrm{O}'} \tag{8.34}$$

と書いて，ながめてみよう．左辺は S′ 系での質点の加速度と質量の積である．これで右辺が $\boldsymbol{F}$ であれば，この系での運動も (1.1) で記述できることになるが，そうはなっていない．$-m\ddot{\boldsymbol{r}}_{\mathrm{O}'}$ が加わっている．この項は，S 系から見た S′ 系の原点 O′ の加速度と質点の質量の積であって，S 系で定義されている量だから，S′ 系の立場からは，わけのわからない量である．この項があるために，$\boldsymbol{F} = 0$ のときでも，S′ 系で見た質点の運動は

$$m\ddot{\boldsymbol{r}}' = -m\ddot{\boldsymbol{r}}_{\mathrm{O}'} \tag{8.35}$$

となり，等速直線運動にはならない．つまり S′ 系は慣性系の定義を満たさないから，慣性系ではない．このような座標系を**非慣性系**という．

問3 エレベーター内に置いた体重計に，体重 60 kg の A 君が乗っていた．エレベーターが上昇を開始したところ体重計は 70 kg を示した．エレベーターの加速度を慣性系の立場で考えて求めよ．

解 慣性系から見ると A 君の運動はニュートンの運動方程式で表される．A 君に働いている力は，重力と体重計からの垂直抗力である．重力加速度の大きさを g とすると，前者は下向きに 60 kg g，後者は上向きに 70 kg g だから

$$60\,\mathrm{kg}\,\ddot{z} = -60\,\mathrm{kg}\,g + 70\,\mathrm{kg}\,g$$

$$\therefore \quad \ddot{z} = \frac{10}{60}g = 1.63\,\mathrm{m/s^2}$$

エレベーターの加速度はこの A 君の加速度に等しい．

慣　性　力

しかし，$-m\ddot{\boldsymbol{r}}_{\mathrm{O}'}$ を力の一種とみなすと，(8.34) はニュートンの運動方程式 (1.1) と形式的に同じ形になる．この「力」は原点 O′ の運動で決まるから，あらかじめその運動がわかっている場合は，あたかも (1.1) を解く場合と同じようにして運動方程式を解くことができる．このように，非慣性系での質点の運動を表す式を形式的に (1.1) の形に書いたときに現れる見かけの力を，一般に**慣性力**という．

さて，電車は地表に対して加速度 $\boldsymbol{a}$ で加速しているとする．そうすると，電車に固定された S′ 系での運動方程式は (8.34) で $\ddot{\boldsymbol{r}}_{\mathrm{O}'} = \boldsymbol{a}$ として

$$m\ddot{\boldsymbol{r}}' = \boldsymbol{F} - m\boldsymbol{a} \tag{8.36}$$

となる．車内に立っている A さんにとっては，$\boldsymbol{F}$ は床と靴底の間の摩擦力，$-m\boldsymbol{a}$ は電車が前方に加速することによった生じる後ろ向きの慣性力である (図 8.9)．

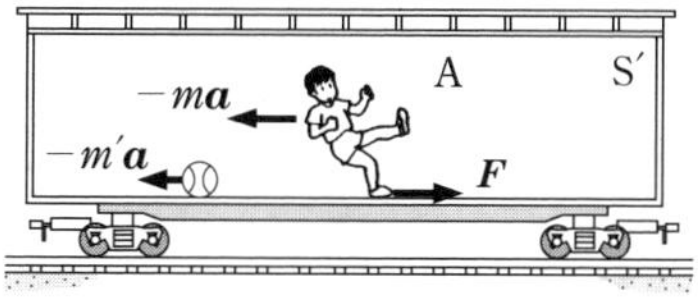

図 8.9

もし，床に摩擦がないとすると，$\boldsymbol{F} = 0$ だから

$$m\ddot{\boldsymbol{r}}' = -m\boldsymbol{a} \tag{8.37}$$

となり，A さんは慣性力による加速度

$$\ddot{\boldsymbol{r}}' = -\boldsymbol{a} \tag{8.38}$$

を受けて，S′ 系では $\boldsymbol{a}$ と逆のほうに運動する．

問 4　問 3 のエレベーターの加速度をエレベーターに固定された座標系で考えて求めよ．

解　A 君には重力と体重計からの垂直抗力と慣性力が働いて静止している．慣性系に対するエレベーターの加速度を a とすると，慣性力は $-60\ \mathrm{kg}\ a$ だから

$$-60\ \mathrm{kg}\ g + 70\ \mathrm{kg}\ g - 60\ \mathrm{kg}\ a = 0$$

$$\therefore \quad a = \frac{10}{60} g = 1.63\ \mathrm{m/s^2}$$

§8.6　重力の不思議

重力は他の力と根本的に異なる不思議な性質をもっている．慣性力との関係が特別なのである．

いま，質量 m の A さんが一定の力 $\boldsymbol{F}$ で片方の手を引かれて動いているとしよう．それ以外の力は（重力さえも）働いていないとする．図 8.10 のように，A さんの手がばねの端を握っており，他端 P が何者かに引かれて，ばねの長さがいつも一定であれば，このような状況が実現される．ただし，A さんの速度はしだいに増加するから，P もしだいに速度を上げて動く必要がある．このとき，A さんの腕は引っ張られたままである．

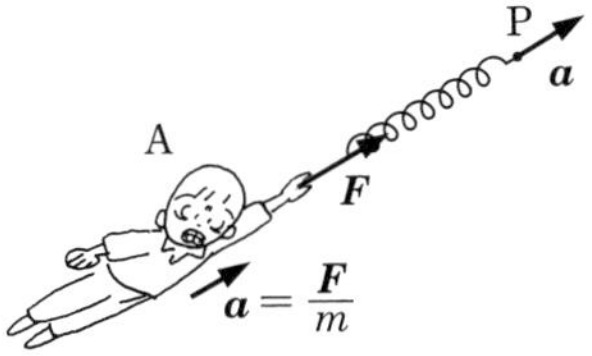

図 8.10

慣性系 S から A さんを見ると，

$$m\ddot{\boldsymbol{r}} = \boldsymbol{F} \tag{8.39}$$

に従って等加速度運動をする．

この様子を，A さんとともに加速度 $\boldsymbol{a} = \boldsymbol{F}/m$ で運動する非慣性系 S′ で観測すると，A さんは静止している．このとき A さんには $\boldsymbol{F}$ とともに慣性力 $-m\boldsymbol{a}$ が働いており，これらがつり合って，A さんは静止しているというのが，慣性力によるこの状態の説明である．（A さんは，主観的には，ばねに引かれて加速度運動をしているという S 系の立場を感じるだろうか，それとも

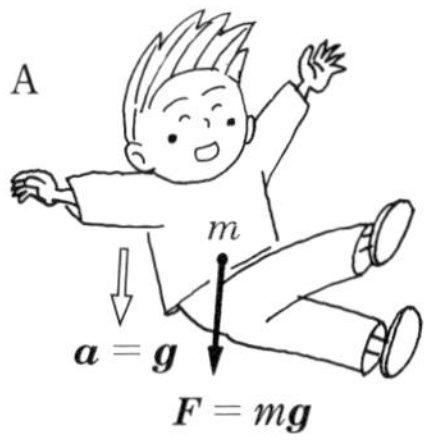

図 8.11

ばねの力と慣性力の両方を感じて静止しているという S′ 系の立場を感じるだろうか．想像してみると面白い．）

それでは，A さんが地表付近の重力

$$\boldsymbol{F} = m\boldsymbol{g} \tag{8.40}$$

に引かれて自由落下している場合はどうであろうか（図 8.11）．この様子を，A さんとともに加速度 $\boldsymbol{g}$ で落下する非慣性系 S′ で観測すると，A さんは静止している．これを，慣性力で説明するには，A さんには上向きの慣性力 $-m\boldsymbol{g}$ が働いており，これがちょうど重力 $m\boldsymbol{g}$ とつり合って，静止していると考えればよい．ここまでは上のばねに引かれる場合と同様である．ところがこの場合，A さん自身はどちらの力も受けていると感じない．体のどの部分も引かれたり押されたりしておらず，この上もなく自由である．つまり，重力と慣性力は，つり合っているというより，打ち消し合って双方がなくなっている，というほうが適当であるように見える．

重力は他の力と異なり，質点の重力質量 m_G に比例して働く．一方，慣性力は慣性質量 m に比例して働く．すでに §2.5 で学んだように，m と m_G を同じものとみなしてよい．このため，一様な重力場で質点に働く重力と慣性力は（単につり合うのではなく）常に必ず完全に打ち消し合う．（地球規模の放射状の万有引力の場のように，広い範囲で見ると一様でない場合も，狭い範囲で重力加速度で運動する非慣性座標系を考えれば，同じことがいえる．）

広がり（大きさと形）のある物体の場合は，重力はそれを細かく分けた各部分の（重力）質量に比例して直接働く．一方，非慣性系における慣性力は，物体に普遍的に働くから，やはり各部分の（慣性）質量に比例して直接働くと考えてよい．このため，重力のみを受けて加速度運動している物体に固定された座標系から見ると，物体のすべての部分にかかる重力と慣性力は完全に打ち消し合う．それゆえ，たとえば，ある宇宙ステーションは，地上わずか 400 km 程度の高さの軌道を回っており，地球から受ける万有引力は地表付近と 10% 余りしか違わないにもかかわらず，中にいる人や物体のすべての部分が，全く重力を受けていないのと同じ状態になるのである．

§2.5でも述べたように，アインシュタインは，この類似性の認識を一歩押し進めて，重力と慣性力は完全に同じもの（したがって重力質量 m_G と慣性質量 m も同じもの）であるにちがいないと考えた．そして，これが単に2つの物理量 m_G と m の同等性を意味するのではなく，$m_G = m$ であること自体が，宇宙の時間・空間の枠組みの性質を規定する重要な性質であること（等価原理）を見抜き，それにもとづいて一般相対性理論を構築した．この考えが正しかったことは，一般相対性理論の予言する現象が実際に観測されていることから，確認されている．この意味では，「無重量状態」のことを「無重力状態」といっても全く差し支えない．

†身近にあっても気づかない無重量（力）状態†

図は，ニュートンの著作「世界の体系」の中にある図である．彼はこの図によって，さまざまな初速度で投げ出された物体の軌道を示し，天上の月の運動も地上で投げられた物体の落下運動と変わらないことを示した．ここに描かれたすべての軌道上の運動は重力だけによる運動だから，その内部（に固定された非慣性系で）は無重量になっている．ニュートンは初速度をしだいに速めて月の運動の本質の理解に至ったが，われわれは逆に初速度を遅くして，身近な運動に近づけてみよう．そうすると，たとえば台の上から飛び降りる運動も，万有引力だけによる運動としては，この図の運動と全く同じであることがわかる．よってこのとき，人工衛星や宇宙ステーションの中と同じように，「無重量状態」が実現しているはずである．（月面で静止しているときは，月との万有引力による重量が残る．月面上でジャンプしている間はそれもなくなる．）

走り高跳びや走り幅跳びをしたりなわ跳びをしたり，または単に走ったりしていて，両足が地面から離れているときはすべてこの状態にある．ちがいは初速度の大きさと向きだけである．

しかし，このように自らの意志で運動しているときは，心理的に直前の状態の意識が継続するためか，なかなか無重量状態を感じることは難しい．一方，遊園地のフリーフォール・マシンで意志に関係なく自由落下状態に入る場合は，ほとんど瞬時に無重量を実感できる心理状態に入るようである．完全な自由落下ではないが，エレベーターが下降を始めるときも，重力加速度が部分的に打ち消されることによる不思議な感じを瞬時に感じ始める．これも，自分の筋肉を自由意志で動かす運動ではないからであろう．

これらの経験は，力学現象を人間の感覚で正しくとらえることが，意外に難しいことを教えてくれる．とくに人の体の動きが関係する力学現象の考察の際は，自分の得た結論に錯覚が含まれていないか，さまざまな観点から慎重にチェックし続けることが肝要である．

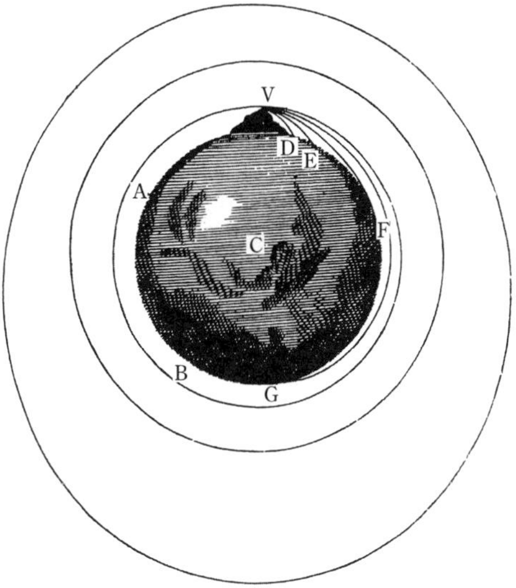

演習問題8

[**A**]

1．図のように紙コップの底に，コップの高さより短い2本のゴムひもを取り付け，それぞれの他端におもりをつけて外にたらす．これを適当な高さから自由落下させると，どうなるか．

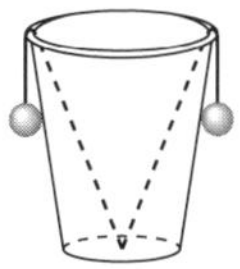

2．一定の加速度 $\boldsymbol{a}$ で水平な直線軌道を走っている電車の中に質量 m のおもりが糸でつるされている．おもりが静止した状態で鉛直方向となす角 θ を求めよ．慣性系と，電車に固定された座標系の両方で考えてみよ．

3．慣性系に固定された傾角 θ のなめらかな斜面を滑り下りつつある直方体の箱に，質量 m のおもりが糸でつるされて静止している．糸が鉛直面となす角 α を求めよ．糸と箱の壁との角度はどうか（図①）．

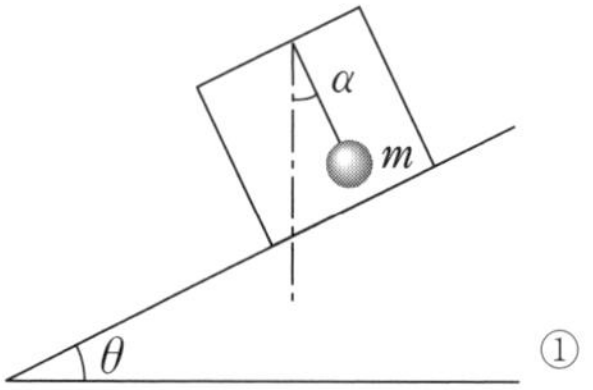

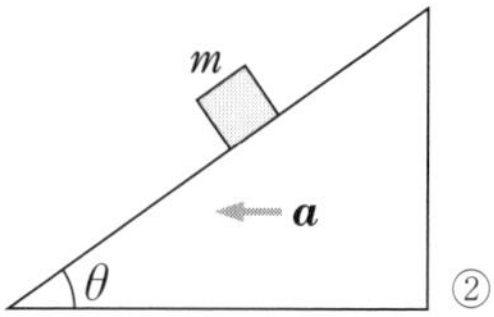

***4*.** 傾斜角 θ のなめらかな斜面を加速度 $\boldsymbol{a}$ で図②の矢印方向に動かしたとき，質量 m の物体が斜面上に対して静止していた．$\boldsymbol{a}$ の大きさ a を求めよ．

[**B**]

***5*.** 水平な板の上に質量 m の物体が置かれている．板を水平に周期 T の単振動をするように動かす．物体と面の間の静止摩擦係数を μ とするとき，物体が滑り出さない単振動の最大振幅を求めよ．

***6*.** 摩擦のある傾斜角 θ の斜面を加速度 $\boldsymbol{a}$ で水平方向に動かしたとき，質量 m の物体が斜面上に対して静止していた．静止摩擦係数を μ として，$\boldsymbol{a}$ の成分 a の範囲（図の矢印の向きを正とする）を求めよ．

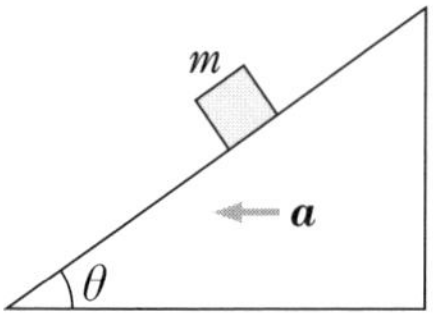

9

座標系の相対運動 (2) —— 回転運動

前章前半で，慣性系に対して等速度運動している座標系も慣性系であることを学んだ．そして後半では，慣性系に対して並進加速度運動をしている座標系は慣性系ではなく，その座標系から見た運動をニュートンの運動方程式 (1.1) の形の方程式で記述しようとすると，慣性力 $-m\,\ddot{\boldsymbol{r}}_{O'}$ をつけ加えなければならないことを学んだ．

それでは，座標系が慣性系に対して回転運動をしている場合はどうであろうか．おそらくそのような座標系は慣性系ではないであろう．はたしてこの場合も，適当な見かけの力 (慣性力) を導入して，あたかもニュートンの運動方程式 (1.1) を解くようにして運動を解析することができるであろうか．

その考察の準備のために，まず，角速度を表すベクトルと，ベクトルの回転を表現する方法について学ぶ．

§ 9.1　角速度を表すベクトル

点が空間内のある軸との距離を一定に保ちながら移動する運動を回転運動という．その軸のことを回転軸という．

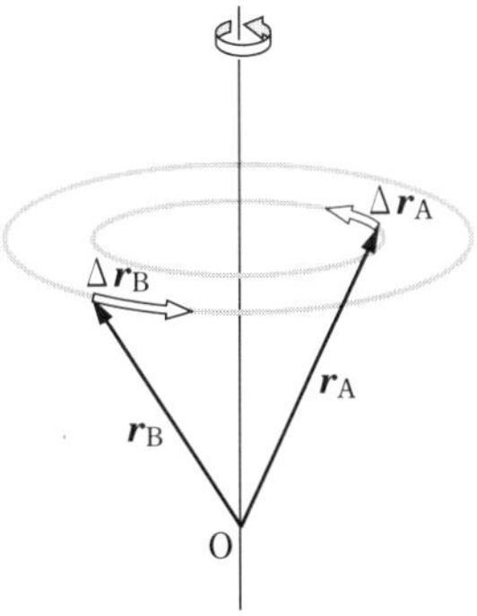

図 9.1

(1)　回　　転

回転運動を考える前に，回転による点の位置の変化について考えよう．

回転によるすべての点の位置の変化を同一の変位ベクトル $\Delta\boldsymbol{r}$ で表すことはできない．変位の向きや大きさが，点の位置によって異なるからである (図 9.1)．回転は，回転軸と回転角の大きさで表すしかないが，これをまとめて表すベクトルを定義できるであろうか．有限の大きさの角度の回転についてはそれはできないが次のようにしてわかる．もしそれが可能であったとして，たとえばデカルト座標の z 軸のまわりの 90° の回転を $\boldsymbol{\varphi}_1$，その軸に垂直な x 軸のまわりの 90° の回転を $\boldsymbol{\varphi}_2$ とする．まず $\boldsymbol{\varphi}_1$ を行い次に $\boldsymbol{\varphi}_2$ を行うことを $\boldsymbol{\varphi}_1+\boldsymbol{\varphi}_2$ と表すと，実際に調べてみればわかるように

$$\boldsymbol{\varphi}_2+\boldsymbol{\varphi}_1 \neq \boldsymbol{\varphi}_1+\boldsymbol{\varphi}_2 \tag{9.1}$$

である (図 9.2)．つまり，ベクトルの性質のひとつである和の交換則がこの場合には成り立たないので，そのようなベクトルは定義できない．しかし，微小角の変化なら

$$\Delta\boldsymbol{\varphi}_2+\Delta\boldsymbol{\varphi}_1 \approx \Delta\boldsymbol{\varphi}_1+\Delta\boldsymbol{\varphi}_2 \tag{9.2}$$

であり (図 9.3)，無限小の極限では

$$\mathrm{d}\boldsymbol{\varphi}_2+\mathrm{d}\boldsymbol{\varphi}_1 = \mathrm{d}\boldsymbol{\varphi}_1+\mathrm{d}\boldsymbol{\varphi}_2 \tag{9.3}$$

を満たすので，ベクトルとして定義できる．このときベクトル $\mathrm{d}\boldsymbol{\varphi}$ の向きは，**その回転の向きに右ねじを回したときにねじが進む向き**に定める．

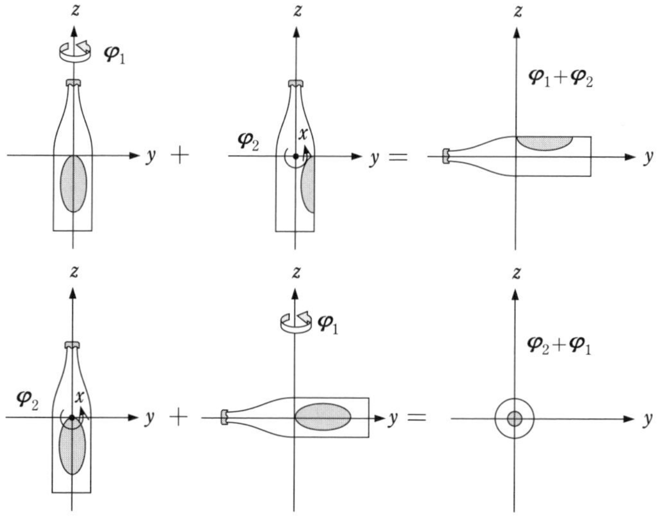

図 9.2

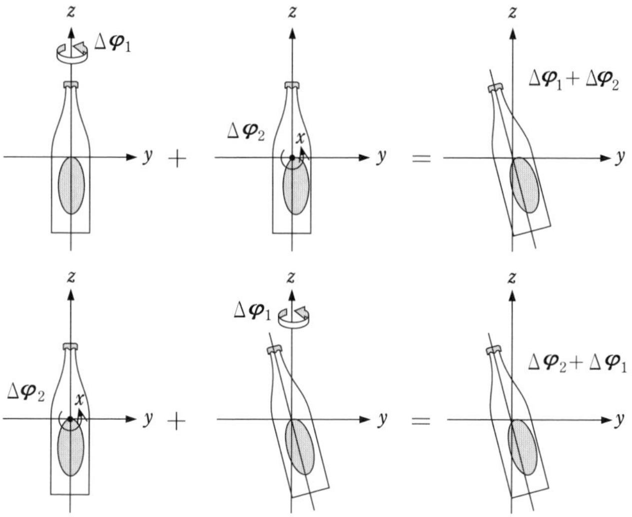

図 9.3

(2) 角速度ベクトル

無限小の角度ベクトル $\mathrm{d}\boldsymbol{\varphi}$ 自体はほとんど役に立たないが，単位時間あたりの回転角を表すベクトル

$$\boldsymbol{\omega} = \lim_{\Delta t \to 0} \frac{\Delta \boldsymbol{\varphi}}{\Delta t} = \frac{\mathrm{d}\boldsymbol{\varphi}}{\mathrm{d}t} \tag{9.4}$$

は一般に有限の大きさをもつ．これを**角速度ベクトル**という．$\boldsymbol{\omega}$ はベクトル $\mathrm{d}\boldsymbol{\varphi}$ をスカラー量 $\mathrm{d}t$ で除したものだから $\mathrm{d}\boldsymbol{\varphi}$ と同じ向きのベクトルである．角速度は，§6.3 で等速円運動を扱ったときにすでに大きさだけは考えた．

$\boldsymbol{\omega}$ の定義 (9.4) から，時間 Δt での角度の変化は

$$\Delta\varphi \approx |\boldsymbol{\omega}|\,\Delta t = \omega\,\Delta t \tag{9.5}$$

無限小の時間では

$$\mathrm{d}\varphi = \omega\,\mathrm{d}t \tag{9.6}$$

であり，回転軸から r だけ離れた点の時間 Δt での変位の大きさは

$$|\Delta \boldsymbol{r}| \approx r\,\Delta\varphi \approx r\omega\,\Delta t \tag{9.7}$$

で，無限小の時間では

$$|\mathrm{d}\boldsymbol{r}| = r\omega\,\mathrm{d}t \tag{9.8}$$

である．

§9.2 ベクトルの回転

次に，ある軸のまわりに角速度 $\boldsymbol{\omega}$ で回転している任意のベクトル $\boldsymbol{A}$ の単位時間あたりの変化 $\mathrm{d}\boldsymbol{A}/\mathrm{d}t$ を $\boldsymbol{\omega}$ を用いて表す式を求めよう．ベクトルは向きと大きさを与えれば決まるから，回転の様子は，$\boldsymbol{A}$ と $\boldsymbol{\omega}$ の始点を一致させて，図 9.4 のように描くことができる．時間 Δt の間の $\boldsymbol{A}$ の変化 $\Delta\boldsymbol{A}$ は，図 9.4 から明らかなように，$\boldsymbol{\omega}$ と $\boldsymbol{A}$ の両方に垂直である．

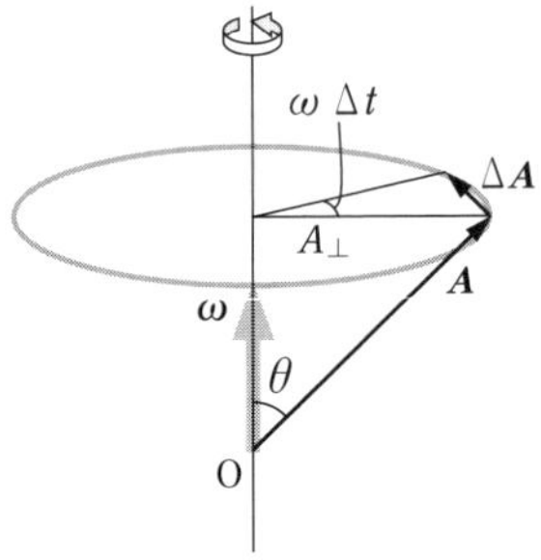

図 9.4

$$\Delta\boldsymbol{A} \perp \boldsymbol{\omega}, \quad \Delta\boldsymbol{A} \perp \boldsymbol{A} \tag{9.9}$$

また，その大きさは，$\boldsymbol{\omega}$ と $\boldsymbol{A}$ の間の角度を θ とすると

$$\begin{aligned} |\Delta\boldsymbol{A}| &\approx A_\perp |\boldsymbol{\omega}| \Delta t \\ &= A\omega \sin\theta\,\Delta t \end{aligned} \tag{9.10}$$

である．$A_\perp$ は $\boldsymbol{A}$ の $\boldsymbol{\omega}$ に垂直な成分を表す．したがって，ベクトル積を用いれば，向きも含めて

$$\Delta\boldsymbol{A} \approx \boldsymbol{\omega}\times\boldsymbol{A}\,\Delta t \tag{9.11}$$

と表すことができる．両辺を Δt で除して $\Delta t \to 0$ の極限をとると，

$$\frac{\mathrm{d}\boldsymbol{A}}{\mathrm{d}t} = \lim_{\Delta t\to 0}\frac{\Delta\boldsymbol{A}}{\Delta t} = \boldsymbol{\omega}\times\boldsymbol{A} \tag{9.12}$$

である．これが，回転しているベクトル $\boldsymbol{A}$ の向きの変化率を表す式である．

問 1　点 A(1, 2, 0)，B(2, 3, 4) が z 軸のまわりに角速度 ω で回転している．それぞれの速度 $\boldsymbol{v}_\mathrm{A}, \boldsymbol{v}_\mathrm{B}$ とその大きさを求めよ．

解　$\boldsymbol{\omega} = (0, 0, \omega)$ だから

$$\begin{aligned} \boldsymbol{v}_\mathrm{A} &= \frac{\mathrm{d}\boldsymbol{r}_\mathrm{A}}{\mathrm{d}t} = \boldsymbol{\omega}\times\boldsymbol{r}_\mathrm{A} = (0, 0, \omega)\times(1, 2, 0) \\ &= (-2\omega, \omega, 0) \end{aligned}$$

$$v_\mathrm{A} = \sqrt{5}\,\omega$$

$$\boldsymbol{v}_\mathrm{B} = \boldsymbol{\omega}\times\boldsymbol{r}_\mathrm{B} = (0, 0, \omega)\times(2, 3, 4) = (-3\omega, 2\omega, 0)$$

$$v_\mathrm{B} = \sqrt{13}\omega$$

§9.3　慣性系に対して回転している座標系

以上で準備ができたので，慣性系Sに対して並進運動はしておらず，純粋に回転だけをしている座標系S′（図9.5）から見た質点の運動を考えよう．S′系の原点O′を回転軸上にとり，S系の原点Oはどこにとってもよいから，O′と一致するように選ぶ．$\boldsymbol{\omega}$ の向きとS系やS′系の座標軸の向きは必ずしも一致しているとは限らないが，座標軸はとくに理由がない限り自由に選べるから，図9.5では $\boldsymbol{\omega}$ と z 軸，z' 軸を一致させて描いてある．ただし，以下では，座標軸の選び方によらずに成り立つ一般的な議論を行う．

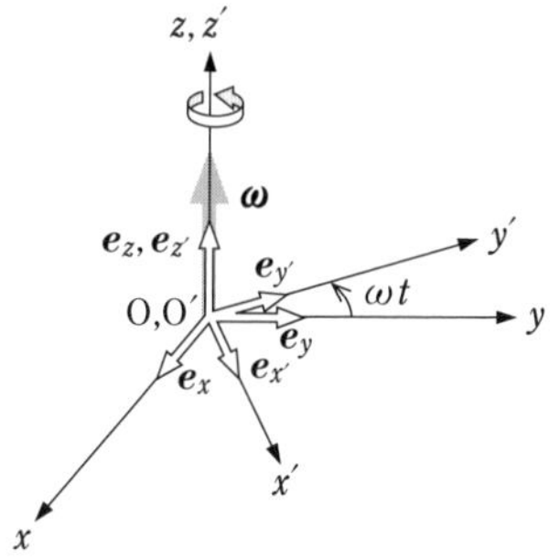

図9.5

座標軸の回転がある場合には，§8.3で行ったような座標軸の向きを固定した議論はできない．そこで，あらためて，「座標系による質点の運動の記述」とは何であるかを考えてみる．

S系での運動の記述

$\Longleftrightarrow$ O, $\boldsymbol{e}_x, \boldsymbol{e}_y, \boldsymbol{e}_z$ の運動は見えず（なぜならそれが座標の基準だから）

$$\text{質点の速度：}\boldsymbol{v} = \dot{x}\boldsymbol{e}_x + \dot{y}\boldsymbol{e}_y + \dot{z}\boldsymbol{e}_z \tag{9.13}$$

$$\text{質点の加速度：}\boldsymbol{a} = \ddot{x}\boldsymbol{e}_x + \ddot{y}\boldsymbol{e}_y + \ddot{z}\boldsymbol{e}_z \tag{9.14}$$

とする記述

S′系での運動の記述

$\Longleftrightarrow$ O′, $\boldsymbol{e}_{x'}, \boldsymbol{e}_{y'}, \boldsymbol{e}_{z'}$ の運動は見えず（同様）

$$\text{質点の速度：}\boldsymbol{v}' = \dot{x}'\boldsymbol{e}_{x'} + \dot{y}'\boldsymbol{e}_{y'} + \dot{z}'\boldsymbol{e}_{z'} \tag{9.15}$$

$$\text{質点の加速度：}\boldsymbol{a}' = \ddot{x}'\boldsymbol{e}_{x'} + \ddot{y}'\boldsymbol{e}_{y'} + \ddot{z}'\boldsymbol{e}_{z'} \tag{9.16}$$

とする記述

である．よって，座標成分 (x, y, z)，(x', y', z') があらわに含まれる関係式(8.5)

$$x\boldsymbol{e}_x + y\boldsymbol{e}_y + z\boldsymbol{e}_z = x'\boldsymbol{e}_{x'} + y'\boldsymbol{e}_{y'} + z'\boldsymbol{e}_{z'} + x_{O'}\boldsymbol{e}_x + y_{O'}\boldsymbol{e}_y + z_{O'}\boldsymbol{e}_z$$

から出発すれば，見通しがよくなる．

（1） 並進加速度運動のみの場合

まず，この扱いに慣れるために，原点を一致させていない(8.4)にもどって，前章で扱った，S′系が並進加速度運動だけをしている場合を再考する．

並進加速度運動だけの場合は，(8.5)の両辺を時間で微分すると，

$$\begin{aligned}&\dot{x}\boldsymbol{e}_x+\dot{y}\boldsymbol{e}_y+\dot{z}\boldsymbol{e}_z+x\dot{\boldsymbol{e}}_x+y\dot{\boldsymbol{e}}_y+z\dot{\boldsymbol{e}}_z\\&\quad=\dot{x}'\boldsymbol{e}_{x'}+\dot{y}'\boldsymbol{e}_{y'}+\dot{z}'\boldsymbol{e}_{z'}+x'\dot{\boldsymbol{e}}_{x'}+y'\dot{\boldsymbol{e}}_{y'}+z'\dot{\boldsymbol{e}}_{z'}\\&\qquad+\dot{x}_{0'}\boldsymbol{e}_x+\dot{y}_{0'}\boldsymbol{e}_y+\dot{z}_{0'}\boldsymbol{e}_z+x_{0'}\dot{\boldsymbol{e}}_x+y_{0'}\dot{\boldsymbol{e}}_y+z_{0'}\dot{\boldsymbol{e}}_z\end{aligned}\tag{9.17}$$

であるが，

$$\dot{\boldsymbol{e}}_x=\dot{\boldsymbol{e}}_y=\dot{\boldsymbol{e}}_z=0\quad\text{（常に成立）}\tag{9.18}$$

$$\dot{\boldsymbol{e}}_{x'}=\dot{\boldsymbol{e}}_{y'}=\dot{\boldsymbol{e}}_{z'}=0\quad\text{（並進運動だけの場合には成立）}\tag{9.19}$$

であることに注意すると，(8.9)と同等の

$$\dot{x}\boldsymbol{e}_x+\dot{y}\boldsymbol{e}_y+\dot{z}\boldsymbol{e}_z=\dot{x}'\boldsymbol{e}_{x'}+\dot{y}'\boldsymbol{e}_{y'}+\dot{z}'\boldsymbol{e}_{z'}+\dot{x}_{0'}\boldsymbol{e}_x+\dot{y}_{0'}\boldsymbol{e}_y+\dot{z}_{0'}\boldsymbol{e}_z\tag{9.20}$$

が得られる．この両辺をさらに時間で微分して，(9.18)，(9.19)に注意すると，S′系から見た運動を表す方程式として(8.34)が得られる．

（2） 回転運動のみの場合

それでは本題にもどって，回転座標系S′と慣性系Sの原点が一致しており，前者が後者のまわりに角速度 $\boldsymbol{\omega}$ で回転している場合を，この扱いによって考えよう．(8.4)において $\boldsymbol{r}_{0'}=0$ とした．

$$\boldsymbol{r}=\boldsymbol{r}'\tag{9.21}$$

は，

$$x\boldsymbol{e}_x+y\boldsymbol{e}_y+z\boldsymbol{e}_z=x'\boldsymbol{e}_{x'}+y'\boldsymbol{e}_{y'}+z'\boldsymbol{e}_{z'}\tag{9.22}$$

と書ける．両辺を時間で微分すると

$$\dot{x}\boldsymbol{e}_x+\dot{y}\boldsymbol{e}_y+\dot{z}\boldsymbol{e}_z=\dot{x}'\boldsymbol{e}_{x'}+\dot{y}'\boldsymbol{e}_{y'}+\dot{z}'\boldsymbol{e}_{z'}+x'\dot{\boldsymbol{e}}_{x'}+y'\dot{\boldsymbol{e}}_{y'}+z'\dot{\boldsymbol{e}}_{z'}\tag{9.23}$$

である．左辺には(9.18)を利用した．S′系は回転しているから(9.19)は成立せず，(9.12)より

$$\dot{\boldsymbol{e}}_{x'}=\boldsymbol{\omega}\times\boldsymbol{e}_{x'},\qquad\dot{\boldsymbol{e}}_{y'}=\boldsymbol{\omega}\times\boldsymbol{e}_{y'},\qquad\dot{\boldsymbol{e}}_{z'}=\boldsymbol{\omega}\times\boldsymbol{e}_{z'}\tag{9.24}$$

である．よって

$$\dot{x}\boldsymbol{e}_x+\dot{y}\boldsymbol{e}_y+\dot{z}\boldsymbol{e}_z=\dot{x}'\boldsymbol{e}_{x'}+\dot{y}'\boldsymbol{e}_{y'}+\dot{z}'\boldsymbol{e}_{z'}+\boldsymbol{\omega}\times(x'\boldsymbol{e}_{x'}+y'\boldsymbol{e}_{y'}+z'\boldsymbol{e}_{z'})\tag{9.25}$$

となる．(9.13)，(9.15)を用いて，これをそれぞれの座標系での速度の関係式として書けば，

$$\boldsymbol{v} = \boldsymbol{v}' + \boldsymbol{\omega} \times \boldsymbol{r}' \tag{9.26}$$

である．

加速度に対する表式を求めるために，(9.25) の両辺をさらに時間で微分する．簡単のために，等速回転の場合だけを考えると，$\dot{\boldsymbol{\omega}} = 0$ だから，

$$\begin{aligned}
&\ddot{x}\boldsymbol{e}_x + \ddot{y}\boldsymbol{e}_y + \ddot{z}\boldsymbol{e}_x \\
&= (\ddot{x}'\boldsymbol{e}_{x'} + \ddot{y}'\boldsymbol{e}_{y'} + \ddot{z}'\boldsymbol{e}_{z'}) + (\dot{x}'\dot{\boldsymbol{e}}_{x'} + \dot{y}'\dot{\boldsymbol{e}}_{y'} + \dot{z}'\dot{\boldsymbol{e}}_{z'}) \\
&\quad + \boldsymbol{\omega} \times (\dot{x}'\boldsymbol{e}_{x'} + \dot{y}'\boldsymbol{e}_{y'} + \dot{z}'\boldsymbol{e}_{z'}) + \boldsymbol{\omega} \times (x'\dot{\boldsymbol{e}}_{x'} + y'\dot{\boldsymbol{e}}_{y'} + z'\dot{\boldsymbol{e}}_{z'}) \\
&= \ddot{x}'\boldsymbol{e}_{x'} + \ddot{y}'\boldsymbol{e}_{y'} + \ddot{z}'\boldsymbol{e}_{z'} + 2\boldsymbol{\omega} \times (\dot{x}'\boldsymbol{e}_{x'} + \dot{y}'\boldsymbol{e}_{y'} + \dot{z}'\boldsymbol{e}_{z'}) \\
&\quad + \boldsymbol{\omega} \times [\boldsymbol{\omega} \times (x'\boldsymbol{e}_{x'} + y'\boldsymbol{e}_{y'} + z'\boldsymbol{e}_{z'})]
\end{aligned} \tag{9.27}$$

となる．(9.14),(9.16) を参照して，これを異なる座標系での加速度の関係式として書けば，

$$\boldsymbol{a} = \boldsymbol{a}' + 2\boldsymbol{\omega} \times \boldsymbol{v}' + \boldsymbol{\omega} \times (\boldsymbol{\omega} \times \boldsymbol{r}') \tag{9.28}$$

となる．$\boldsymbol{a} = \ddot{\boldsymbol{r}}$ だから，ニュートンの運動方程式 (1.1) より

$$m[\boldsymbol{a}' + 2\boldsymbol{\omega} \times \boldsymbol{v}' + \boldsymbol{\omega} \times (\boldsymbol{\omega} \times \boldsymbol{r}')] = \boldsymbol{F} \tag{9.29}$$

である．したがって，S′ 系から見た「運動方程式」は

$$m\boldsymbol{a}' = \boldsymbol{F} - 2m\boldsymbol{\omega} \times \boldsymbol{v}' - m\boldsymbol{\omega} \times (\boldsymbol{\omega} \times \boldsymbol{r}') \tag{9.30}$$

となる．これは，(1.1) と違って右辺に $\boldsymbol{F}$ 以外の項を含むから，回転している座標系は慣性系ではない．右辺第 2, 3 項は回転しているために生じる慣性力で，第 2 項を**コリオリ力**，第 3 項を**遠心力**と呼ぶ．

このように式が複雑になったのは，もちろん，慣性系でない座標系で運動を記述しようとしたからである．質点の運動は，慣性系を用いさえすれば (1.1) ですっきり扱えるのだから，余計なことをしているともいえる．

しかし，自転している地球の上に住むわれわれは，日常的には自転を意識せずに生活している．まさに回転座標系の立場である．地表付近で起きるスケールの大きな現象や長時間継続する運動には，自転の影響が現れる．ただし，一般に上下方向と地軸が平行でないので，より複雑である．(9.30) はそのような現象をニュートンの運動法則 (1.1) の感覚で理解するのに役立つ．たとえば，低気圧に向かって吹き込む風は，北半球では図 9.6 のように，進行方向に向かって右向きのコリオリ力を受けるために，遠くから全貌を見ると左巻きの

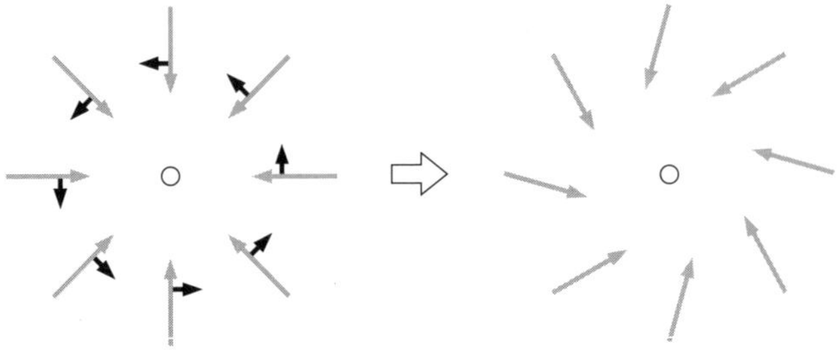

図 9.6

渦巻きになる．南半球ではコリオリ力が進行方向に対して左向きの力になるために，右巻きの渦巻きになる．

ただし，身のまわりの小さな規模の現象を理解するには，これまでやってきたように，地面に固定された座標を慣性系であると考えて差し支えない．自転の角速度は

$$\omega=\frac{2\pi}{24\,\text{時間}}=\frac{2\pi}{86400\ \mathrm{s}}=7.27\times10^{-5}\ \mathrm{rad/s} \qquad (9.31)$$

だから，コリオリ力が重力加速度の 1％程度になるためにさえ，

$$2\omega v\sim 0.01g \quad\longrightarrow\quad v\sim\frac{0.01g}{2\omega}\sim 670\ \mathrm{m/s} \qquad (9.32)$$

つまり，時速約 2400 km の速さで運動していなければならないからである．

§9.4　遠心力とコリオリ力

回転座標系で運動を記述しようとするときに現れる慣性力である遠心力とコリオリ力について，もう少し詳しく調べよう．

(1)　遠　心　力

まず，遠心力

$$\boldsymbol{F}'_{\mathrm{cen}}=-m\boldsymbol{\omega}\times(\boldsymbol{\omega}\times\boldsymbol{r}') \quad （定義） \qquad (9.33)$$

について考える．これまで同様，S′ 系から見た物理量には ′ をつけて記す．遠心力 (9.33) は $\boldsymbol{\omega}$ を含むベクトル積（最初の×）で与えられているから，$\boldsymbol{\omega}$ に垂直である．ただし，S′ 系からはその座標軸の回転を表す $\boldsymbol{\omega}$ は見えず，結果

としての慣性力が感じられるというのが，ここで考えているS′系での運動の記述の立場である．

3個のベクトルのベクトル積で表されている(9.33)に，ベクトル積の公式(7.8)

$$\boldsymbol{A}\times(\boldsymbol{B}\times\boldsymbol{C}) = \boldsymbol{B}(\boldsymbol{A}\cdot\boldsymbol{C})-\boldsymbol{C}(\boldsymbol{A}\cdot\boldsymbol{B})$$

を適用すると

$$\begin{aligned}\boldsymbol{F}'_{\text{cen}} &= -m\boldsymbol{\omega}(\boldsymbol{\omega}\cdot\boldsymbol{r}')+m\boldsymbol{r}'(\boldsymbol{\omega}\cdot\boldsymbol{\omega}) = m\omega^2\boldsymbol{r}'-m(\boldsymbol{r}'\cdot\boldsymbol{\omega})\boldsymbol{\omega}\\ &= m\omega^2\boldsymbol{r}'-m\omega^2(\boldsymbol{r}'\cdot\boldsymbol{e}_\omega)\boldsymbol{e}_\omega = m\omega^2(\boldsymbol{r}'-r_\omega{}'\boldsymbol{e}_\omega)\end{aligned} \tag{9.34}$$

である．ただし，$\boldsymbol{e}_\omega$ は $\boldsymbol{\omega}$ 方向の単位ベクトルである．この式の(　)内は図9.7に示すような回転軸から質点の位置Pに向かうベクトル

$$\boldsymbol{\xi}' = \boldsymbol{r}'-r_\omega{}'\boldsymbol{e}_\omega \tag{9.35}$$

である．よって

$$\boldsymbol{F}'_{\text{cen}} = m\omega^2\boldsymbol{\xi}' \tag{9.36}$$

と書ける．つまり，遠心力は，質点の質量 m と，座標軸の回転の角速度 ω の2乗と，回転軸から質点までの距離 ξ に比例し，軸から離れる向き（$\boldsymbol{e}_{\xi'}$ の向き）に向かう力である．

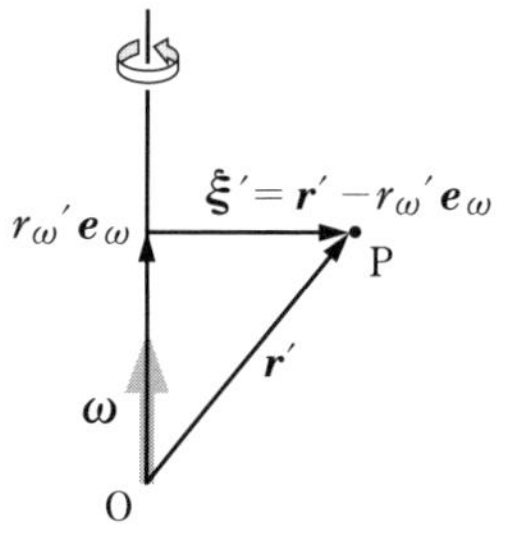

図9.7

とくに，質点の運動が $\boldsymbol{\omega}$ に垂直な平面内に限られるときは，原点をその面内にとれば，$\boldsymbol{r}' = \boldsymbol{\xi}'$ だから，

$$\boldsymbol{F}'_{\text{cen}} = m\omega^2\boldsymbol{r}' \tag{9.37}$$

と書ける．

問2　地球の赤道付近の見かけの重力加速度 g' は，地球が自転していない場合の値 g に比べて何%程度大きいかまたは小さいか．

解　重力加速度は遠心力の効果のために見かけ上，小さくなっている．地球の半径は $R = 6.4\times10^6$ m，自転の角速度は $\omega = 7.27\times10^{-5}$ rad/s だから，質量 m の物体が受ける遠心力の大きさは $mR\omega^2 = 3.4\times10^{-2}m$ N である．これが $m(g-g')$ に等しい．

$$g-g' = R\omega^2 = 3.4\times10^{-2}\ \text{m/s}^2$$

よって

$$\frac{g'-g}{g} = -\frac{3.4\times 10^{-2}\ \mathrm{m/s^2}}{9.8\ \mathrm{m/s^2}} = -3.5\times 10^{-3}$$

約 0.35% 小さい.

(2) コリオリカ

コリオリ力

$$\boldsymbol{F}'_{\mathrm{corr}} = -2m\boldsymbol{\omega}\times\boldsymbol{v}' = 2m\boldsymbol{v}'\times\boldsymbol{\omega} \quad (\text{定義}) \tag{9.38}$$

は, $\boldsymbol{v}'=0$ のとき 0 だから, S′ 系に対して静止している質点, つまり S′ 系とともに回転している質点には働かない. この力は, $\boldsymbol{\omega}$ と, S′ 系で見た質点の速度 $\boldsymbol{v}'$ に垂直である. とくに $\boldsymbol{v}'$ が $\boldsymbol{\omega}$ に垂直な面内にあるときには, $\boldsymbol{v}'$ がどちらを向いても $\boldsymbol{v}'\perp\boldsymbol{\omega}$ から,

$$|\boldsymbol{F}'_{\mathrm{corr}}| = 2mv'\omega \tag{9.39}$$

である. ベクトル積の定義から, F'_{corr} の向きは, 図 9.8 のように $\boldsymbol{\omega}$ の前側(円板が反時計まわりに回って見える側)から見ると, $\boldsymbol{v}'$ に対して右向きに力が働いているように見え, $\boldsymbol{\omega}$ の後ろ側から見ると(たとえば図 9.8 を円板の下側から見ると), 左向きに働いているように見える.

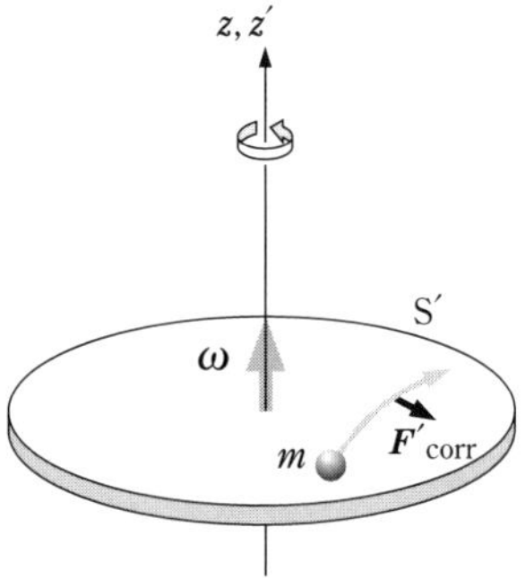

図 9.8

§9.5 遠心力とコリオリカの座標表示

(1) デカルト座標

慣性系に対して角速度 $\boldsymbol{\omega}$ で回転している座標系 S′ を考える. z' 軸を $\boldsymbol{\omega}$ の向きにとると, $x'y'$ 平面が回転面である. 質量 m の質点がこの面内を運動しているとすると,

$$\boldsymbol{r}' = (x', y', 0), \quad \boldsymbol{v}' = (\dot{x}', \dot{y}', 0), \quad \boldsymbol{\omega} = (0, 0, \omega) \tag{9.40}$$

である.

遠心力は (9.36) より

$$\boldsymbol{F}'_{\mathrm{cen}} = m\omega^2(x', y', 0) \tag{9.41}$$

であるが，これを定義(9.33)から求めてみると，

$$\begin{aligned} \boldsymbol{F}'_{\text{cen}} &= -m(0,0,\omega)\times[(0,0,\omega)\times(x',y',0)] \\ &= -m(0,0,\omega)\times(-y'\omega, x'\omega, 0) \\ &= -m(-x'\omega^2, -y'\omega^2, 0) = m\omega^2(x',y',0) \end{aligned} \tag{9.42}$$

となる．

同様にコリオリ力は(9.38)より

$$\begin{aligned} \boldsymbol{F}'_{\text{corr}} &= 2m(\dot{x}', \dot{y}', 0)\times(0,0,\omega) \\ &= 2m(\dot{y}'\omega, -\dot{x}'\omega, 0) = 2m\omega(\dot{y}', -\dot{x}', 0) \end{aligned} \tag{9.43}$$

である．

(2) 円 筒 座 標

2 次元極座標に z' 軸を加えた円筒座標では，遠心力は(9.36)より

$$\boldsymbol{F}'_{\text{cen}} = m\omega^2\xi'\boldsymbol{e}_{\xi'} \tag{9.44}$$

であるが，円筒座標の計算で確かめてみよう．$x'y'$ 面内を運動している質点について考えることにすると，

$$\boldsymbol{r}' = \xi'\boldsymbol{e}_{\xi'}, \qquad \boldsymbol{v}' = \dot{\xi}'\boldsymbol{e}_{\xi'} + \xi'\dot{\varphi}'\boldsymbol{e}_{\varphi'} \tag{9.45}$$

だから，遠心力は(9.33)より確かに

$$\boldsymbol{F}'_{\text{cen}} = -m\omega\boldsymbol{e}_{z'}\times(\omega\boldsymbol{e}_{z'}\times\xi'\boldsymbol{e}_{\xi'}) = -m\omega^2\xi'\boldsymbol{e}_{z'}\times\boldsymbol{e}_{\varphi'} = m\omega^2\xi'\boldsymbol{e}_{\xi'} \tag{9.46}$$

である．また，コリオリ力は(9.38)より

$$\boldsymbol{F}'_{\text{corr}} = -2m\omega\boldsymbol{e}_{z'}\times(\dot{\xi}'\boldsymbol{e}_{\xi'} + \xi'\dot{\varphi}'\boldsymbol{e}_{\varphi'}) = 2m\omega\xi'\dot{\varphi}'\boldsymbol{e}_{\xi'} - 2m\omega\dot{\xi}'\boldsymbol{e}_{\varphi'} \tag{9.47}$$

である．

§ 9.6 回転座標系での運動の記述の例

(1) 慣性系に対して回転している円板上に静止している小物体の運動

簡単な例で，回転座標系における慣性力の意味を確かめよう．円板が慣性系 S に対して角速度 $\boldsymbol{\omega}$ の回転をしているものとする．この円板の中心 O′ を原点とする，円板に固定された座標系 S′ を考える．円板内に x' 軸，y' 軸をとると，円板に垂直な軸が z' 軸になる．慣性系 S の原点 O は O′ と一致させて，z 軸は z' 軸と一致するように選ぶ．運動の記述は S 系，S′ 系とも円筒座標系

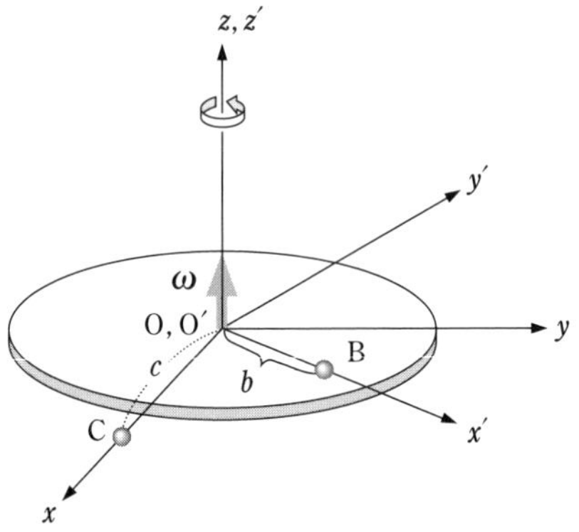

図 9.9

(ξ, φ, z), (ξ', φ', z') を用いる．時刻 $t = 0$ に x 軸と x' 軸が一致していたとする．つまり $t = 0$ に $\varphi = \varphi' = 0$ であったとする．

さて，この円板上のS′系の座標 $(b, 0, 0)$，つまり $\xi' = b$ で表される点に，質量 m の小物体Bが静止しているものとする（図9.9）．これを質点として扱う．時刻 t におけるS系でのこの物体の座標は

$$\xi = b, \quad \varphi = \omega t, \quad z = 0 \tag{9.48}$$

である．これは，半径 b，角速度 ω の等速円運動だから，加速度の成分は(6.45)より

$$a_\xi = -b\omega^2, \quad a_\varphi = 0 \tag{9.49}$$

である．したがって，§6.3で学んだように，向心力

$$\boldsymbol{F} = -mb\omega^2 \boldsymbol{e}_\xi \tag{9.50}$$

が働いているはずである．これは，円板表面からの静止摩擦力以外にあり得ない．

同じ小物体をS′系から見ると，静止しているから，コリオリ力は働かず，遠心力 $mb\omega^2 \boldsymbol{e}_{\xi'}$ が働いている．しかし，静止しているからには，それを打ち消す力 $\boldsymbol{F}$ が働いており，

$$m\boldsymbol{a}' = \boldsymbol{F} + mb\omega^2 \boldsymbol{e}_{\xi'} = 0 \tag{9.51}$$

となっているはずである．したがって

$$\boldsymbol{F} = -mb\omega^2 \boldsymbol{e}_{\xi'} \tag{9.52}$$

である．この力は円板表面からの静止摩擦力である．このように，どちらの座

標系からも，同じ大きさの摩擦力の存在を推論することができた．

静止摩擦力が働いていることは，ω を大きくすると，F が最大摩擦力よりも大きくなって，小物体は円板の縁に向かって動きはじめることからもわかる．また，図 9.10 のように円板の表面と小物体の間に摩擦がないようにして，小物体を小さなばねで止めると，ばねは円板の動径方向に伸びる．つまり確かに，小物体を円板上に引きとめている力は，中心に向かっているのである．

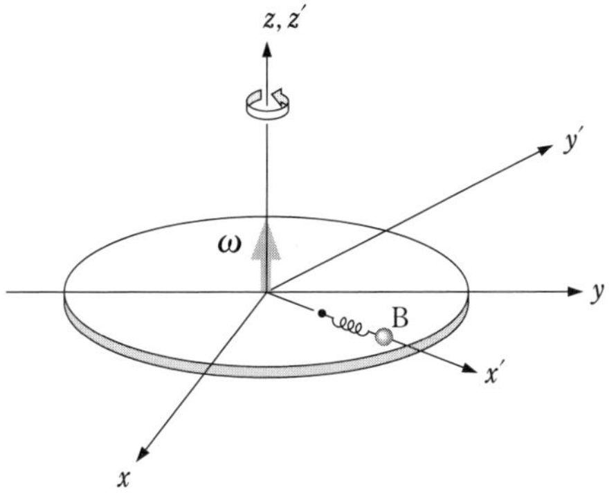

図 9.10

（2） 慣性系に対して静止している小物体を回転系から見た運動

図 9.9 の円板の外の，S 系での座標 $(c, 0, 0)$ の点に静止している小物体 C を，慣性系 S と回転系 S′ から観測する．小物体は慣性系に対して静止しているから正味の力は働いていない．すなわち，合力 $= 0$ である（重力は床からの垂直抗力とつり合っている）．これを S′ 系から見ると

$$\xi' = c, \qquad \varphi' = -\omega t \tag{9.53}$$

なる等速円運動をしているから，加速度の成分は（(6.45) 参照）

$$a'_{\xi'} = -c\omega^2, \qquad a'_{\varphi'} = 0 \tag{9.54}$$

で，向心力

$$\boldsymbol{F}' = -mc\omega^2 \boldsymbol{e}_{\xi'} \tag{9.55}$$

が働いているように見えるはずである．はたして，上に述べた慣性力の表式から，この見かけの力が得られるであろうか．

まず遠心力は，(9.37) で $\boldsymbol{r}' = c\boldsymbol{e}_{\xi'}$ だから

$$F'_{\text{cen}} = mc\omega^2 \boldsymbol{e}_{\xi'} \tag{9.56}$$

である．また，小物体は S′ 系で観測すると速度 $\boldsymbol{v}' = -c\omega\boldsymbol{e}_{\varphi'}$ をもっているから，このほかにコリオリ力

$$F'_{\text{corr}} = -2m(\omega\boldsymbol{e}_{z'})\times(-c\omega\boldsymbol{e}_{\varphi'}) = -2mc\omega^2\boldsymbol{e}_{\xi'} \tag{9.57}$$

も働く．慣性力はそれらの和で，

$$\boldsymbol{F}' = -2mc\omega^2\boldsymbol{e}_{\xi'} + m\omega^2 c\boldsymbol{e}_{\xi'} = -mc\omega^2\boldsymbol{e}_{\xi'} \tag{9.58}$$

となる．これは向心力 (9.55) に等しい．このほかに正味の力は働いていなかったから，見かけの力である慣性力によって，S′ 系で観測される見かけの円運動が説明できたことになる．

演習問題 9

[A]

***1*．** 半径 a のなめらかな円環が鉛直な直径のまわりに大きさ ω の角速度で回転している．円環には質量 m の小さなリングがはめてあり自由に滑ることができるものとする．リングの平衡位置の最下点からの高さ h を (a) 慣性系，(b) 円環に固定された非慣性系における考察から求めよ．

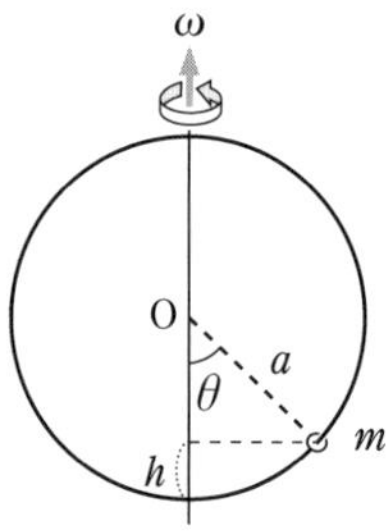

***2*．** 地表（慣性系とする）に固定された，z 軸を鉛直上向きとする座標系 S (O-xyz) がある．原点から z 軸に沿って立てられた柱をもつ，半径 a の水平な円板が，中心 O のまわりに z 軸の正側から見ると反時計まわりに角速度 ω_0 で回転している．円板のすぐ外の点 A から，時刻 $t = 0$ に，柱に向かって水平に初速度 $\boldsymbol{v}_0$ で小石（質量 m）を投げたところ，柱に命中した．小石の運動の水平成分について以下の問に答えよ．（S 系は図に描いていない．）

(a)　この小石の運動を円板上に固定されたデカルト座標系 S′ (O-$x'y'z'$) で見たときの初速度の成分 $v_{0x'}, v_{0y'}$ を求めよ．ただし，z' 軸を鉛直軸として，時刻 t

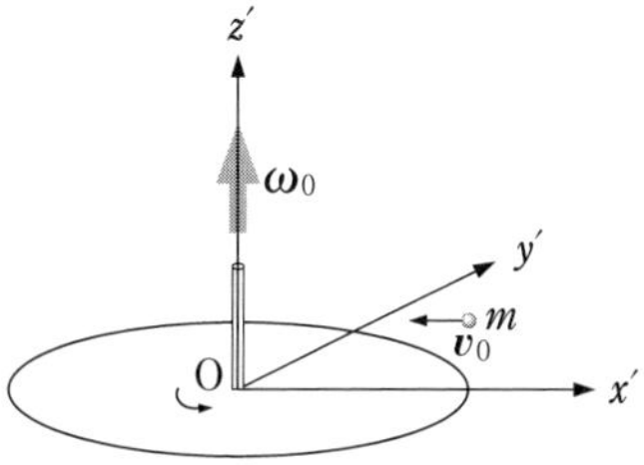

$= 0$ の点 A の S′ 系での座標を $(a, 0, h)$ とする．

（b） S′ 系を円筒座標 (ξ', φ', z') で表したときの初速度の成分 $v_{0\xi'}, v_{0\varphi'}$ を求めよ．また，この座標での小石の軌跡の水平成分を幾何学的考察から求め，$v_0 = a\omega_0$ の場合について図示し，その特徴を慣性力を考慮して定性的に説明せよ．

（c） S′ 系での小石の水平方向の運動の方程式を円筒座標で表し，それを解いて，$\xi'(t), \varphi'(t)$ を求め，(b) で求めた軌跡を確認せよ．

***3*．** 長さ a の糸で中心 O につながれた質量 m の質点が，慣性系 S (O-xyz) の xy 平面内で，z 軸の正側から見ると反時計まわりに角速度 ω で等速円運動をしている．質点が座標 $(a, 0, 0)$ の位置にあるときに糸が切れた．この時刻を $t = 0$ とする．

（a） その後の運動の S 系での軌跡の水平成分を求め，図示せよ．

（b） 原点と z 軸を S 系と共通にもち，z 軸のまわりに角速度 ω で回転する回転座標系 S′ (O-$x'y'z'$) を考える．時刻 $t = 0$ に x 軸と x' 軸が一致していたとする．S′ 系から見た，時刻 $t = \pi/\omega$ までの質点の運動の軌跡を幾何学的に調べよ．

[B]

***4*．** （a） 地球の赤道上を水平に運動する物体に働くコリオリ力は常に鉛直方向であることを示せ．

（b） 東西方向に運動している物体のコリオリ力が遠心力をちょうど打ち消すような速さとその向き (東向きか西向きか) を求めよ．

***5*．** 地球の半径を R (= 6380 km) とする．時刻 $t = 0$ に赤道上の高さ $h = 100$ m の鉛直な塔の頂上の点 A から，初速度 0 で質量 m の物体を落下させる．

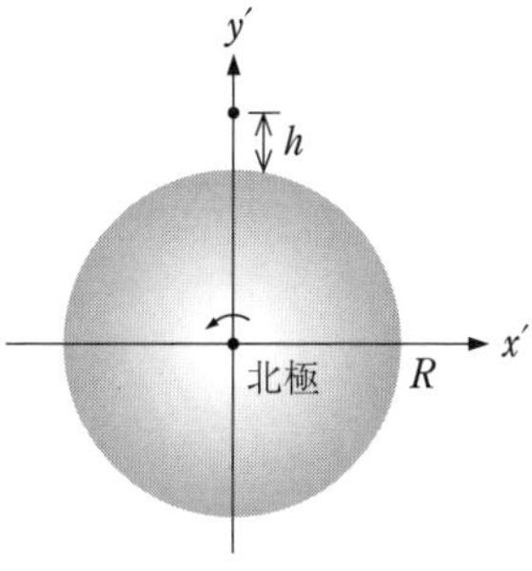

（a） 物体の運動を，地球の中心を原点とする，地球に固定された座標系 S′ で記述して解け．物体の着地点は，点 A の鉛直直下の点 B $(0, R, 0)$ から東西南北いずれの方向にどれほどずれているか．

（b） この現象を慣性系 S で解析せよ．

***6*.** なめらかな長い直線状の針金に質量 m の小さい輪を通す．針金の一端を中心として固定して回転させる．輪を中心から a の位置に固定しておき，角速度の大きさが一定値 ω になってから静かに放す．その後の輪の位置と，輪が針金から受けている垂直抗力を，(a) 針金に固定されたデカルト座標と (b) 慣性系（極座標が便利）で計算せよ．

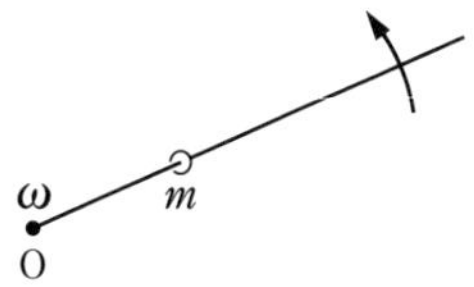

10

2 体 問 題

これまでは1個の質点の運動を扱ってきたが，本章では，お互いに作用を及ぼし合う2個の質点の運動を扱う．さらにその結果を使って，太陽のまわりを回る惑星の運動や，2個のコインの衝突などを解析する．

§10.1　2体系の全質量と換算質量

まず，質点間の力（相互作用）の種類によらずに成り立つ一般的な性質を調べよう．2個の質点に番号をつけて，質量をそれぞれ m_1, m_2，位置ベクトルをそれぞれ $\boldsymbol{r}_1, \boldsymbol{r}_2$ とする（図10.1）．また，質点1が2から受ける力を $\boldsymbol{F}_{12}$，質点2が1から受ける力を $\boldsymbol{F}_{21}$ とする．お互いに及ぼし合っているこれらの力のほかに，質点1,2が外から受けている力をそれぞれ $\boldsymbol{F}_1, \boldsymbol{F}_2$ とする．$\boldsymbol{F}_{12}$ や $\boldsymbol{F}_{21}$ を**内力**または**相互作用**という．$\boldsymbol{F}_1$ や $\boldsymbol{F}_2$ を**外力**という．ニュートンの第3法則（作用・反作用の法則）より

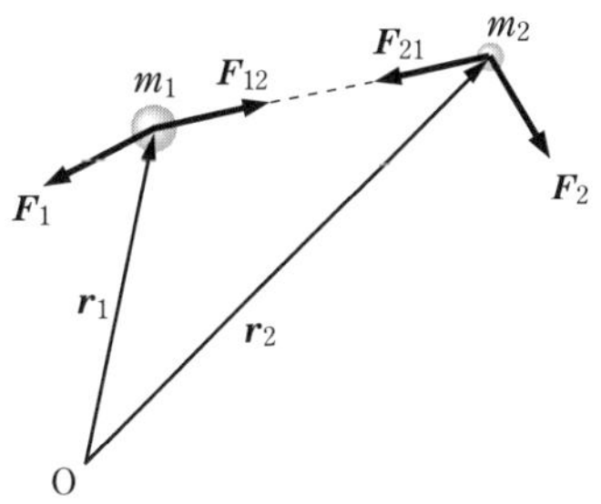

図10.1

$$\boldsymbol{F}_{21} = -\boldsymbol{F}_{12} \tag{10.1}$$

である．図10.1では内力が引力の場合を描いている．斥力の場合は矢印の向きが逆になるが，そのときも(10.1)は成り立つ．

質点1,2のそれぞれは，ニュートンの運動方程式(1.1)に従うはずだから

$$m_1\ddot{\boldsymbol{r}}_1 = \boldsymbol{F}_{12}+\boldsymbol{F}_1, \qquad m_2\ddot{\boldsymbol{r}}_2 = \boldsymbol{F}_{21}+\boldsymbol{F}_2 \tag{10.2}$$

が成り立つ．時間に関する微分にニュートンの記号を使った．この2式を加え合わせて(10.1)を考慮すると

$$m_1\ddot{\boldsymbol{r}}_1+m_2\ddot{\boldsymbol{r}}_2=\boldsymbol{F}_1+\boldsymbol{F}_2 \tag{10.3}$$

となる．

（1） 全 質 量

2個の質点の**全質量** M を

$$M=m_1+m_2 \quad （定義） \tag{10.4}$$

で定義して，**質量中心**の位置ベクトル $\boldsymbol{r}_G$ を，(10.3) の左辺に関連づけて

$$M\boldsymbol{r}_G=m_1\boldsymbol{r}_1+m_2\boldsymbol{r}_2 \tag{10.5}$$

を満たす位置ベクトルと定義する．すなわち

$$\boldsymbol{r}_G=\frac{m_1\boldsymbol{r}_1+m_2\boldsymbol{r}_2}{M} \quad （定義） \tag{10.6}$$

である（図 10.2）．そうすると

$$M\ddot{\boldsymbol{r}}_G=m_1\ddot{\boldsymbol{r}}_1+m_2\ddot{\boldsymbol{r}}_2 \tag{10.7}$$

だから (10.3) は

$$M\ddot{\boldsymbol{r}}_G=\boldsymbol{F}_1+\boldsymbol{F}_2 \quad （法則） \tag{10.8}$$

となる．これは (1.1) の形だから，**質量中心は，外力の総和に等しい力 $\boldsymbol{F}_1+\boldsymbol{F}_2$ を受けている質量 M の「質点」と同じような運動をする**ことがわかる．質量中心は重心とも呼ばれるので，この運動は重心運動とも呼ばれる．

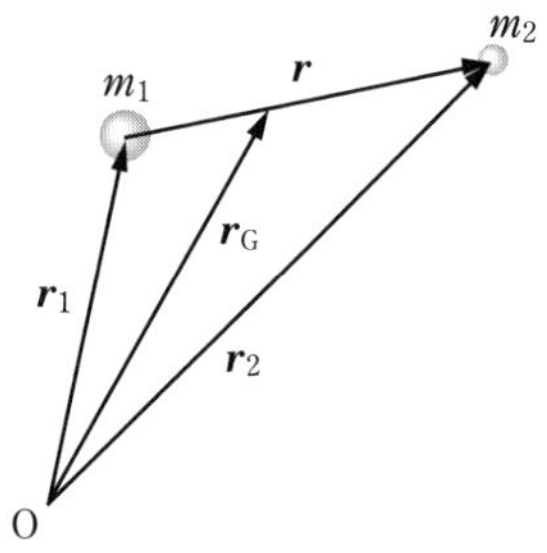

図 10.2

（2） 換 算 質 量

次に $\boldsymbol{r}_1$ に対する $\boldsymbol{r}_2$ の**相対位置ベクトル**

$$\boldsymbol{r}=\boldsymbol{r}_2-\boldsymbol{r}_1 \quad （定義） \tag{10.9}$$

に関する運動方程式を導こう．(10.9) の両辺を時間について2回微分して，右辺に (10.2),(10.1) を代入すると

$$\ddot{\boldsymbol{r}}=\ddot{\boldsymbol{r}}_2-\ddot{\boldsymbol{r}}_1=\frac{\boldsymbol{F}_{21}+\boldsymbol{F}_2}{m_2}-\frac{\boldsymbol{F}_{12}+\boldsymbol{F}_1}{m_1}$$

$$= \left(\frac{1}{m_1}+\frac{1}{m_2}\right)\boldsymbol{F}_{21}+\frac{\boldsymbol{F}_2}{m_2}-\frac{\boldsymbol{F}_1}{m_1} \tag{10.10}$$

となる．ここで，

$$\frac{1}{\mu}=\frac{1}{m_1}+\frac{1}{m_2}=\frac{m_1+m_2}{m_1 m_2} \tag{10.11}$$

すなわち

$$\mu=\frac{m_1 m_2}{m_1+m_2}=\frac{m_1 m_2}{M} \qquad \text{（定義）} \tag{10.12}$$

とおくと，(10.10) は，

$$\mu\ddot{\boldsymbol{r}}=\boldsymbol{F}_{21}+\frac{\mu}{m_2}\boldsymbol{F}_2-\frac{\mu}{m_1}\boldsymbol{F}_1 \tag{10.13}$$

となる．μ を**換算質量**という．とくに，外力が働いていない場合 ($\boldsymbol{F}_1=\boldsymbol{F}_2=0$) や，外力として一様な重力

$$\boldsymbol{F}_1=m_1\boldsymbol{g}, \quad \boldsymbol{F}_2=m_2\boldsymbol{g} \tag{10.14}$$

しか働いていない場合には，外力の項は 0 になるから，

$$\mu\ddot{\boldsymbol{r}}=\boldsymbol{F}_{21} \qquad \text{（法則）} \tag{10.15}$$

となる．これもニュートンの運動方程式 (1.1) の形をしている．**相対位置ベクトル (10.9) の運動は，力 $\boldsymbol{F}_{21}$ を受けて運動する質量 μ の「質点」の運動方程式に従う**のである．

ここで，各質点の位置ベクトルを $\boldsymbol{r}_G$ と $\boldsymbol{r}$ で表しておこう．(10.5) と (10.9) を $\boldsymbol{r}_1, \boldsymbol{r}_2$ について解くと

$$\boldsymbol{r}_1=\boldsymbol{r}_G-\frac{m_2}{M}\boldsymbol{r}, \qquad \boldsymbol{r}_2=\boldsymbol{r}_G+\frac{m_1}{M}\boldsymbol{r} \tag{10.16}$$

である．

§10.2　2 体系の運動量，運動エネルギー，角運動量

前節で，相互作用している 2 個の質点の運動は，質量中心の位置ベクトル $\boldsymbol{r}_G$ と相対位置ベクトル $\boldsymbol{r}$ を用いることにより，質量 M と μ の 2 個の独立な「質点」の運動として記述できることがわかった．ここでは，質点 1, 2 のもついくつかの物理量の和と，あらたに導入した形式的な「質点」のもつ物理量と

の関係を調べる．

(1) 全運動量

2個の質点1,2の運動量

$$\boldsymbol{p}_1 = m_1\dot{\boldsymbol{r}}_1, \qquad \boldsymbol{p}_2 = m_2\dot{\boldsymbol{r}}_2 \tag{10.17}$$

の和(**全運動量**)は

$$\boldsymbol{P} = \boldsymbol{p}_1+\boldsymbol{p}_2 = m_1\dot{\boldsymbol{r}}_1+m_2\dot{\boldsymbol{r}}_2 \tag{10.18}$$

であるが，(10.6)の両辺を時間で微分したものと比較すると，

$$\boldsymbol{P} = M\dot{\boldsymbol{r}}_{\mathrm{G}} \tag{10.19}$$

つまり，質量中心に全質量 M が集中した「質点」の運動量に等しい．これを**質量中心(あるいは重心)の運動量**，または**並進運動の運動量**ということもある．ここで(10.8)を参照すると，

$$\dot{\boldsymbol{P}} = \boldsymbol{F}_1+\boldsymbol{F}_2 \qquad (\text{法則}) \tag{10.20}$$

でもある．もし外力が働いてなければ，

$$\dot{\boldsymbol{P}} = 0 \tag{10.21}$$

だから

$$\boldsymbol{P} = \text{一定} \tag{10.22}$$

つまり，全運動量が保存する．

(2) 全運動エネルギー

2質点1,2の運動エネルギーの和(**全運動エネルギー**)は，(10.16)を利用すると，

$$\begin{aligned} K &= \frac{1}{2}m_1\dot{\boldsymbol{r}}_1{}^2+\frac{1}{2}m_2\dot{\boldsymbol{r}}_2{}^2 = \frac{1}{2}m_1\left(\dot{\boldsymbol{r}}_{\mathrm{G}}-\frac{m_2}{M}\dot{\boldsymbol{r}}\right)^2+\frac{1}{2}m_2\left(\dot{\boldsymbol{r}}_{\mathrm{G}}+\frac{m_1}{M}\dot{\boldsymbol{r}}\right)^2 \\ &= \frac{1}{2}(m_1+m_2)\dot{\boldsymbol{r}}_{\mathrm{G}}{}^2+\frac{1}{2}\frac{m_1m_2(m_1+m_2)}{M^2}\dot{\boldsymbol{r}}^2 \\ &= \frac{1}{2}M\dot{\boldsymbol{r}}_{\mathrm{G}}{}^2+\frac{1}{2}\mu\dot{\boldsymbol{r}}^2 \end{aligned} \tag{10.23}$$

つまり，質量 M の「質点」の運動エネルギー(**並進運動あるいは重心運動のエネルギー**)と質量 μ の「質点」の運動エネルギー(**相対運動のエネルギー**)

の和で与えられる．

相対運動の運動量を

$$\boldsymbol{p} = \mu\dot{\boldsymbol{r}} \tag{10.24}$$

とすると

$$K = \frac{P^2}{2M}+\frac{p^2}{2\mu} \tag{10.25}$$

と書ける．

問1　摩擦のない水平面の上に静止している質量 120 kg の長い板の上を体重 60 kg の人が板に対して $v = 1.5$ m/s の速さで歩きはじめた．板と人を質点とみなしてよいものとする．

(a)　水平面に対する人と板の速さ v_1, v_2 を求めよ．

(b)　人と板の 2 体の全質量と換算質量を求めよ．

(c)　2 体の重心運動のエネルギーと相対運動のエネルギーを求めよ．

(d)　その和は人と板の運動エネルギーの和に等しいことを確認せよ．

解　(a)　$60v_1+120v_2 = 0$，$v_1-v_2 = 1.5$ より $v_1 = 1$ m/s，$v_2 = -0.5$ m/s

(b)　$M = 180$ kg，$\mu = 40$ kg

(c)　$\frac{1}{2}Mv_G{}^2 = 0$，$\frac{1}{2}\mu v^2 = 45$ J

(d)　$\frac{1}{2}\times 60v_1{}^2+\frac{1}{2}\times 120v_2{}^2 = 30+15 = 45$ J

(3)　全角運動量

では，角運動量についてはどうであろうか．任意に選んだ原点のまわりの 2 質点の角運動量の和（**全角運動量**）は

$$\boldsymbol{L} = \boldsymbol{r}_1\times\boldsymbol{p}_1+\boldsymbol{r}_2\times\boldsymbol{p}_2 = \boldsymbol{r}_1\times m_1\dot{\boldsymbol{r}}_1+\boldsymbol{r}_2\times m_2\dot{\boldsymbol{r}}_2 \tag{10.26}$$

であるから，その時間変化率は

$$\begin{aligned}\frac{\mathrm{d}\boldsymbol{L}}{\mathrm{d}t} &= \dot{\boldsymbol{r}}_1\times m_1\dot{\boldsymbol{r}}_1+\boldsymbol{r}_1\times m_1\ddot{\boldsymbol{r}}_1+\dot{\boldsymbol{r}}_2\times m_2\dot{\boldsymbol{r}}_2+\boldsymbol{r}_2\times m_2\ddot{\boldsymbol{r}}_2 \\ &= \boldsymbol{r}_1\times(\boldsymbol{F}_{12}+\boldsymbol{F}_1)+\boldsymbol{r}_2\times(\boldsymbol{F}_{21}+\boldsymbol{F}_2) \\ &= (\boldsymbol{r}_2-\boldsymbol{r}_1)\times\boldsymbol{F}_{21}+\boldsymbol{r}_1\times\boldsymbol{F}_1+\boldsymbol{r}_2\times\boldsymbol{F}_2 = \boldsymbol{r}_1\times\boldsymbol{F}_1+\boldsymbol{r}_2\times\boldsymbol{F}_2\end{aligned} \tag{10.27}$$

である．ただし (7.3), (10.1) と，粒子間の相互作用は 2 粒子を結ぶ直線と平行な向きをもつこと

$$\boldsymbol{r}_2-\boldsymbol{r}_1 \mathbin{/\!/} \boldsymbol{F}_{21} \tag{10.28}$$

を利用した．(10.27) は，全角運動量の変化は，外力のモーメントの和で決まることを示す．外力がなければ，常に

$$\frac{\mathrm{d}\boldsymbol{L}}{\mathrm{d}t} = 0 \tag{10.29}$$

だから

$$\boldsymbol{L} = 一定 \tag{10.30}$$

つまり，全角運動量が保存する．

この全角運動量を，質量中心の運動と相対運動の寄与に分けてみよう．(10.16) を (10.26) に代入して

$$\begin{aligned}
\boldsymbol{L} &= \left(\boldsymbol{r}_\mathrm{G}-\frac{m_2}{M}\boldsymbol{r}\right)\times m_1\left(\dot{\boldsymbol{r}}_\mathrm{G}-\frac{m_2}{M}\dot{\boldsymbol{r}}\right)+\left(\boldsymbol{r}_\mathrm{G}+\frac{m_1}{M}\boldsymbol{r}\right)\times m_2\left(\dot{\boldsymbol{r}}_\mathrm{G}+\frac{m_1}{M}\dot{\boldsymbol{r}}\right) \\
&= m_1\boldsymbol{r}_\mathrm{G}\times\dot{\boldsymbol{r}}_\mathrm{G}-\frac{m_1m_2}{M}\boldsymbol{r}_\mathrm{G}\times\dot{\boldsymbol{r}}-\frac{m_1m_2}{M}\boldsymbol{r}\times\dot{\boldsymbol{r}}_\mathrm{G}+\frac{m_1{m_2}^2}{M^2}\boldsymbol{r}\times\dot{\boldsymbol{r}} \\
&\quad +m_2\boldsymbol{r}_\mathrm{G}\times\dot{\boldsymbol{r}}_\mathrm{G}+\frac{m_1m_2}{M}\boldsymbol{r}_\mathrm{G}\times\dot{\boldsymbol{r}}+\frac{m_1m_2}{M}\boldsymbol{r}\times\dot{\boldsymbol{r}}_\mathrm{G}+\frac{{m_1}^2m_2}{M^2}\boldsymbol{r}\times\dot{\boldsymbol{r}} \\
&= \boldsymbol{r}_\mathrm{G}\times(m_1+m_2)\dot{\boldsymbol{r}}_\mathrm{G}+\boldsymbol{r}\times\frac{m_1m_2(m_1+m_2)}{M^2}\dot{\boldsymbol{r}} \\
&= \boldsymbol{r}_\mathrm{G}\times M\dot{\boldsymbol{r}}_\mathrm{G}+\boldsymbol{r}\times\mu\dot{\boldsymbol{r}}
\end{aligned} \tag{10.31}$$

つまり，**全角運動量は，質量中心に全質量が集中した「質点」の原点のまわりの角運動量と，質量 μ の「質点」の質点 1 のまわりの角運動量との和で与えられる．**

問 2　外力がないときは，(10.31) の右辺の第 1 項と第 2 項がそれぞれ保存することを示せ．

解　$\boldsymbol{F}_1 = 0$，$\boldsymbol{F}_2 = 0$ のとき，(10.8) または (10.20) より

$$M\ddot{\boldsymbol{r}}_\mathrm{G} = 0$$

である．よって

$$\frac{\mathrm{d}}{\mathrm{d}t}(\boldsymbol{r}_\mathrm{G}\times M\dot{\boldsymbol{r}}_\mathrm{G}) = \dot{\boldsymbol{r}}_\mathrm{G}\times M\dot{\boldsymbol{r}}_\mathrm{G}+\boldsymbol{r}_\mathrm{G}\times M\ddot{\boldsymbol{r}}_\mathrm{G} = 0$$

だから，(10.31) の右辺の第 1 項は保存する．またこのとき左辺は (10.30) に示したように保存するから，結局，右辺の第 2 項も保存する．

(4)〔例〕ばねでつないだおもりの運動

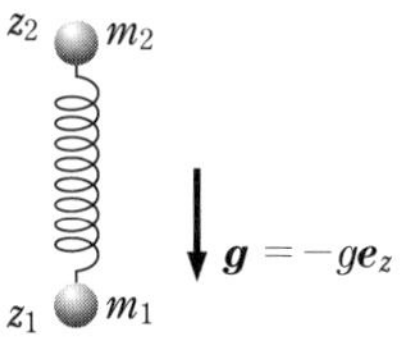

図 10.3

図 10.3 のように，自然長 l，ばね定数 k のばねの下端に質量 m_1，上端に質量 m_2 のおもりをとりつける．m_2 を支えた状態から静かに放して自由落下させたときの運動を考えよう．

鉛直上向きに z 軸をとり，下端，上端のおもりの中心の z 座標を z_1, z_2 とする．全質量は (10.4)，換算質量は (10.12) で与えられる．質量中心の座標 z_G と相対座標 z は

$$z_G=\frac{m_1z_1+m_2z_2}{M}, \qquad z=z_2-z_1 \tag{10.32}$$

である．質量中心の運動は (10.8) より

$$M\ddot{z}_G=-Mg \tag{10.33}$$

に従い，外力は一様な重力のみだから相対運動については (10.15) が成り立つ．相互作用 $\boldsymbol{F}_{21}$ はばねの張力

$$\boldsymbol{F}_{21}=-k(z-l_0)\boldsymbol{e}_z \tag{10.34}$$

である．これは，ばねが伸びて $z>l_0$ となっているとき下向きである．(10.15) より相対座標は運動方程式

$$\mu\ddot{z}=-k(z-l_0) \tag{10.35}$$

に従う．$t=0$ における上のおもりの位置を z_G の原点に選んで，(10.33)，(10.35) を解くと

$$z_G=-\frac{1}{2}gt^2-\frac{m_1}{M}\left(l_0+\frac{m_1g}{k}\right) \tag{10.36}$$

$$z=\frac{m_1g}{k}\cos\omega t+l_0 \tag{10.37}$$

が得られる．ただし

$$\omega=\sqrt{\frac{k}{\mu}} \tag{10.38}$$

である．(10.16) を利用すると，時刻 t での各質点の位置は

$$z_1(t)=z_G-\frac{m_2}{M}z=-\frac{1}{2}gt^2-\frac{{m_1}^2g}{Mk}-l_0-\frac{m_1m_2g}{Mk}\cos\omega t \tag{10.39}$$

$$z_2(t) = z_G + \frac{m_1}{M} z = -\frac{1}{2} g t^2 - \frac{{m_1}^2 g}{Mk} + \frac{{m_1}^2 g}{Mk} \cos \omega t \qquad (10.40)$$

である．この2式の最後の項の符号が逆だから，おもりは周期 $T = 2\pi/\omega$ で互いに近づいたり離れたりしながら，落下していくことがわかる．$\mu < m_1$, m_2 だから，この周期 T は，質量が大きいほうのおもりを固定して質量が小さいほうのおもりを振動させる場合の周期よりさらに短い．

§10.3　惑星の運動

太陽系では，太陽と水星，金星，地球などの惑星が万有引力のみで相互作用しながら運動している（図10.4）．適当に原点を選んで，注目する惑星の位置ベクトルを $\boldsymbol{r}_\mathrm{p}$，太陽およびその他の惑星の位置ベクトルをそれぞれ $\boldsymbol{r}_\mathrm{S}, \boldsymbol{r}_1, \boldsymbol{r}_2, \cdots$ とする．また注目する惑星の質量を m_p とし，太陽およびその他の惑星の質量を $m_\mathrm{S}, m_1, m_2, \cdots$ とすると，注目する惑星が受けている万有引力は，

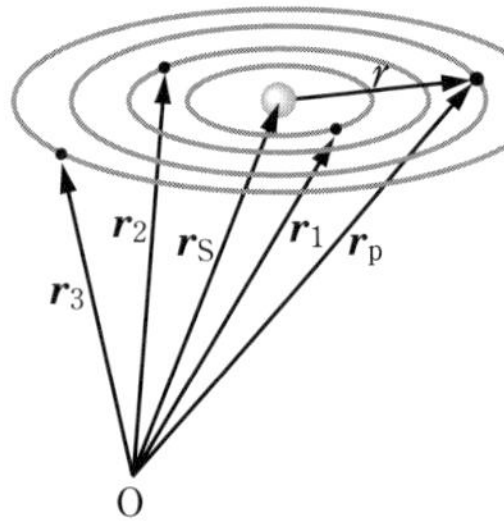

図10.4

$$\boldsymbol{F} = -G \frac{m_\mathrm{p} m_\mathrm{S}}{|\boldsymbol{r}_\mathrm{p} - \boldsymbol{r}_\mathrm{S}|^2} \boldsymbol{e}_{\boldsymbol{r}_\mathrm{p} - \boldsymbol{r}_\mathrm{S}} - \sum_i G \frac{m_\mathrm{p} m_i}{|\boldsymbol{r}_\mathrm{p} - \boldsymbol{r}_i|^2} \boldsymbol{e}_{\boldsymbol{r}_\mathrm{p} - \boldsymbol{r}_i} \qquad (10.41)$$

である．これらの力の大小を考えると，太陽との間の引力（第1項）が他よりはるかに大きい．なぜなら，太陽系の隣り合う任意の2惑星が最も近づいたときの距離は，それらの惑星と太陽までの距離のせいぜい数分の1であるのに対し，太陽の質量 m_S は，惑星の中で最も質量の大きな木星と比べても，約1000倍大きいからである．

(1)　ケプラーの法則

惑星の運動については，ニュートンが活躍する約100年前，ケプラー（J. Kepler, 1571-1630）が，師である天体観測の天才，ブラーエ（T. Brahe, 1546-1601）没後．彼のデータを注意深く分析して，すべての惑星に共通して成り立つ法則を次の3法則にまとめた．

ケプラーの第1法則：すべての惑星は，太陽を焦点のひとつとする楕円軌道

の上を運動している．

ケプラーの第2法則：惑星の軌道運動の面積速度は常に一定である．

ケプラーの第3法則：惑星の公転周期は楕円軌道の長軸の長さの 3/2 乗に比例する．

ニュートンは，これらの法則をニュートンの運動方程式 (1.1) と万有引力の法則 (2.51) だけから導くことができることを示した．

（2） 惑星の運動方程式

注目する惑星と太陽の間の万有引力のみを考え，他の惑星の影響を無視する近似で考えよう．この近似では，注目する惑星と太陽との間の 2 体問題となるから，§10.1 の一般論が利用できる．いまは，宇宙空間内を太陽系全体がどのように運行しているか（質量中心 $\boldsymbol{r}_{\mathrm{G}}$ の運動）には興味がないので，相対運動だけを考える．太陽を基準とする惑星の相対位置ベクトルは

$$\boldsymbol{r} = \boldsymbol{r}_{\mathrm{p}} - \boldsymbol{r}_{\mathrm{S}} \tag{10.42}$$

である．換算質量は

$$\mu = \frac{m_{\mathrm{S}} m_{\mathrm{p}}}{m_{\mathrm{S}} + m_{\mathrm{p}}} \tag{10.43}$$

であるが，$m_{\mathrm{S}} \gg m_{\mathrm{p}}$ であるから

$$\mu = \frac{m_{\mathrm{p}}}{1 + m_{\mathrm{p}}/m_{\mathrm{S}}} \approx m_{\mathrm{p}} \tag{10.44}$$

である．また，相対運動に関係する力は，惑星が太陽から受ける万有引力

$$\boldsymbol{F}(\boldsymbol{r}) = -G \frac{m_{\mathrm{S}} m_{\mathrm{p}}}{r^2} \boldsymbol{e}_r = -G \frac{m_{\mathrm{S}} m_{\mathrm{p}}}{r^3} \boldsymbol{r} \tag{10.45}$$

だけである．ここで

$$\boldsymbol{e}_r = \frac{\boldsymbol{r}}{r} \tag{10.46}$$

は，太陽から惑星に向かう相対座標の単位ベクトルである．したがって，相対運動の方程式は

$$\mu \ddot{\boldsymbol{r}} = -G \frac{m_{\mathrm{S}} m_{\mathrm{p}}}{r^2} \boldsymbol{e}_r \tag{10.47}$$

である．これは中心力による運動の方程式の形をしている．

（3） ケプラーの第2法則

ケプラーの第2法則の証明は，実はすでに§7.3で行った．すなわち，任意の中心力を受けて運動する質点の運動において，中心のまわりの角運動量は一定である，そしてそれは面積速度一定の法則と同等であることを学んだ．

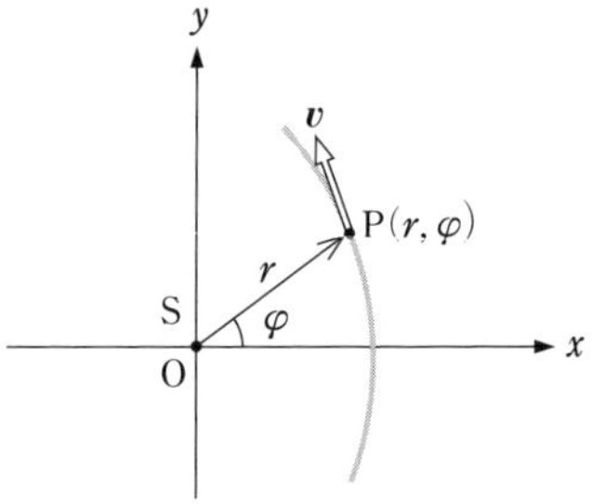

図10.5

ここでは，少し異なる扱いで繰り返そう．(10.47)は中心力による運動だから，位置ベクトル $\boldsymbol{r}$ と速度ベクトル $\boldsymbol{v}$ で決まる同一平面内の運動である(図10.5)．2次元極座標 (r, φ) で表した運動方程式を，r 成分と φ 成分について書くと，(6.34),(6.35)より

$$\mu(\ddot{r}-r\dot{\varphi}^2) = -G\frac{m_{\mathrm{S}}m_{\mathrm{P}}}{r^2} \tag{10.48}$$

$$\mu\frac{1}{r}\frac{\mathrm{d}}{\mathrm{d}t}(r^2\dot{\varphi}) = 0 \tag{10.49}$$

となる．(10.49)より

$$\frac{\mathrm{d}}{\mathrm{d}t}(r^2\dot{\varphi}) = 0 \tag{10.50}$$

であるから，

$$h = r^2\dot{\varphi} = 一定 \tag{10.51}$$

でなければならない．よって面積速度

$$\frac{\mathrm{d}S}{\mathrm{d}t} = \frac{1}{2}rv_{\varphi} = \frac{1}{2}r(r\dot{\varphi}) = \frac{h}{2} = 一定 \tag{10.52}$$

である．これは(10.49)のみから導かれたから，中心力の具体的な形(いまの場合(10.48)の右辺)に無関係な法則である．(10.49)の右辺が0なのは中心力は φ 成分をもたないからである．

（4） ケプラーの第1法則

ケプラーの第1法則は，第2法則と異なり，**万有引力，すなわち大きさが距離の2乗に反比例する引力に特徴的**なものである．連立方程式(10.48),(10.49)を解いて得られる $r(t)$ と $\varphi(t)$ が，太陽を原点とするこの惑星の位置の極座標である．よって，t を変えながらこの点をつなげば，軌道を描くことができる．あるいは，$(r(t), \varphi(t))$ から t を消去すれば，軌道の極座標表示

$$r = r(\varphi) \tag{10.53}$$

が得られる．これは，デカルト座標の問題でいえば，§2.4 で，(2.42) から t を消去して放物運動の軌跡 (2.45) を求めた手続きに相当する．

しかしここでは，軌道 (10.53) の具体的な形を求めるのに，$r(t), \varphi(t)$ を求めてから t を消去するのではなく，(10.48), (10.49) から，なるべく早い段階で t を消去する工夫をしてみよう．

(10.49) から得られた (10.51) を (10.48) に代入すると

$$\mu\left(\ddot{r} - \frac{h^2}{r^3}\right) = -G\frac{m_{\mathrm{S}} m_{\mathrm{P}}}{r^2} \tag{10.54}$$

である．一方，r は (10.53) のように φ の関数で与えられるので，合成関数の微分の公式から

$$\dot{r} = \frac{\mathrm{d}r(\varphi(t))}{\mathrm{d}t} = \frac{\mathrm{d}r}{\mathrm{d}\varphi}\frac{\mathrm{d}\varphi}{\mathrm{d}t} = \frac{h}{r^2}\frac{\mathrm{d}r}{\mathrm{d}\varphi} \tag{10.55}$$

である．最後の等式では再度 (10.51) を利用した．ここで，もう一度合成関数の微分の公式を使って $\dot{r}$ を時間で微分し，(10.51), (10.55) を代入すると，

$$\ddot{r} = \frac{\mathrm{d}\dot{r}}{\mathrm{d}\varphi}\frac{\mathrm{d}\varphi}{\mathrm{d}t} = \frac{h}{r^2}\frac{\mathrm{d}}{\mathrm{d}\varphi}\left(\frac{h}{r^2}\frac{\mathrm{d}r}{\mathrm{d}\varphi}\right) \tag{10.56}$$

である．よって (10.54) は，

$$\mu\left[\frac{h}{r^2}\frac{\mathrm{d}}{\mathrm{d}\varphi}\left(\frac{h}{r^2}\frac{\mathrm{d}r}{\mathrm{d}\varphi}\right) - \frac{h^2}{r^3}\right] = -G\frac{m_{\mathrm{S}} m_{\mathrm{P}}}{r^2} \tag{10.57}$$

$$\therefore\quad \frac{\mathrm{d}}{\mathrm{d}\varphi}\left(\frac{1}{r^2}\frac{\mathrm{d}r}{\mathrm{d}\varphi}\right) - \frac{1}{r} = -\frac{G m_{\mathrm{S}} m_{\mathrm{P}}}{\mu}\frac{1}{h^2} \tag{10.58}$$

となる．これは r に関する微分方程式であるが，r の逆数

$$u = \frac{1}{r} \tag{10.59}$$

に関する方程式に書き直すと簡単に解くことができる．すなわち，

$$\frac{\mathrm{d}u}{\mathrm{d}\varphi} = \frac{\mathrm{d}}{\mathrm{d}\varphi}\frac{1}{r} = -\frac{1}{r^2}\frac{\mathrm{d}r}{\mathrm{d}\varphi} \tag{10.60}$$

だから，(10.58) は

$$\frac{\mathrm{d}^2 u}{\mathrm{d}\varphi^2} + u = \frac{G m_{\mathrm{S}} m_{\mathrm{p}}}{\mu h^2} \tag{10.61}$$

となる．ここで右辺は定数であるが，右辺を

$$\frac{1}{l} = \frac{G m_{\mathrm{S}} m_{\mathrm{p}}}{\mu h^2} \tag{10.62}$$

とおくと，

$$\frac{\mathrm{d}^2 u}{\mathrm{d}\varphi^2} + u = \frac{1}{l} \tag{10.63}$$

と書ける．

これは，φ を独立変数とする微分方程式なので，見なれない感じがするかもしれないが，よく見ると，(4.61) と全く同じ形の，非同次線形常微分方程式である．よって §4.2 で学んだ解法に従って解くことができる．

まず，同次微分方程式

$$\frac{\mathrm{d}^2 u}{\mathrm{d}\varphi^2} + u = 0 \tag{10.64}$$

は調和振動の方程式だから，その一般解は，A, α を任意の定数として

$$u = A\cos(\varphi + \alpha) \tag{10.65}$$

である．非同次微分方程式 (10.63) の特解のひとつは，代入すればわかるように

$$u = \frac{1}{l} \qquad (\text{定数}) \tag{10.66}$$

である．よって，(10.63) の一般解は，

$$u(\varphi) = A\cos(\varphi + \alpha) + \frac{1}{l} \tag{10.67}$$

である．$\varphi = 0$ (x 軸上) で u が極値 (r が極値) になるように任意定数 α を選ぶと，

$$\alpha = 0 \quad \longrightarrow \quad u(\varphi) = A\cos\varphi + \frac{1}{l} \tag{10.68}$$

である．よって (10.59) より

$$r(\varphi) = \frac{1}{1/l + A\cos\varphi} = \frac{l}{1 + Al\cos\varphi} \tag{10.69}$$

である．ここで任意定数をあらためて

$$\varepsilon = Al \qquad (\varepsilon：イプシロン) \tag{10.70}$$

とおくと

$$r(\varphi) = \frac{l}{1+\varepsilon\cos\varphi} \tag{10.71}$$

となる．これが惑星の軌道を極座標で表した式である．

(10.71) は，ε の大きさによって**放物線**，**楕円**，**双曲線**のいずれかを表す．惑星の軌道はこれらのいずれかの曲線の形をしていることになる．これらの曲線を**円錐曲線**という．円錐を平面で切断したときの断面に現れる曲線なので，この名がある．このうち放物線と双曲線の軌道は，閉じていないので，周期運動にならない．太陽系ができたときにこれらの軌道の条件を満たす運動状態にあった星は，いまでは宇宙のかなたに飛び去ってしまった．**初期条件が楕円軌道の条件を満たした星だけが，惑星や彗星として，いまでも太陽のまわりを回りつづけている**のである．

(5) 円錐曲線の焦点と準線

円錐曲線は，原点からの距離 r と，**準線**と呼ばれる定直線からの距離 d の比

$$\varepsilon = \frac{r}{d} \qquad (>0) \tag{10.72}$$

が一定であるような点 Q の集合でもある (図 10.6)．このとき，原点を円錐曲線の**焦点**という．ε を**離心率**という．準線の方程式を，p を定数として

$$x = p \qquad (一定) \tag{10.73}$$

と書くと，

$$d = p - r\cos\varphi \tag{10.74}$$

だから，(10.72) に代入して整理すると

$$\varepsilon(p - r\cos\varphi) = r \tag{10.75}$$

$$r = \frac{\varepsilon p}{1+\varepsilon\cos\varphi} \tag{10.76}$$

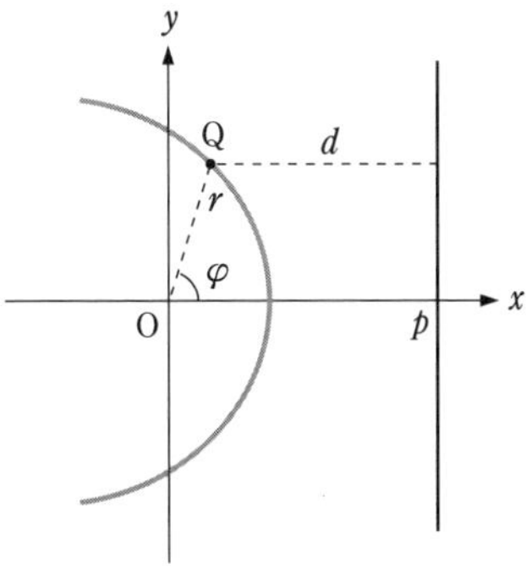

図 10.6

である．これは

$$l = \varepsilon p \qquad (\text{定数}) \tag{10.77}$$

とおけば確かに(10.71)になる．(10.71)の r は相対座標，つまり太陽に対する惑星の座標を表したから，太陽の位置は惑星の円錐曲線軌道の焦点(のひとつ)になっている．

(6) 円錐曲線のデカルト座標表示

極座標表示の(10.71)が，デカルト座標の円錐曲線と同等であることを示そう．その過程で，3種の円錐曲線と離心率 ε の関係も明らかになる．2次元極座標とデカルト座標の関係は(6.1)

$$x = r\cos\varphi, \qquad y = r\sin\varphi, \qquad r = \sqrt{x^2+y^2}$$

だから，(10.71)から φ を消去すると

$$r\left(1+\varepsilon\frac{x}{r}\right) = l \tag{10.78}$$

$$r = l-\varepsilon x \tag{10.79}$$

$$\therefore \quad x^2+y^2 = (l-\varepsilon x)^2 \tag{10.80}$$

$$(1-\varepsilon^2)x^2+2l\varepsilon x+y^2 = l^2 \tag{10.81}$$

である．

i) $\varepsilon = 1$ のとき

$$x = -\frac{1}{2l}y^2+\frac{l}{2} \tag{10.82}$$

となるが，これは明らかに図10.7のような**放物線**である．

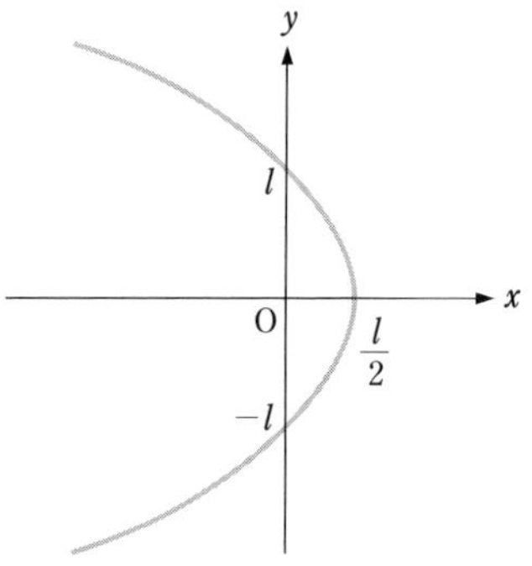

図10.7

ii) $0 < \varepsilon < 1$ のとき

$$(1-\varepsilon^2)\left(x+\frac{l\varepsilon}{1-\varepsilon^2}\right)^2+y^2 = \frac{l^2\varepsilon^2}{1-\varepsilon^2}+l^2 \tag{10.83}$$

$$\frac{[x+l\varepsilon/(1-\varepsilon^2)]^2}{[l/(1-\varepsilon^2)]^2}+\frac{y^2}{l^2/(1-\varepsilon^2)} = 1 \tag{10.84}$$

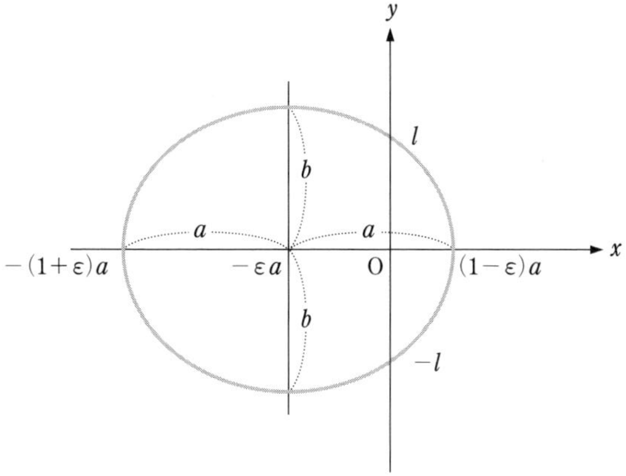

図 **10.8**

であるが，$\varepsilon<1$ より

$$a=\frac{l}{1-\varepsilon^2}\quad(>0),\qquad b=\frac{l}{\sqrt{1-\varepsilon^2}}\quad(>0) \tag{10.85}$$

とすると

$$\frac{(x+\varepsilon a)^2}{a^2}+\frac{y^2}{b^2}=1 \tag{10.86}$$

となる．$a>b$ だから，これは図 10.8 のような，中心の座標 $(-\varepsilon a, 0)$，長軸の長さ $2a$，短軸の長さ $2b$ の**楕円**である．

iii）$\varepsilon>1$ のとき

(10.84) において

$$a=\frac{l}{\varepsilon^2-1}\quad(>0),\quad b=\frac{l}{\sqrt{\varepsilon^2-1}}\quad(>0) \tag{10.87}$$

とすると

$$\frac{(x-\varepsilon a)^2}{a^2}-\frac{y^2}{b^2}=1 \tag{10.88}$$

である．これは，漸近線

$$\frac{x-\varepsilon a}{a}\pm\frac{y}{b}=0 \tag{10.89}$$

をもつ図 10.9 のような**双曲線**である．

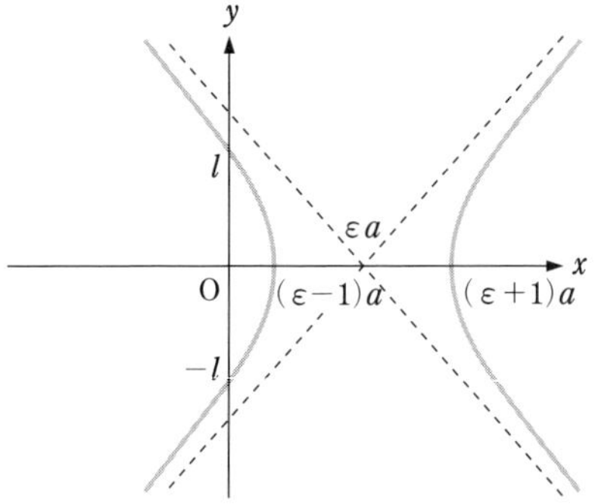

図 10.9

（7） ケプラーの第 3 法則

ケプラーの第 3 法則を証明するには，$\varepsilon < 1$（楕円軌道）の場合について，惑星の公転周期 T を計算し，それが長軸 a の 3/2 乗に比例することを示せばよい．ケプラーの第 2 法則 (10.52) から，ひとつの惑星の面積速度はその惑星が軌道上のどこにあっても一定（$= h/2$）だから，T は，図 10.10 のような楕円の面積 S を単位時間あたり $h/2$ で全部塗りつぶすのに要する時間，

$$T = \frac{S}{h/2} = \frac{2S}{h} = \frac{2\pi ab}{h} \tag{10.90}$$

である．ただし，長軸の長さ $2a$，単軸の長さ $2b$ の楕円の面積が

$$S = \pi ab \tag{10.91}$$

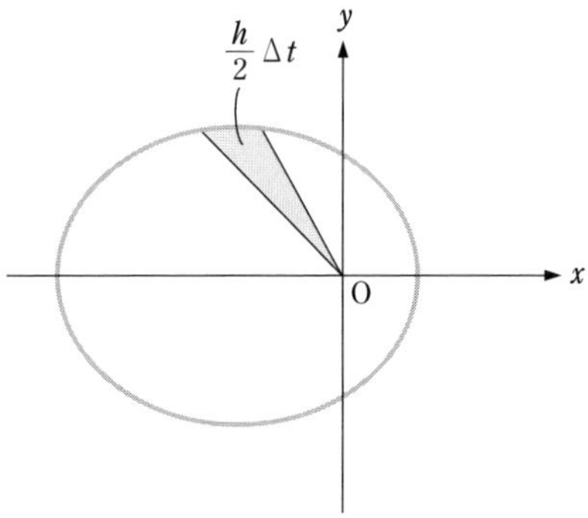

図 10.10

であることを用いた．楕円軌道の場合，a と b の間には (10.85) より

$$b = \sqrt{la} \tag{10.92}$$

なる関係があるから，この b と (10.62) から求めた h を (10.90) に代入して，

$$T = 2\pi\sqrt{\frac{\mu}{lGm_{\mathrm{S}}m_{\mathrm{p}}}}\sqrt{l}\,a^{3/2} = 2\pi\sqrt{\frac{\mu}{Gm_{\mathrm{S}}m_{\mathrm{p}}}}\,a^{3/2} = 2\pi\sqrt{\frac{1}{G(m_{\mathrm{S}}+m_{\mathrm{p}})}}\,a^{3/2} \tag{10.93}$$

となる．この式において，G と太陽の質量 m_{S} はすべての惑星に共通であるから，m_{S} に対して m_{p} を無視すると，すべての惑星に共通な比例定数

$$k = \frac{2\pi}{\sqrt{Gm_{\mathrm{S}}}} \tag{10.94}$$

を用いて

$$T = ka^{3/2} \tag{10.95}$$

が成り立つことがわかる．

§10.4 衝 突 現 象

§10.2 と §10.3 では，2 個の質点が，ばねの弾性力や万有引力などの既知の力で相互作用しているときの運動方程式を解いた．ここでは少し趣を変えて，互いに遠く離れて相互作用が無視できる状態で 2 個の粒子に速度を与え，それらが互いに近づいて衝突した場合に，その後の運動がどうなるかを考える．これを衝突現象の解析といい，相互作用の詳細があらかじめわからなくても，ある程度の議論が可能である．高エネルギー物理学では，まず衝突の実験を行い，そのデータの解析から相互作用を探ることのほうが普通に行われる．なお，本節で「粒子」と呼ぶものは，「質点」と違って厳密な定義はないが，内部に構造があり，力学的エネルギー以外のエネルギーを内部に蓄えることが可能な微小な物体のことである．

(1) 運動量および角運動量の保存

いま，図 10.11 のように，質量 m_1 と m_2 の粒子がそれぞれ初速度 $\boldsymbol{v}_{1\mathrm{i}}, \boldsymbol{v}_{2\mathrm{i}}$ を与えられて互いに近づくとする (i: intitial)．これらの粒子には外力は働かないとする．一般に 2 粒子の距離が近づくにつれてお互いの間の力 $\boldsymbol{F}_{12}, \boldsymbol{F}_{21}$ は

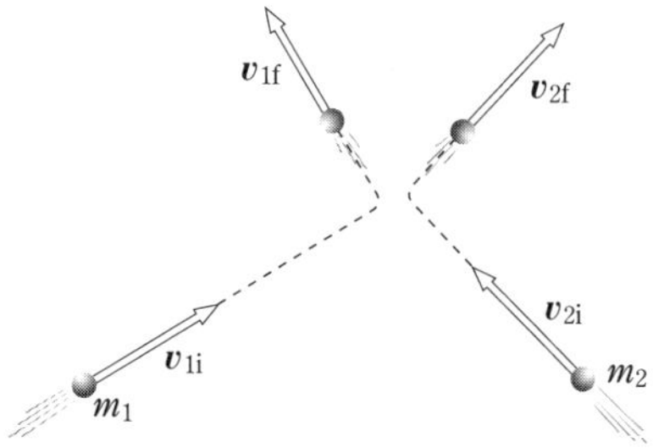

図 10.11

刻々と変化し，したがってそれぞれの運動量も変化するが，全運動量 $\boldsymbol{P}$ は保存するから常に一定である．2 粒子が激しく衝突する場合も含め，2 粒子が互いに遠く離れたあとでの速度を $\boldsymbol{v}_{1f}, \boldsymbol{v}_{2f}$ とすると (f : final)

$$\boldsymbol{P} = m_1\boldsymbol{v}_{1i} + m_2\boldsymbol{v}_{2i} = m_1\boldsymbol{v}_{1f} + m_2\boldsymbol{v}_{2f} \tag{10.96}$$

である．実際これは，あらゆる衝突について成り立っていることが確かめられており，このことが逆に，作用・反作用の法則（ニュートンの第 3 法則）が自然界がもっている基本法則のひとつであることの実験的な証明になっている．

角運動量についても，§10.2 で学んだように，外力がなければ，いかに衝突が激しくても，任意に選んだ原点のまわりの全角運動量や質量中心の角運動量，および相対運動の角運動量が保存する．

（2） 運動エネルギー

外力がないときに衝突の前後で運動量や角運動量が保存することはニュートンの運動方程式（第 2 法則）と第 3 法則だけから証明できたが，運動エネルギーが保存するかどうかは証明できない．実は，**全運動エネルギーは保存する場合もあるし，保存しない場合もある．**

衝突の前後で

$$\frac{1}{2}m_1{v_{1i}}^2 + \frac{1}{2}m_2{v_{2i}}^2 = \frac{1}{2}m_1{v_{1f}}^2 + \frac{1}{2}m_2{v_{2f}}^2 = \text{一定} \tag{10.97}$$

のように全運動エネルギーが保存する場合を**弾性衝突**という．

これに対して，衝突の前後で全運動エネルギーが少しでも変化する衝突を**非弾性衝突**という．中でも，衝突後，2 粒子が合体し一体となって動く場合を**完**

全非弾性衝突という．このように，弾性衝突と完全非弾性衝突を両極端として，その間にさまざまな非弾性衝突がある．完全非弾性衝突の様子を，簡単のため，2 粒子の質量が等しく m で，1 番目の粒子が速度 $\boldsymbol{v}_{1\mathrm{i}}$ で 2 番目の静止している粒子に衝突する場合で考えてみよう．衝突前の全運動エネルギーは

$$K_{\mathrm{i}} = \frac{1}{2} m {v_{1\mathrm{i}}}^2 + 0 = \frac{1}{2} m {v_{1\mathrm{i}}}^2 \tag{10.98}$$

である．衝突後に合体した粒子の速度 $\boldsymbol{v}_{\mathrm{f}}$ は，運動量保存の法則より

$$m\boldsymbol{v}_{1\mathrm{i}} + 0 = 2m\boldsymbol{v}_{\mathrm{f}} \tag{10.99}$$

を満たすから，

$$\boldsymbol{v}_{\mathrm{f}} = \frac{1}{2}\boldsymbol{v}_{1\mathrm{i}} \tag{10.100}$$

である．したがって，衝突後の全運動エネルギーは

$$K_{\mathrm{f}} = \frac{1}{2}(2m){v_{\mathrm{f}}}^2 = \frac{1}{4} m {v_{1\mathrm{i}}}^2 = \frac{1}{2} K_{\mathrm{i}} \tag{10.101}$$

である．つまり，質量の等しい 2 粒子が合体したあとの運動エネルギーは半分に減る．力学の範囲では，これ以上考察を進めることができないが，実は，合体した粒子の温度が上昇している．これは，その物体の**内部エネルギー**の増加による．内部エネルギー E_{in} を含めて考えると

$$K_{\mathrm{i}} = K_{\mathrm{f}} + E_{\mathrm{in}} \tag{10.102}$$

のように，エネルギーは保存していることがわかっている．

粒子が 1 個の原子や分子でも非弾性衝突はありうる．1 個の原子や分子の温度を定義することはできないが，非弾性衝突をすると，電子の励起（原子や分子の内部で電子がエネルギーの高い状態になること）や，分子の回転や振動が起こる．これも内部エネルギーの増加である．

§ 10.5　実験室系と重心系

2 個の粒子の衝突の様子は，どの座標系で観測するかで異なる．片方の粒子が最初は静止しているような座標系を**実験室系**という．実験室で行われる衝突実験では，通常，静止している標的粒子に別の粒子（入射粒子）を衝突させることが多いからである．実験室系はもちろん慣性系である．

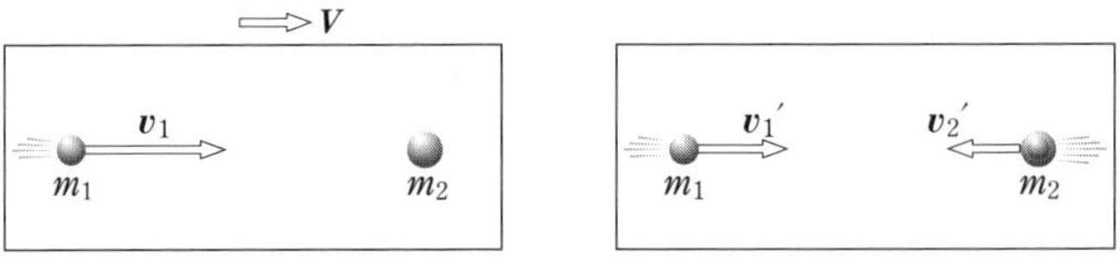

図 10.12

図 10.12 のように，2 粒子の質量を m_1, m_2 として，実験室系での速度を $\boldsymbol{v}_1, \boldsymbol{v}_2$ とすると，質量中心の速度 $\boldsymbol{V}$ は (10.5) より

$$\boldsymbol{V} = \dot{\boldsymbol{r}}_{\mathrm{G}} = \frac{m_1\dot{\boldsymbol{r}}_1 + m_2\dot{\boldsymbol{r}}_2}{m_1+m_2} = \frac{m_1\boldsymbol{v}_1 + m_2\boldsymbol{v}_2}{m_1+m_2} \tag{10.103}$$

である．

2 粒子の質量中心が静止しているような座標系を**重心系**（**質量中心系**）という．外力を無視できる場合を考えると，質量中心の運動量 $\boldsymbol{P} = (m_1+m_2)\boldsymbol{V}$ は保存するから，衝突の前後を通じて，重心系は実験室系に対して質量中心の速度 $\boldsymbol{V}$ で等速度運動をしている．よって，これも慣性系である．

重心系での粒子の速度に $'$ をつけて表すと，重心系の定義から

$$\boldsymbol{P}' = m_1\boldsymbol{v}_1' + m_2\boldsymbol{v}_2' = 0 \tag{10.104}$$

が常に成り立っている．また，常に

$$\boldsymbol{v}_1' = \boldsymbol{v}_1 - \boldsymbol{V} = \frac{m_2(\boldsymbol{v}_1 - \boldsymbol{v}_2)}{m_1+m_2} \tag{10.105}$$

$$\boldsymbol{v}_2' = \boldsymbol{v}_2 - \boldsymbol{V} = \frac{m_1(\boldsymbol{v}_2 - \boldsymbol{v}_1)}{m_1+m_2} = -\frac{m_1}{m_2}\boldsymbol{v}_1' \tag{10.106}$$

である．(10.106) からわかるように，重心系での 2 粒子の速度 $\boldsymbol{v}_1'$ と $\boldsymbol{v}_2'$ は互いに平行で逆向きである．

問 3 (10.105), (10.106) は確かに (10.104) を満たすことを示せ．
解 略

重心系で見るとき，弾性衝突と完全非弾性衝突にはどのような特徴があるか調べよう．前節同様，衝突前の速度に添字 i，衝突後の速度に添字 f をつけて表すことにする．

(1) 弾性衝突

まず，弾性衝突では，前後で運動エネルギーが保存するから，これを重心系の場合について書くと

$$\frac{1}{2}m_1 v_{1\mathrm{i}}'^2 + \frac{1}{2}m_2 v_{2\mathrm{i}}'^2 = \frac{1}{2}m_1 v_{1\mathrm{f}}'^2 + \frac{1}{2}m_2 v_{2\mathrm{f}}'^2 \qquad (10.107)$$

である．重心系では衝突の前でも後でも (10.106) が成り立つから，

$$\frac{1}{2}\left(m_1 + \frac{m_1^2}{m_2}\right)v_{1\mathrm{i}}'^2 = \frac{1}{2}\left(m_1 + \frac{m_1^2}{m_2}\right)v_{1\mathrm{f}}'^2 \qquad (10.108)$$

である．よって，速度の大きさについて

$$v_{1\mathrm{i}}' = v_{1\mathrm{f}}' \qquad (10.109)$$

が成り立つ．また (10.106) と (10.109) から，

$$v_{2\mathrm{i}}' = v_{2\mathrm{f}}' \qquad (10.110)$$

であることがわかる．つまり**重心系では，弾性衝突の前後で，それぞれの粒子の速さは変わらない．**速度の向きが変わるだけである．よって，前後でそれぞれの粒子の運動エネルギーも変わらない．

(2) 完全非弾性衝突

一方，完全非弾性衝突では，2 粒子は合体して同一の速度 $\boldsymbol{v}_\mathrm{f}$ で運動するから，(10.104) より

$$\boldsymbol{P}' = (m_1 + m_2)\boldsymbol{v}_\mathrm{f}' = 0 \qquad \therefore \quad \boldsymbol{v}_\mathrm{f}' = 0 \qquad (10.111)$$

である．つまり完全非弾性衝突を重心系で見ると，2 粒子は合体して静止する．その様子を図 10.13 に示す．粒子が衝突前に重心系でもっていた運動エネルギー

$$K_\mathrm{i}' = \frac{1}{2}m_1 v_{1\mathrm{i}}'^2 + \frac{1}{2}m_2 v_{2\mathrm{i}}'^2 \qquad (10.112)$$

は，すべて熱・光・音などのエネルギーに変わる．

実験室系で見たときの，完全非弾性衝突で失われる運動エネルギー

$$K_\mathrm{i} - K_\mathrm{f} = \frac{1}{2}m_1 v_{1\mathrm{i}}^2 + \frac{1}{2}m_2 v_{2\mathrm{i}}^2 - \frac{1}{2}(m_1 + m_2)v_\mathrm{f}^2 \qquad (10.113)$$

を計算してみよう．運動量保存の法則

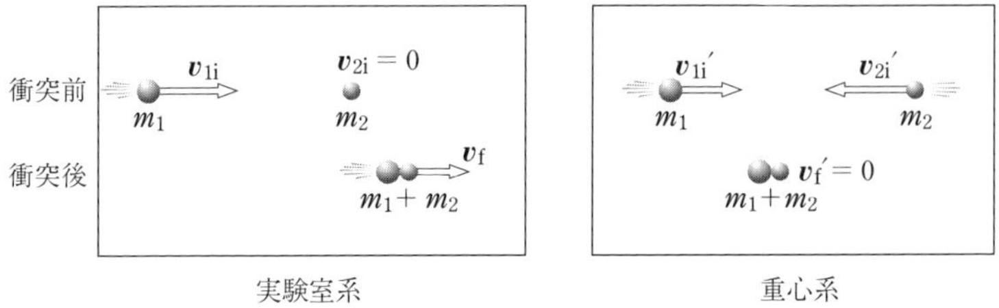

図 10.13

$$m_1\boldsymbol{v}_{1i} + m_2\boldsymbol{v}_{2i} = (m_1 + m_2)\boldsymbol{v}_f \tag{10.114}$$

は常に成り立っているから，

$$K_i - K_f = \frac{1}{2}m_1 v_{1i}{}^2 + \frac{1}{2}m_2 v_{2i}{}^2 - \frac{1}{2}\frac{(m_1\boldsymbol{v}_{1i} + m_2\boldsymbol{v}_i)^2}{m_1 + m_2}$$

$$= \frac{1}{2}\frac{m_1 m_2(\boldsymbol{v}_{1i} - \boldsymbol{v}_{2i})^2}{m_1 + m_2} \tag{10.115}$$

である．これは重心系ですべて失われた運動エネルギー，つまり重心系で最初に粒子がもっていた全エネルギーに等しい (問 4 参照)．このことから，衝突によって失われる運動エネルギーの最大値は重心系で見たときの最初の運動エネルギーの総和であることがわかる．

問 4　(10.115) が確かに重心系で最初に粒子がもっていた全エネルギーに等しいことを示せ．

解　(10.112) に (10.105)，(10.106) を代入すると

$$K_i' = \frac{1}{2}m_1\left(\frac{m_2(\boldsymbol{v}_{1i} - \boldsymbol{v}_{2i})}{m_1 + m_2}\right)^2 + \frac{1}{2}m_2\left(\frac{m_1(\boldsymbol{v}_{1i} - \boldsymbol{v}_{2i})}{m_1 + m_2}\right)^2$$

$$= \frac{1}{2}\frac{m_1 m_2(\boldsymbol{v}_{1i} - \boldsymbol{v}_{2i})^2}{m_1 + m_2} \tag{10.116}$$

(3)　衝突ビーム実験

高エネルギーの素粒子衝突実験では，加速器によって粒子に与えられた運動エネルギーのなるべく多くの割合を使って 2 粒子を破壊し，それによって発生した多くの粒子 (2 次粒子) を観測して，もとの粒子の性質や相互作用の性質を探る．そのために，加速器の能力の限界まで粒子を加速して衝突させたい．前述のように，片方の粒子が静止している実験室系では，運動エネルギーの一

部しか使われない．一方，重心系では運動エネルギーのすべてを使うことができた．このことから，実験室においても，両方の粒子を互いに反対方向に

$$m_2\boldsymbol{v}_{2i} = -m_1\boldsymbol{v}_{1i} \tag{10.117}$$

となるように加速して正面衝突させれば，粒子のエネルギーを有効に利用できることがわかる．いわば，実験室に固定された座標系を重心系に一致させるのである．**衝突ビーム実験**（**コライディング・ビーム実験**）と呼ばれるタイプの高エネルギー実験は，衝突型加速器（コライダー）と呼ばれる特別の加速器を用いてそのような条件を実現した正面衝突実験である．（ただし高エネルギーになるとニュートン力学は成り立たなくなるので，相対論的な関係式が必要である．）

ボクシングで，近づいて来る相手の顔面にあてるパンチ（カウンターパンチ）の破壊力が大きいのも，このことから理解できる．

§10.6　2個のコインの衝突

前節(1)までの考察を利用して，実験室系での衝突現象を重心系を利用しながら解析してみよう．例として，なめらかなテーブルの上でのコインの衝突を考える．これは2次元平面上の衝突であるが，すべての衝突は角運動量が保存するから，2粒子の場合は結果的にすべて同一平面内で起こっている．したがって，このコインの衝突の解析は高い一般性をもっている．

(1)　机上実験

まず，実際に実験をしてみよう．十円玉と一円玉を用意して，なるべくなめらかなテーブルの上で，静止している片方に他方を衝突させる．摩擦の影響を無視できる衝突の直前・直後のコインの動きについて，ほぼ次のような現象が観測される．

(i)　十円玉どうしのように同種のコインの場合，正面衝突すると，動いてきたコイン（**入射コイン**）は静止し，止まっていたコイン（**標的コイン**）が動き出す（図10.14）．

(ii)　同種のコインどうしの衝突で，正面衝突からずれている場合，両コインの衝突後の進行方向は常に直角をなしているように見える（図10.15）．

図 10.14

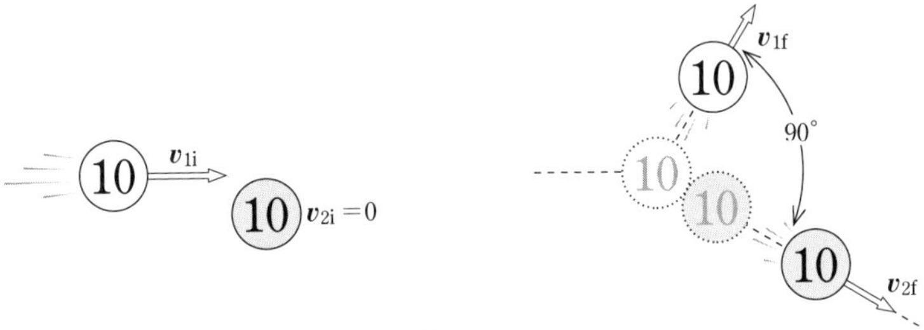

図 10.15

(iii) 入射コインの質量が標的コインの質量より小さいとき（一円玉を十円玉に衝突させるとき），入射コインの衝突後の進路は，ほとんどそのまままっすぐ前方に進む場合（すれすれの衝突）から，真後ろにはね返される場合（正面衝突）まで，さまざまな変化を示す（図 10.16）.

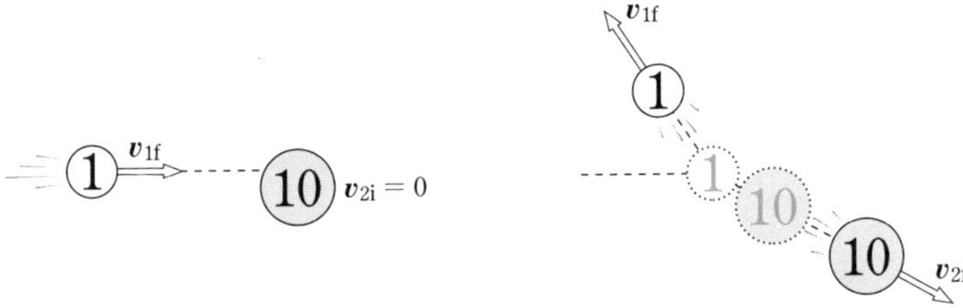

図 10.16

(iv) 入射コインの質量が標的コインの質量より大きいとき（十円玉を一円玉に衝突させたとき），入射コインが真後ろにはね返されることは決して

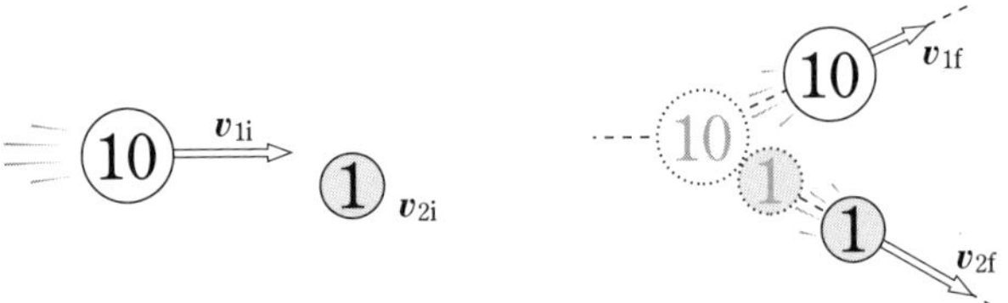

図 10.17

なく，進路はほとんどまっすぐ前方から，ある角度の方向までの間に限られる（図 10.17）.

（2） 衝突の散乱角

以上のような現象は，コインの衝突が弾性衝突に近いために見られることである．そこで，コインの衝突が弾性衝突であると仮定して，これらの説明を試みよう．なお，テーブルとコインの間に摩擦がなければ，衝突直後の運動状態がいつまでも続くが，実際には摩擦があるので，コインはやがて静止する．また，コインの縁どうしの間にも摩擦があるので，衝突の際にお互いがこすれ合って回転を開始することがある．以下の解析では，これらの摩擦の効果も無視して考える．

入射コインの入射方向と衝突後（散乱後）に進む向きの角度 θ を**散乱角**という．入射粒子と標的粒子の間の相互作用がわかっていれば，θ は，入射コインの中心を進行方向に延長した線と，標的コインの中心との距離 b によって決まる（図 10.18）．この b を**衝突径数**という．大きさのない粒子でもたとえば電荷をもっているときは，クーロン相互作用の詳細と両粒子の質量から b と散乱角 θ の関係が決まる（クーロン相互作用による弾性衝突はラザフォード散乱と呼ばれる）.

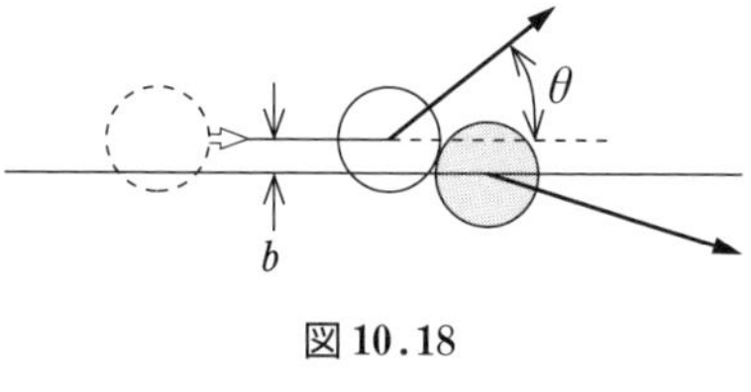

図 10.18

$\boldsymbol{v}_{1\mathrm{i}}$ と $\boldsymbol{v}_{2\mathrm{i}}$ $(=0)$ だけを与えても，相互作用の詳細（少なくとも b と θ の関係）がわからなければ，弾性衝突の場合ですら $\boldsymbol{v}_{1\mathrm{f}}, \boldsymbol{v}_{2\mathrm{f}}$ は一意的には決まらない．それらを決める式は，運動量保存の式（10.96）とエネルギー保存の式（10.97）であるが，衝突は平面内で起こるから，前者はベクトルを成分に分けて書くと 2 個の方程式になる．したがって，都合 3 個の方程式で，$\boldsymbol{v}_{1\mathrm{f}}, \boldsymbol{v}_{2\mathrm{f}}$ の 2 成分ずつ計 4 成分を決めようとしていることになる．これはできない相談なのである．しかし，決まらない変数は1つだけだから，たとえば，入射コインの散乱角 θ を指定して，そのときにそれぞれのコインの速度がどうなっているか，という議論は可能である．§10.5の解析では $\boldsymbol{v}_{1\mathrm{i}}$ と $\boldsymbol{v}_{2\mathrm{i}}$ だけを指定したから，そこに述べられていることを用いれば，θ や b の大きさにかかわらず成り立つ議論ができる．以下ではそのような議論を行う．

(3) 図を用いた解析

§10.5の解析に基づく弾性衝突の考察には，入射コインの衝突前後の速度を表す以下に述べるような図を用いると便利である．

まず，実験室系では標的コインは静止しており

$$\boldsymbol{v}_{2\mathrm{i}} = 0 \tag{10.118}$$

であるから，質量中心の速度(10.103)は

$$\boldsymbol{V} = \frac{m_1}{m_1+m_2}\boldsymbol{v}_{1\mathrm{i}} \tag{10.119}$$

となる．また，重心系での入射コインの速度は

$$\boldsymbol{v}_{1\mathrm{i}}' = \boldsymbol{v}_{1\mathrm{i}} - \boldsymbol{V} \tag{10.120}$$

より

$$\boldsymbol{v}_{1\mathrm{i}}' = \frac{m_2}{m_1+m_2}\boldsymbol{v}_{1\mathrm{i}} = \frac{m_2}{m_1}\boldsymbol{V} \tag{10.121}$$

である．よって

$$\boldsymbol{v}_{1\mathrm{i}} \mathbin{/\!/} \boldsymbol{V} \mathbin{/\!/} \boldsymbol{v}_{1\mathrm{i}}' \tag{10.122}$$

であり，

$$m_1 \gtreqless m_2 \quad \text{に従って} \quad v_{1\mathrm{i}}' \lesseqgtr V \tag{10.123}$$

である．同じ $\boldsymbol{v}_{1\mathrm{i}}$ に対して $\boldsymbol{v}_{1\mathrm{i}}'$, $\boldsymbol{V}$ の関係を描くと，$m_1 < m_2$ のとき図10.19(a)，$m_1 > m_2$ のとき図10.19(b)のようになる．

さて，衝突後の入射コインの運動については，重心系から考え始めるほうがわかりやすい．なぜなら，弾性衝突では(10.109)が成り立っているはずだから，図10.20のように，**$\boldsymbol{v}_{1\mathrm{f}}'$ は $\boldsymbol{v}_{1\mathrm{i}}'$ の始点を中心として半径が $v_{1\mathrm{i}}'$ に等しい円弧の上のどこかに終点をもつから**である．図には，重心系で見て散乱角 θ' の方向に進んだコインの $\boldsymbol{v}_{1\mathrm{f}}'$ が，(a) $m_1 < m_2$ と (b) $m_1 > m_2$ の場合について

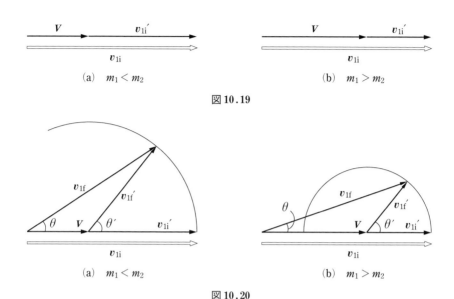

(a)　$m_1 < m_2$　　　　(b)　$m_1 > m_2$

図 10.19

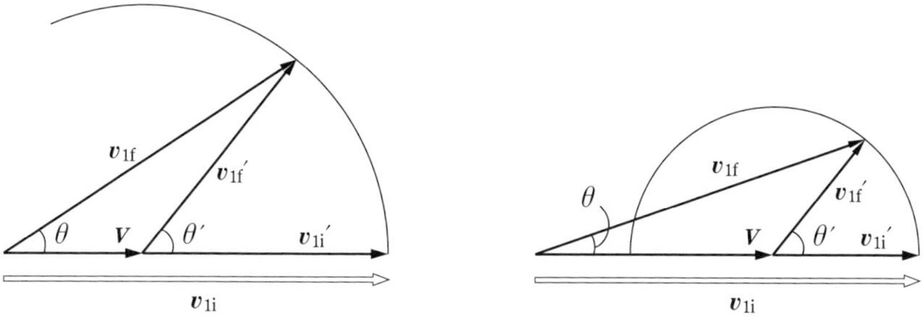

(a)　$m_1 < m_2$　　　　(b)　$m_1 > m_2$

図 10.20

描いてある．$\boldsymbol{v}_{1\mathrm{f}}{}'$ を実験室系で見た速度 $\boldsymbol{v}_{1\mathrm{f}}$ は，

$$\boldsymbol{v}_{1\mathrm{f}} = \boldsymbol{v}_{1\mathrm{f}}{}' + \boldsymbol{V} \tag{10.124}$$

を満たしているはずだから，図の $\boldsymbol{V}$ の始点と $\boldsymbol{v}_{1\mathrm{f}}{}'$ の終点を結んだベクトルで表される．実験室での散乱角は $\boldsymbol{v}_{1\mathrm{i}}$ と $\boldsymbol{v}_{1\mathrm{f}}$ の間の角だから，図 10.20 の θ である．このように図 10.20 は，$\boldsymbol{v}_{1\mathrm{f}}$ と $\boldsymbol{v}_{1\mathrm{f}}{}'$ を表す矢印の終点を円周上で動かすことで，可能なすべての衝突を表すことができる．物理学ではこのように，式の内容の要点を完全に表現できる図が描けるときは，それを積極的に利用する．

図 10.20 は，実験室系と重心系での入射粒子の速度ベクトルの大きさと向きの関係を図示したものである（ベクトルの始点の位置は粒子の位置と何の関係もないことに注意）．たとえば，図 10.20 (b) は，$m_1 > m_2$ のときに入射粒子が図 10.21 のように散乱される衝突を表している．図 10.21 では，紙面の都合で各ベクトルの長さが図 10.20 (b) の半分に描いてある．

図 10.20 や図 10.21 には標的コインの衝突後の速度は表されていないが，もちろん，θ を与えて $\boldsymbol{v}_{1\mathrm{f}}, \boldsymbol{v}_{1\mathrm{f}}{}'$ が決まれば，$\boldsymbol{v}_{2\mathrm{f}}, \boldsymbol{v}_{2\mathrm{f}}{}'$ の大きさと向きも，(10.106) から

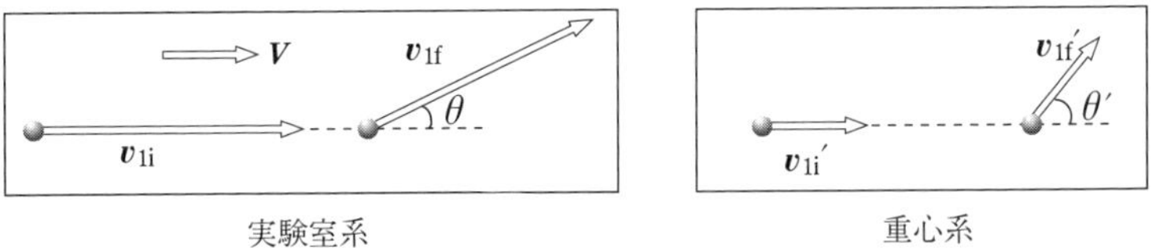

図 10.21

$$v_{2f}' = -\frac{m_1}{m_2} v_{1f}' \tag{10.125}$$

$$v_{2f} = v_{2f}' + V = V - \frac{m_1}{m_2} v_{1f}' \tag{10.126}$$

のように一意的に決まっている．m_1/m_2 が与えられれば描くことも可能である（演習問題 11 参照）．

（4） 机上実験の解釈

以上の重心系での散乱角 θ' から出発した一般論を参考にしつつ，実験室系での散乱角 θ から出発することで，机上実験の (i)〜(iv) を説明することができる．

まず，(i)，(ii) の同種のコインどうしの衝突の場合は $m_1 = m_2 = m$ だから (10.121) より

$$V = v_{1i}' = \frac{1}{2} v_{1i} \tag{10.127}$$

になる．これを図示すると図 10.22 のようになるが，この場合は，実験室系での運動量保存の式

$$m v_{1f} + m v_{2f} = m v_{1i} \tag{10.128}$$

から

$$v_{1f} + v_{2f} = v_{1i} \tag{10.129}$$

なので，v_{2f} も，v_{1f} の終点から v_{1i}' の終点に向かうベクトルとして図に描くことができる．円の直径に対する円周角は $\pi/2$ だから，この図はまさに，散乱角 θ のいか

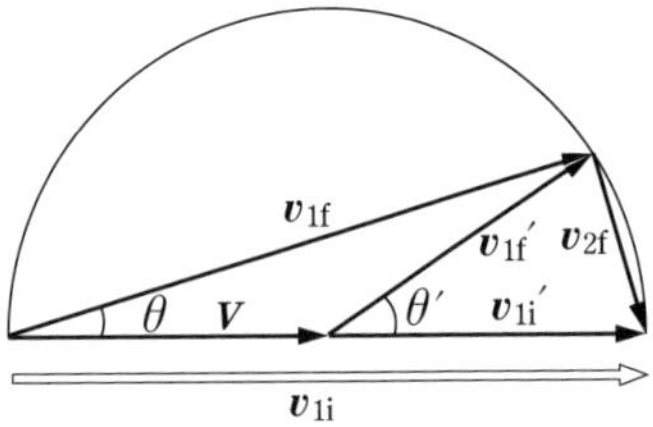

図 10.22

んにかかわらず，

$$\boldsymbol{v}_{1\mathrm{f}} \perp \boldsymbol{v}_{2\mathrm{f}} \tag{10.130}$$

であることを示している．つまり机上実験 (ii) が説明できた．

また机上実験 (i) については，入射コインが静止するので θ から議論を始めることはできない．そのかわり

$$\boldsymbol{v}_{1\mathrm{f}} = 0 \tag{10.131}$$

から始めると，図 10.22 で $\theta' \to \pi\left(\theta \to \dfrac{\pi}{2}\right)$ の極限であると考えればよい．このとき

$$\boldsymbol{v}_{2\mathrm{f}} = \boldsymbol{v}_{1\mathrm{i}} \tag{10.132}$$

である．つまり，標的コインが入射コインの衝突前の速度と同じ速度で動き始めることがわかる．

次に，机上実験 (iii) の一円玉が入射コイン，十円玉が標的コインの場合は，

$$m_1 < m_2 \tag{10.133}$$

だから，図 10.20 (a) に表されている．散乱角が

$$\theta \approx \theta' \approx 0 \tag{10.134}$$

になるのは，衝突径数 b が 2 個のコインの半径の和に近くてコインどうしがほとんど触れない場合である．b がちがえば

$$0 \leqq \theta < \theta' \leqq \pi \tag{10.135}$$

の範囲のどの角度の場合もありうることはこの図からわかる．θ が大きくなるとそれに伴って $\boldsymbol{v}_{1\mathrm{f}}{}'$ の終端が円弧上を反時計まわりに動き，$\boldsymbol{v}_{1\mathrm{f}}$ の大きさ $v_{1\mathrm{f}}$ が小さくなっていく．

$$\theta \approx \theta' \approx \pi \tag{10.136}$$

になるのは，正面衝突 ($b = 0$) で，一円玉が真後ろにはね返される場合である．

最後に机上実験 (iv) のような，入射コインが十円玉で標的コインが一円玉の場合は

$$m_1 > m_2 \tag{10.137}$$

だから，図 10.20 (b) で表される．散乱角が (10.134) を満たすのはこの場合も 2 個のコインの半径の和に近いすれすれの衝突の場合である．θ が大きくな

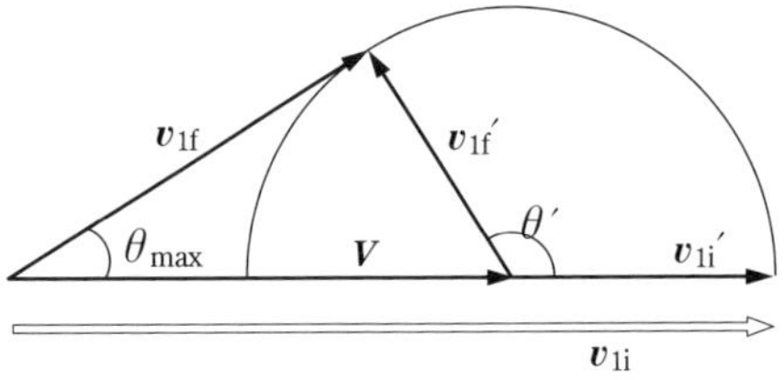

図 10.23

るのは b が小さくなるときで，それに伴って θ' も大きくなるが，あるところで θ が最大値 θ_{max} になる．それは明らかに，図 10.23 のように $\boldsymbol{v}_{1f}$ が円弧の接線になる場合である．あらためて図 10.20(b) を見ると，$\theta \neq \theta_{max}$ の場合には v_{1f} の先端が円周を共有する点がもう 1 個ある．先端がその点にあるとき，θ が小さくなるほど θ' は大きくなり，$\theta = 0$ で $\theta' = \pi$ となる．このとき，v_{1f} は最小になり v_{2f} は最大になる（本章演習問題 10 解答の図 (b) 参照)．これは正面衝突の場合で，入射コインは衝突後もそのまま同じ向きに進む．これで机上実験の (iv) が説明できた．実際に十円玉を入射コイン，一円玉を標的コインとして，すれすれの衝突から始めて，衝突径数 b を小さくしていくと，確かに最初は散乱角 θ がしだいに大きくなるが，あるところからまた小さくなることを確かめることができる．

演習問題 10

[A]

***1*.** なめらかな水平面上に置かれた質量 20 kg の物体に，質量 10 kg の物体が速さ 6 m/s で正面衝突した．衝突が弾性衝突であったとして，その後の 2 物体の速さを求めよ．

***2*.** ひもでつるした質量 2 kg の木片に質量 10 g の弾丸を 300 m/s の速さで撃ち込んだ．木片はゆれてどの高さまで上昇するか．また，熱として失われた力学的エネルギーは何 J か．

***3*.** なめらかな水平面の上に静止している質量 200 g の木片に，10 g の弾丸を 300 m/s の速さで撃ち込んだところ 100 m/s の速さになって反対側に抜けた．このときの木片の速さと，熱として失われた力学的エネルギーを求めよ．

***4*.** 静止したビリヤードの玉に別の玉が衝突すると，衝突後両方の玉は互いに直角

の方向に進む．この衝突が弾性衝突であると仮定して，その理由を本文の一般論を使わないで説明せよ．

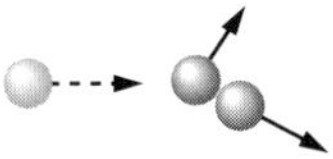

5．お互いの相互作用だけで運動している 2 個の質点の質量中心が静止しているとき，全角運動量は原点の位置によらないことを示せ．

[**B**]

6．本体の質量 m のロケットが質量 m の燃料を積んでいる．仮に，このロケットは燃料をその量にかかわらず本体に対する相対速度 v_0 で噴射することができるとする．重力を無視できる空間で以下の条件で燃料を噴射したとき，最初にロケットが静止していた座標系から見た最終的な速度を求めよ．

(a) 全部の燃料を一度に噴射したとき．

(b) まず半分の質量 $m/2$ の燃料を一度に噴射し，後で残りの半分の質量 $m/2$ の燃料を一度に噴射したとき．

(c) 燃料を少しずつ連続的に噴射したとき．

7．質量 m の燃料を相対速度 v_0 で一度に噴射することができる，本体の質量も m のロケットがある．このロケットを高さ h の山の上に運び上げて頂上から発射すると，高さ h だけ（麓からの高さ $2h$ まで）上昇するものとする．いま，図のように山頂から麓までジェットコースターをつくり，麓の高さでまっすぐ上を向くようにする．ロケットをコースターの台車に乗せて滑らせ，端まで滑り下りた瞬間に燃料を一度に噴射すると，どの高さまで上昇するか．ジェットコースターの摩擦は無視できるものとする．

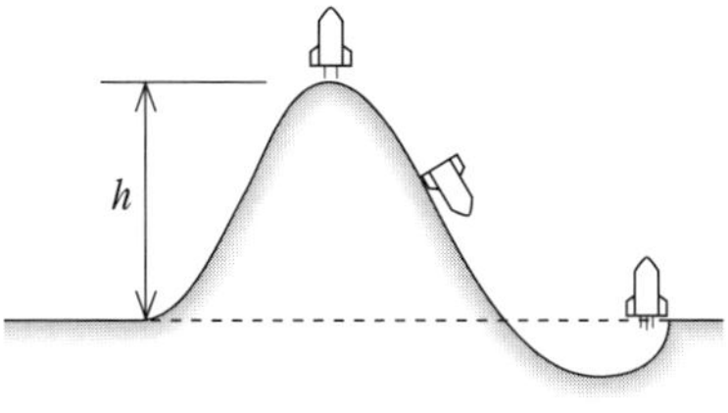

8．質量 m の 2 個の球 A, B が自然長 l_0，ばね定数 k の質量を無視できるばねでつながれて，なめらかな水平な床の上に置かれている．質量 m のもう 1 個の球 C

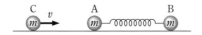

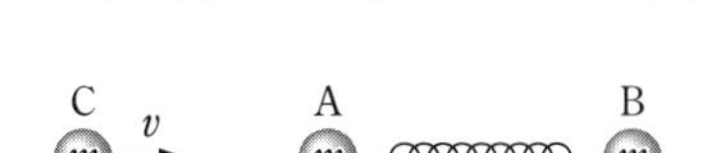

がばねの延長上から速さ v で近づいてきて，球 A に弾性的に衝突した．その後の 3 球の運動を論じよ．ただし，l_0 に対して球の半径を無視してよい．

9．なめらかな水平面の上に，立方体の形をした質量が m の同じ木片が 2 個ある．1 個の側面には自然長 l_0，ばね定数 k の質量を無視できるばねが取り付けられて，静止している．他方が図のように速度 v_0 で近づいてきたとする．2 個の木片の運動を論じよ．ただし，l_0 に対して木片の辺の長さを無視してよい．

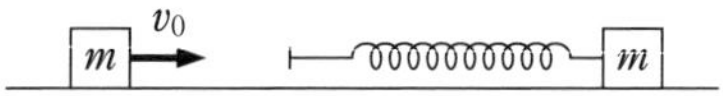

10．なめらかな水平面を速度 $\boldsymbol{v}_{1\mathrm{i}}$ で飛んできた質量 m_1 のコインが，静止していた質量 m_2 のコインに衝突したところ，それぞれのコインはコイン 1 のはじめの進行方向をはさんで角 θ_1, θ_2 をなす方向に進んでいった．衝突後のコイン 1,2 の速さ $v_{1\mathrm{f}}, v_{2\mathrm{f}}$ を求めよ．

11．入射コインの質量を m_1，標的コインの質量を m_2 とし，$m_1 > m_2$ のときの衝突について，衝突後の標的コインの実験室系と重心系での速度 $\boldsymbol{v}_{2\mathrm{f}}$ (10.126)，$\boldsymbol{v}_{2\mathrm{f}}'$ (10.125) を，m_1/m_2 を適当に仮定して図 10.20 に描きなさい．

(a)　$\theta' < \theta_{\mathrm{max}}$ の場合

(b)　$\theta' > \theta_{\mathrm{max}}$ の場合

11

質点系と剛体

多数の質点の集まりを，**質点系**あるいは**多粒子系**という．本章ではまず，質点系について一般的な考察を行い，次に，変形しない物体である剛体の運動の基礎を扱う．最初の一般的な考察は，剛体の解析の基礎として重要であるばかりでなく，人体など変形する物体の運動についても成り立つ理論として重要である．

§11.1 質量中心の運動

図 11.1 のような n 個の質点の集団について考えよう．各質点の質量と，時刻 t における位置ベクトルを

$$m_i, \quad \boldsymbol{r}_i(t) \quad (i = 1, \cdots, n) \tag{11.1}$$

とする．原点はこれまでと同様にどこに選んでもよい．各質点は，もちろん，ニュートンの運動方程式 (1.1) に従って運動している．

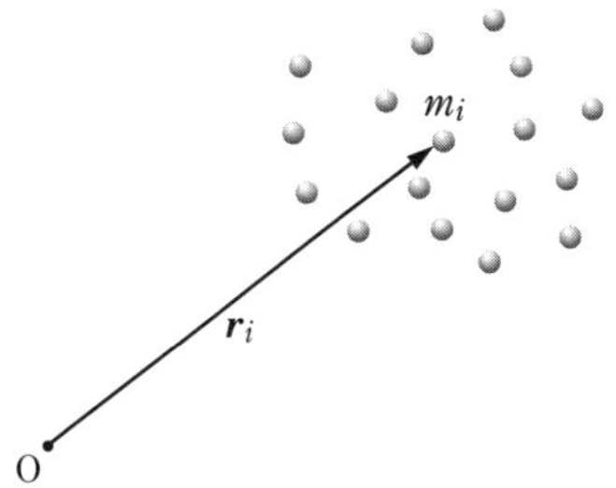

図 11.1

ここでもこれがわれわれの出発点である．i 番目の質点が受ける外力を $\boldsymbol{F}_i$，それが j 番目の質点から受ける内力を $\boldsymbol{F}_{ij}$ と書くと，質点の運動を記述する方程式は，

$$m_i \ddot{\boldsymbol{r}}_i(t) = \boldsymbol{F}_i + \sum_{j=1}^{n}{}' \boldsymbol{F}_{ij} \quad (i = 1, \cdots, n) \qquad \text{(法則)} \tag{11.2}$$

である．$\sum'$ は j についての和のうち $j = i$ を除くことを意味する．これを除くのは，質点が自分に及ぼす力というものは考えられないからである．

質点系の運動を記述するのに要する変数の数を**自由度**という．束縛条件のついていない n 個の質点系の 3 次元空間での運動の自由度は $3n$ である．それを完全に記述する方程式が (11.2) の $3n$ 個の運動方程式である．

連立方程式 (11.2) を解けば，i 番目の質点の刻々の位置を知ることができるはずであるが，そのためには，$\boldsymbol{F}_i$ だけでなく $\boldsymbol{F}_{ij}$ も知ることが必要で，n 個の質点の運動全体を同時に解かなければならない．これは困難である．n が大きいときはほとんど不可能であるといってよい．しかし，各質点の具体的な運動に立ち入らず，一般的に成り立つ性質にのみ注目して理解を深めることは可能である．そのような性質は，すべての質点についての和をとることで見えてくる性質である．その結果は一般的だから，次章の剛体についての解析にもそのまま使うことができる．

まず，(11.2) の両辺の，すべての質点についての和をとってみよう．

$$\sum_i m_i \ddot{\boldsymbol{r}}_i = \sum_{i=1}^{n} \boldsymbol{F}_i + \sum_{i=1}^{n} {\sum_{j=1}^{n}}' \boldsymbol{F}_{ij} \tag{11.3}$$

ところで，内力にはニュートンの第 3 法則（作用・反作用の法則）

$$\boldsymbol{F}_{ij} = -\boldsymbol{F}_{ji} \tag{11.4}$$

が成り立つ．つまり，j 番目の質点が i 番目の質点に及ぼす力は，i 番目の質点が j 番目の質点に及ぼす力と大きさが同じで向きが逆である．いま，(11.3) の右辺第 2 項を

$$\begin{array}{rlllll} \displaystyle\sum_{i=1}^{n} {\sum_{j=1}^{n}}' \boldsymbol{F}_{ij} = & & \boldsymbol{F}_{12} & +\boldsymbol{F}_{13} & +\cdots+\boldsymbol{F}_{1,n-1} & +\boldsymbol{F}_{1n} \\ & +\boldsymbol{F}_{21} & & +\boldsymbol{F}_{23} & +\cdots+\boldsymbol{F}_{2,n-1} & +\boldsymbol{F}_{2n} \\ & +\boldsymbol{F}_{31} & +\boldsymbol{F}_{32} & & +\cdots+\boldsymbol{F}_{3,n-1} & +\boldsymbol{F}_{3n} \\ & +\cdots & & & & \\ & +\boldsymbol{F}_{n-1,1} & +\boldsymbol{F}_{n-1,2} & +\boldsymbol{F}_{n-1,3} & +\cdots & +\boldsymbol{F}_{n-1,n} \\ & +\boldsymbol{F}_{n1} & +\boldsymbol{F}_{n2} & +\boldsymbol{F}_{n3} & +\cdots+\boldsymbol{F}_{n,n-1} & \end{array}$$

のように並べて書いてみると，$\boldsymbol{F}_{ij}$ と $\boldsymbol{F}_{ji}$ $(i \neq j)$ が 1 回ずつ登場することがわかる．(11.4) によってこれらは互いに打ち消し合うから

$$\sum_{i=1}^{n} {\sum_{j=1}^{n}}' \boldsymbol{F}_{ij} = 0 \tag{11.5}$$

である．よって (11.3) は

$$\sum_{i=1}^{n} m_i \ddot{\boldsymbol{r}}_i = \sum_{i=1}^{n} \boldsymbol{F}_i \qquad \text{（法則）} \tag{11.6}$$

となる．右辺は外力の和（合力）である．

質 量 中 心

質点系には**質量中心**と呼ばれる特別な点が存在する．2 体系の場合にすでにそれを使ったが，多体系の解析には質量中心からの変位という概念が重要になるので，その意義を確認しながらあらためて導入する．まず各質点の座標 $\boldsymbol{r}_i$ は，任意の点の位置ベクトル $\boldsymbol{R}$ と，その点からの変位 $\boldsymbol{r}_i{}'$ を用いて

$$\boldsymbol{r}_i = \boldsymbol{R} + \boldsymbol{r}_i{}' \tag{11.7}$$

と書くこともできる (図 11.2)．

$$\boldsymbol{r}_i{}' = \boldsymbol{r}_i - \boldsymbol{R} \tag{11.8}$$

である．これを用いると (11.6) の左辺は，

$$\sum_{i=1}^{n} m_i \ddot{\boldsymbol{r}}_i = \sum_{i=1}^{n} m_i \frac{\mathrm{d}^2}{\mathrm{d}t^2}(\boldsymbol{R} + \boldsymbol{r}_i{}') = \sum_{i=1}^{n} m_i \ddot{\boldsymbol{R}} + \sum_{i=1}^{n} m_i \ddot{\boldsymbol{r}}_i{}' \tag{11.9}$$

となる．$\boldsymbol{R}$ は任意の点の位置ベクトルであったが，ここで

$$\sum_{i=1}^{n} m_i \boldsymbol{r}_i{}' = 0 \quad \text{つまり} \quad \sum_{i=1}^{n} m_i \boldsymbol{r}_i - \boldsymbol{R} \sum_{i=1}^{n} m_i = 0 \tag{11.10}$$

となるように $\boldsymbol{R}$ を決める (図 11.3)．この解を $\boldsymbol{r}_{\mathrm{G}}$ と書くと

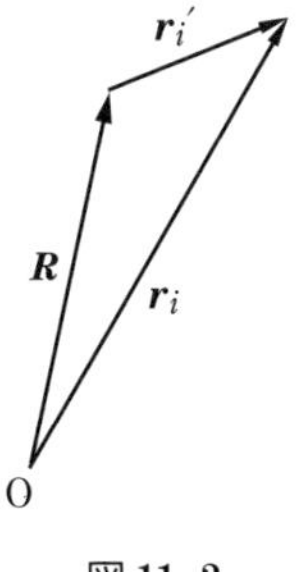

図 11.2

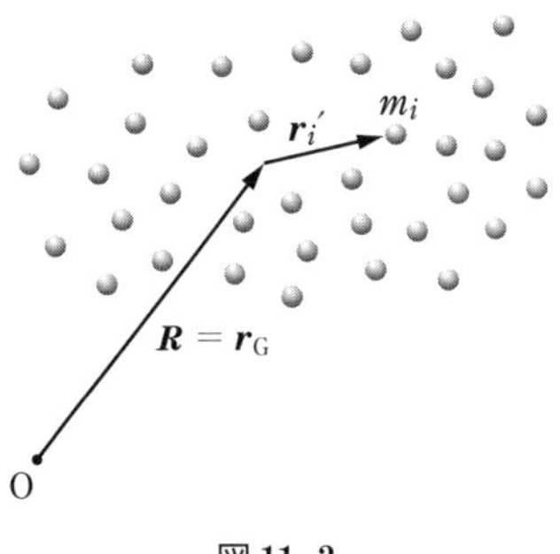

図 11.3

$$\boldsymbol{r}_{\mathrm{G}} = \frac{\sum_{i=1}^{n} m_i \boldsymbol{r}_i}{\sum_{i=1}^{n} m_i} = \frac{\sum_{i=1}^{n} m_i \boldsymbol{r}_i}{M} \quad \text{（定義）} \tag{11.11}$$

である．$\boldsymbol{r}_{\mathrm{G}}$ を**質量中心**あるいは**重心**という．ここで

$$M = \sum_{i=1}^{n} m_i \quad \text{（定義）} \tag{11.12}$$

は質点系の**全質量**である．

問 1　一辺 a の正三角形の各頂点に質量 m の質点がある．図のように座標を定めて質量中心の座標を求めよ．

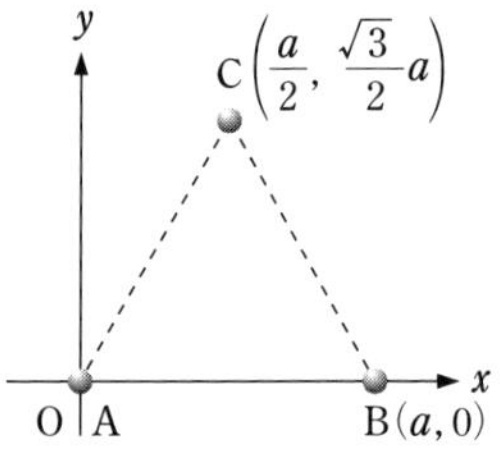

解

$$x_{\mathrm{G}} = \frac{0 + ma + m\frac{a}{2}}{3m} = \frac{a}{2}$$

$$y_{\mathrm{G}} = \frac{0 + 0 + m\frac{\sqrt{3}\,a}{2}}{3m} = \frac{a}{2\sqrt{3}}$$

$\boldsymbol{R} = \boldsymbol{r}_{\mathrm{G}}$ の場合についてあらためて (11.7) と (11.10) を書いておくと

$$\boldsymbol{r}_i = \boldsymbol{r}_{\mathrm{G}} + \boldsymbol{r}_i' \tag{11.13}$$

$$\sum_{i=1}^{n} m_i \boldsymbol{r}_i' = \sum_{i=1}^{n} m_i \boldsymbol{r}_i - M\boldsymbol{r}_{\mathrm{G}} = 0 \tag{11.14}$$

である．

$\boldsymbol{r}_{\mathrm{G}}$ は空間に固定された点ではなく，各質点の位置ベクトル $\boldsymbol{r}_i$ $(i = 1, 2, \cdots, n)$ の移動に従って常に (11.14) を満たすように移動する点である．したがって (11.14) は恒等的に成り立っているから，時間で何度微分しても 0，つまり

$$\frac{\mathrm{d}}{\mathrm{d}t}\sum_{i=1}^{n} m_i \boldsymbol{r}_i' = \sum_{i=1}^{n} m_i \dot{\boldsymbol{r}}_i' = \sum_{i=1}^{n} m_i \dot{\boldsymbol{r}}_i - M\dot{\boldsymbol{r}}_{\mathrm{G}} = 0 \qquad (11.15)$$

$$\frac{\mathrm{d}^2}{\mathrm{d}t^2}\sum_{i=1}^{n} m_i \boldsymbol{r}_i' = \sum_{i=1}^{n} m_i \ddot{\boldsymbol{r}}_i' = \sum_{i=1}^{n} m_i \ddot{\boldsymbol{r}}_i - M\ddot{\boldsymbol{r}}_{\mathrm{G}} = 0 \qquad (11.16)$$

である．時間微分にニュートン記号を用いた．よって

$$\sum_{i=1}^{n} m_i \ddot{\boldsymbol{r}}_i = M\ddot{\boldsymbol{r}}_{\mathrm{G}} \qquad (11.17)$$

であるから，(11.6) は

$$M\ddot{\boldsymbol{r}}_{\mathrm{G}} = \sum_{i=1}^{n} \boldsymbol{F}_i \qquad \text{（法則）} \qquad (11.18)$$

となる．これは，**質点系の質量中心 $\boldsymbol{r}_{\mathrm{G}}$ は，質量 M の「質点」がすべての外力の和（合力）$\sum_i \boldsymbol{F}_i$ を受けたときの運動と同じ運動をする**ことを示している．$n = 2$ とすると，§10.1 で導入した 2 体の場合の質量中心 (10.6) と，その運動方程式 (10.8) に一致する．とくに，**(11.18) の右辺は，力がどこに作用しているか（作用点）に無関係な和（合力）であることに注意する．**

§11.2　質点系の全運動量

運動量，角運動量，エネルギーなどについて，すべての質点について加え合わせてみよう．まず，i 番目の質点の運動量は

$$\boldsymbol{p}_i = m_i \dot{\boldsymbol{r}}_i \qquad (11.19)$$

だから，**全運動量**は

$$\boldsymbol{P} = \sum_{i=1}^{n} \boldsymbol{p}_i = \sum_{i=1}^{n} m_i \dot{\boldsymbol{r}}_i = M\dot{\boldsymbol{r}}_{\mathrm{G}} \qquad \text{（定義）} \qquad (11.20)$$

である．(11.15) を用いた．**質点系の運動量の総和は，質量中心にすべての質量が集中してできた質量 M の「質点」の運動量に等しい**ことがわかる．

この全運動量 $\boldsymbol{P}$ が従う運動方程式は，$\dot{\boldsymbol{P}} = M\ddot{\boldsymbol{r}}_{\mathrm{G}}$ に注意すると，(11.18) より

$$\dot{\boldsymbol{P}} = \sum_{i=1}^{n} \boldsymbol{F}_i \qquad \text{（法則）} \qquad (11.21)$$

である．もし外力が働いていなかったり，または働いていてもその和が 0 ならば，

$$\dot{\boldsymbol{P}} = 0 \quad \text{から} \quad \boldsymbol{P} = \text{一定} \tag{11.22}$$

である．つまり，このとき全運動量は保存する．

§11.3　質点系の全角運動量

（1）　全角運動量と質量中心のまわりの（全）角運動量

角運動量についてはどうであろうか．i 番目の質点の，原点のまわりの角運動量は

$$\boldsymbol{l}_i = \boldsymbol{r}_i \times \boldsymbol{p}_i = \boldsymbol{r}_i \times m_i \dot{\boldsymbol{r}}_i \tag{11.23}$$

であるから，その総和は，

$$\boldsymbol{L} = \sum_{i=1}^{n} \boldsymbol{l}_i = \sum_{i=1}^{n} \boldsymbol{r}_i \times m_i \dot{\boldsymbol{r}}_i \qquad \text{（定義）} \tag{11.24}$$

である．これを質量中心の運動と質量中心に相対的な運動に分けて考えてみよう．(11.13) を用いると，

$$\begin{aligned}
\boldsymbol{L} &= \sum_{i=1}^{n} (\boldsymbol{r}_\mathrm{G} + \boldsymbol{r}_i{}') \times m_i (\dot{\boldsymbol{r}}_\mathrm{G} + \dot{\boldsymbol{r}}_i{}') \\
&= \boldsymbol{r}_\mathrm{G} \times \dot{\boldsymbol{r}}_\mathrm{G} \sum_{i=1}^{n} m_i + \boldsymbol{r}_\mathrm{G} \times \sum_{i=1}^{n} m_i \dot{\boldsymbol{r}}_i{}' + \left(\sum_{i=1}^{n} m_i \boldsymbol{r}_i{}' \right) \times \dot{\boldsymbol{r}}_\mathrm{G} + \sum_{i=1}^{n} \boldsymbol{r}_i{}' \times m_i \dot{\boldsymbol{r}}_i{}' \\
&= \boldsymbol{r}_\mathrm{G} \times \boldsymbol{P} + \sum_{i=1}^{n} \boldsymbol{r}_i{}' \times m_i \dot{\boldsymbol{r}}_i{}'
\end{aligned} \tag{11.25}$$

と書ける．(11.14),(11.15) を利用した．ここで，**質量中心のまわりの角運動量の総和**を

$$\boldsymbol{L}' = \sum_{i=1}^{n} \boldsymbol{r}_i{}' \times m_i \dot{\boldsymbol{r}}_i{}' \qquad \text{（定義）} \tag{11.26}$$

と定義すると，

$$\boldsymbol{L} = \boldsymbol{r}_\mathrm{G} \times \boldsymbol{P} + \boldsymbol{L}' \tag{11.27}$$

となる．つまり，**質点系の，原点のまわりの全角運動量は，原点のまわりの質量中心の角運動量と，質量中心のまわりの各質点の角運動量の和で与えられる．** 質量中心に相対的な運動量の和 $\sum_{i=1}^{n} m_i \dot{\boldsymbol{r}}_i{}'$ は (11.15) より必ず 0 であったが，質量中心のまわりの角運動量の和 $\boldsymbol{L}'$ は必ずしも 0 にならないことに注意しよう．

なお，質量中心が静止しており $\boldsymbol{P}=0$ なら，$\boldsymbol{L}=\boldsymbol{L}'$ で全角運動量は原点に依存しない．

(2) 全角運動量の時間変化

全角運動量 $\boldsymbol{L}$ の時間変化を調べよう．(11.24) を時間で微分すると，

$$\dot{\boldsymbol{L}}=\frac{\mathrm{d}}{\mathrm{d}t}\left(\sum_{i=1}^{n}\boldsymbol{r}_i\times m_i\dot{\boldsymbol{r}}_i\right)=\sum_{i=1}^{n}m_i\dot{\boldsymbol{r}}_i\times\dot{\boldsymbol{r}}_i+\sum_{i=1}^{n}\boldsymbol{r}_i\times m_i\ddot{\boldsymbol{r}}_i=\sum_{i=1}^{n}\boldsymbol{r}_i\times m_i\ddot{\boldsymbol{r}}_i \tag{11.28}$$

である．(7.3) を用いた．右辺に (11.2) を代入すると

$$\dot{\boldsymbol{L}}=\sum_{i=1}^{n}\boldsymbol{r}_i\times\left(\boldsymbol{F}_i+\sum_{j=1}^{n}{}'\,\boldsymbol{F}_{ij}\right)=\sum_{i=1}^{n}\boldsymbol{r}_i\times\boldsymbol{F}_i+\sum_{i=1}^{n}\sum_{j=1}^{n}{}'\,\boldsymbol{r}_i\times\boldsymbol{F}_{ij} \tag{11.29}$$

となる．第 2 項は原点のまわりの内力のモーメントの総和である．$\boldsymbol{F}_{ij}$ と $\boldsymbol{F}_{ji}$ を組にして，$i>j$ であるような $\boldsymbol{F}_{ij}$ のみで表示すると，

$$\sum_{i=1}^{n}\sum_{j=1}^{n}{}'\,\boldsymbol{r}_i\times\boldsymbol{F}_{ij}=\sum_{(i,j)}(\boldsymbol{r}_i-\boldsymbol{r}_j)\times\boldsymbol{F}_{ij}=0 \tag{11.30}$$

であることがわかる．(11.4) を利用し，$\boldsymbol{F}_{ij}$ が図 11.4 のように i 番目の質点と j 番目の質点を結ぶベクトル $\boldsymbol{r}_i-\boldsymbol{r}_j$ と平行であることを考慮した．よって，全角運動量 $\boldsymbol{L}$ が従う運動方程式は

$$\dot{\boldsymbol{L}}=\sum_{i=1}^{n}\boldsymbol{r}_i\times\boldsymbol{F}_i \tag{11.31}$$

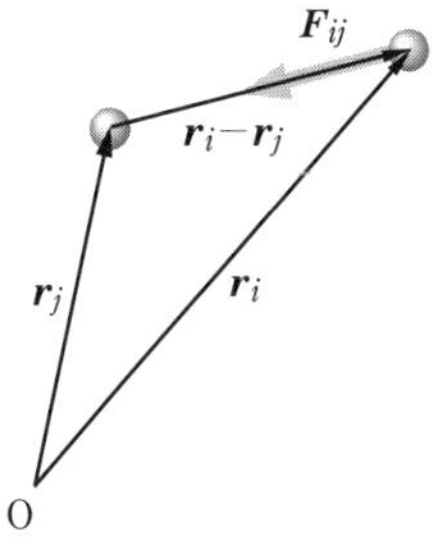

図 11.4

である．i 番目の質点に働く外力のモーメントを

$$\boldsymbol{N}_i=\boldsymbol{r}_i\times\boldsymbol{F}_i \quad \text{(定義)} \tag{11.32}$$

と書くと

$$\dot{\boldsymbol{L}}=\sum_{i=1}^{n}\boldsymbol{N}_i \quad \text{(法則)} \tag{11.33}$$

である．このように，**全角運動量 $\boldsymbol{L}$ の時間変化の割合は，各質点に働く外力のモーメントの総和に等しい．** もし，外力が働いていなかったり，働いていてもそのモーメントの総和が 0 ならば，

$$\dot{\boldsymbol{L}}=0 \quad \text{より} \quad \boldsymbol{L}=\text{一定} \tag{11.34}$$

である．つまり，このとき全角運動量は保存する．

(3) 質量中心のまわりの(全)角運動量の時間変化

次に質量中心のまわりの角運動量 $\boldsymbol{L}'$ の時間変化を調べよう．(11.26)を時間で微分すると，

$$\begin{aligned}\dot{\boldsymbol{L}}' &= \sum_{i=1}^{n} \dot{\boldsymbol{r}}_i{}' \times m_i \dot{\boldsymbol{r}}_i{}' + \sum_{i=1}^{n} \boldsymbol{r}_i{}' \times m_i \ddot{\boldsymbol{r}}_i{}' \\ &= \sum_{i=1}^{n} \boldsymbol{r}_i{}' \times m_i \ddot{\boldsymbol{r}}_i{}' = \sum_{i=1}^{n} \boldsymbol{r}_i{}' \times m_i (\ddot{\boldsymbol{r}}_i - \ddot{\boldsymbol{r}}_{\mathrm{G}}) \\ &= \sum_{i=1}^{n} \boldsymbol{r}_i{}' \times m_i \ddot{\boldsymbol{r}}_i - \left(\sum_{i=1}^{n} m_i \boldsymbol{r}_i{}'\right) \times \ddot{\boldsymbol{r}}_{\mathrm{G}}\end{aligned}$$

である．第2項は(11.14)より0である．第1項に(11.2)を代入し，(11.29),(11.30)と同様の考察をすると，内力 $\boldsymbol{F}_{ij}$ の寄与は0であることがわかるから，

$$\dot{\boldsymbol{L}}' = \sum_{i=1}^{n} \boldsymbol{r}_i{}' \times \boldsymbol{F}_i \qquad \text{(法則)} \tag{11.35}$$

が得られる．これは，**質量中心のまわりの角運動量の時間変化率は，質量中心のまわりの外力のモーメントの和に等しい**ことを示している．また，すぐ後に述べるように，**(11.35)の外力 $\boldsymbol{F}_i$ には，一様な重力を含めなくてよい．**

(4) 重力のモーメント

一様な重力のモーメントは特殊である．質量中心のまわりの重力のモーメントは，図11.5のように $\boldsymbol{g}$ を鉛直方向下向きの重力加速度ベクトルとすると，

$$\boldsymbol{F}_i = m_i \boldsymbol{g} \tag{11.36}$$

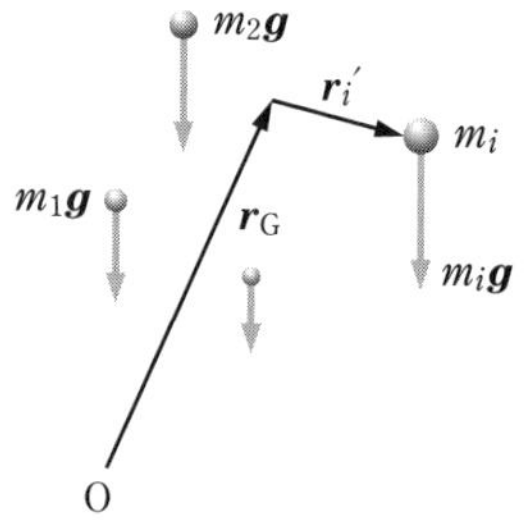

図 11.5

だから，(11.35)の右辺は

$$\sum_{i=1}^{n} \boldsymbol{r}_i{}' \times \boldsymbol{F}_i = \sum_{i=1}^{n} \boldsymbol{r}_i{}' \times m_i \boldsymbol{g} = \left(\sum_{i=1}^{n} m_i \boldsymbol{r}_i{}'\right) \times \boldsymbol{g} = 0 \tag{11.37}$$

となる．(11.14)による．このように，**質量中心のまわりの重力のモーメントは0であるから**，(11.35)の外力には一様な重力は含めなくてよく，とくに重

力のみが働く場合は

$$\dot{\boldsymbol{L}}' = 0 \tag{11.38}$$

である．一方，原点のまわりの重力のモーメントは

$$\begin{aligned}\sum_{i=1}^{n} \boldsymbol{N}_i &= \sum_{i=1}^{n} \boldsymbol{r}_i \times m_i \boldsymbol{g} = \sum_{i=1}^{n} (\boldsymbol{r}_{\mathrm{G}} + \boldsymbol{r}_i') \times m_i \boldsymbol{g} \\ &= \boldsymbol{r}_{\mathrm{G}} \times \sum_{i=1}^{n} m_i \boldsymbol{g} + \left(\sum_{i=1}^{n} m_i \boldsymbol{r}_i' \right) \times \boldsymbol{g} = \boldsymbol{r}_{\mathrm{G}} \times M\boldsymbol{g} \end{aligned} \tag{11.39}$$

となるから，(11.33) は

$$\dot{\boldsymbol{L}} = \boldsymbol{r}_{\mathrm{G}} \times M\boldsymbol{g} \tag{11.40}$$

となる．つまり，**重力のみが有効に働いているときの全角運動量の時間変化率は，質量中心に全質量が集中した「質点」が受ける重力のモーメントに等しい．**他の力が同時に働いているときも，重力のモーメントの寄与は，このように置き換えて考えてよい．

§11.4　質点系の全運動エネルギー

次に，質点系の運動エネルギーの総和を考えてみよう．

$$K = \sum_{i=1}^{n} \frac{1}{2} m_i \dot{\boldsymbol{r}}_i^{\,2} \tag{11.41}$$

であるが，例によって，$\boldsymbol{r}_i$ を質量中心 $\boldsymbol{r}_{\mathrm{G}}$ と，$\boldsymbol{r}_{\mathrm{G}}$ に相対的な変化 $\boldsymbol{r}_i'$ で表すと

$$\begin{aligned} K &= \sum_{i=1}^{n} \frac{1}{2} m_i (\dot{\boldsymbol{r}}_{\mathrm{G}} + \dot{\boldsymbol{r}}_i')^2 \\ &= \sum_{i=1}^{n} \frac{1}{2} m_i \dot{\boldsymbol{r}}_{\mathrm{G}}^{\,2} + \sum_{i=1}^{n} m_i \dot{\boldsymbol{r}}_{\mathrm{G}} \cdot \dot{\boldsymbol{r}}_i' + \sum_{i=1}^{n} \frac{1}{2} m_i \dot{\boldsymbol{r}}_i'^{\,2} \\ &= \frac{1}{2} M \dot{\boldsymbol{r}}_{\mathrm{G}}^{\,2} + \dot{\boldsymbol{r}}_{\mathrm{G}} \cdot \sum_{i=1}^{n} m_i \dot{\boldsymbol{r}}_i' + \sum_{i=1}^{n} \frac{1}{2} m_i \dot{\boldsymbol{r}}_i'^{\,2} \\ &= \frac{1}{2} M \dot{\boldsymbol{r}}_{\mathrm{G}}^{\,2} + \sum_{i=1}^{n} \frac{1}{2} m_i \dot{\boldsymbol{r}}_i'^{\,2} \end{aligned} \tag{11.42}$$

となる．第１項は明らかに，質量中心に全質量が集中した「質点」の運動エネルギー，第２項は，質量中心のまわりの相対運動のエネルギーの和である．前者を**並進運動のエネルギー**または**重心運動のエネルギー**と呼ぶことがある．

§11.5　2体問題の扱いとの比較

ここで，本章における扱いと第10章における2体問題の扱いのちがいを確認しておこう．本章では，質点の位置座標を，質量中心と質量中心からの変位に分けて記述した．2体の場合にこれを書くと，

$$\boldsymbol{r}_{\mathrm{G}} = \frac{m_1 \boldsymbol{r}_1 + m_2 \boldsymbol{r}_2}{m_1 + m_2} \tag{11.43}$$

$$\boldsymbol{r}_1{}' = \boldsymbol{r}_1 - \boldsymbol{r}_{\mathrm{G}} \tag{11.44}$$

$$\boldsymbol{r}_2{}' = \boldsymbol{r}_2 - \boldsymbol{r}_{\mathrm{G}} \tag{11.45}$$

である．一方，§10.1では，(11.43)の $\boldsymbol{r}_{\mathrm{G}}$ と，$\boldsymbol{r}_1$ に対する $\boldsymbol{r}_2$ の相対座標

$$\boldsymbol{r} = \boldsymbol{r}_2 - \boldsymbol{r}_1 \tag{11.46}$$

を用いて記述した．2体問題のもともとの変数は $\boldsymbol{r}_1$ と $\boldsymbol{r}_2$ だけだから，本章の扱いの3個の位置ベクトル $\boldsymbol{r}_{\mathrm{G}}, \boldsymbol{r}_1{}', \boldsymbol{r}_2{}'$ のうち1つは独立でない．よって，具体的な2体問題の解析には便利でなく，第10章の扱いのほうが適している．

本章の取り扱いは，一般に n 個の質点系に対しても，すべての粒子の位置ベクトルを生かしたままで質量中心を導入しているので，位置ベクトル1個分だけ独立でないものを含む．しかし，これまで行ってきたような，**すべての質点についての和をとったときに見えてくる質量中心の運動と質量中心に相対的な運動に分離する出発点としては便利**であった．

§11.6　連　続　体

これまで扱ってきた質点は，質量はあるが広がり（大きさや形）のない，抽象化された概念である．われわれが日常的に接する物体は，質量のほかに大きさと形をもっている．ここでは，そのような物体を扱う方法を学ぶ．

(1)　粗　視　化

物質のミクロな構造（原子レベルの構造）に立ち入らない古典力学の立場では，物体を，3次元空間のある領域を連続的に占める存在（**連続体**）とみなす．連続体であれば，物体内の点 $\boldsymbol{r}$ における物質の密度 $\rho(\boldsymbol{r})$ は，$\boldsymbol{r}$ のまわりに微小体積 ΔV をとり，その中に含まれる質量を ΔM とするとき，(3.38)のように

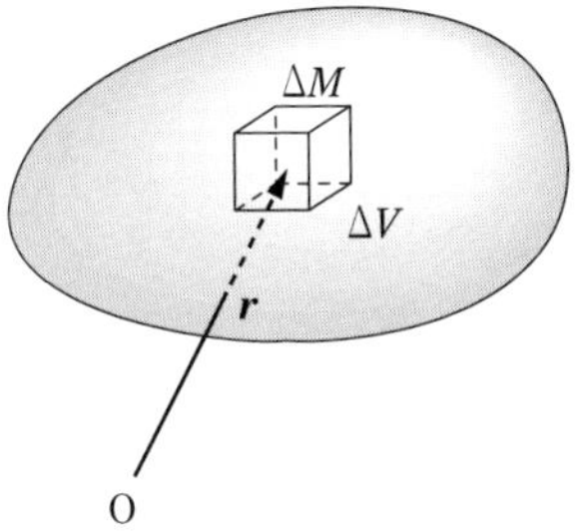

図 11.6

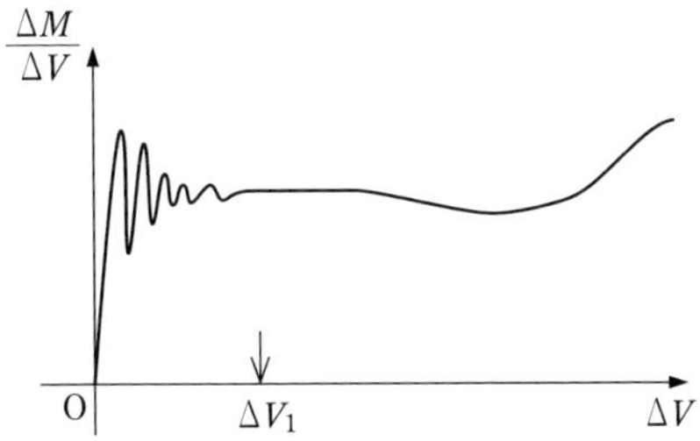

図 11.7

$$\rho(\boldsymbol{r}) = \lim_{\Delta V \to 0} \frac{\Delta M}{\Delta V} \tag{11.47}$$

で与えられる (図 11.6). 逆に $\rho(\boldsymbol{r})$ がわかっているとき, 点 $\boldsymbol{r}$ のまわりの微小体積 ΔV に含まれる質量は, (3.39) のように

$$\Delta M \approx \rho(\boldsymbol{r})\,\Delta V \tag{11.48}$$

である. ところが, 実在の物体はきわめて多数の微小な原子からなり, 原子はさらに小さな原子核と電子からできているので, ΔV を小さくしていって原子のサイズに近づくと, かえって (11.48) の $\approx$ が成り立たなくなる. たとえば, 図 11.7 には, 点 $\boldsymbol{r}$ に原子核が存在しない場合の $\Delta M/\Delta V$ の変化が描いてある (ただし横軸は ΔV が小さい側が拡大されている). この現実を無視して (11.47), (11.48) が成り立つと考えるのが, マクロな物理学の立場である. これは, $\Delta V \to 0$ の極限操作を途中 (図 11.7 の ΔV_1 の付近) で止めて, 密度 $\rho(\boldsymbol{r})$ をそのときの値を使って連続関数として表すことに相当する. この近似の操作を**粗視化**という. 粗視化したあとでは, 物体を完全な連続体として扱う.

(2) 連続体の質量

前節までで学んだ質点系の性質は一般的だから, すべて連続体の場合にも成立する. これ以降は, 種々の概念や方程式を連続体の場合の表式に書き直しながら, 具体的な運動について考察する.

質点系の運動の重要な性質は, すべての質点についての和をとったときに見えてくる性質であった. 連続体でそれに相当する操作は, 多くの小体積の部分

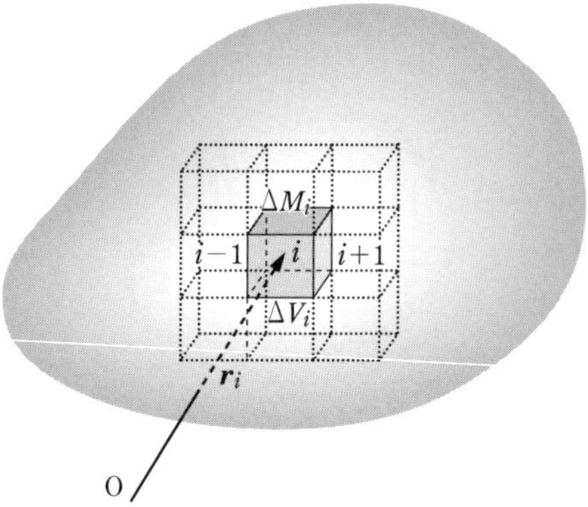

図 11.8

に分けて，すべての部分についての和をとる操作，すなわち積分である．

たとえば第 3 章で学んだように，連続体の質量 M は，全体を図 11.8 のように n 個に分割して，

$$M = \sum_{i=1}^{n} \Delta M_i \tag{11.49}$$

である．ただし，(11.12) では，m_i は質点の質量を表しているので，その数 n が増せば和 M も増加するのに対し，(11.49) の n は分割数だから，それが増すと各 ΔV_i が小さくなり各 ΔM_i も小さくなって，結局，総和 M は一定である．i 番目の部分に含まれる一点の座標を $\boldsymbol{r}_i$ とすると，粗視化によって定義された密度 $\rho(\boldsymbol{r})$ を用いて (3.40) のように

$$M = \lim_{n\to\infty} \sum_{i=1}^{n} \rho(\boldsymbol{r}_i)\, \Delta V_i = \int \rho(\boldsymbol{r})\, \mathrm{d}V \tag{11.50}$$

と表される．

この例からもわかるように，連続体を，分割した小部分を個々の質点とする質点系と考えれば，

$$m_i \to \Delta M_i \to \rho(\boldsymbol{r})\, \mathrm{d}V, \qquad \sum_i \to \int \tag{11.51}$$

の置き換えをすることによって，質点系に対して求めた式を連続体に対する式に焼き直すことができる．

§ 11.7　連続体に対する表式

連続体の体積は当然

$$V = \lim_{n\to\infty}\sum_{i=1}^{n}\Delta V_i = \int \mathrm{d}V \tag{11.52}$$

である．質量中心の位置ベクトル $\boldsymbol{r}_{\mathrm{G}}$ の定義は (11.11) より

$$\boldsymbol{r}_{\mathrm{G}} = \frac{\displaystyle\lim_{n\to\infty}\sum_{i=1}^{n}\boldsymbol{r}_i\,\Delta M_i}{M} = \frac{\displaystyle\lim_{n\to\infty}\sum_{i=1}^{n}\boldsymbol{r}_i\,\rho(\boldsymbol{r}_i)\,\Delta V_i}{M} = \frac{\displaystyle\int \boldsymbol{r}\rho(\boldsymbol{r})\,\mathrm{d}V}{M} \quad \text{（定義）}$$

(11.53)

である．$\boldsymbol{r}_{\mathrm{G}}$ はまた (11.14) を満たす点であった．対応する関係式は，

$$\lim_{n\to\infty}\sum_{i=1}^{n}\boldsymbol{r}_i{}'\,\Delta M_i = \lim_{n\to\infty}\sum_{i=1}^{n}(\boldsymbol{r}_i - \boldsymbol{r}_{\mathrm{G}})\rho(\boldsymbol{r}_i)\,\Delta V_i \tag{11.54}$$

より

$$\int \boldsymbol{r}'\rho(\boldsymbol{r})\,\mathrm{d}V = \int(\boldsymbol{r} - \boldsymbol{r}_{\mathrm{G}})\rho(\boldsymbol{r})\,\mathrm{d}V = 0 \tag{11.55}$$

である．ただし

$$\boldsymbol{r}' = \boldsymbol{r} - \boldsymbol{r}_{\mathrm{G}} \tag{11.56}$$

である．

問 2　図のような一様な密度の薄い直角三角形の板の質量中心の座標を求めよ．

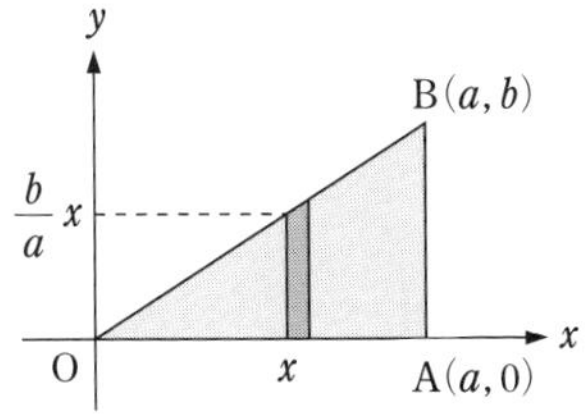

解　面密度を σ とすると，全質量は

$$M = \int\sigma\,\mathrm{d}S = \sigma\int_0^a \mathrm{d}x\int_0^{\frac{b}{a}x}\mathrm{d}y = \frac{b}{a}\sigma\int_0^a x\,\mathrm{d}x = \frac{b}{2a}\sigma x^2\Big|_0^a = \frac{ab}{2}\sigma$$

$$Mx_{\mathrm{G}} = \int\sigma x\,\mathrm{d}S = \sigma\int_0^a \mathrm{d}x\,x\int_0^{\frac{b}{a}x}\mathrm{d}y = \frac{b}{a}\sigma\int_0^a x^2\,\mathrm{d}x = \frac{b}{3a}\sigma x^3\Big|_0^a = \frac{a^2 b}{3}\sigma$$

$$\therefore\quad x_{\mathrm{G}} = \frac{2}{3}a$$

$$My_G = \int \sigma y \, dS = \sigma \int_0^a dx \int_0^{\frac{b}{a}x} y \, dy = \sigma \int_0^a dx \left[\frac{y^2}{2} \right]_0^{\frac{b}{a}x} = \frac{b^2 \sigma}{2a^2} \int_0^a x^2 \, dx$$
$$= \frac{b^2 \sigma}{6a^2} x^3 \Big|_0^a = \frac{ab^2 \sigma}{6}$$
$$\therefore \quad y_G = \frac{b}{3}$$

原点のまわりの全角運動量は

$$\boldsymbol{L} = \lim_{n\to\infty} \sum_{i=1}^{n} \boldsymbol{r}_i \times \Delta M_i \, \dot{\boldsymbol{r}}_i = \lim_{n\to\infty} \sum_{i=1}^{n} \boldsymbol{r}_i \times \rho(\boldsymbol{r}_i) \, \Delta V \, \dot{\boldsymbol{r}}_i$$
$$= \int \rho(\boldsymbol{r}) \boldsymbol{r} \times \dot{\boldsymbol{r}} \, dV \tag{11.57}$$

である．ベクトル積を含むから，ベクトル $\boldsymbol{r}$ と $\dot{\boldsymbol{r}}$ の順序だけは変えないように注意した．

図 11.9 のように k 個の外力 $\boldsymbol{F}_1, \cdots, \boldsymbol{F}_k$ が，連続体の有限個の点 $\boldsymbol{r}_1, \cdots, \boldsymbol{r}_k$（これを**作用点**という）に働いているとき，全外力は

$$\boldsymbol{F} = \sum_{j=1}^{k} \boldsymbol{F}_j \tag{11.58}$$

である．外力のうち一様な重力は特殊で，図 11.10 のように，連続体のすべての部分に，その部分の質量に比例してかかる．重力加速度を $\boldsymbol{g}$ とすると，全重力は

$$\boldsymbol{F}_g = \lim_{n\to\infty} \sum_{i=1}^{n} \Delta M_i \, \boldsymbol{g} = \left(\lim_{n\to\infty} \sum_{i=1}^{n} \rho(\boldsymbol{r}_i) \, \Delta V_i \right) \boldsymbol{g} = \boldsymbol{g} \int \rho(\boldsymbol{r}) \, dV = M\boldsymbol{g} \tag{11.59}$$

である．

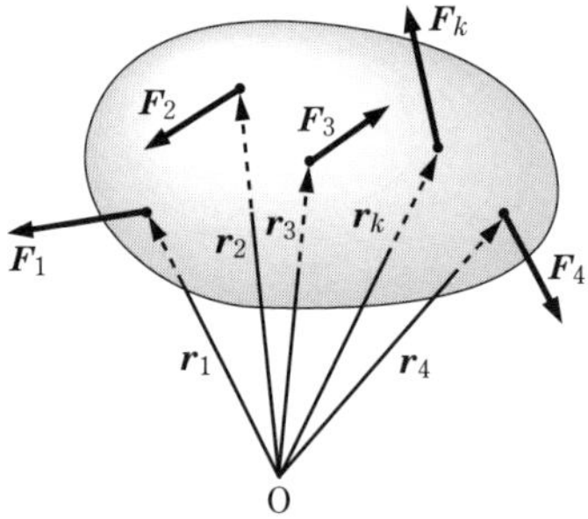

図 11.9

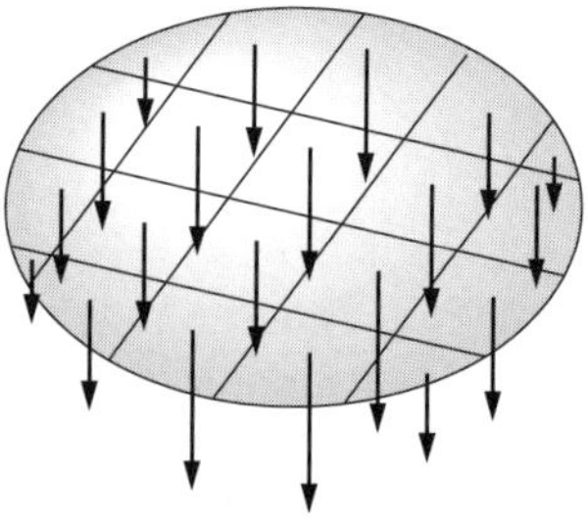
図 11.10

原点のまわりの有限個の外力と重力のモーメントの総和は，

$$\boldsymbol{N} = \sum_{j=1}^{k} \boldsymbol{r}_j \times \boldsymbol{F}_j + \boldsymbol{N}_\mathrm{g} \tag{11.60}$$

である．$\boldsymbol{N}_\mathrm{g}$ は重力のモーメントで

$$\begin{aligned}\boldsymbol{N}_\mathrm{g} &= \lim_{n\to\infty} \sum_{i=1}^{n} \boldsymbol{r}_i \times \Delta M_i\, \boldsymbol{g} = \int \boldsymbol{r} \times \rho(\boldsymbol{r})\, \mathrm{d}V\, \boldsymbol{g} \\ &= \int (\boldsymbol{r}_\mathrm{G} + \boldsymbol{r}')\rho(\boldsymbol{r})\, \mathrm{d}V \times \boldsymbol{g} = \int \boldsymbol{r}_\mathrm{G}\, \rho(\boldsymbol{r})\, \mathrm{d}V \times \boldsymbol{g} + \int \boldsymbol{r}' \rho(\boldsymbol{r})\, \mathrm{d}V \times \boldsymbol{g} \\ &= \boldsymbol{r}_\mathrm{G} \times \left(\int \rho(\boldsymbol{r})\, \mathrm{d}V\right)\boldsymbol{g} = \boldsymbol{r}_\mathrm{G} \times M\boldsymbol{g}\end{aligned} \tag{11.61}$$

である．(11.55) を用いた．$\boldsymbol{N}_\mathrm{g}$ **は質量中心に質量が集中している場合の重力のモーメントに等しい**ことがわかる．質量中心が重心とも呼ばれるのはこのためである．

問 3　質量中心のまわりの重力のモーメントは常に 0 に等しいことを示せ．
解　(11.53) を使って

$$\boldsymbol{N}_\mathrm{g}' = \lim_{n\to\infty} \sum_{i=1}^{n} \boldsymbol{r}_i' \times \Delta M_i\, \boldsymbol{g} = \int \boldsymbol{r}' \rho(\boldsymbol{r})\, \mathrm{d}V \times \boldsymbol{g} = 0$$

† 歩く，走る，跳ぶ (飛ぶ) ための外力を得る †

ここまでの，外力や内力に何の制限も加えない全く一般的な記述によって，重心 (ここでは質量中心を日常語でこう呼ぶ) の並進運動と重心のまわりの角運動量について単純明快な方程式が得られた．これだけでは具体的な計算はできないが，バラバラになり得る質点系についてさえ常に成り立つ法則なので，バラバラにはならないが大きな変形が可能な私たち身体の運動については当然成り立ち，その定性的な考察に役立つ．

§3.4 のコラム「歩く，走る」で，人が歩いたり走ったりするときに地面から得る前向きの力は，足が地面を後ろに押す力の反作用であることを述べた．しかし，意識的に地面を後に強く押すことができるわけではないので，そのような意識で練習しても効果はない．基本にもどって考えてみよう．

宇宙ステーションの中の様子の動画を見たことがあるだろうか．§8.6 に述べたように，宇宙ステーションは重力だけを受けて地球のまわりを運動しているために，その中は無重力状態になっている．よって，地上ではできない重力の影響のない運動を宇宙飛行士は体験し，われわれはその映像を見ることができる．それを見て，「外力がなければ人体という多体系の重心は静止か等速度運動を続ける」ことを納得すれば，スポーツの役に立つ．

人体の重心は臍のあたりにあるが，地上でわれわれが姿勢を変えると移動する．身体全体と相対的にどこに移動するかは姿勢の変化（変形）によって異なる．この変形は内力（筋力）だけで生じるから，重力のない宇宙ステーションでは重心は元の位置から動かず変形した体が全体として動く．まっすぐの姿勢で両腕を上に上げれば体全体は重心の移動分だけ少し下に下がる．しゃがむ動作をすると腰と膝が曲がって脚が引き上げられ，上半身は下に下がる．腰を曲げ両腕を下げて深く前屈すると，重心は体の外の大腿部の前あたりにくるので，曲がった体全体が少し上がって後ろに下がる．

これに対して，常に重力を受けている地上に立った状態から同じ変形をすると，今度は，動かないのは地面に接している足の裏である．重心は変形とともに上がったり下がったりする．立ったままで両腕を上に上げれば重心は少し上に上がり，しゃがむと下に下がる．この重心の動きをニュートンの運動方程式（1.1）で考えると，外力である重力と，自動的に変化する束縛力である地面からの垂直抗力と静止摩擦力で説明できる．

それでは，ここまでに学んだことに基づいて，歩く，走るの考察に移ろう．地上の重力は水平方向の運動には直接関係していない．したがって，この場合は，自動的に変化する束縛力である地面と靴底との静止摩擦力が重要な働きをする．

いま，片足が地面についている状態で，他方の脚の太ももを前に出すと，重心は体の外の臍の前あたりに飛び出す．もし氷上にいて靴底と氷の間に摩擦がないと仮定すれば，重心は水平方向には動かないのだから，宇宙ステーション内と同様に身体の方が後退するはずである．では，もし靴底と地面の間に摩擦があればどうなるだろうか．図のように地面についている方の脚をしっかり伸ばして変形させないでいれば，重心に対して後退しようとする身体が靴底の静止摩擦力で地面を後ろに押すことになり，その反作用で地面から前向きの静止摩擦力を受ける．これが，身体が受ける外力に加わり，重力はもともと垂直抗力とつり合っているから，合力はこの静止摩擦力だけに等しい．それによって重心は前向きの加速度を得るのである．

速く走るために太ももを上げるように言われるが，上げることが目的ではな

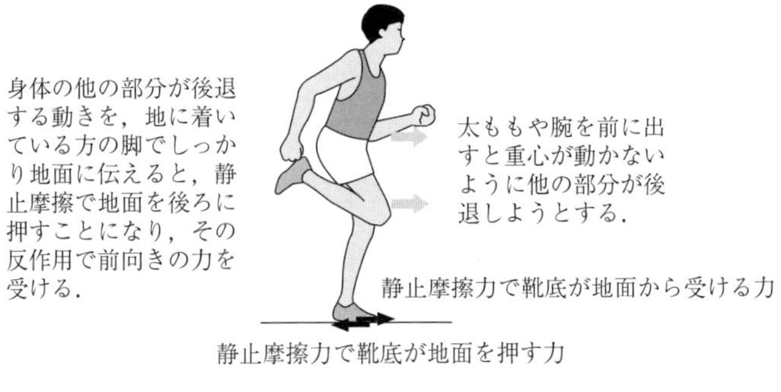

身体の他の部分が後退する動きを，地に着いている方の脚でしっかり地面に伝えると，静止摩擦で地面を後ろに押すことになり，その反作用で前向きの力を受ける．
太ももや腕を前に出すと重心が動かないように他の部分が後退しようとする．
静止摩擦力で靴底が地面から受ける力
静止摩擦力で靴底が地面を押す力

く，腿を前に出すためには上げざるを得ないだけである．同時に腕を強く前に振ることも同じ目的であるから，後に振るのではなく，足が地面についているタイミングにあわせて強く前に振る意識が重要である．§3.4 のコラムで述べたように，踏み込みは重要でなく，重心より前に着地しないように（地面から後ろ向きの摩擦力を得ないように）注意するだけでよい．

走るときは，太ももを上げたあと膝より下を前に伸ばすときには足が地面を離れているが，歩くときは太ももは上げずに前に出すだけで，それに続いて膝下も前に出すことで地面から前向きの摩擦力を得る．意識としては，腿と腕を前に振ったときに後に下がろうとする重心を地面についている方の足でしっかり受け止め，摩擦力から前向きの力を受けるのを感じれば効率よく歩ける．

以上は身体の前向きの変形によって前向きの力を静止摩擦力から得る説明であるが，すでに述べたように，上向きに変形することによって地面から得る上向きの垂直抗力を重力より大きくして，重心を上向きに動かすことができる．

§8.4 のコラム「上手に跳び（飛び）を支えるコツ」で，支えられる側がつくった上向きの速度が最も大きいときに支えることが重要であることを述べた．そこでは支える側に注目したが，跳ぶ（飛ぶ）側に注目すると，とくに静止状態から跳ぶ（飛ぶ）場合，まず膝を緩めてから伸ばすことでそれを行う．大多数の鳥たちは静止状態では膝とかかとの関節を曲げているが，飛び立つときはそれを伸ばすことで，足指に地面や木の枝から必要な垂直抗力を得る．

鷹狩りをする鷹匠は，腕に据えた鷹が獲物を見つけて緊張したシグナルを腕に感じた瞬間に，腕を前方に動かす気持ちでグッと支えるという．そうすると，鷹は脚の関節を伸ばしたときに腕からの反作用を得て最初からかなりの速さで飛び立つことができる．すでに学んだように，初速度が大きいほど加速に対する羽ばたきの効果が増大する．これによって，獲物に近づくまでの時間が相当短縮される．鷹からのシグナルを鷹匠がキャッチし損なうと，鷹は腕からの十分な反作用が得られず，スピードがかなり遅くなる．もし鷹匠の腕に力が入っておらず，鷹が関節を伸ばすときに腕が下がってしまうと，鷹の重心は動かず飛び立つことができないだろう．

§11.8 剛体の運動

これから先は，**外から力がかかっても決して変形しない物体**を考える．これを**剛体**という．実在の物体は力を加えると必ず変形するから，剛体も理想化された概念である．しかし，多くの固体ではその変形はごく小さいので，実在の固い物体の運動は剛体の運動で近似できる．

先に述べたように，n 個の質点からなる質点系の，3 次元空間での運動を完全に記述するには，$3n$ 個の方程式 (11.2) が必要である．しかし，お互いの距離が固定された質点系や変形しない剛体に対しては，当然その必要はない．限られた個数の質点の位置が決まれば，他は自動的に決まってしまうからである．

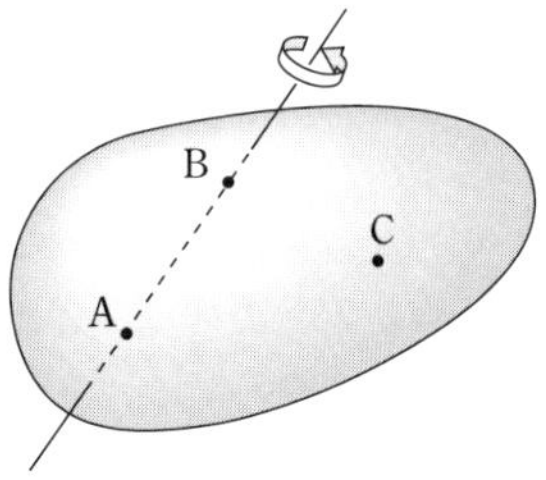

図 11.11

では，剛体の位置を決めるために指定しなければならない点はいくつであろうか．図 11.11 のように，剛体内のある一点 A の位置を決めても，剛体はそのまわりに自由に回転できる．もう 1 個の点 B の位置を決めてもまだ，剛体は軸 AB のまわりに回転できる．その軸上にはない 3 番目の点 C の位置を決めると，ようやく剛体は動く自由を失う．つまり，剛体の位置と向きを指定するには，3 点の位置が定まる必要がある．ただし，これらの 3 点を指定するのに，9 個の座標 (x_A, y_A, z_A)，(x_B, y_B, z_B)，(x_C, y_C, z_C) のすべてが必要なわけではない．剛体では 3 点 A, B, C の相対位置が変わらないので，AB, BC, CA の距離は常に一定である．それを表す条件式が

$$\overline{\mathrm{AB}} = \sqrt{(x_A - x_B)^2 + (y_A - y_B)^2 + (z_A - z_B)^2} = \text{一定} \qquad (11.62)$$

など 3 個あるので，独立な座標変数は 6 個になる．よって，**3 次元の剛体の運動の自由度は 6** であり，6 個の方程式があればその運動を完全に記述できることになる．

そのために最も便利な方程式は，(11.18) に相当する，質量中心の運動に対する方程式

$$M\ddot{\boldsymbol{r}}_G = M\boldsymbol{g} + \sum_{j=1}^{k} \boldsymbol{F}_j \qquad \text{（法則）} \qquad (11.63)$$

と，任意に選んだ原点のまわりの全角運動量 (11.24) に対する方程式 (11.33) すなわち

$$\dot{\boldsymbol{L}} = \boldsymbol{r}_G \times M\boldsymbol{g} + \sum_{j=1}^{k} \boldsymbol{r}_j \times \boldsymbol{F}_j \qquad \text{（法則）} \qquad (11.64)$$

である．両式とも，外力は重力とそれ以外の力に分けて書いた．ただし，重力以外の外力がすべて離散的な作用点 $\boldsymbol{r}_i$ をもつわけではない．たとえば，軸や面からの抗力は線や面の上に連続的に分布して作用する．したがって，

(11.63),(11.64) の離散的な力の和の表式は，それらをも含んで表しているものとする．

なお，(11.64) のかわりに，**質量中心のまわりの全角運動量に対する運動方程式** (11.35)

$$\dot{\boldsymbol{L}}' = \sum_{j=1}^{k} \boldsymbol{r}_j{}' \times \boldsymbol{F}_j \qquad \text{（法則）} \tag{11.65}$$

を用いてもよい．むしろこちらが使われる場合が多い．この場合，(11.35) の後で述べたように，右辺には重力の効果は含めなくてよい．

(11.63),(11.65) を連立させて剛体の運動を考えることは，質量中心の運動（並進運動）と質量中心のまわりの回転運動に分けて考えることに相当する．これは単なる解法技術以上の意味をもっている．(11.63) はニュートンの運動方程式 (1.1) と同じ形をしているから，たとえば一様な重力以外の外力が存在しないとき，質量中心は放物運動をするはずであるが，実際に平板剛体の質量中心とそれ以外の任意の点に印をつけて放り投げてみると，確かに，質量中心は図 11.12 のようにきれいな放物線を描き，他の点は複雑な動きをする．この意味で (11.11) あるいは (11.53) によって定義された質量中心 $\boldsymbol{r}_{\mathrm{G}}$ は，きわめて特別な点である．このような点が存在するのは，これまでの解析からわかるように，自然界の力がニュートンの第 3 法則に従っていること，また，(1.1) が位置座標に関する線形の微分方程式であるためである．

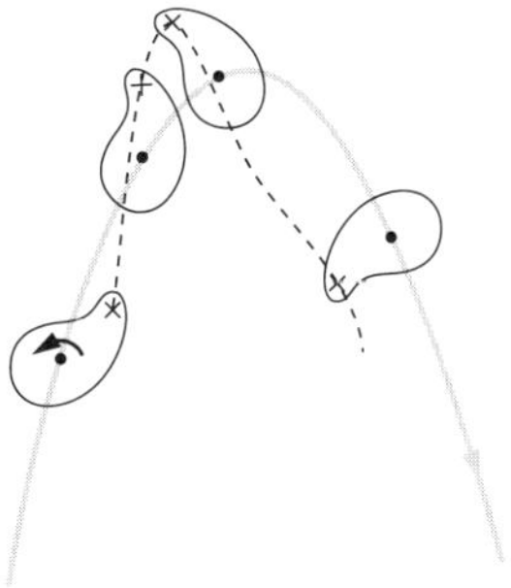

図 11.12

この，**質量中心の運動は質量 M の質点の運動と同じ方程式に従う**という事実が，形のある物体の回転を無視できる運動について，(1.1) と本質的に同じである (11.63) のみ利用して解析する，いわゆる**質点近似**の根拠である．

なお，質量中心でない方の点の印は複雑な動きをすると述べたが，外力は重力のみなので，質量中心のまわりの単純な等角加速度の回転をしながら自由落下しているだけである．

§11.9 力のモーメント

(1) 剛体のつり合い

力のモーメントの簡単な例を学ぼう．まず一般的に考える．剛体がつり合っているとき全運動量が一定（＝0）であるから，

$$\dot{\boldsymbol{P}} = M\ddot{\boldsymbol{r}}_{\mathrm{G}} = 0 \tag{11.66}$$

である．よって(11.63)より

$$M\boldsymbol{g} + \sum_{j=1}^{k} \boldsymbol{F}_j = 0 \tag{11.67}$$

つまり，外力の総和は0でなければならない．また，原点のまわりの角運動量が一定（＝0）であるから，$\dot{\boldsymbol{L}} = 0$ である．よって(11.64)より

$$\boldsymbol{r}_{\mathrm{G}} \times M\boldsymbol{g} + \sum_{j} \boldsymbol{r}_j \times \boldsymbol{F}_j = 0 \tag{11.68}$$

つまり，任意の原点のまわりの外力のモーメントの和が0でなければならない．

(2) てこの原理

てこは，図11.13のような，支点で支えた長い棒の端に物体を載せ，他方の端に加えた力で持ち上げる道具である．そのしくみを，棒を質量を無視できる剛体と見なして考えよう．支点をCとし，片方の端Aに質量 m の物体が載せてあり，他方の端Bに鉛直下向き向きの力 $\boldsymbol{F}_{\mathrm{B}}$ がかかっているとする．§1.5(3)の考察を繰り返すと，物体は地球から鉛直下向きの重力 $m\boldsymbol{g}$ を受けているが，静止ししているので棒から同じ大きさで上向きの垂直抗力 $-m\boldsymbol{g}$ を受けているはずである．さらに作用・反作用の法則による力 $-(-m\boldsymbol{g})$ を棒は物体から受けている．結局，棒が点Aで物体から受けている力 $\boldsymbol{F}_{\mathrm{A}}$ は，物体が受けている重力 $m\boldsymbol{g}$ に等しいことがわかる．

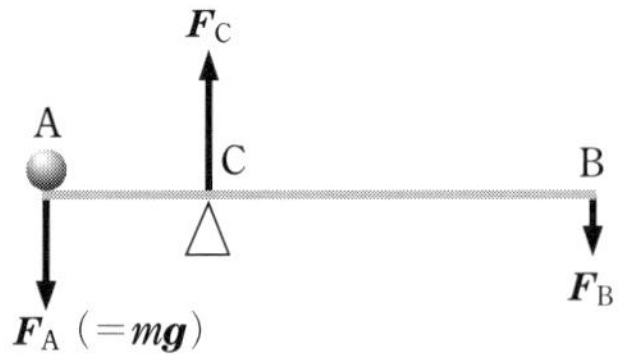

図11.13

支点が棒に及ぼしている力を $\boldsymbol{F}_{\mathrm{C}}$ とすると，(11.67)より

$$\boldsymbol{F}_{\mathrm{A}} + \boldsymbol{F}_{\mathrm{C}} + \boldsymbol{F}_{\mathrm{B}} = 0 \tag{11.69}$$

である．また，力のモーメントのつり合いは，(11.69)より

$$\boldsymbol{r}_{\mathrm{A}} \times \boldsymbol{F}_{\mathrm{A}} + \boldsymbol{r}_{\mathrm{C}} \times \boldsymbol{F}_{\mathrm{C}} + \boldsymbol{r}_{\mathrm{B}} \times \boldsymbol{F}_{\mathrm{B}} = 0 \tag{11.70}$$

である．原点はどこにとってもよいから，支点Cを原点に選ぶと

$$\boldsymbol{r}_{\mathrm{A}}\times\boldsymbol{F}_{\mathrm{A}}+\boldsymbol{r}_{\mathrm{B}}\times\boldsymbol{F}_{\mathrm{B}}=0 \tag{11.71}$$

である．棒が水平なら，位置ベクトルと力は互いに垂直だから，力のモーメントについて紙面裏から表に向かう向きを正とすると，

$$r_{\mathrm{A}}F_{\mathrm{A}}-r_{\mathrm{B}}F_{\mathrm{B}}=0 \tag{11.72}$$

となる．Cを原点にとったから，$r_{\mathrm{A}}=\overline{\mathrm{AC}}$, $r_{\mathrm{B}}=\overline{\mathrm{BC}}$ であり，これはてこの原理

$$\frac{F_{\mathrm{A}}}{F_{\mathrm{B}}}=\frac{r_{\mathrm{B}}}{r_{\mathrm{A}}}=\frac{\overline{\mathrm{BC}}}{\overline{\mathrm{AC}}} \tag{11.73}$$

を表す．

ところで，ここで棒を水平として考えた．それは必要だったのだろうか．使った基本法則は(11.70)と(11.72)で，そこに棒が水平という条件はない．いま，図11.14のように，$\boldsymbol{F}_{\mathrm{A}}$ と $\boldsymbol{F}_{\mathrm{B}}$ は鉛直下向きという条件は保ったまま棒を θ だけ傾けてみよう．すると(7.1)より

$$r_{\mathrm{A}}F_{\mathrm{A}}\sin\theta_{\mathrm{A}}-r_{\mathrm{B}}F_{\mathrm{B}}\sin\theta_{\mathrm{B}}=0 \tag{11.74}$$

であるが，

$$\frac{F_{\mathrm{A}}}{F_{\mathrm{B}}}=\frac{r_{\mathrm{B}}\sin\theta_{\mathrm{B}}}{r_{\mathrm{A}}\sin\theta_{\mathrm{A}}}=\frac{r_{\mathrm{B}}\sin\left(\dfrac{\pi}{2}-\theta\right)}{r_{\mathrm{A}}\sin\left(\dfrac{\pi}{2}+\theta\right)}=\frac{r_{\mathrm{B}}\cos\theta}{r_{\mathrm{A}}\cos\theta} \tag{11.75}$$

なので，この場合も(11.74)が成り立つ．これは，点Aと点Bにかかる力の比がBC間の水平距離とAC間の水平距離が反比例していることを表す．たしかにこれは傾きによって変化しない．つまり，外力が鉛直下向きの場合のてこ

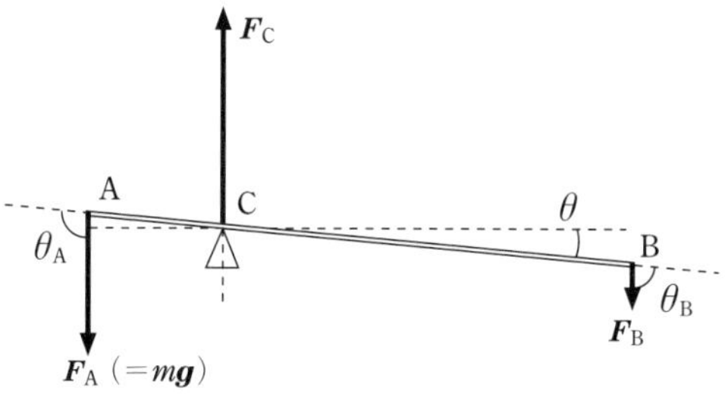

図11.14

の原理において，つり合いと水平は関係がないのである．

しかし，「つり合い」と「水平」が結びついている人は，日本国内に限らず意外に多い．これは，「つり合い」と「水平」が互いになじみやすい言葉であるためもあるが，小学校で図 11.15 のような構造をした「てこの原理実験器」でてこの原理を学ぶことも影響していると思われる．この装置のように支点Cが作用点Aと力点Bを結ぶ直線の上にずれていると，両方の力が常に鉛直下向きの場合は，ABを結ぶ直線が水平になったときだけつり合うのである（演習問題 11.7 参照）．

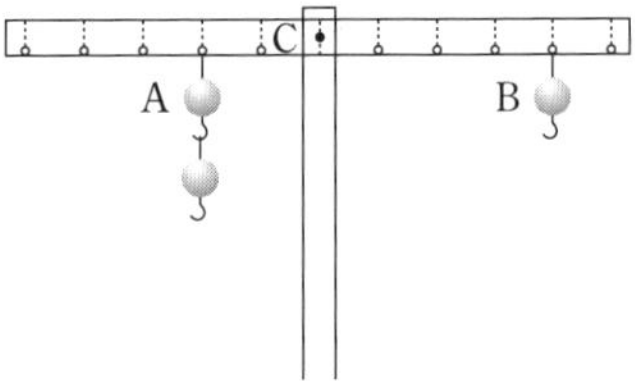

図 11.15

（3） 任意の形の板の質量中心をさがす

任意の形の板の質量中心Gを見つける方法がある．まず，図 11.16(a) のように，板の周辺近くの一点Aでその物体を静かにつるし，Aからの鉛直線を板の上に引く．次に図 11.16(b) のように別の点Bで静かにつるし，Bからの鉛直線を引く．この2本の線の交点が板の質量中心（重心）である．そこが確かに質量中心であることは，その点に指を当てて板を水平に支えることができ

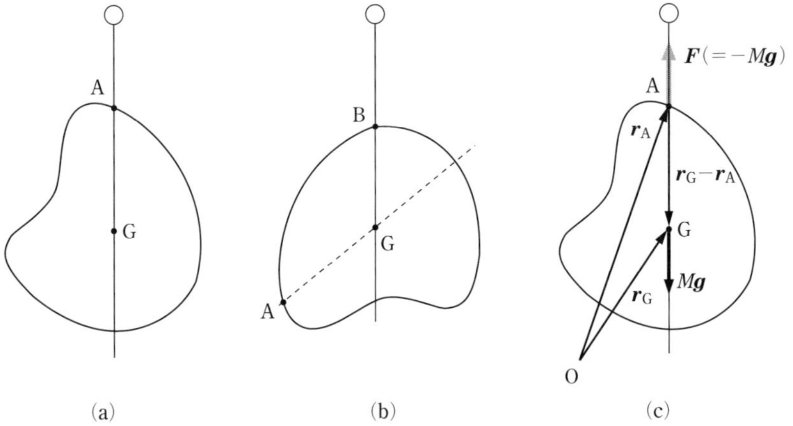

図 11.16

ることで，確かめることができる．

この方法の意味を考えよう（図 11.16(c)）．まず点 A でつるして静止したときの，点 A のまわりの力のモーメントは 0 のはずである．板に働いている力は重力と点 A でつるしているひもの張力 $\boldsymbol{F}$ であるが，$\boldsymbol{F}$ は点 A が作用点だから点 A のまわりのモーメントは 0 である．よって重力のモーメントのみを考えればよく

$$(\boldsymbol{r}_{\mathrm{G}}-\boldsymbol{r}_{\mathrm{A}})\times M\boldsymbol{g} = 0 \tag{11.76}$$

である．点 A が質量中心でなければ $\boldsymbol{r}_{\mathrm{G}}-\boldsymbol{r}_{\mathrm{A}} \neq 0$ であり，また当然 $M\boldsymbol{g} \neq 0$ だから，(11.76) が成り立つためには

$$\boldsymbol{r}_{\mathrm{G}}-\boldsymbol{r}_{\mathrm{A}} \parallel M\boldsymbol{g} \tag{11.77}$$

でなければならない．つまり質量中心 G はこの状態で点 A を通る鉛直線の上にあるはずである．次に，もう 1 つ別の点 B でその物体をつるすと，同様に $\boldsymbol{r}_{\mathrm{G}}$ は，その状態で点 B を通る鉛直線の上にあるはずである．したがって，A でつるしたときに A から鉛直に引いた線と，B でつるしたときに B から鉛直に引いた直線の交点が，質量中心（重心）G である．

棒や平板の質量中心を簡単に求める別の方法については，章末問題を参照されたい．

（4） 偶力のモーメント

剛体の異なる 2 点 $\boldsymbol{r}_1, \boldsymbol{r}_2$ に，図 11.17 のような，**大きさが同じで向きが反対の力** $\boldsymbol{F}_1$ と $\boldsymbol{F}_2\,(=-\boldsymbol{F}_1)$ が働いているとする．ただし，力の向きは，2 点を結ぶ直線 $\boldsymbol{r}_1-\boldsymbol{r}_2$ と平行でないものとする．このような力の対を**偶力**という．このときの全外力はもちろん

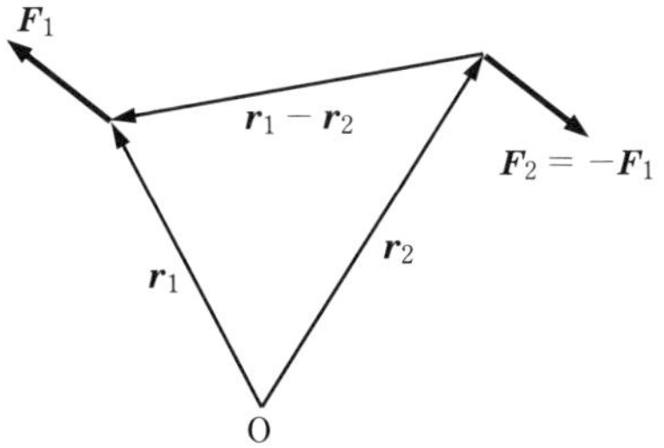

図 11.17

$$\boldsymbol{F} = \boldsymbol{F}_1+\boldsymbol{F}_2 = 0 \tag{11.78}$$

である．しかし原点のまわりのこれらの力のモーメントは

$$\boldsymbol{N} = \boldsymbol{r}_1\times\boldsymbol{F}_1+\boldsymbol{r}_2\times\boldsymbol{F}_2 = (\boldsymbol{r}_1-\boldsymbol{r}_2)\times\boldsymbol{F}_1 \neq 0 \tag{11.79}$$

である．位置ベクトル $\boldsymbol{r}_1, \boldsymbol{r}_2$ のそれぞれは原点がどこにあるかで向きや大きさ

が変わるが，その差 $\boldsymbol{r}_1-\boldsymbol{r}_2$ は原点に依存しない．よって(11.79)の $\boldsymbol{N}$ も原点に依存しない．つまり，**偶力のモーメントは，一般の力のモーメントと異なり，どの点のまわりを考えても同じである．**このため，どの点のまわりのモーメントを考えているかを明示する必要がない．

§11.10 固定軸をもつ剛体の運動

剛体の最も単純な運動として，図11.18のような，空間に固定された軸が剛体を貫いており，剛体はその軸のまわりの回転のみが可能であるような場合を考えよう．軸に沿って滑ることはないものとする．この種の運動の自由度は1である．なぜなら，その剛体内のある一点の，軸のまわりの回転角 φ を指定するだけで，すべての点の位置が決まってしまうからである．よってその運動を記述するには，1つの方程式で足りる．それには固定回転軸を z 軸とするとき，z 軸上に任意にとった原点のまわりの角運動量の z 成分に対する運動方程式，つまり(11.33)の z 成分

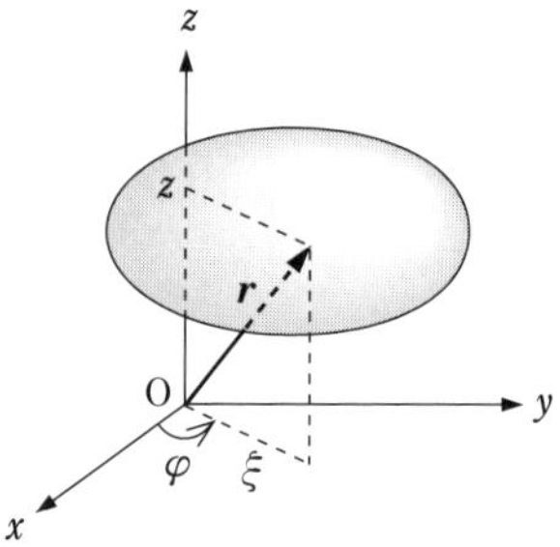

図 11.18

$$\dot{L}_z = N_z \qquad (法則) \tag{11.80}$$

を用いればよい．L_z を **z 軸のまわりの角運動量**と呼ぶこともある．原点が z 軸上のどこにあっても同じ値をもつからである．

(11.80)の左辺の L_z は，(11.57)から

$$L_z = \left[\int \rho(\boldsymbol{r})\boldsymbol{r}\times\dot{\boldsymbol{r}}\,\mathrm{d}V\right]_z = \int \rho(\boldsymbol{r})(\boldsymbol{r}\times\dot{\boldsymbol{r}})_z\,\mathrm{d}V \tag{11.81}$$

である．積分した量の z 成分は被積分関数のベクトル部分の z 成分の積分に等しいことを用いた．ところで，デカルト座標で

$$\boldsymbol{r} = x\boldsymbol{e}_x + y\boldsymbol{e}_y + z\boldsymbol{e}_z, \qquad \dot{\boldsymbol{r}} = \dot{x}\boldsymbol{e}_x + \dot{y}\boldsymbol{e}_y + \dot{z}\boldsymbol{e}_z \tag{11.82}$$

であることを用いると，(7.7)より

$$(\boldsymbol{r}\times\dot{\boldsymbol{r}})_z = x\dot{y} - y\dot{x} \tag{11.83}$$

だから

$$L_z = \int \rho(\boldsymbol{r})(x\dot{y} - y\dot{x})\,\mathrm{d}V \qquad \text{（定義）} \tag{11.84}$$

である．

円筒座標を使うと，さらに見通しのよい表式が得られる．図 11.18 の円筒座標 (ξ, φ, z) とデカルト座標との関係は，(6.11) であるから，x, y の時間微分は

$$\dot{x} = \dot{\xi}\cos\varphi - \xi\dot{\varphi}\sin\varphi, \qquad \dot{y} = \dot{\xi}\sin\varphi + \xi\dot{\varphi}\cos\varphi \tag{11.85}$$

である．いま考えている，z 軸を固定軸とする運動の場合は，剛体内の任意の点の ξ は不変だから，$\dot{\xi} = 0$ なので

$$\dot{x} = -\xi\dot{\varphi}\sin\varphi, \qquad \dot{y} = \xi\dot{\varphi}\cos\varphi \tag{11.86}$$

である．したがって，(11.84) は

$$L_z = \int \xi^2\rho(\boldsymbol{r})(\cos^2\varphi + \sin^2\varphi)\dot{\varphi}\,\mathrm{d}V = \left(\int \xi^2\rho(\boldsymbol{r})\,\mathrm{d}V\right)\dot{\varphi} = I_z\dot{\varphi} \tag{11.87}$$

となる．φ は一般に剛体内の点によって異なるが，$\dot{\varphi}$ は z 軸のまわりの回転の場合すべての点で等しいので，積分の外に出すことができた．ここで

$$I_z = \int \xi^2\rho(\boldsymbol{r})\,\mathrm{d}V = \int (x^2 + y^2)\rho(\boldsymbol{r})\,\mathrm{d}V \qquad \text{（定義）} \tag{11.88}$$

を **z 軸のまわりの慣性モーメント**という．われわれは回転している物体に対する方程式 (11.8) から出発したから，(11.88) の $x, y, \boldsymbol{r}$ は時間の関数であるが，この積分自体は，点 $\boldsymbol{r}$ と軸の距離の平方と，点 $\boldsymbol{r}$ における物体の密度と，$\mathrm{d}V$ の積の和であるから，物体の形と密度分布と z 軸の位置のみに依存し時間に依存しない．したがって，**(11.88) の計算は物体に固定した座標で行ってよい．**

慣性モーメントの次元と SI 単位は，

$$[I_z] = \mathsf{L}^2\mathsf{M}\mathsf{L}^{-3}\mathsf{L}^3 = \mathsf{M}\mathsf{L}^2 : \quad \mathrm{kg\cdot m^2} \tag{11.89}$$

である．

(11.87) を (11.80) に代入すると，固定軸をもつ剛体の運動方程式は，

$$I_z\ddot{\varphi} = N_z \qquad \text{（法則）} \tag{11.90}$$

と書ける．これは，ニュートンの運動方程式 (1.1) と類似の形をしている．

(1.1) は，質点が力を受けたとき，慣性質量 m が大きいほど速度が変化しにくいことを表していたが，(11.90) は，**固定軸をもつ剛体が外力のモーメント（の z 成分）N_z を受けたとき，慣性モーメント I_z が大きいほど，角運動量（の z 成分）が変化しにくい**ことを表している．

N_z は，図 11.19 のように，剛体に重力と，k 個の点 $\boldsymbol{r}_j$ ($j=1, \cdots, k$) を作用点とする個別の力が働いているとき，(11.60) の z 成分

$$N_z = \sum_j (\boldsymbol{r}_j \times \boldsymbol{F}_j)_z + (\boldsymbol{r}_{\mathrm{G}} \times M\boldsymbol{g})_z \quad (11.91)$$

である．

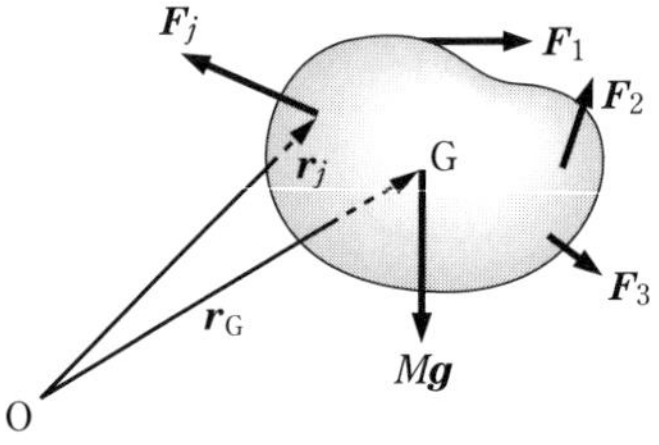

図 11.19

ここで，先に進む前に，固定軸をもった剛体の運動エネルギーを求めておこう．これは各部分の運動エネルギーの和だから

$$K = \lim_{n\to\infty} \sum_{i=1}^{n} \frac{1}{2} \Delta M_i \dot{\boldsymbol{r}}_i{}^2 = \lim_{n\to\infty} \sum_{i=1}^{n} \frac{1}{2} \Delta M_i (\xi_i \dot{\varphi})^2 = \frac{1}{2} \left(\int \rho(\boldsymbol{r}) \xi^2 \, \mathrm{d}V \right) \dot{\varphi}^2 \quad (11.92)$$

より

$$K = \frac{1}{2} I_z \dot{\varphi}^2 \quad (11.93)$$

である．ただし z 軸を固定軸とする運動では，

$$\dot{\boldsymbol{r}} = \xi \dot{\varphi} \boldsymbol{e}_\varphi \quad (11.94)$$

であることを利用した．(11.93) は，質点の運動エネルギーの表式

$$K = \frac{1}{2} m \dot{\boldsymbol{r}}^2 \quad (11.95)$$

と類似の形をしている．

§11.11　慣性モーメントと回転半径

固定軸をもつ剛体の回転運動において，慣性モーメントは，並進運動における慣性質量に相当する重要な量である．次節で，さまざまな形の剛体の慣性モーメントを求めるが，本節では少々そのための準備をする．

（1） 慣性モーメントに関する定理

一般に，対称軸（その軸のまわりの 180° 以下の角度の回転でもとの形に一致するような軸）をもつ剛体の，対称軸のまわりの慣性モーメント以外は，解析的に計算することはむずかしい．ただし，一般的に成り立つ次の 2 つの定理を利用すれば，計算の可能性が広がる．

定理 1

質量 M の剛体の任意の軸のまわりの慣性モーメント I は，その軸と質量中心 G との距離を h，質量中心を通りその軸に平行な軸のまわりの慣性モーメントを I_G とするとき

$$I = I_G + Mh^2 \tag{11.96}$$

である．

（証明）

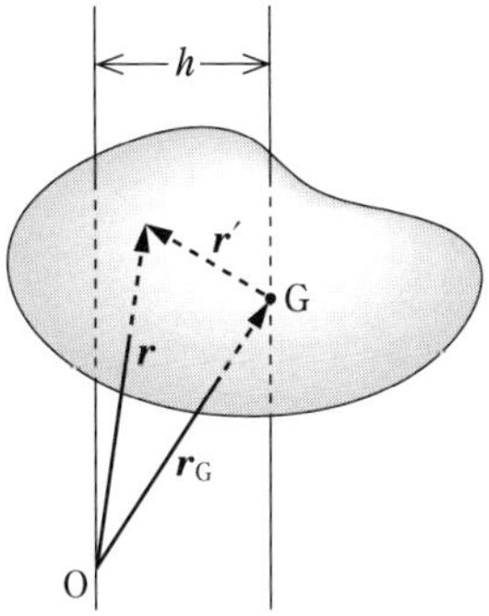

図 11.20

図 11.20 のように，注目する軸の上に原点をとる．任意の点の座標を，質量中心 G の座標 $\boldsymbol{r}_G = (x_G, y_G, z_G)$ と G からの変位 $\boldsymbol{r}' = (x', y', z')$ を用いて表すと

$$\begin{aligned} I &= \int \rho(\boldsymbol{r})(x^2+y^2)\,\mathrm{d}V \\ &= \int \rho(\boldsymbol{r})[(x_G+x')^2+(y_G+y')^2]\,\mathrm{d}V \\ &= \int \rho(\boldsymbol{r})[{x_G}^2+{y_G}^2+2(x_Gx'+y_Gy')+x'^2+y'^2]\,\mathrm{d}V \\ &= ({x_G}^2+{y_G}^2)\int \rho(\boldsymbol{r})\,\mathrm{d}V + 2x_G\int x'\rho(\boldsymbol{r})\,\mathrm{d}V + 2y_G\int y'\rho(\boldsymbol{r})\,\mathrm{d}V \\ &\quad + \int (x'^2+y'^2)\rho(\boldsymbol{r})\,\mathrm{d}V \\ &= Mh^2 + I_G \end{aligned} \tag{11.97}$$

である．ただし (11.55) が成分ごとに成り立つこと

$$\begin{aligned} \int x'\rho(\boldsymbol{r})\,\mathrm{d}V &= \int (x-x_G)\rho(\boldsymbol{r})\,\mathrm{d}V = \int x\rho(\boldsymbol{r})\,\mathrm{d}V - x_G\int \rho(\boldsymbol{r})\,\mathrm{d}V \\ &= Mx_G - x_GM = 0 \end{aligned} \tag{11.98}$$

$$\int y' \rho(\boldsymbol{r})\,\mathrm{d}V = 0 \tag{11.99}$$

を利用した．

定理 2 （平板剛体の慣性モーメント）

図 11.21 のように，平板状の剛体の任意の一点 O を通り板に垂直な軸（z 軸とする）のまわりの慣性モーメントを I_z，O を通り平面内にあり互いに垂直な任意の軸（x 軸，y 軸とする）のまわりの慣性モーメントをそれぞれ I_x, I_y とすると，

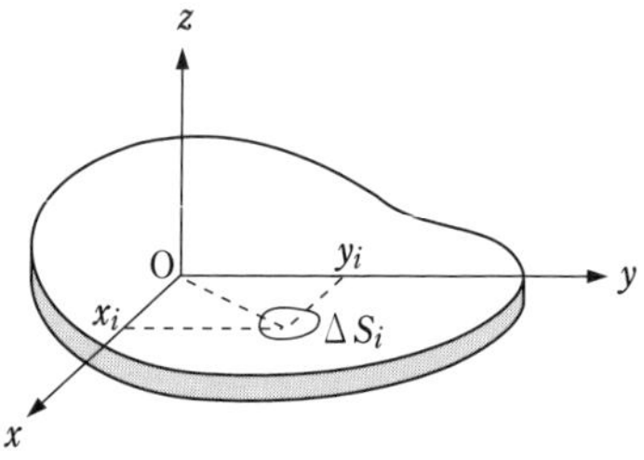

図 11.21

$$I_z = I_x + I_y \tag{11.100}$$

である．

（証明）

この板状剛体の面密度（単位面積あたりの質量）を $\sigma(\boldsymbol{r})$ とする．板を多くの小さな部分に分けて，i 番目の面積を ΔS_i，その部分の質量を ΔM_i とすると

$$\begin{aligned} I_z &= \lim_{n\to\infty}\sum_{i=1}^{n}({x_i}^2+{y_i}^2)\,\Delta M_i = \lim_{n\to\infty}\sum_{i=1}^{n}({x_i}^2+{y_i}^2)\sigma(\boldsymbol{r}_i)\,\Delta S_i \\ &= \int (x^2+y^2)\sigma(\boldsymbol{r})\,\mathrm{d}S = \int x^2\sigma(\boldsymbol{r})\,\mathrm{d}S + \int y^2\sigma(\boldsymbol{r})\,\mathrm{d}S \\ &= I_y + I_x \end{aligned} \tag{11.101}$$

である．

（2） 回 転 半 径

慣性モーメントの次元は (11.89) より ML^2 だから，剛体の質量 M と，長さの次元をもつ量 k を用いて

$$I = Mk^2 \tag{11.102}$$

と書けるはずである．そのような k，つまり

$$k = \sqrt{\frac{I}{M}} \quad （定義） \tag{11.103}$$

を，その剛体の，注目している軸のまわりの回転半径という．(11.102) から

明らかなように，ある軸のまわりの剛体の慣性モーメントは，その剛体の全質量が軸から k だけ離れた位置に集中（一点に集中していても，半径 k の周上に分布していてもよい）した場合の慣性モーメントに等しい．

密度が一様な剛体の場合は，(11.88) において $\rho(\boldsymbol{r}) = \rho$ を積分の外に出せるから，積分は剛体の形だけで決まる．よってこのとき，回転半径 k は剛体の形と軸の位置だけで決まる．

§ 11.12　慣性モーメントの例

それでは，密度が一様で対称軸をもつ剛体のいくつかの例について，対称軸のまわりの慣性モーメントを求めよう．対称軸は必ず質量中心を通るから，対称軸に平行な任意の軸のまわりの慣性モーメントは，定理 1 から簡単に求めることができる．以下では，対称軸に沿って x, y, z 軸などを定め，それらのまわりの慣性モーメントを I_x, I_y, I_z で表すことにする．

(1)　長さ l，質量 M の細い棒の，中央を通り棒に垂直な軸のまわりの慣性モーメント

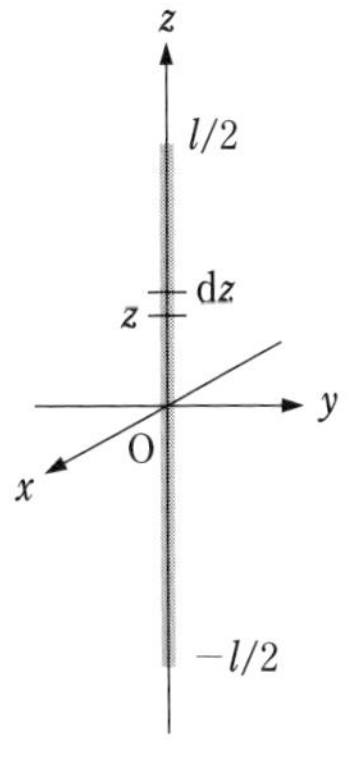

図 11.22

図 11.22 のように，質量中心を原点とする座標軸を定める．棒の太さを無視する近似で考える．線密度（単位長さあたりの質量）は $\lambda = M/l$ である．棒を長さに沿って多くの小さな部分に分け，i 番目の部分の長さを Δz_i，質量を ΔM_i とすると

$$I_x = \int_{-l/2}^{l/2} z^2 \lambda\, \mathrm{d}z = \lambda \left[\frac{z^3}{3} \right]_{-l/2}^{l/2} = \frac{\lambda}{12} l^3 = \frac{M}{12} l^2 \quad \left(k_x = \frac{l}{2\sqrt{3}} \right) \tag{11.104}$$

$$I_y = I_x = \frac{M}{12} l^2 \quad \left(k_y = \frac{l}{2\sqrt{3}} \right) \tag{11.105}$$

である．回転半径を（　）内に示した（以下同様）．なお，棒の太さを無視しているので

$$I_z = 0 \qquad (k_z = 0) \tag{11.106}$$

である．

（2） 2辺が a, b，質量が M の長方形の板の，中央を通り面に垂直な軸および辺に平行な軸のまわりの慣性モーメント

図11.23のように質量中心を原点とする座標軸を定める．厚さを無視すると，面密度は $\sigma = M/ab$ である．

$$I_x = \int y^2 \sigma \, \mathrm{d}S = \sigma \int_{-a/2}^{a/2} \int_{-b/2}^{b/2} y^2 \, \mathrm{d}x \, \mathrm{d}y = \sigma \int_{-a/2}^{a/2} \mathrm{d}x \int_{-b/2}^{b/2} y^2 \, \mathrm{d}y$$

$$= \sigma [x]_{-a/2}^{a/2} \left[\frac{y^3}{3} \right]_{-b/2}^{b/2} = \frac{\sigma a b^3}{12} = \frac{M}{12} b^2 \quad \left(k_x = \frac{b}{2\sqrt{3}} \right) \tag{11.107}$$

$$I_y = \frac{M}{12} a^2 \quad \left(k_y = \frac{a}{2\sqrt{3}} \right) \tag{11.108}$$

よって定理2より

$$I_z = I_x + I_y = \frac{M}{12}(a^2 + b^2) \quad \left(k_z = \frac{\sqrt{a^2+b^2}}{2\sqrt{3}} \right) \tag{11.109}$$

である．

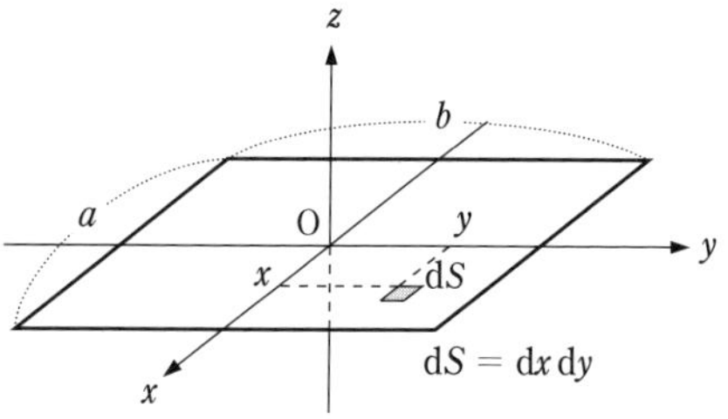

図 11.23

（3） 3辺が a, b, c，質量が M の直方体の，中心を通り各辺に平行な軸のまわりの慣性モーメント

図11.24のように質量中心を原点とする座標軸を定める．密度は $\rho = M/abc$ である．

$$I_z = \int (x^2 + y^2) \rho \, \mathrm{d}V = \rho \left(\int x^2 \, \mathrm{d}V + \int y^2 \, \mathrm{d}V \right)$$

$$= \rho \left(\int_{-a/2}^{a/2} x^2 \, \mathrm{d}x \int_{-b/2}^{b/2} \mathrm{d}y \int_{-c/2}^{c/2} \mathrm{d}z + \int_{-a/2}^{a/2} \mathrm{d}x \int_{-b/2}^{b/2} y^2 \, \mathrm{d}y \int_{-c/2}^{c/2} \mathrm{d}z \right)$$

$$= \rho \left(\frac{a^3 bc}{12} + \frac{ab^3 c}{12} \right) = \frac{M}{12}(a^2 + b^2) \quad \left(k_z = \frac{\sqrt{a^2+b^2}}{2\sqrt{3}} \right) \tag{11.110}$$

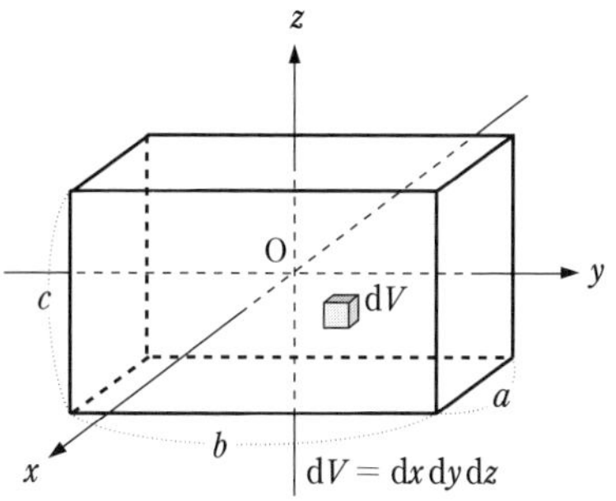

図 11.24

同様に

$$I_x = \frac{M}{12}(b^2+c^2) \qquad \left(k_x = \frac{\sqrt{b^2+c^2}}{2\sqrt{3}}\right) \tag{11.111}$$

$$I_y = \frac{M}{12}(c^2+a^2) \qquad \left(k_y = \frac{\sqrt{c^2+a^2}}{2\sqrt{3}}\right) \tag{11.112}$$

である．$c \gg a, b$ とすると z 方向に長い棒になるが，(11.111) で c に対して b を無視すれば，確かに (11.104) で $l = c$ とおいたものになる．また $c \ll a$, b とすると平板になるが，(11.111)，(11.112) で a, b に対して c を無視すれば，確かに (11.107)，(11.108) になる．また，(11.109) と (11.110) を比べると，**軸方向の厚さは慣性モーメントの関数形には影響しない**こともわかる．ただし，**慣性モーメントの値自体は質量 M を通じて軸方向の厚さに比例する．**

（4） 質量 M の細い線でできた半径 a の円形の輪の，中心を通る軸のまわりの慣性モーメント

図 11.25 のように質量中心を原点とする座標軸を定める．太さを無視する近似で考えると，線密度は $\lambda = M/2\pi a$ である．

$$\begin{aligned} I_z &= \oint a^2 \lambda\, \mathrm{d}l = \int_0^{2\pi} \lambda a^3\, \mathrm{d}\varphi = \lambda a^3 [\varphi]_0^{2\pi} \\ &= 2\pi\lambda a^3 = Ma^2 \qquad (k_z = a) \end{aligned} \tag{11.113}$$

であり，定理 2 より

$$I_x = I_y = \frac{I_z}{2} = \frac{M}{2}a^2 \qquad \left(k_x = k_y = \frac{a}{\sqrt{2}}\right) \tag{11.114}$$

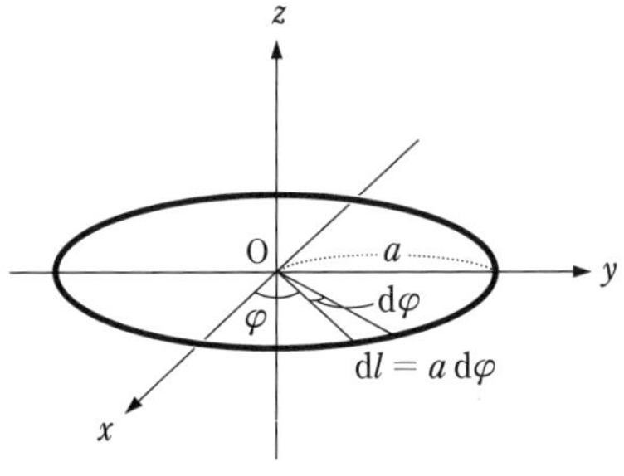

図 11.25

である．$k_z = a$ であることから，§11.1 の最後に述べた回転半径の意味が確認できる．

（5） 質量 M で半径 a の薄い円板の，中心を通る軸のまわりの慣性モーメント

図 11.26 のように質量中心を原点とする座標軸を定める．厚さを無視すると，面密度は $\sigma = M/\pi a^2$ である．よって

$$I_z = \int \xi^2 \sigma \, \mathrm{d}S = \sigma \int_0^a \xi^3 \, \mathrm{d}\xi \int_0^{2\pi} \mathrm{d}\varphi = \sigma \left[\frac{\xi^4}{4} \right]_0^a [\varphi]_0^{2\pi}$$

$$= \frac{\pi \sigma a^4}{2} = \frac{M}{2} a^2 \qquad \left(k_z = \frac{a}{\sqrt{2}} \right) \tag{11.115}$$

であり，定理 2 より

$$I_x = I_y = \frac{I_z}{2} = \frac{M}{4} a^2 \qquad \left(k_x = k_y = \frac{a}{2} \right) \tag{11.116}$$

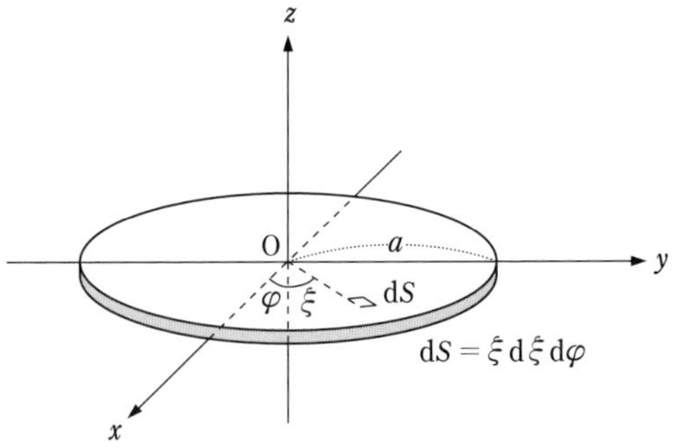

図 11.26

である．

（6） 質量 M で半径 a，高さ l の直円柱の，中心を通る軸のまわりの慣性モーメント

図 11.27 のように質量中心を原点とする座標軸を定める．密度は $\rho = M/\pi a^2 l$ である．

$$I_z = \int \xi^2 \rho \, \mathrm{d}V = \iiint \xi^2 \cdot \rho \xi \, \mathrm{d}\xi \, \mathrm{d}\varphi \, \mathrm{d}z$$

$$= \rho \int_0^a \xi^3 \, \mathrm{d}\xi \int_0^{2\pi} \mathrm{d}\varphi \int_{-l/2}^{l/2} \mathrm{d}z$$

$$= \frac{1}{2} \pi \rho l a^4 = \frac{M}{2} a^2 \qquad \left(k_z = \frac{a}{\sqrt{2}} \right) \tag{11.117}$$

である．これを (11.115) と比べると，この場合も，z 軸方向の長さ l は慣性モーメント I_z の関数形には影響しない．ただし，その値は質量 M を通じて l に比例する．

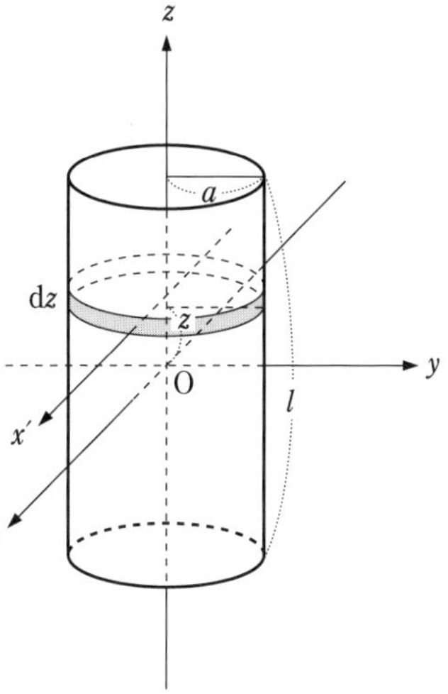

図 11.27

I_x は次のようにすれば求めることができる．まず $z = z \sim z + \Delta z$ の薄い円板を考える．この円板の質量は $\Delta M = (\Delta z/l)M$ である．この円板の中心を通り x 軸に平行な軸 x' のまわりの慣性モーメントを $\Delta I_{x'}$ と書くと，(11.116) より

$$\Delta I_{x'} = \frac{1}{4} \frac{M \, \Delta z}{l} a^2 \tag{11.118}$$

である．この円板の x 軸のまわりの慣性モーメントは，定理 1 を使って

$$\Delta I_x(z) = \Delta I_{x'} + \frac{M \, \Delta z}{l} z^2 = \frac{M}{l} \left(\frac{a^2}{4} + z^2 \right) \Delta z \tag{11.119}$$

である．したがって，円柱を xy 面に平行に輪切りして n 個の薄板に分けて計算することができ，

$$I_x = \lim_{n \to \infty} \sum_{i=1}^{n} \frac{M}{l} \left(\frac{a^2}{4} + {z_i}^2 \right) \Delta z_i = \int_{-l/2}^{l/2} \frac{M}{l} \left(\frac{a^2}{4} + z^2 \right) \mathrm{d}z$$

$$= \frac{M}{l} \left[\frac{a^2}{4} z + \frac{z^3}{3} \right]_{-l/2}^{l/2} = \frac{M}{l} \left(\frac{a^2 l}{4} + \frac{l^3}{12} \right)$$

$$= \frac{M}{4}\left(a^2 + \frac{l^2}{3}\right) \qquad \left(k_x = \frac{1}{2}\sqrt{a^2 + \frac{l^2}{3}}\right) \tag{11.120}$$

$$I_y = I_x \qquad (k_y = k_x) \tag{11.121}$$

である．ここで，$a \ll l$ であれば細長い棒になるが，(11.120) で l に対して a を無視すると，確かに (11.104) になる．また，$a \gg l$ であれば薄い円板になるが，(11.120) で a に対して l を無視すれば，確かに (11.116) になる．

演習問題11

[A]

***1*．** 次のような形の板の質量中心の位置を求めよ．

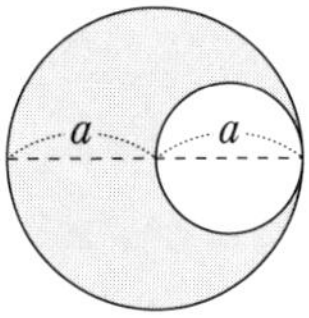

***2*．** 壁に次のようなものが取り付けられている．ひもから受ける力 $\boldsymbol{S}$ と，壁と金具からの抗力 $\boldsymbol{R}$ の壁の面に平行な分力 $\boldsymbol{F}$ と垂直分力 $\boldsymbol{N}$ の大きさを求めよ．

(a) 金具とひもで図 ① のように支えた高さ a，質量 M の額縁

(b) L 字形の金具と 2 本のひもで図 ② のように支えた奥行 a，質量 M の棚

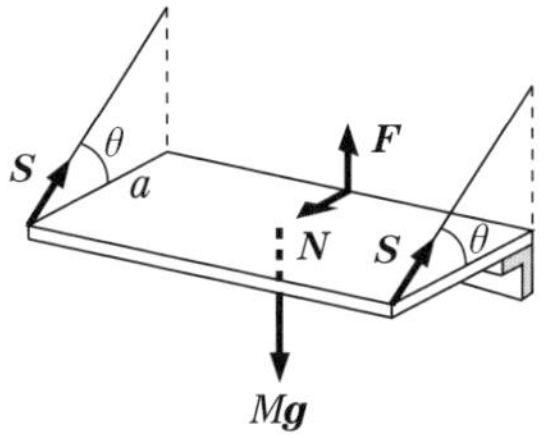

②

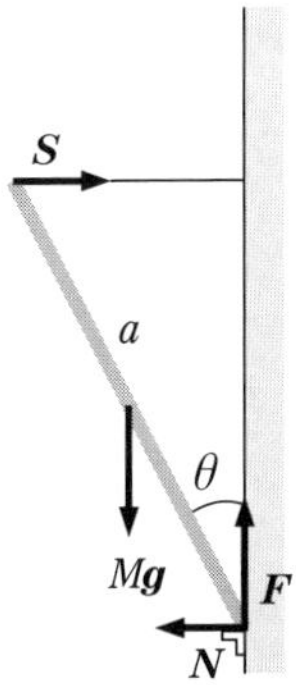

①

***3*．** 長い棒の重心を求める方法に次のようなものがある．すなわち，その棒の両端を両手の人差し指の上にのせてゆっくり指を近づける．最終的に左右の指が接した位置がほぼ重心の位置である．この方法の原理を説明せよ．

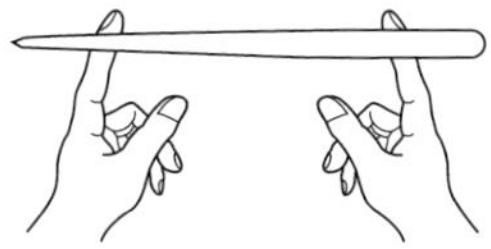

4. 質量が M で，外半径 a，内半径 b，長さ l の円筒の，中心軸のまわりの慣性モーメント I と回転半径 k を求めよ．

5. 質量 M で半径 a，長さ l の円筒の軸に平行で側面に接している軸のまわりの慣性モーメントを求めよ．

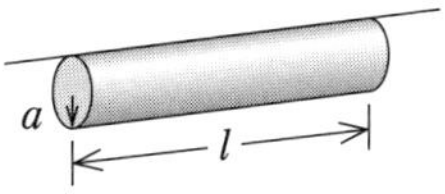

6. 長さ a の質量を無視できる棒の両端に，質量 m_1, m_2 のおもりがついている（2原子分子のモデル）．おもりの大きさを無視して，質量中心を通り棒に垂直な軸のまわりの慣性モーメントを求めよ．

7. 図 11.15 のような「てこの原理実験器」では，つり合いは棒が水平の場合のみに起きることを示せ．

[B]

8. 一様な密度 ρ の材質でできた，次の形のものの質量と質量中心を求めよ．

(a) 厚さ t，中心角 2α，半径 a の扇形の板

(b) 半径 a の半球

(c) 半径 a，厚さ $t\,(\ll a)$ の半球殻

(d) 底面の半径 a，高さ h の直円錐

9. 天井からつるした長さ l の糸の先に，長さ L で質量が M の棒がつながれている．棒の他端に別の糸をつけ，その糸が水平になるようにしながら力 F で引いた．つり合った状態で糸および棒が鉛直面となす角 α, β を求めよ．

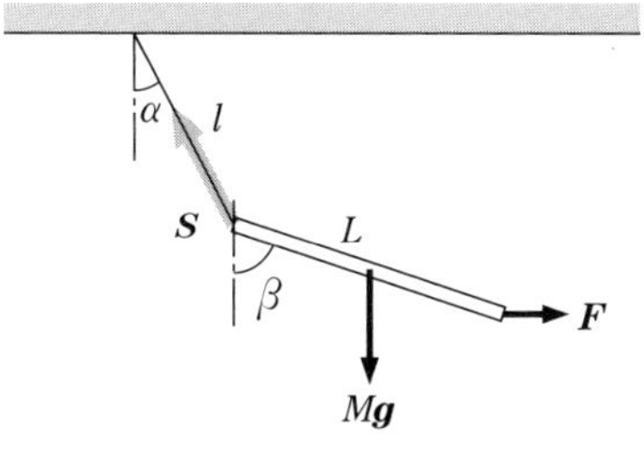

10. 半径 a で質量 M の球の中心を通る軸のまわりの慣性モーメントと，表面に接する軸のまわりの慣性モーメントを求めよ．

12

剛体の運動の例

§12.1 実体振り子

前章で固定軸をもつ剛体の運動を一般的に考えたが，その例として実体振り子を解析しよう．なお，実例を扱う本章では，日常語に合わせて質量中心のことを重心と呼ぶことにする．実体振り子とは，**水平な固定軸でつるされて，重力だけで自由に振動する剛体**である．図12.1のように水平な固定軸を z 軸にとり，z 軸と重心を含む鉛直面の交点を原点にとる．その鉛直面内に，x 軸を鉛直下向きに，y 軸を水平にとる．固定軸のまわりの運動だから，前章で学んだように，運動方程式(11.90)

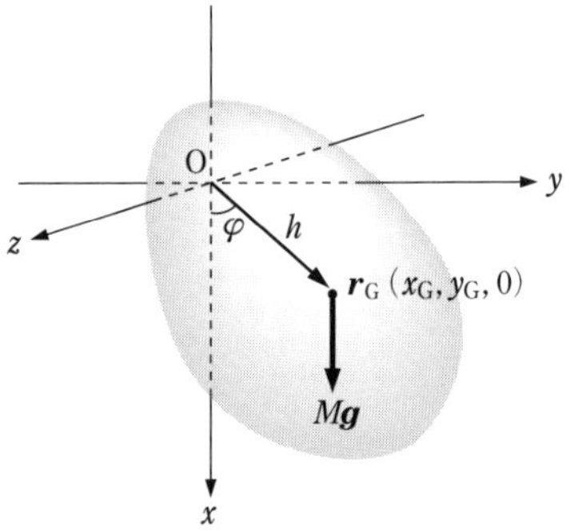

図 12.1

$$I_z\ddot{\varphi} = N_z \tag{12.1}$$

で記述できる．I_z は固定軸のまわりの慣性モーメント(11.88)，N_z は原点のまわりの外力のモーメント(11.60)の z 成分である．原点が軸上にあるため，軸の垂直抗力の N_z への寄与は0であるから，重力ののモーメント(11.61)のみを考えればよい．よって

$$N_z = [\boldsymbol{r}_{\mathrm{G}} \times M\boldsymbol{g}]_z = [\boldsymbol{r}_{\mathrm{G}} \times Mg\boldsymbol{e}_x]_z \tag{12.2}$$

である．φ は図12.1に示されている重心の偏角座標である．重心のデカルト座標を$(x_{\mathrm{G}}, y_{\mathrm{G}}, z_{\mathrm{G}})$，円筒座標を$(h, \varphi, z_{\mathrm{G}})$とすると

$$N_z = M(x_{\mathrm{G}}g_y - y_{\mathrm{G}}g_x) = -y_{\mathrm{G}}Mg = -Mgh\sin\varphi \tag{12.3}$$

である．

$$h=\sqrt{{x_{\mathrm{G}}}^2+{y_{\mathrm{G}}}^2} \tag{12.4}$$

は，z 軸から重心までの距離である．(12.3) を (12.1) に代入すると，

$$I_z\ddot{\varphi}=-Mgh\sin\varphi \tag{12.5}$$

が得られる．振動の振幅が小さく $\varphi\ll 1$ のときは，近似的に

$$I_z\ddot{\varphi}=-Mgh\varphi \quad \text{（法則）} \tag{12.6}$$

となる．これは，(4.5) と同じ形の方程式だから，単振動の解

$$\varphi(t)=A\cos(\omega t+\alpha) \tag{12.7}$$

をもつ．ただし

$$\omega=\sqrt{\frac{Mgh}{I_z}} \tag{12.8}$$

で，振幅 A と初期位相 α は初期条件から決まる定数である．実体振り子はこの角振動数 ω，つまり周期

$$T=\frac{2\pi}{\omega}=2\pi\sqrt{\frac{I_z}{Mgh}}=2\pi\frac{k_z}{\sqrt{gh}} \tag{12.9}$$

の単振動をする．k_z はこの剛体の，固定軸のまわりの回転半径である．

念のためつけ加えると，(12.7) の $\varphi(t)$ は，単振り子の場合 (6.60) と同じく振動の振れの角で，刻々変化する時間微分 $\dot{\varphi}\,(=-A\omega\sin(\omega t+\alpha))$ は角振動数（定数）ω とは別の量である．

(1) 相当単振り子の長さ

§6.3 の (6.63) に示したように，長さ l の単振り子の周期は，$2\pi\sqrt{l/g}$ であるから，与えられた実体振り子と同じ周期で振動する単振り子の長さを l_{E} とすると

$$T=2\pi\sqrt{\frac{l_{\mathrm{E}}}{g}} \tag{12.10}$$

である．これが (12.9) に等しいので

$$l_{\mathrm{E}}=\frac{I_z}{Mh}=\frac{{k_z}^2}{h} \quad \text{（定義）} \tag{12.11}$$

である．l_E を実体振り子の**相当単振り子の長さ**という．重心を通り z 軸に平行な軸のまわりの慣性モーメントを I_G とすると，前章の定理 1 より

$$I_z = I_G + Mh^2 \tag{12.12}$$

だから

$$l_E = \frac{I_G + Mh^2}{Mh} = \frac{I_G}{Mh} + h = \frac{{k_G}^2}{h} + h \tag{12.13}$$

とも書ける．k_G は，**重心を通り z 軸に平行な軸のまわりの回転半径**である．

問 1　3 辺の長さが $a, b, l\ (a, b \ll l)$ である直方体の剛体棒の端 A に，長さ a の辺に平行に軸をつけた実体振り子（図 12.2）の相当単振り子の長さを求めよ．

解　重心を通りこの軸に平行な軸のまわりの慣性モーメントと回転半径は（(11.110) 参照）

$$I_G = \frac{M}{12}(a^2 + l^2) \approx \frac{Ml^2}{12},$$

$$k_G = \sqrt{\frac{a^2 + l^2}{12}} \approx \frac{l}{2\sqrt{3}} \tag{12.14}$$

(12.13) より

$$l_E \approx \frac{l^2}{12h} + h \tag{12.15}$$

であるが，A を通る軸に対しては $h = l/2$ だから，

$$l_E \approx \frac{l^2}{6l} + \frac{l}{2} = \frac{2}{3}l \tag{12.16}$$

である．つまり，この実体振り子の周期は長さ $(2/3)l$ の単振り子の周期にほぼ等しい．

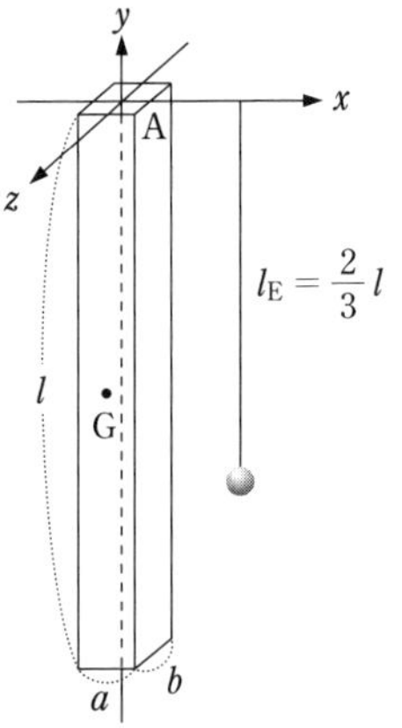

図 12.2

単振り子の周期は糸の長さだけで決まっていたが，実体振り子の周期は，剛体の形と軸の位置で変わる．ここで，ある決まった形の剛体に，決まった向きの軸をつけた実体振り子の，軸の位置による周期の変化を調べてみよう．周期は相当単振り子の長さ l_E を用いて (12.10) から計算できるから，(12.13) を調べれば軸の位置による周期の変化がわかる．l_E を軸の重心からの距離 h に対して描くと図 12.3 のようになる．h は軸が剛体の端 ($h = h_A$) にあるときが最も大きく，そこからしだいに重心に近づけると，l_E はまず小さくなり周期が短くなるが，あるところで極小になる．それは

$$\frac{\mathrm{d}l_{\mathrm{E}}}{\mathrm{d}h} = -\frac{k_{\mathrm{G}}^2}{h^2}+1 = 0 \quad (12.17)$$

より

$$h = k_{\mathrm{G}} \quad (12.18)$$

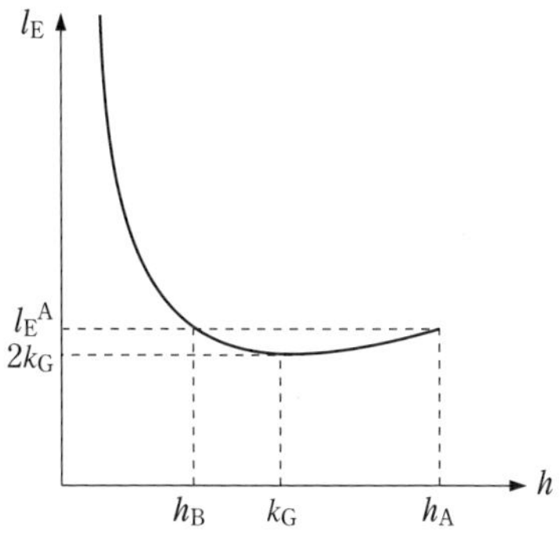

図 12.3

のときで，このとき $l_{\mathrm{E}} = 2k_{\mathrm{G}}$ である．軸がさらに重心に近づくと，l_{E} は急に大きくなり，周期も長くなる．軸が重心の位置にくると $h = 0$ だから $l_{\mathrm{E}} \to \infty$ で周期も無限大，つまり実体振り子は静止状態か一方向の回転を続け，もはや振動しない．これは重心を通る軸で支えると剛体はどの姿勢でもつり合いの位置にあるので当然である．

図 12.3 からわかるように，$h_{\mathrm{B}} \leqq h \leqq h_{\mathrm{A}}$ の範囲では，$h = k_{\mathrm{G}}$ の場合を除き，同じ l_{E}（したがって同じ周期）を与える軸の位置が 2 か所存在する．これは，(12.13) が h についての 2 次方程式

$$h^2 - l_{\mathrm{E}}h + k_{\mathrm{G}}^2 = 0 \quad (12.19)$$

と同等だから，その 2 実数解に対応している．ただし，h には最大値（図 12.3 では h_{A}）が存在するから，$l_{\mathrm{E}} > l_{\mathrm{E}}{}^{\mathrm{A}}$ に対しては，h が 1 個だけになる．

たとえば問 1 で計算した角柱の場合について，$l_{\mathrm{E}} = l_{\mathrm{E}}{}^{\mathrm{A}}$ を与えるもうひとつの h，すなわち h_{B} を求めてみよう．(12.15) に (12.16) を代入した

$$\frac{l^2}{12h}+h \approx \frac{2}{3}l \quad (12.20)$$

を解いて

$$h \approx \frac{l}{2}, \frac{l}{6} \quad (12.21)$$

だから，$h_{\mathrm{B}} \approx l/6$ である（$l/2$ は h_{A}）．よって点 B の点 A からの距離は $l/2+l/6 = 2l/3$ である．つまり，図 12.4 のように点 A から l_{E} だけ離れた点 B に軸を通すと，点 A の場合と同じ周期で振動する．

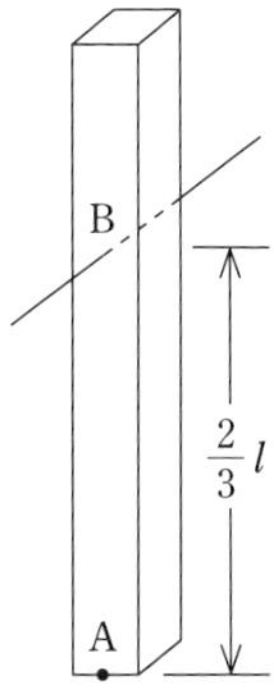

図 12.4

(2) メトロノーム

実体振り子の軸が重心に近づくにつれて周期が長くなることを巧妙に利用した装置が，音楽の練習に使われるメトロノームである．ただしメトロノームでは，形が決まった剛体の固定軸の位置を動かすのではなく，軸の位置は固定したままで剛体の形を変えて，重心の位置を動かしている．その構造を見ると，図 12.5 のように，細い板状の金属棒の下端におもり A がついており，おもりからあまり離れていない位置に軸 C があってそのまわりに振動する．板状金属棒それには第 2 のおもり B がついている．このおもり B をスライドすることで，金属棒と 2 個のおもりからなる剛体の形が変わり，重心 G の位置，したがって軸 C と重心 G との距離 h が変化する．

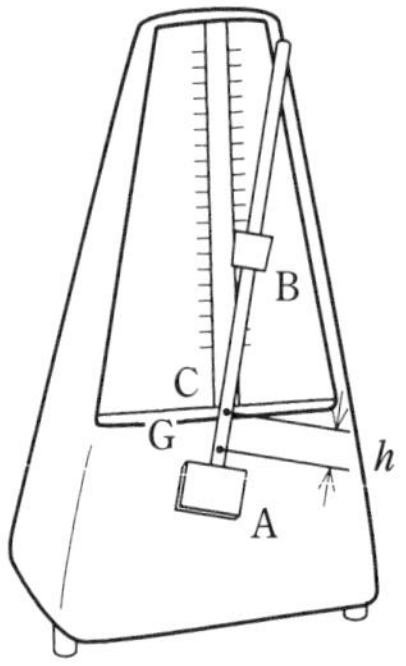

図 12.5

おもり B はおもり A より質量が十分小さくつくられており，重心は常に軸 C の下側（おもり A の側）にある．通常のメトロノームでは，おもりが一番下に下げられたときの周期は♩＝200 程度である．これは 4 分音符を 1 分間に 200 拍打つ速い拍子を意味するが，メトロノームを使うときは，半周期を 1 拍に対応させるので，物理学的な定義の周期は，$T = 60\,\mathrm{s}/100 = 0.6\,\mathrm{s}$ である．よってこのときの相当単振り子の長さは，(12.10) より $l_{\mathrm{E}} = 0.089\,\mathrm{m}$ である．おもり B を上にスライドして♩＝60 のところにもってくると，周期は $T = 60\,\mathrm{s}/30 = 2\,\mathrm{s}$ であり，相当単振り子の長さは $l_{\mathrm{E}} = 0.99\,\mathrm{m}$ である．

この傾向は (12.11) から理解できる．おもり B を上に上げると，軸 C のまわりの慣性モーメント I_z が大きくなる．同時に，重心が上に上がり C に近づくので h が小さくなる．この 2 つの効果のために l_{E} が急に長くなり，T が急速に大きくなるのである．おもり B を上端付近にもってくると，周期は非常に大きくなるが，これは，このときの重心の位置が軸 C のすぐ近くにきて，$h \to 0$ となり，したがって $T \to \infty$ となるからである．このように，単振り子では糸を非常に長くしなければ実現できない周期が，メトロノームでは，わずか 20 cm そこそこの実体振り子で実現されている．

§12.2 剛体の平面運動

剛体の単純な運動のもうひとつの例として，**平面運動**を考えよう．平面運動とは，剛体のすべての点が，ある平面に平行にのみ動くような運動である．前節で学んだ実体振り子の運動も，すべての点が固定軸（z 軸）に垂直な面（xy 面）に常に平行に動くから，平面運動に属する．

本節では，固定軸のない平面運動を考える．この場合は，運動を重心の並進運動と重心のまわりの回転運動に分けて考えると，重心は平面運動（自由度最大 2）をして，重心のまわりの回転は重心を通りその面に垂直な軸のまわりの回転（自由度 1）になる．よって自由度は最大 3 である．並進運動の方程式は，剛体の質量を M，重心の座標を $\boldsymbol{r}_{\mathrm{G}}$，外力の和を $\boldsymbol{F}$ とすると

$$M\ddot{\boldsymbol{r}}_{\mathrm{G}} = \boldsymbol{F} \tag{12.22}$$

である．また，重心のまわりの回転に関する運動方程式は，重心のまわりの角運動量に対する運動方程式（11.65）から得られる．重心のまわりの角運動量の大きさを L'，重心を通る回転軸のまわりの慣性モーメントを I_{G}，回転角を φ，外力のモーメント $\boldsymbol{N}$ の回転軸方向の成分を $N_{/\!/}$ とすると，（11.87）と同様にして

$$L' = I_{\mathrm{G}}\dot{\varphi} \tag{12.23}$$

を示すことができるから，

$$\dot{L}' = N_{/\!/} \quad \longrightarrow \quad I_{\mathrm{G}}\ddot{\varphi} = N_{/\!/} \tag{12.24}$$

である．

斜面を転がる円柱（円筒）

円柱または円筒が斜面を転がる運動も平面運動である．なぜなら軸の向きは一定だから，すべての点は，常に，軸に垂直な面（鉛直面）に平行に運動しているからである．

円柱または円筒が，滑らずに転がる場合と，摩擦なしに滑り落ちる場合とでは，どちらが速いであろうか．結論からいうと，滑るほうが速い．転がるほうが速いような気がするかもしれないが，それは，転がる場合と“摩擦を伴って”滑る場合を無意識に比較しているために起こる錯覚である．

図 12.6 のように半径 a，質量 M で，中心軸のまわりの慣性モーメントが

I_Gの密度が一様な材質でできた円柱または円筒が，傾斜 θ の斜面を滑らずに転がり降りる場合を解析しよう．円柱にかかっている力は，重力 $M\boldsymbol{g}$ と，斜面との接点で斜面から受けている垂直抗力 $\boldsymbol{N}$ と，滑っていないので斜面に沿って上向きにかかる静止摩擦力 $\boldsymbol{F}'$ である．運動の自由度は2で，中心軸のまわりの回転角 φ と，斜面に沿って重心が移動した距離 x で円柱内のすべての点位置を完全に指定できる．

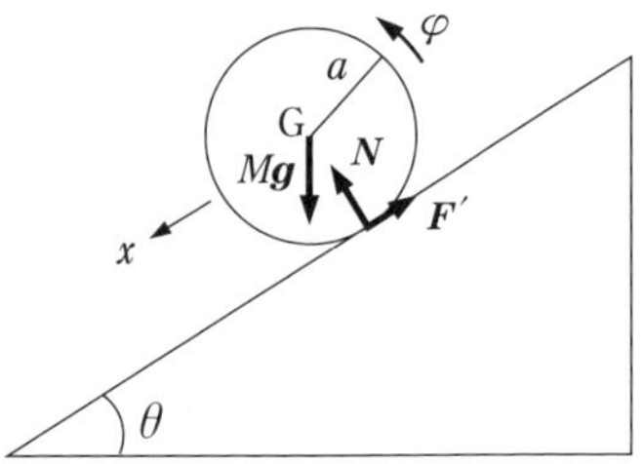

図 12.6

まず，外力による重心の運動に関する方程式(12.22)の，斜面に沿った成分は，x の正の向きを図12.6に示すようにとると，

$$M\ddot{x} = Mg\sin\theta - F' \tag{12.25}$$

である．斜面の垂直抗力 $\boldsymbol{N}$ は，重力の斜面に垂直な成分とつり合った束縛力だから考えなくてよい．また中心軸のまわりの回転に対する方程式(12.24)は

$$I_G\ddot{\varphi} = aF' \tag{12.26}$$

である．(12.25)では運動を妨げる働きをしている静止摩擦力 $\boldsymbol{F}'$ が，(12.26)では回転の駆動力になっている．このままでは未知数が x, φ, F の3個あるので，解くためにはもう1つの式が必要であるが，それは，滑らずに回転していることを表現する関係式

$$x = a\varphi \tag{12.27}$$

で与えられる．中心軸が斜面に沿って進んだ距離は，斜面と円柱の接触点の移動距離に等しいからである．ただし，$t=0$ で $x=0$，$\varphi=0$ とした．(12.25)と(12.26)から F' を消去して，(12.27)を利用すると

$$M\ddot{x} = Mg\sin\theta - \frac{I_G}{a}\ddot{\varphi} = Mg\sin\theta - \frac{I_G}{a^2}\ddot{x} \tag{12.28}$$

より

$$\left(M + \frac{I_G}{a^2}\right)\ddot{x} = Mg\sin\theta \tag{12.29}$$

である．ここで中心軸のまわりの回転半径を k と書くと

$$I_G = k^2 M \tag{12.30}$$

だから

$$\ddot{x} = \frac{g \sin \theta}{1+(k/a)^2} \tag{12.31}$$

である．つまり，**円柱または円筒が滑らずに転がり降りるとき，その重心は (12.31) で与えられる加速度の等加速度運動をする．**

一方，この円柱または円筒が斜面を転がらずに滑り降りる場合の，重心の並進運動の加速度は，質点の場合と同様で

$$\ddot{x} = g \sin \theta \tag{12.32}$$

である．

(12.31) と (12.32) を比べると，転がるときの並進運動の加速度は滑る場合よりは小さいことがわかる．斜面を下るときのポテンシャル・エネルギーの減少が，滑る場合にはすべて並進運動のエネルギーになるが，転がる場合には並進運動のエネルギーと回転運動のエネルギーに分配されているからである．

並進加速度 (12.31) は回転半径 k と外径 a の比だけで決まるから，一様につまった円柱や厚さを無視できる薄い同筒の場合，材質や外径や長さには関係しない．では，円柱の場合と中空の薄い円筒では，どちらが速く転がるだろうか．まず円柱の場合は (11.117) より

$$\frac{k}{a} = \frac{1}{\sqrt{2}} \tag{12.33}$$

だから，(12.31) に代入して

$$\ddot{x} = \frac{2}{3} g \sin \theta \tag{12.34}$$

である．一方，半径 a の薄い円筒の場合は，回転半径の意味を考えると，(11.113) と同様に

$$k = a \tag{12.35}$$

だから

$$\ddot{x} = \frac{1}{2} g \sin \theta \tag{12.36}$$

である．このように，薄い円筒の場合の加速度は，円柱の場合の 3/4 である．

§12.3 打撃の中心

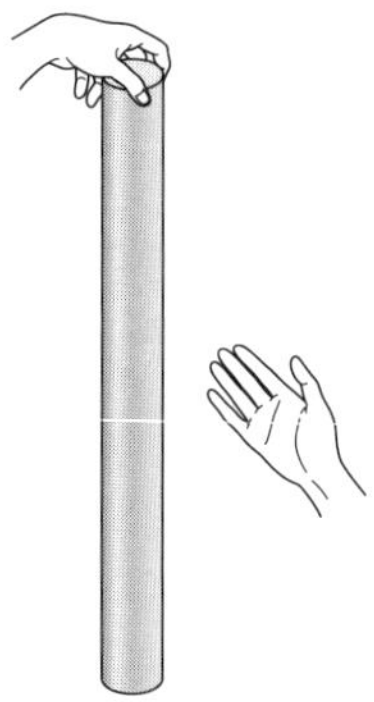

図 12.7

野球の打撃の「快心の当たり」や，テニスの「気持ちのよいショット」は，バットの「真芯」やラケットの「スイート・スポット」にボールが当たったときに生じるといわれる．バットやラケットにそのような点があるのだろうか．以下で学ぶように，それらは決まった点ではなく，プレーヤーがバットやラケットのどこを握っているかで微妙に位置が変わる．

まず，次のような実験をしてみよう．図 12.7 のように，長い棒の上端を指ではさんでつり下げ，反対側の手でいろいろな高さの点を水平に打つ．上のほうを打つと，力の向きに手からはずれる．しかし，最下点付近を打つと，反対の向きにはずれる．このことから，中間の適当な高さに，そこを打っても棒がはずれない点があると予想される．実際にいろいろな高さの点を打ってみると，確かにそのような点がある．その点が，上端をグリップしたときの**打撃の中心**である．つまり，**打撃の中心とは，その点にボールが当たった瞬間にグリップの位置が動かない点である．**そのために手は衝撃を受けない．

グリップの位置が変わると打撃の中心の位置も変わる．その関係を調べよう．簡単のため，なめらかな平面上に置かれた棒に水平にボールが当たった場合を考える (図 12.8)．

考えやすいように，グリップの位置をあらかじめ指定するのではなく，指定した位置にボールが当たったときに衝撃を受けないグリップの位置をさがすことにする．剛体棒の質量を M，ボールが加えた撃力を $\boldsymbol{F}(t)$ とすると (図 12.9)，図 12.8 の点 B にボールが当たったときの重心の並進運動の方程式は

$$M\ddot{\boldsymbol{r}}_{\mathrm{G}} = \boldsymbol{F}(t) \tag{12.37}$$

である．また，重心を通り面に垂直な x 軸のまわりの慣性モーメントを I_{G} とし，重心のまわりの回転角を φ とすると，重心のまわりの回転の方程式 (12.24) は

$$I_{\mathrm{G}}\ddot{\varphi} = bF(t) \tag{12.38}$$

である．ただし，

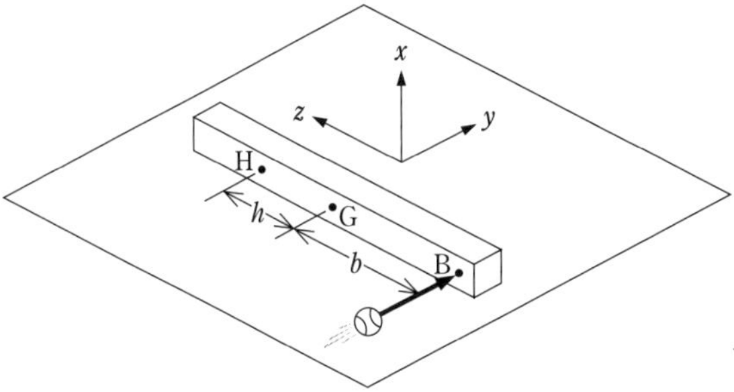

図 12.8

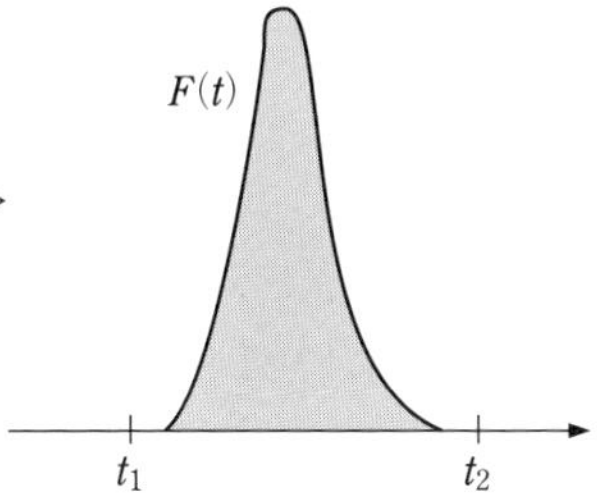

図 12.9

$$b = |\boldsymbol{r}_{\mathrm{B}} - \boldsymbol{r}_{\mathrm{G}}| \tag{12.39}$$

で，$\boldsymbol{F}(t)$ は棒の長さ方向の軸に垂直であるとした．$\boldsymbol{F}(t)$ の関数形はわからないが，(12.37) と (12.38) を，ボールが衝突する直前の時刻 t_1 から離れた直後の時刻 t_2 まで積分すると，撃力を受けた後の t_2 における重心の速度と回転の角速度の大きさは

$$\dot{\boldsymbol{r}}_{\mathrm{G}} = \frac{\boldsymbol{p}}{M}, \quad \dot{\varphi} = \frac{bp}{I_{\mathrm{G}}} \tag{12.40}$$

である．ただし

$$\boldsymbol{p} = \int_{t_1}^{t_2} \boldsymbol{F}(t)\,\mathrm{d}t, \qquad p = \int_{t_1}^{t_2} F(t)\,\mathrm{d}t \tag{12.41}$$

は，この間にボールが点 B に与えた力積とその大きさである．剛体棒はボールに当たる前は静止しており

$$\dot{\boldsymbol{r}}_{\mathrm{G}}(t_1) = 0, \qquad \dot{\varphi}(t_1) = 0 \tag{12.42}$$

であったとした．この仮定は実際にバットやラケットが使われる状況とは異なるが，打撃の瞬間に手にかかる衝撃を考えるのには差し支えない．

これからわかるように，力積 $\boldsymbol{p}$ が与えられた後の剛体は，重心が (12.40) で与えられる一定の速度 $\dot{\boldsymbol{r}}_{\mathrm{G}}$ で直線運動をしつつ，重心のまわりを一定の角速度 $\dot{\varphi}$ で回転する．もう少し詳しく見ると，並進運動の効果は剛体全体を図 12.8 の $+y$ のほうへ動かすが，回転運動の効果は重心より右の B に近い部分を $+y$ のほうへ，B から遠い部分を $-y$ のほうへ動かす．回転による動きは重心から離れる点ほど大きい．したがって，左上半分のどこかに，並進運動と回転運動が打ち消し合って，撃力が加えられている瞬間とその直後には静止したままの点 H がある．

いま，

$$|\boldsymbol{r}_{\mathrm{H}}-\boldsymbol{r}_{\mathrm{G}}| = h \tag{12.43}$$

とすると，撃力を受けた直後の棒の点 G, B, H の速度は y 成分のみで，その大きさ (速さ) は

$$v_{\mathrm{G}} = |\dot{r}_{\mathrm{G}}| = \frac{p}{M} \tag{12.44}$$

$$v_{\mathrm{B}} = v_{\mathrm{G}}+b\dot{\varphi} = \frac{p}{M}+b\dot{\varphi} \tag{12.45}$$

$$v_{\mathrm{H}} = v_{\mathrm{G}}-h\dot{\varphi} = \frac{p}{M}-h\dot{\varphi} \tag{12.46}$$

である．これらは大きさではなく成分なので正負の値をとり得る．$v_{\mathrm{B}}, v_{\mathrm{G}}$ は常に正であるが，v_{H} は 0 や負になる可能性がある．$v_{\mathrm{H}}=0$ になるような h の大きさは，重心を通り面に垂直な x 軸のまわりの回転半径 $k_{\mathrm{G}}=\sqrt{I_{\mathrm{G}}/M}$ を用いて

$$h = \frac{p}{M\dot{\varphi}} = \frac{I_{\mathrm{G}}}{Mb} = \frac{{k_{\mathrm{G}}}^2}{b} \tag{12.47}$$

と表せる．つまり，**点 B に撃力を受けたときにほとんど動かない点は重心から ${k_{\mathrm{G}}}^2/b$ だけ離れた位置である．**

このように，剛体のある位置に撃力が加わったときに，(その瞬間は) 動かない点がわかれば，逆にバットやラケットのグリップ位置 H を決めたとき，どこにボールを当てれば手に衝撃を感じないかという問題の解は，(12.47) を b について解けばただちに得られ，

$$b = \frac{I_{\mathrm{G}}}{Mh} = \frac{{k_{\mathrm{G}}}^2}{h} \tag{12.48}$$

である．つまり，バットやラケットの重心から h だけ離れた位置を握って打つときは，重心をはさんで反対側の，重心から ${k_{\mathrm{G}}}^2/h$ だけ離れた位置にボールを当てれば，手に衝撃を感じない．この点がそのグリップ位置に対応する打撃の中心，すなわちバットの「真芯」，または「スイート・スポット」といわれる点である．

問 2　図 12.8 のような密度が一様な角棒の，(少々非現実的であるが) 一番端をグ

リップしたときの打撃の中心の位置を求めよ．

解　(12.14) を (12.48) に代入して

$$b = \frac{l^2/12}{h} = \frac{l^2/12}{l/2} = \frac{l}{6} \tag{12.49}$$

だから，棒の端から打撃中心までの距離は

$$h+b = \frac{l}{2}+\frac{l}{6} = \frac{2l}{3} \tag{12.50}$$

で，相当単振り子の長さ l_E (12.16) に等しい．

§12.4　バットやラケットを振る

剛体の平面運動についての解析をさらに進めて，野球のバットやゴルフのクラブ，テニスのラケット，剣道の竹刀や木刀などの振り方を力学的に考えてみよう．簡単のために，図 12.10 のような，断面が $d\times d$ の正方形で，長さが l，質量が M の一様な角棒で考える．$d \ll l$ として計算する．重心を通り棒の軸に垂直な軸（図 12.10 の x 軸または y 軸）のまわりの慣性モーメント I_G は (11.105) である．この棒を持って振り回すのに，力を加える位置と方向で効果がどのようにちがうかをまず明らかにする．一定の力を加えた場合の力の効果を比較するには，バットの重心や注目する点が得る加速度を目安にすれば十分である．上手なスイングは図 12.11 のようにスイング面と呼ばれる平面内でバットが動くので，（人間の腕の関節構造のために生じる棒の軸のまわりの

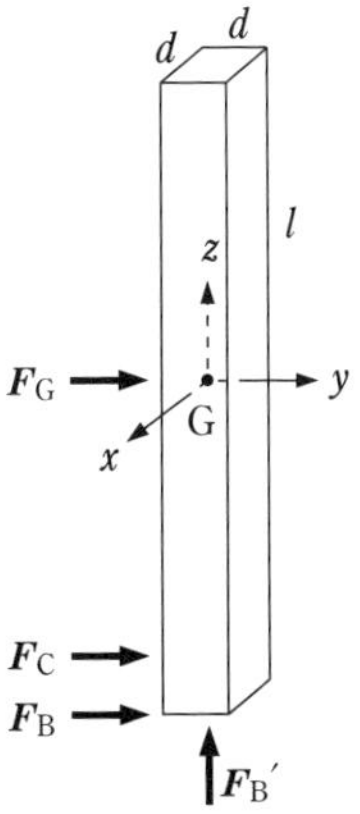

図 12.10

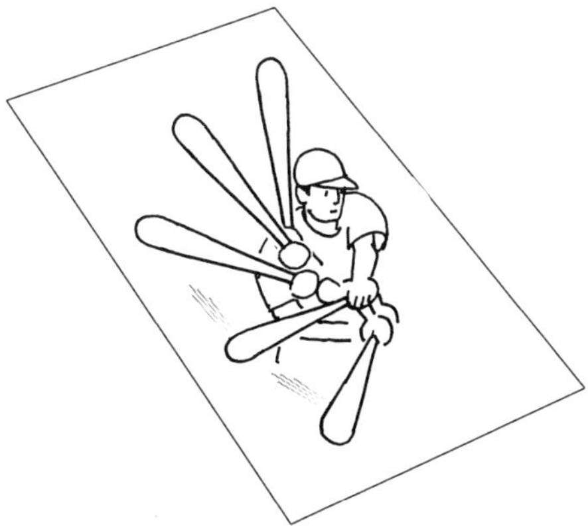

図 12.11

緩やかな回転を無視すると）剛体の平面運動として扱ってよい．よって，本質を理解するために，§12.3と同じように，なめらかで水平な面上に置かれた棒を用いて解析する．そうすると，使うべき方程式はやはりここでも(12.22)と(12.24)である．

（1） 典型的な力の加え方と棒の運動

（i） まず，棒の重心Gの位置を握って，棒の軸に垂直な y 方向に一定の力 $\boldsymbol{F}_{\mathrm{G}}$ を加えた場合を考える（図12.10）．この力は重心のまわりのモーメントをもたないから，棒は回転せずに y の正の向きに並進運動を始める．$\boldsymbol{F}_{\mathrm{G}}$ の大きさを F とすると，並進運動の加速度の大きさ a は，

$$a=\frac{F}{M} \tag{12.51}$$

である．実際の野球やテニスのスイングでは重心の位置をグリップすることはないが，以下に考えるいろいろな場合の力の効果を，この場合の加速度を基準として比較する．（バトン・トワリングや棒術・杖術などの武術では重心付近を持つこともある．本節の考察はそれらにも適用できる．）

（ii） 次に，同じく y 方向の力 $\boldsymbol{F}_{\mathrm{B}}$ を棒の端に加えてみよう（図12.10）．(12.51)と比べやすいように $\boldsymbol{F}_{\mathrm{B}}$ の大きさはやはり F であるとする．この場合は，前節で学んだとおり（ただし前節ではボールからの力を考えたが，ここでは手からの力を考えている），重心の並進運動と重心のまわりの回転運動が同時に生じる．並進運動は(11.18)で見たように力の作用点に依存しないから，その加速度は(i)の場合と同じく y の正の向きで大きさが(12.51)である．しかし，重心のまわりの回転運動が同時に起きるので，同じ力でも点Bには大きな加速度が生じて速く動く．このため，力を加えている人は，それだけ軽いものを押しているように感じる（「のれんに腕押し」の感じ）．これを計算で確かめてみよう．棒の重心のまわりの回転は(12.24)より

$$I_{\mathrm{G}}\ddot{\varphi}=\frac{l}{2}F \tag{12.52}$$

で記述されるから

$$\ddot{\varphi} = \frac{lF}{2I_G} = \frac{6F}{Ml} \tag{12.53}$$

である．よって，力が加えられはじめたときの点 B の加速度は，y の正の向きを向いていて，並進運動と回転運動の寄与の和

$$a + \frac{l}{2}\ddot{\varphi} = a + \frac{l}{2}\frac{6Ma}{Ml} = 4a \tag{12.54}$$

となる．つまり重心に力を加えた場合の 4 倍の加速度が点 B に生じるから，力を加えている人は重心を押したり引いたりした場合に比べると質量が 1/4 の物体を押している感じになる．これは逆に，その部分に与えた加速度の 1/4 の加速度しか棒の並進運動には与えることができないことを意味する．また見方を変えると，棒の並進運動にあまり影響を与えないで棒を回転させることができることを意味する．

(iii) それでは，軸に平行な，大きさ F の力 $\boldsymbol{F}_B'$（図 12.10）を棒の端に加えた場合はどうであろうか．$\boldsymbol{F}_B'$ は重心のまわりのモーメントをもたないから本質的に (i) と同じである．力はすべて重心の運動に使われるので，棒は回転せず，(12.51) の加速度で軸に沿って z 方向に並進運動する．

(iv) 次に，(ii) で端に加えた力 y 方向の $\boldsymbol{F}_B$ のほかにもう一点，たとえば B から $l/10$ 離れた点 C にも力 $\boldsymbol{F}_C$（図 12.10）を加えて，回転を起こさせずに棒を y 方向に加速することを考える．(i) の場合と同じ並進加速度 a を与えることをめざす．

並進運動の y 成分についての運動方程式は (12.22) より

$$Ma = F_B + F_C \tag{12.55}$$

である．F_B, F_C は力の y 成分であり，大きさではないので正負の値をとる．また，重心のまわりの角運動量が 0 のままで変化しないことを表す運動方程式は (12.24) より

$$0 = \frac{l}{2}F_B + \frac{2l}{5}F_C \tag{12.56}$$

だから

$$F_C = -\frac{5}{4}F_B \tag{12.57}$$

である．よって $\boldsymbol{F}_C$ と $\boldsymbol{F}_B$ は互いに向きが逆でなければならない．(12.55) に

代入すると

$$F_{\mathrm{B}} = -4Ma = -4F, \qquad F_{\mathrm{C}} = 5Ma = 5F \tag{12.58}$$

である．つまり，点Bには図12.12のように，与えたい並進加速度の向きと逆の向き（y の負の向き）の力をかけなければならない．また，重心にだけ力を加える (i) の場合に比べて，点Bには4倍の，点Cには5倍の力を加えなければならないことになっている．

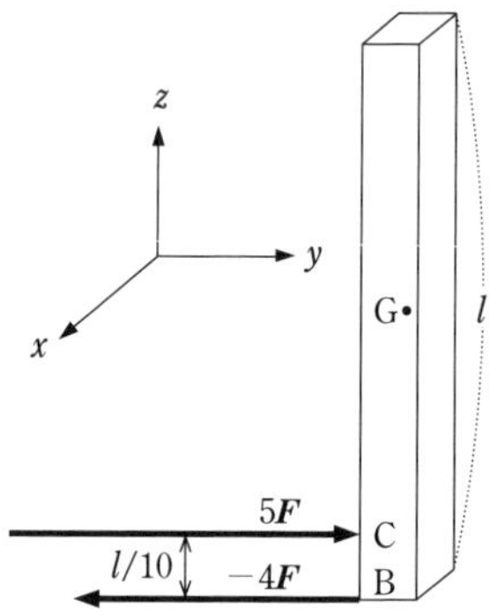

図 12.12

野球のバットのように，重心の位置が軸の中央になくグリップの位置から遠い場合は，この比はもっと大きくなる．ゴルフのクラブは軸対称ではないが，基本的に同様の考察が可能である．ゴルフクラブの場合はこの比が10をはるかに超える．また，テニスのラケットは普通片手で握るから，力は1つの手のひらの幅の中に連続的に分布するが，このような回転のない動きをさせようとすると，手のひらの幅の中で打ち消し合う大きな力を加えることになる．

(v) 最後に，(iv) と同じ2点B,Cに力を加えて，重心運動はさせずに回転運動だけを起こすにはどのような力を加えればよいかを考えておこう．今度は運動方程式 (12.22),(12.24) は

$$0 = F_{\mathrm{B}} + F_{\mathrm{C}} \tag{12.59}$$

$$I\ddot{\varphi} = \frac{l}{2}F_{\mathrm{B}} + \frac{2l}{5}F_{\mathrm{C}} \tag{12.60}$$

となるから，

$$F_{\mathrm{C}} = -F_{\mathrm{B}}, \quad \ddot{\varphi} = \frac{lF_{\mathrm{B}}}{10I} = \frac{12lF_{\mathrm{B}}}{10Ml^2} = \frac{6F_{\mathrm{B}}}{5Ml} \tag{12.61}$$

である．つまり偶力をかけなければならない．ちなみにこの回転による点Bの y 方向の並進加速度が (i) の a (12.5) に等しくなるような力を求めると，

$$\frac{F}{M} = \frac{l}{2}\ddot{\varphi} = \frac{3F_{\mathrm{B}}}{5M} \tag{12.62}$$

より

$$F_B = -F_C = \frac{5}{3}F \qquad (12.63)$$

である．つまり，図 12.13 のように，偶力の対のそれぞれの大きさは $|\boldsymbol{F}|$ より大きい．

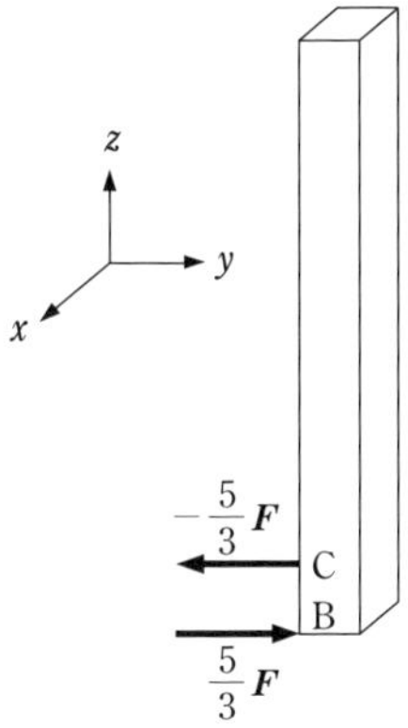

図 12.13

(2) スイングのこつ

以上で，棒状物体に加えた力と動き（加速度）の関係を，典型的な 5 つの場合について見た．これを野球のバットなどの実際のスイングに関連づけてみよう．といっても，これでスイングの全体を記述できるわけではない．ある瞬間の力と加速度の関係を通して，スイングのコツを見ようというわけである．各瞬間のバットは，それ以前に受けた力によって決まる並進速度と角運動量をもっているので，静止している角棒に対する考察は，それにさらに加わるバットへの効果（すなわち並進速度や角速度の変化）として理解すればよい．

バットはボールに当たる瞬間に，ボールが飛んでくる方向にほぼ垂直になり，ボールの方向にできるだけ高速で運動していなければならない．最初に構えた状態ではバットはその向きを向いていないから，バットの軸の向きを 180° 以上回転させることが必要である．そのためのバットの運動は図 12.14 のようであればよいように思われるかもしれないが，これは効率の悪いスイングである．(iv) に近い力のかけ方になっているからである．(iv) の場合よりもう少し $\boldsymbol{F}_C$ が大きい場合に相当する．これでは，右手と左手の力は大部分打ち消し合って，並進運動にはほとんど寄与しない．

振りはじめには，まず重心をなるべく大きく加速したい．それには，両手で同じ向きの力を重心に伝えて，並進運動だけをさせるのがよいので，(iii) の場合のように軸方向に力を加える以外にない．（もちろん力の向きは図 12.10 の $\boldsymbol{F}_B'$ とは逆で，棒を引く向きである．）力を加える向きが，ボールが飛んでくる方向と 90° あるいはそれ以上違っているが，それでよい．(ii) の最後に述べたように，向きを変えるのは後で楽にできるからである．最終的な打撃の状態にもっていくには，バットの向きだけではなく，重心の運動量の向きも変え

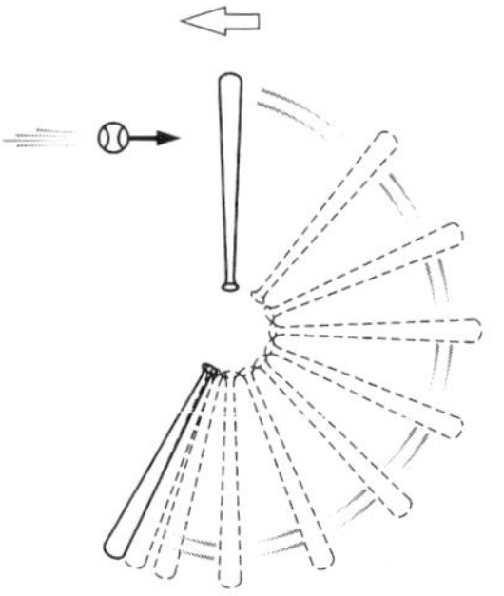

図 12.14

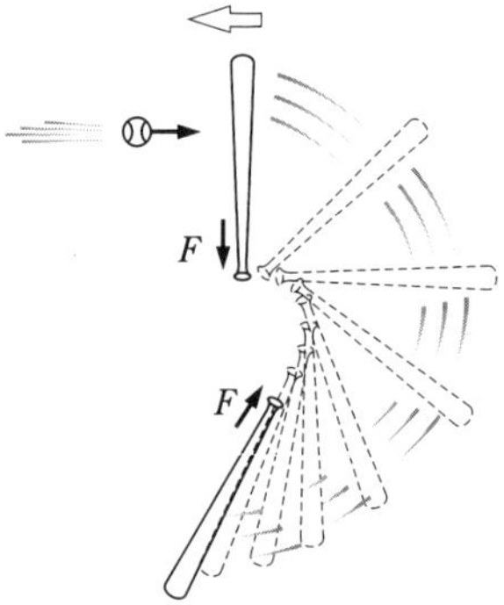

図 12.15

なければならないが，これも同時にできる．バットに加えられる力に円運動の向心力に相当する成分があれば，大きくなった重心運動の大きさは変えずに向きだけ変えることができる．この向心力はグリップ位置を体にひきつけておくだけで自然に生じる．

強いスイングはだいたい図 12.15 のようになる．もちろん，望ましくないスイングとして図 12.14 そのままは極端であるが，アメリカ合衆国大リーグの著名打者たちの映像を見ても，以前は図 12.14 に近い意識のスイングが多かったようである．1980 年代に多くの打者のスイングが図 12.15 に近くづくように変化した．日本のプロ野球では，10 数年遅れて 1990 年代後半から次第に変わってきたように見える．望ましいスイングの実現のためには，構えたときのバットの向きが大切である．バットを最初からほぼスイング面上に置き，すぐに図 12.15 のようなスイングに入れるように構えることが有効である．

同じことが，ゴルフのティーショットについてもいえる．テニスのサービスの際や強いストロークやスマッシュを打つ場合のラケットの振り方についても同じである．最初からラケットを回そうとせず，図 12.16 のように，ラケットの柄を上にして構え，柄の軸の方向に引き上げるようにして並進運動量を与えるのがよい．

図 12.16

長さ方向の力を十分にかけて効果を上げる別の例として，抜刀術がある．鞘に収まっている日本刀は，完全に鞘を抜け出すまで，鞘に沿って(iii)で述べたタイプの力しかかけることができない．しかし，図12.17のように，かまわずその向きに並進速度を与える．抜ききった状態では腕がほとんど伸びきっているが，運動量を打ち消す向き（鞘に納める向き）の力をかけるのを防ぐためにわずかのゆるみを残しておき（そのために腰をひねって鞘の方を後に下げる），(ii)のタイプの力を運動量に垂直に加える．そうすると，重心の並進運動は大きさを失わずに，一方で，重心のまわりの回転が効果的に起こって，刀は急速に180°向きを変えて目的を達することになる．同様に，上段に構えた刀を高速で振り下ろすためには，最初は回転させようとせず，ただ引くことが肝要である．望ましくない動きのときは，刀が回転して，最初からビューと風を切る音がするでわかる．

図12.17

野球で打者がバントをする場合は，(iv)で述べた，バットをなるべく回転させずに並進運動のみをさせたい場合に相当する．この場合，図12.12の点Bと点Cの距離が近いと，互いに打ち消し合う大きな力を出す必要がある．したがって，点Cをなるべく点Bから離すのがよい．実際，点Cが重心Gを越えて反対側にある場合について計算をすると，$\boldsymbol{F}_B$ と $\boldsymbol{F}_C$ は同じ向きになり，互いに協力し合うことになる．テニスでラケットをボレーの打点にもってくるときもこの動きになるが，このときの点Bと点Cは短い片手の幅の中に連続的に分布しているので，大きな打ち消し合う力をかけていることになる．実際，ボレーの際にはスマッシュのときよりもかえって大きな力でグリップしていることは，ちょっと意識すれば自分で感じることができる．

テニスの両手打ちは，インパクトの間(iv)のタイプの力を効果的に加えようとする試みである．テニスの場合はボールがガットに接触している時間（ドゥエル・タイム）が，野球のボールがバットに接触している時間より長いので，この方法が有効になる．

§12.5 回転体の運動

平面運動でない剛体の運動のうち，比較的簡単に考察できる場合の例として，ここでは，軸対称なコマの，特別な条件のもとでの，対称軸のまわりの回転について考える．並進運動を無視すると，角運動量に対する方程式

$$\dot{\boldsymbol{L}} = \sum_i \boldsymbol{N}_i \tag{12.64}$$

で運動を記述できる．

（1） ジャイロスコープ

ジャイロスコープは，軸対称で，軸の中央に重心があるようにつくったはずみ車（回転板）を，3 重の対称な軸受けで支えて，軸が任意の向きを向けるようにしたものである（図 12.18）．はずみ車にかかる力は，重力と，軸の両端の上向きの抗力であるが，任意の点のまわりのこれらの力のモーメントは打ち消し合って 0 になる．つまり，ジャイロスコープの外枠の向きがどのように変わっても，軸受けを通じてはずみ車にかかる力はモーメント（トルク）を生じることはないので，角運動量はその向きを変えない．

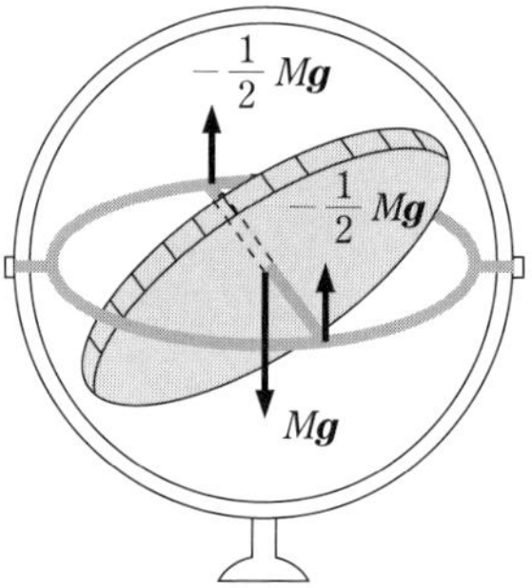

図 12.18

（2） 対称コマの高速回転

ジャイロスコープに似ていて異なるものに**対称コマ**（普通のコマ）がある．対称コマはジャイロと違って，図 12.19 のように軸の下端のみを床につけて回転する．

軸のまわりに大きな角速度で回っているコマは，回転軸を一定の傾きに保ったままゆっくり向きを変える．この運動は**歳差運動**と呼ばれる．コマの回転の向きと歳差運動の回転の向きには決まった関係がある．

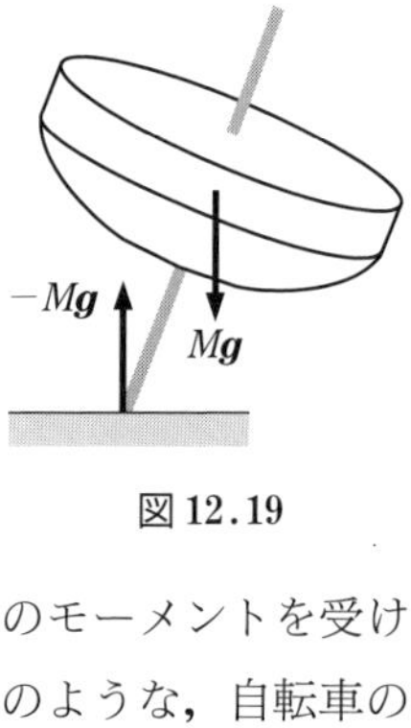

図 12.19

傾いて回っているコマは重力と床からの抗力による偶力のモーメントを受ける．これが歳差運動の原因である．その本質は，図 12.20 のような，自転車の

車輪の軸の片方をひもでつるしたもので容易に確かめることができる．まず，車輪を回転させずに他端を水平に支えた状態から支えた手を離すと，当然軸が鉛直になるように垂れてしまう．ところが，軸を水平に保ったまま勢いよく回転させると，軸の片方の端を側面が床につかない高さに支えるだけで水平な状態を保つことができる．これは，コマが倒れないで回っている状態と同じである．まわりの輪（リム）の部分がひもに触れない程度に軸を斜めに立てて回転することも可能で，そのほうが普通のコマの回転に類似するが，運動の本質の議論には水平でよい．このとき水平な車輪の軸は，ひものまわりをゆっくり回っている．これが歳差運動である．車輪の回転の向きを逆にすると，歳差運動の向きも逆になる．

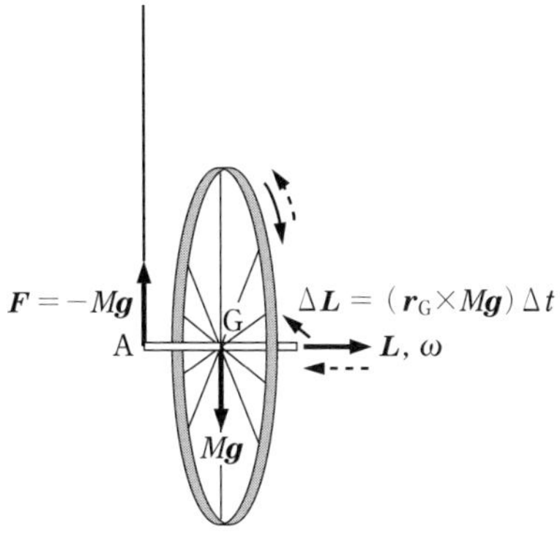

図 12.20

軸のまわりに回転している車輪の，固定点 A のまわりの角運動量は，

$$\boldsymbol{L} = I\boldsymbol{\omega} \tag{12.65}$$

である．I は車軸のまわりの慣性モーメント，$\boldsymbol{\omega}$ は角速度ベクトルである．歳差運動の角運動量は小さいので無視した．この車輪に働いている力は，ひもから点 A にかかる上向きの張力と，重心にかかっているとしてよい下向きの重力である．この 2 つの力は大きさが等しく，向きが反対だから偶力である．そのモーメントは，点 A を原点とする重心の位置ベクトルを $\boldsymbol{r}_{\mathrm{G}}$ として，

$$\boldsymbol{N} = \boldsymbol{r}_{\mathrm{G}} \times M\boldsymbol{g} \tag{12.66}$$

であるから，

$$\dot{\boldsymbol{L}} = \boldsymbol{r}_{\mathrm{G}} \times M\boldsymbol{g} \tag{12.67}$$

である．よって微小時間 Δt の間の $\boldsymbol{L}$ の変化は

$$\Delta \boldsymbol{L} = (\boldsymbol{r}_{\mathrm{G}} \times M\boldsymbol{g})\Delta t \tag{12.68}$$

であるから，軸と鉛直方向に垂直である．$\boldsymbol{L}$ は軸と平行なので，$\Delta \boldsymbol{L}$ は $\boldsymbol{L}$ に垂直で水平な方向を向いていることになる．したがって，Δt 後の角運動量 $\boldsymbol{L} + \Delta \boldsymbol{L}$ は，図 12.21(a) に示すように，$\boldsymbol{L}$ を水平面内で少し回転したものにな

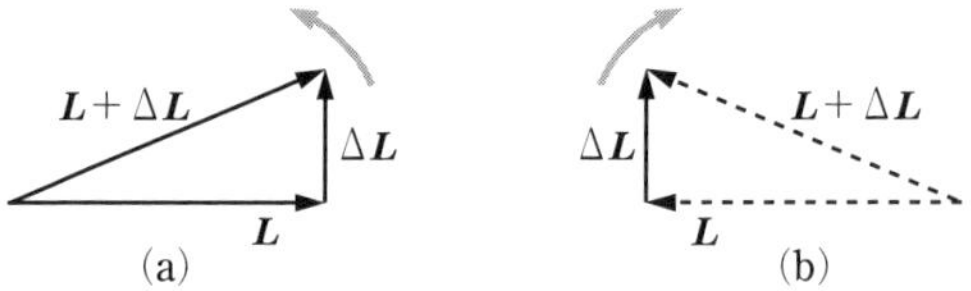

図 12.21

る．回転角の大きさは，

$$\Delta\psi = \frac{\Delta L}{L} \tag{12.69}$$

だから角速度の大きさは

$$\frac{\mathrm{d}\psi}{\mathrm{d}t} = \lim_{\Delta t\to 0}\frac{\Delta\psi}{\Delta t} = \lim_{\Delta t\to 0}\frac{\Delta L}{L\,\Delta t} = \frac{1}{L}\frac{\mathrm{d}L}{\mathrm{d}t} = \frac{N}{L} = \frac{Mgr_{\mathrm{G}}}{I\omega} = \frac{gr_{\mathrm{G}}}{k^2\omega} \tag{12.70}$$

である．これが**歳差運動の角速度**で，軸の支点から重心までの距離が大きいほど大きく，軸のまわりの回転半径 k が大きいほど，また回転の角速度が大きいほど小さい．一般には軸の傾きにも依存する．(12.70) は軸が水平な場合の表式である．

車輪を逆方向に回転させると，点 A のまわりの角運動量 $\boldsymbol{L}$ は図 12.21(b) の破線の矢印のように向きが逆になる．一方，力のモーメント $\boldsymbol{N}$ の向きは変わらないから，$\Delta\boldsymbol{L}$ の向きは前と同じである．しかしまさにそのために，図に示すように，歳差運動の回転方向は逆になる．

なお，歳差運動にはこのように外力を受けて起きる強制歳差運動のほかに，剛体の回転の角速度ベクトルが対称軸に平行でない場合に外力がなくても起きる自由歳差運動がある．

§12.6　剛体の一般的な回転運動について

剛体の運動はすべて (11.63) と (11.65) で記述される．これらは意味の明瞭な方程式であり，これまで扱ってきた運動は，比較的単純に解析できた．しかしこれらの方程式は，見かけよりはずっと奥が深い．われわれがこれまで扱ってきた運動は特殊な場合にすぎない．剛体の運動について一般的に議論することは，やや本書の程度を越えるので割愛し，ここでは，その入り口となる慣性テンソルの導入だけをしておこう．

(1) 角運動量と角速度

一般の剛体の運動が複雑である理由のひとつは，回転の角速度ベクトル $\boldsymbol{\omega}$ と角運動量ベクトル $\boldsymbol{L}$ が必ずしも平行でないことである．外力を受けていない剛体が 2 本の見えない軸のまわりに同時に回転している場合，$\boldsymbol{\omega}$ と $\boldsymbol{L}$ は平行でない．このとき，それぞれの回転に関する角運動量の和で与えられる $\boldsymbol{L}$ のほうが保存量で向きを変えないが，同じく和で与えられる $\boldsymbol{\omega}$ の向き（つまり目に見えない 2 本の回転軸のまわりの回転を合成した角速度の向き）は変化する．たとえば，対称コマの対称軸以外の軸のまわりの回転の角速度ベクトルは，対称軸のまわりの角速度ベクトルと歳差運動の角速度ベクトルの和に分解できる．これが，自由歳差運動のもとになる．

逆に，§11.10 で調べた固定軸のまわりの運動のように，回転軸が強制的に固定されている場合は，$\boldsymbol{\omega}$ の向きが一定で $\boldsymbol{L}$ のほうがそのまわりに回転する．図 12.22 のような，太さの一様な棒状の剛体の，重心を通り対称軸でない軸を固定軸とする運動について，これを具体的に見てみよう．固定軸を z 軸とする．これはもちろん実体振り子の一種であるが，軸が重心を通っているから，相当単振り子の長さ l_{E} は無限大である．したがって，この剛体に角速度 $\boldsymbol{\omega}$ の回転を与えると，周期運動はせず，そのまま同じ $\boldsymbol{\omega}$ で回転を続ける．このとき $\boldsymbol{\omega}$ は z 軸に平行で一定である．ところが，重心のまわりの角運動量 $\boldsymbol{L}$ の向きは，(11.57) を参照すると，棒の長さ方向に垂直な図 12.22 のような向きになる．これは $\boldsymbol{\omega}$ に平行ではなく，しかも剛体の回転に従って $\dot{\boldsymbol{r}}$ の向きが変わるから，$\boldsymbol{\omega}$ のまわりを歳差運動する．このような $\boldsymbol{L}$ の運動はもちろん (11.64) によって説明されなければならないが，外力のモーメントは，軸上に連続的に分布する軸に垂直な抗力によるものであ

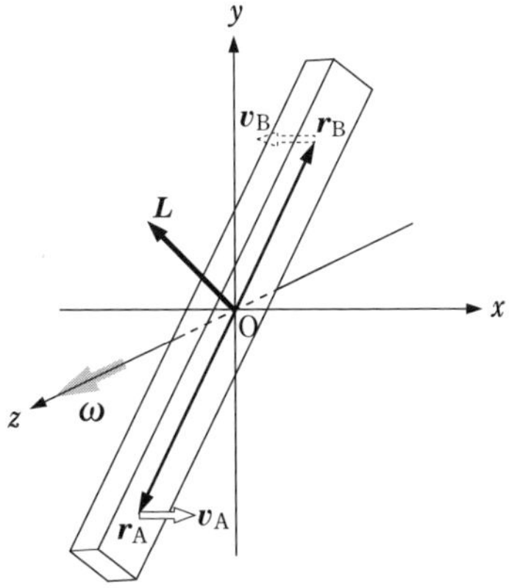

図 12.22

る．

（2） 慣性テンソル

回転運動の角運動量 $\boldsymbol{L}$ と角速度 $\boldsymbol{\omega}$ が平行とは限らないことは，$\boldsymbol{L}$ が原点に依存する量であり，$\boldsymbol{\omega}$ は原点に依存しない量であることから当然であるが，$\boldsymbol{L}$ の定義(11.57)にもどって一般的に示すことができる．右辺の $\dot{\boldsymbol{r}}$ は，(9.12)より

$$\dot{\boldsymbol{r}} = \boldsymbol{\omega}\times\boldsymbol{r} \tag{12.71}$$

だから

$$\boldsymbol{L} = \int \rho(\boldsymbol{r})\boldsymbol{r}\times(\boldsymbol{\omega}\times\boldsymbol{r})\,\mathrm{d}V \tag{12.72}$$

であるが，(7.8)より

$$\boldsymbol{r}\times(\boldsymbol{\omega}\times\boldsymbol{r}) = \boldsymbol{\omega}(\boldsymbol{r}\cdot\boldsymbol{r})-\boldsymbol{r}(\boldsymbol{r}\cdot\boldsymbol{\omega}) = r^2\boldsymbol{\omega}-(\boldsymbol{r}\cdot\boldsymbol{\omega})\boldsymbol{r} \tag{12.73}$$

だから

$$\boldsymbol{L} = \int \rho(\boldsymbol{r})[r^2\boldsymbol{\omega}-(\boldsymbol{r}\cdot\boldsymbol{\omega})\boldsymbol{r}]\,\mathrm{d}V = \left(\int \rho(\boldsymbol{r})r^2\,\mathrm{d}V\right)\boldsymbol{\omega}-\int \rho(\boldsymbol{r})(\boldsymbol{r}\cdot\boldsymbol{\omega})\boldsymbol{r}\,\mathrm{d}V \tag{12.74}$$

である．第2項があるために，一般に $\boldsymbol{L}$ は $\boldsymbol{\omega}$ に平行でないのである．

これを成分に分けて書くために，(12.73)の x 成分を調べると

$$\begin{aligned}[\boldsymbol{r}\times(\boldsymbol{\omega}\times\boldsymbol{r})]_x &= (x^2+y^2+z^2)\omega_x-(x\omega_x+y\omega_y+z\omega_z)x \\ &= (y^2+z^2)\omega_x-xy\omega_y-xz\omega_z\end{aligned} \tag{12.75}$$

であるから，$\boldsymbol{L}$ の x 成分は

$$L_x = \int (y^2+z^2)\rho(\boldsymbol{r})\,\mathrm{d}V\ \omega_x-\int xy\rho(\boldsymbol{r})\,\mathrm{d}V\ \omega_y-\int xz\rho(\boldsymbol{r})\,\mathrm{d}V\ \omega_z \tag{12.76}$$

となる．L_y, L_z についても同様だからまとめて書くと

$$L_x = I_{xx}\omega_x+I_{xy}\omega_y+I_{xz}\omega_z \tag{12.77}$$

$$L_y = I_{yx}\omega_y+I_{yy}\omega_y+I_{yz}\omega_z \tag{12.78}$$

$$L_z = I_{zx}\omega_x+I_{zy}\omega_y+I_{zz}\omega_z \tag{12.79}$$

と書ける．ただし，

$$I_{xx} = \int (y^2+z^2)\rho(\boldsymbol{r})\,\mathrm{d}V \tag{12.80}$$

$$I_{yy}=\int(z^2+x^2)\rho(\boldsymbol{r})\,\mathrm{d}V \tag{12.81}$$

$$I_{zz}=\int(x^2+y^2)\rho(\boldsymbol{r})\,\mathrm{d}V \tag{12.82}$$

であり，これらを**慣性モーメント**と呼ぶ．また，

$$I_{xy}=-\int xy\rho(\boldsymbol{r})\,\mathrm{d}V, \qquad I_{xz}=-\int xz\rho(\boldsymbol{r})\,\mathrm{d}V \tag{12.83}$$

$$I_{yz}=-\int yz\rho(\boldsymbol{r})\,\mathrm{d}V, \qquad I_{yx}=-\int yx\rho(\boldsymbol{r})\,\mathrm{d}V \tag{12.84}$$

$$I_{zx}=-\int zx\rho(\boldsymbol{r})\,\mathrm{d}V, \qquad I_{zy}=-\int zy\rho(\boldsymbol{r})\,\mathrm{d}V \tag{12.85}$$

であり，これらを**慣性乗積**と呼ぶ．

(12.77)〜(12.79) の関係は，行列で表される量

$$\boldsymbol{I}=\begin{pmatrix} I_{xx} & I_{xy} & I_{xz} \\ I_{yx} & I_{yy} & I_{yz} \\ I_{zx} & I_{zy} & I_{zz} \end{pmatrix} \tag{12.86}$$

を用いて

$$\boldsymbol{L}=\boldsymbol{I}\boldsymbol{\omega} \tag{12.87}$$

と書ける．この $\boldsymbol{I}$ を**慣性テンソル**という．このような，向きの異なるベクトルを関係づける量は，一般に**テンソル**と呼ばれている．

以上は運動する剛体を，空間に固定した座標系で記述したものだから，各点の座標 (x, y, z) は刻々変化している．したがって慣性モーメントも慣性乗積も時間の関数である．

しかし，剛体に固定された座標系を用いて記述すると，これらの量は剛体の形と密度分布と座標軸で決まり，時間的に変化しない．剛体に固定された座標系で，$\boldsymbol{\omega}$ を外から与えられた角速度ベクトルとして，角運動量ベクトルを (12.72) で定義すればよい．それ以下の計算はそのまま成り立ち，時間に依存しない慣性テンソルが定義できる．

定義 (12.83)〜(12.85) から明らかなように，慣性乗積は

$$I_{xy}=I_{yx}, \qquad I_{yz}=I_{zy}, \qquad I_{zx}=I_{xz} \tag{12.88}$$

のような対称性をもっている．この性質のために，剛体に固定された座標軸の向きを適切に選ぶことにより，慣性乗積をすべて 0 にすることが，必ず可能で

である．（詳しくは線形代数の教科書を参照されたい．）そのとき，

$$L_x = I_{xx}\omega_x, \quad L_y = I_{yy}\omega_y, \quad L_z = I_{zz}\omega_z \tag{12.89}$$

となる．そのような軸を剛体の**慣性主軸**という．対称軸がある剛体では，慣性主軸を求めると，対称軸に一致する．

このような剛体に固定した座標系は，剛体の回転運動の記述に有用であることが想像できよう．しかし，そのような座標系は慣性系ではないから，ニュートンの運動方程式に基づいて導いた (12.64) はそのままでは成り立たない．したがって，観測者のいる慣性系から見た剛体の回転運動の記述と剛体に固定した座標系での記述の関係をよく理解して，解析を進めなければならない．

（3） 固定点をもつ剛体の運動

剛体に固定した座標系の利用の例として，一点のまわりに自由に回転することのできる剛体（**固定点をもつ剛体**という）の運動を考えよう．固定点を原点として，慣性系を S 系 (x, y, z)，剛体に固定した座標系を S′ 系 (x', y', z') とする．

剛体の角運動量 $\boldsymbol{L}$ を両座標系における成分で表すと

$$\begin{aligned}\boldsymbol{L} &= L_x\boldsymbol{e}_x + L_y\boldsymbol{e}_y + L_z\boldsymbol{e}_z \\ &= L_{x'}\boldsymbol{e}_{x'} + L_{y'}\boldsymbol{e}_{y'} + L_{z'}\boldsymbol{e}_{z'}\end{aligned} \tag{12.90}$$

である．§9.3 で学んだことを参照して $\boldsymbol{L}$ の時間変化率を求めると

$$\begin{aligned}\frac{\mathrm{d}\boldsymbol{L}}{\mathrm{d}t} &= \dot{L}_x\boldsymbol{e}_x + \dot{L}_y\boldsymbol{e}_y + \dot{L}_z\boldsymbol{e}_z \\ &= (\dot{L}_{x'}\boldsymbol{e}_{x'} + \dot{L}_{y'}\boldsymbol{e}_{y'} + \dot{L}_{z'}\boldsymbol{e}_{z'}) \\ &\quad + (L_{x'}\boldsymbol{\omega}\times\boldsymbol{e}_{x'} + L_{y'}\boldsymbol{\omega}\times\boldsymbol{e}_{y'} + L_{z'}\boldsymbol{\omega}\times\boldsymbol{e}_{z'})\end{aligned} \tag{12.91}$$

である．ただし，$\boldsymbol{\omega}$ はこの瞬間の剛体の回転の角速度ベクトルである．(12.91) の後の式の前の（　）内は，S′ 系から見た $\boldsymbol{L}$ の変化だから，それを $\mathrm{d}'\boldsymbol{L}/\mathrm{d}'t$ と書くと，

$$\frac{\mathrm{d}\boldsymbol{L}}{\mathrm{d}t} = \frac{\mathrm{d}'\boldsymbol{L}}{\mathrm{d}'t} + \boldsymbol{\omega}\times\boldsymbol{L} \tag{12.92}$$

という関係があることがわかる．

S 系では角運動量は (11.33) に従うことがわかっているから，代入して得ら

れる

$$\frac{\mathrm{d}'\boldsymbol{L}}{\mathrm{d}'t}+\boldsymbol{\omega}\times\boldsymbol{L}=\boldsymbol{N} \tag{12.93}$$

が，S′ 系での $\boldsymbol{L}$ の運動を表す方程式である．ただし，原点（固定点）のまわりの外力のモーメントの和をまとめて $\boldsymbol{N}$ と書いた．

いま剛体の慣性主軸を x', y', z' 軸にとると，(12.89) より

$$\boldsymbol{L}=I_{x'x'}\omega_{x'}\boldsymbol{e}_{x'}+I_{y'y'}\omega_{y'}\boldsymbol{e}_{y'}+I_{z'z'}\omega_{z'}\boldsymbol{e}_{z'} \tag{12.94}$$

である．$I_{x'x'}$ などは時間に依存しないから，(12.93) の左辺第 1 項は

$$\frac{\mathrm{d}'\boldsymbol{L}}{\mathrm{d}'t}=I_{x'x'}\dot{\omega}_{x'}\boldsymbol{e}_{x'}+I_{y'y'}\dot{\omega}_{y'}\boldsymbol{e}_{y'}+I_{z'z'}\dot{\omega}_{z'}\boldsymbol{e}_{z'} \tag{12.95}$$

であり，第 2 項は

$$\begin{aligned}\boldsymbol{\omega}\times\boldsymbol{L}=&(I_{z'z'}-I_{y'y'})\omega_{y'}\omega_{z'}\boldsymbol{e}_{x'}\\&+(I_{x'x'}-I_{z'z'})\omega_{z'}\omega_{x'}\boldsymbol{e}_{y'}\\&+(I_{y'y'}-I_{x'x'})\omega_{x'}\omega_{y'}\boldsymbol{e}_{z'}\end{aligned} \tag{12.96}$$

である．よって (12.92) は

$$\begin{aligned}I_{x'x'}\dot{\omega}_{x'}+(I_{z'z'}-I_{y'y'})\omega_{y'}\omega_{z'}&=N_{x'}\\I_{y'y'}\dot{\omega}_{y'}+(I_{x'x'}-I_{z'z'})\omega_{z'}\omega_{x'}&=N_{y'}\\I_{z'z'}\dot{\omega}_{z'}+(I_{y'y'}-I_{x'x'})\omega_{x'}\omega_{y'}&=N_{z'}\end{aligned} \tag{12.97}$$

という $\boldsymbol{\omega}$ に対する方程式になる．これはオイラー（L. Euler, 1707-1783）によりはじめて導かれたので**オイラーの方程式**という．より一般的な (12.93) もオイラーの方程式と呼ばれることがある．

§12.7 応用上の注意

(1) 簡単に扱える剛体の運動の条件

剛体の運動は実は複雑であることを前節で述べた．しかるにそれ以前の節で学んだ剛体の運動は比較的単純に扱えた．その理由をまとめておこう．

まず，§12.1 で実体振り子，つまり固定軸をもつ剛体の運動を扱った．この運動は，§12.6 (1) で見たように，一般には角運動量 $\boldsymbol{L}$ と回転の角速度 $\boldsymbol{\omega}$ が必ずしも平行でない運動である．しかし，固定軸のまわりの回転に運動が制限されて自由度が 1 になっているので，角運動量の，固定軸方向の成分の運動方

程式のみで記述できた．固定軸を z 軸としてその運動方程式を§11.10で導いたが，具体的に計算を進めてみると，慣性系における方程式であるにもかかわらず，剛体に固定された座標における慣性モーメントのひとつ I_{zz} (12.82) が I_z (11.88) として登場した．このため，簡単な解析が可能になったのである．

§12.2で考えた，斜面を転がり降りる円柱や円筒の運動では，回転は対称軸のまわりだけなので，角運動量 $\boldsymbol{L}$ と角速度 $\boldsymbol{\omega}$ が常に平行である．よって角運動量に対する方程式 (11.65) を，対称軸のまわりの慣性モーメントと角速度を用いた表式 (12.24) にあいまいさなく書き直すことができた．

§12.3の打撃の中心や§12.4のスイングの考察では，バットやラケットを対称性のよい棒に置き換えて，重心を通り長さ方向に垂直な軸のまわりの回転しか起こらないように，平面の上に置かれていると仮定して解析した．この場合も角運動量 $\boldsymbol{L}$ と回転の角速度 $\boldsymbol{\omega}$ が常に平行なので，角運動量に対する方程式を，重心を通る軸のまわりの慣性モーメントと角速度を用いた表式にあいまいさなく書き直すことができたのである．

§12.5の対称コマの解析では，コマが対称軸のまわりに回転していると仮定した．これはコマに可能なさまざまな回転のうち，角運動量 $\boldsymbol{L}$ と回転の角速度 $\boldsymbol{\omega}$ が平行な回転である．したがって，外力がなければコマはそのままの回転を続ける．しかし，通常のコマは重力の作用を受けている．そこで，回転が高速であるという仮定を加えて，軸のまわりの高速回転と緩やかな強制歳差運動に分けることができる場合だけを考えた．実際にコマを高速回転させてみると，確かに軸のまわりの回転と歳差運動のそれぞれを明確に認識できる．しかし，回転が遅くなると回転軸は複雑な向きの変化を経て倒れることから，高速回転であることが現象が単純であるために必要であることがわかる．

以上をまとめると，(ｉ) 固定軸のまわりの運動，(ii) 向きの変わらない対称軸のまわりの運動 (平面運動)，(iii) 対称軸の上の一点を固定点としてその軸のまわりに高速に回転している運動，の場合には，本章で学んだ取り扱いで解析できる．

(２) 変形する物体の運動について

本章では，剛体という，大きさ (空間的な広がり) はあるが形は変わらない物体の運動を考えてきた．一方，他の章では時折，われわれの身体の運動を例にあげてきた．身体は，変形する物体の典型ともいえるものである．その解析には基本法則 (11.18) と，(11.33) または (11.35) だけがたよりである．身体は内力によって変形するが，これらの基本法則は，内力がどんなものであれ，またその内力（筋肉の力）によって多粒子系がいかなる運動（変形）をしようとも常に成り立つからである．その上で，解析に用いた仮定と，考えている身体の運動の特徴が矛盾していないかを常に確かめながら考察を進めればよい．

たとえば，フィギュアスケートの選手がスピンするとき，腕を広げた状態で回り始め，腕をたたむことによって回転速度（角速度）を上げ，静止するときは再度腕を広げる．これは，身体の慣性モーメントを変化させて，角運動量 $\boldsymbol{L}$ が一定な運動の角速度 $\boldsymbol{\omega}$ を変化させるもので，剛体の運動ではありえない現象である．また図 12.23 のような飛び込みの選手の運動を見ると，重心が放物運動をする．身体の重心は，体を伸ばしたときは腰のあたりにあるが，身体の伸縮に伴って移動し，場合によっては身体の外に位置する．質点と同じ単純な放物運動をするのは，その移動する重心である．選手が宙に浮いている間は重力しかかかっていないから，重心のまわりの角運動量 $\boldsymbol{L}$ は保存する．図 12.23 の選手の動きはまさに $\boldsymbol{L}$ = 一定 の回転をしているはずであるが，明らかに等角速度の運動ではない．これは，腰を曲げたり伸ばしたりすることに伴って，重心のまわりの慣性モーメントが増減して角速度 $\boldsymbol{\omega}$ が変化していることによる．さらに，変形が加わるために，体のどの部分に注目するかで重心のまわりの角速度が異なり，見た目に複雑な運動になっている．飛び込み競技や体操競技に用いられる，ひねりを伴う飛び込みやジャンプは，最初に体軸に平行でない $\boldsymbol{\omega}$ を与え，途中で体を変形させることによって，$\boldsymbol{L}$ が一定でも $\boldsymbol{\omega}$ の大きさや向きが複雑に変わることを利用するものである．

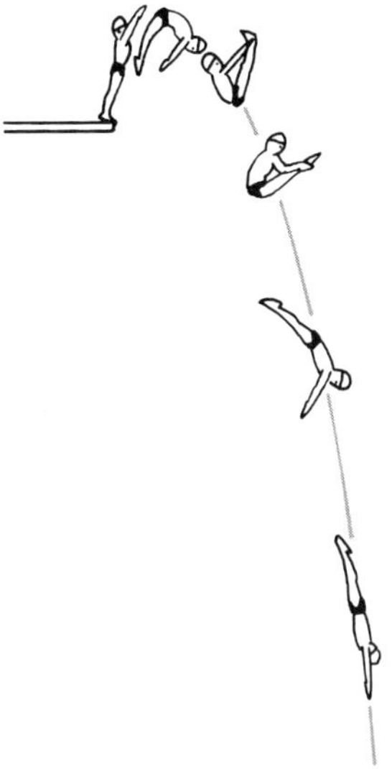
図 12.23

念のためにつけ加えると，剛体の解析に使った(11.63),(11.65)と，変形する物体にも適用できる一般的な方程式(11.18),(11.35)は全く同じである．剛体の場合は，これらの方程式だけですべての点の位置の変化を記述できる．変形する物体については，重心の運動と角運動量だけがこれらで記述できるのである．

演習問題12

[A]

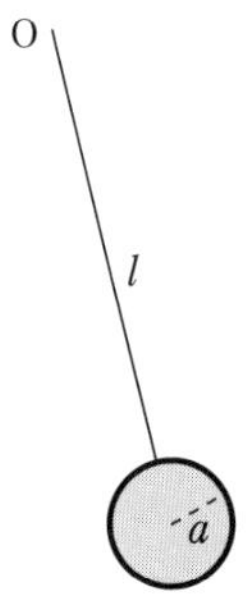

1. 長さ l の質量を無視できる針金に半径 a の薄い円板を取り付けた振り子を円板の面と平行に振動させたときの周期を求めよ．その周期は，長さ $l+a$ の単振り子の周期と比べてどちらが長いか．

2. 密度 $\rho = 8\,\mathrm{g/cm^3}$ の物質でできた外半径 $a = 0.1\,\mathrm{m}$，内半径 b，長さ $l = 0.2\,\mathrm{m}$ の円筒がある．この円筒を斜度 $\theta = 30^\circ$ の斜面上に中心軸が水平になるように静かに置いたところ，滑らずに転がった．動き始めてから斜面に沿って 1.5 m 移動するのに 1 秒かかった．内半径 b はいくらか．

3. 長さが l，断面が一辺 $a\,(\ll l)$ の正方形で，質量が M の棒がある．

(a) この棒をなめらかな水平面上に置き，端から $x\,(< a/2)$ だけ離れた側面の点に，きわめて短時間の撃力で力積 $\boldsymbol{F}\Delta t = \boldsymbol{p}$ を与えた．その後，棒はどのような運動をするか．

(b) 撃力を与えた直後に，他方の端から $(3/4)l$ だけ離れた点は動いていなかった．x を求めよ．

[B]

4. 半径 a，質量 M の円柱が中心軸を水平にして水平面上に置かれている．中心軸の中央の，軸の高さの位置を軸に垂直に水平に突いて初速度 v_0 を与えた．円柱と床の接点が滑っているときの動摩擦係数を μ とするとき，この円柱の運動を記述せよ．

5. 質量 m と $m'\,(> m)$ の 2 個のおもりが伸びないひもでつながれており，半径 a，慣性モーメント I の滑車にかけられている．滑車は，その軸受けに対してはなめらかに回転するが，ひもと滑車は滑らないものとする．はじめにこれらのおもりは同じ高さの位置に支えられて静止していた．

(a)　時刻 $t=0$ におもりを静かに放して自由に運動させる．質量 m，m' のおもりの側のひもの張力をそれぞれ $\boldsymbol{S}, \boldsymbol{S}'$，位置座標をそれぞれ z, z' として，おもりと滑車に対する運動方程式を書け．滑車の回転角を φ とし，図の矢印の向きを正とする．ひもの質量は無視してよい．重力加速度の大きさを g とする．

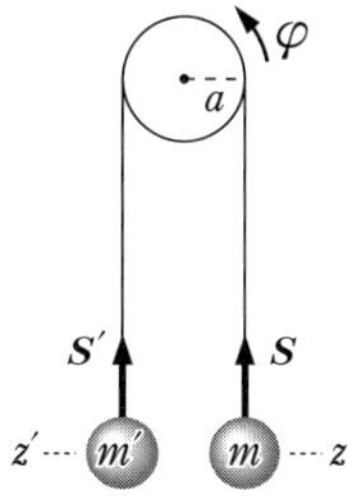

(b)　ひもと滑車が滑らないことを表す z と z' と φ の関係を示せ．ただし，$t=0$ で $z=z'=0$，$\varphi=0$ とする．

(c)　t 秒後の各おもりの位置と速度を求めよ．

(d)　このときの全系の運動エネルギーと，$t=0$ の状態を基準とする全系のポテンシャル・エネルギーを計算し，力学的エネルギーの保存を確認せよ．

***6*．** 厚紙を図のような形に張り合わせて破線に沿って軽く山折りにするとブーメランができる．これを矢印の向きの回転をつけるようにして前方に投げると手元にもどってくる．このブーメランがそのような運動をする理由を，定性的に説明せよ．

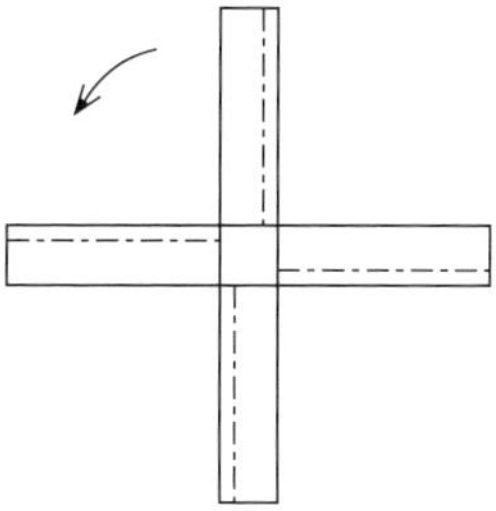

13

解 析 力 学

本章では，解析力学と呼ばれる力学の定式化を学ぶ．力学の基本は，質点は慣性系で観測するとニュートンの運動方程式 (1.1)

$$m\ddot{\boldsymbol{r}} = \boldsymbol{F}$$

に従って運動する，というものであった．2 階の微分方程式 (1.1) を解く（時間積分する）ことで，質点の刻々の位置と速度を知ることができる．

18 世紀を通じて，この力学に関する理解が深まり，新たな形式的原理による再定式化が行われた．それは，すべての自然現象に対する統一的な理解を目ざす，変分原理による記述の試みから発展したものであった．

§ 13.1　仮想仕事の原理

本節ではまず，静力学（つり合いに関する力学）の変分原理による再定式化である，仮想仕事の原理について学ぶ．

（1）　1 個の質点のつり合いの条件

最も簡単な例として，1 個の質点のつり合いの条件を考えよう．質点に働いているすべての力の合力を $\boldsymbol{F}$ とするとき，つり合いの状態では，

$$\boldsymbol{F} = 0 \tag{13.1}$$

である．質点をこの状態から任意の変位

$$\delta\boldsymbol{r} = (\delta x, \delta y, \delta z) \tag{13.2}$$

だけ動かしたとする．運動方程式 (1.1) によれば，つり合って静止した状態にあるものがひとりでに動き出すことはない．よってこの変位は自然には起こりえないので**仮想変位**と呼ぶ．任意の仮想変位で $\boldsymbol{F}$ がする仕事を仮想仕事とい

うが，この仕事は (13.1) より当然

$$\boldsymbol{F}\cdot\delta\boldsymbol{r} = 0 \tag{13.3}$$

を満たす．ただし，質点が移動できる軌道を制限する**束縛条件**があるときは，$\delta\boldsymbol{r}$ として，それに反しない限りで任意の変位を考える．(13.3) を**仮想仕事の原理**という．$\boldsymbol{F}$ を，重力のように，束縛条件に関係なくかかっている力 $\boldsymbol{F}^{\mathrm{a}}$ と，可動範囲を制限したために生じる，床からの抗力や糸の張力などの束縛力 $\boldsymbol{S}$ に分けて書くと，(13.1) は

$$\boldsymbol{F} = \boldsymbol{F}^{\mathrm{a}} + \boldsymbol{S} = 0 \tag{13.4}$$

である．

今後，なめらかな束縛のみを考えることにする．このとき束縛力は束縛条件を満たす変位に常に垂直であるから，

$$\boldsymbol{S}\cdot\delta\boldsymbol{r} = 0 \tag{13.5}$$

である．よって (13.3) は

$$\boldsymbol{F}^{\mathrm{a}}\cdot\delta\boldsymbol{r} = 0 \tag{13.6}$$

となる．このように，$\delta\boldsymbol{r}$ を束縛条件を満たすように選ぶことにしておけば，$\boldsymbol{F}$ に束縛力を含むつり合いの条件 (13.3) と含まない (13.6) は同等である．具体的な計算の際には，束縛力を無視してよいことが威力を発揮する．

(2) 仮想仕事の原理の応用

仮想仕事の原理を簡単なつり合いの例に応用してみよう．

(円環上の質点)

図 13.1 のような，鉛直面内にある半径 a の円環上になめらかに束縛された質量 m の質点のつり合いについて考える．円環の中心を原点にとって，面内に鉛直に z 軸を，水平に x 軸をとる．角度 φ を図のように定めると

$$x = a\cos\varphi, \qquad z = a\sin\varphi \tag{13.7}$$

である．質点に働いている力は，重力 $-mg\boldsymbol{e}_z$ と，円環からの垂直抗力 $\boldsymbol{S}$ である．束縛条件を満たす座標の変化は φ が変わるような変化だけだから，仮想変位は

$$\delta\boldsymbol{r} = a\,\delta\varphi\,\boldsymbol{e}_\varphi \tag{13.8}$$

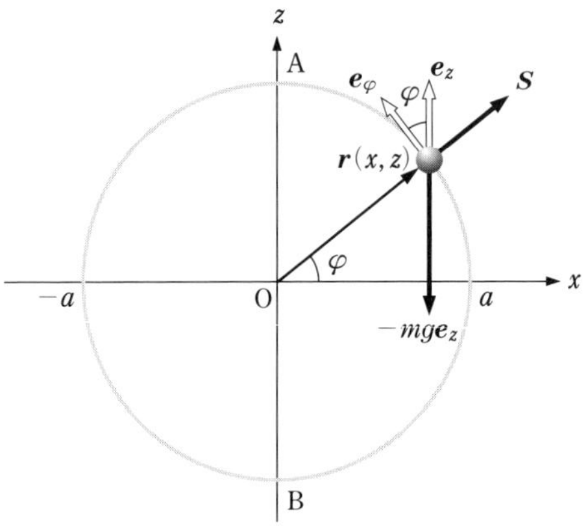

図 13.1

と書ける．よってつり合いの条件 (13.6) から

$$\boldsymbol{F}^{\mathrm{a}}\cdot\delta\boldsymbol{r} = -mg\boldsymbol{e}_z\cdot a\,\delta\varphi\,\boldsymbol{e}_\varphi = -mga\cos\varphi\,\delta\varphi = 0 \tag{13.9}$$

$$\longrightarrow \cos\varphi = 0 \longrightarrow \varphi = \pm\frac{\pi}{2} \tag{13.10}$$

が得られる．これは，円環上に束縛された質点のつり合いの位置が，円環と z 軸との交点，つまり最上点 A と最下点 B の 2 点であることを示している．

(3) 安定なつり合いと不安定なつり合い

上の例で円環上の 2 点 A と B がつり合いの位置（**平衡点**）であることがわかったが，この 2 点には違いがある．点 A は**不安定なつり合い**の位置で，質点が何らかの理由で点 A からずれるとますます点 A から離れる向きに動いていく．これに対して，点 B は**安定なつり合い**の位置で，質点は点 B から少しずれても点 B にもどる向きに動く．この違いについて検討しよう．

いま，質点にかかっている束縛力以外の力は保存力である重力だから，ポテンシャル・エネルギー $U(\boldsymbol{r})$ から

$$\boldsymbol{F}^{\mathrm{a}} = -\nabla U(\boldsymbol{r}) \tag{13.11}$$

のように導くことができる．

質点を平衡点から離れた点 A′ や点 B′（図 13.2）に持ってきてから静かに放すと，動き始める．静止状態からニュートンの運動方程式 (1.1) に従って動き

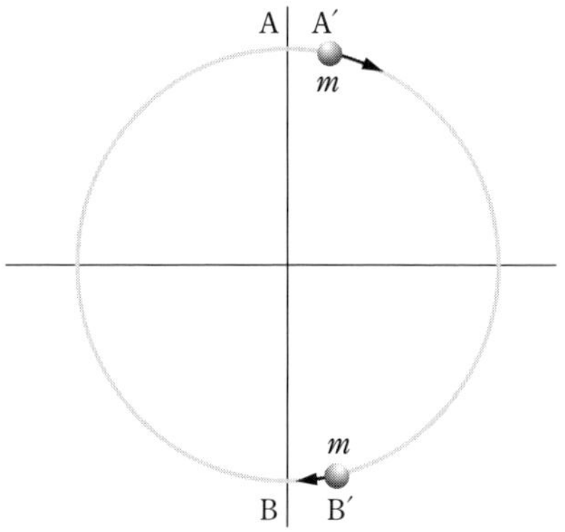

図 13.2

始めるのだから，微小時間 Δt の間に動いた変位 $\Delta \boldsymbol{r}$ の向きは，力

$$\boldsymbol{F} = \boldsymbol{F}^{\mathrm{a}} + \boldsymbol{S} \tag{13.12}$$

と同じ向きである．よって，この間に力 $\boldsymbol{F}$ がする仕事 ΔW は

$$\Delta W = \boldsymbol{F}\cdot\Delta \boldsymbol{r} = (\boldsymbol{F}^{\mathrm{a}} + \boldsymbol{S})\cdot\Delta \boldsymbol{r} > 0 \tag{13.13}$$

のはずである．いまはなめらかな束縛を考えているので

$$\boldsymbol{S}\cdot\Delta \boldsymbol{r} = 0 \tag{13.14}$$

だから

$$\boldsymbol{F}^{\mathrm{a}}\cdot\Delta \boldsymbol{r} > 0 \quad \text{よって} \quad -\nabla U(\boldsymbol{r})\cdot\Delta \boldsymbol{r} > 0 \tag{13.15}$$

である．ところで，この変位によるポテンシャル・エネルギーの変化は

$$\Delta U(\boldsymbol{r}) = U(\boldsymbol{r}+\Delta \boldsymbol{r}) - U(\boldsymbol{r}) \approx \nabla U(\boldsymbol{r})\cdot\Delta \boldsymbol{r} \tag{13.16}$$

で与えられるから (13.15) は

$$\Delta U(\boldsymbol{r}) < 0 \tag{13.17}$$

を意味する．つまり，**つり合いの点以外の点に置かれた質点は，どの点からでも，ポテンシャル・エネルギーが減少する向きに自然に動き始める．**

よって，なめらかな束縛を受けた質点は，ポテンシャル・エネルギーが極大である点 A 付近の点 A′ からは点 A から離れる向き，ポテンシャル・エネルギーが極小である点 B 付近の点 B′ からは点 B にもどる向きに動き始める．点 A は**不安定な平衡点**，点 B は**安定な平衡点**とも呼ばれる．

§13.2 ダランベールの原理

仮想仕事の原理は，静止している質点のつり合いを与える一般的な原理である．ダランベール (J. R. d'Alembert, 1717–83) は，これに対して，動力学，つまり力を受けて運動している質点 (の集団) を記述する力学の一般原理を求めた．それは必ずしも見通しのよい形にまとめられていなかったが，その後，ラグランジュ (J. L. Lagrange, 1736–1813) が著書「解析力学」(1788) で次のような，明解な形にまとめた．

簡単のために 1 個の質点の場合で考える．この質点は，当然ニュートンの運動方程式 (1.1)

$$m\ddot{\boldsymbol{r}} = \boldsymbol{F} \tag{13.18}$$

に従って運動する．両辺を左辺に集めると

$$\boldsymbol{F} - m\ddot{\boldsymbol{r}} = 0 \tag{13.19}$$

となる．この式において $-m\ddot{\boldsymbol{r}}$ を質点に加わる力の 1 つであるとみなすと，つり合いの式 (13.1) と同じになるから，§13.1 で学んだ仮想仕事の原理を形式的に適用することができる．このような見方をするとき，$-m\ddot{\boldsymbol{r}}$ を**慣性抵抗**という．(慣性力と呼ばれることもあるが，本書では混乱を避けるために，慣性力は，第 8, 9 章で学んだ非慣性系での質点の運動を (1.1) の形で記述するときに必要になる見かけの力という意味にのみ使う．本章ではあくまで，慣性系における運動の記述をめざしていることに，注意されたい．また，流体中を運動する物体が受ける，速さの 2 乗に比例する抵抗も慣性抵抗と呼ばれるが，もちろんこれも別の力である．)

さて，質点は (1.1) と初期条件によって定められた運動をしているはずであるが，任意の瞬間に，その実際の軌道からの任意の仮想変位 $\delta\boldsymbol{r}$ を考える．(13.19) より当然

$$(\boldsymbol{F} - m\ddot{\boldsymbol{r}})\cdot\delta\boldsymbol{r} = 0 \tag{13.20}$$

である．これを，**ダランベールの原理**という．

§13.3　ラグランジュの運動方程式の導出 —— その1

前節で導いたダランベールの原理 (13.20) を基礎にして先に進もう．本章で学んでいる解析力学は，多粒子系で複雑な束縛条件があるときにこそ威力を発揮するのであるが，ここではまず，1質点でしかも束縛条件がない場合を扱って，考え方の基本を理解する．また，質点にかかっている力はポテンシャル・エネルギー $U(\boldsymbol{r})$ をもつ保存力

$$\boldsymbol{F} = -\nabla U(\boldsymbol{r}) \tag{13.21}$$

のみであるとする．これを成分に分けて書くと

$$F_x = -\frac{\partial U(\boldsymbol{r})}{\partial x}, \quad F_y = -\frac{\partial U(\boldsymbol{r})}{\partial y}, \quad F_z = -\frac{\partial U(\boldsymbol{r})}{\partial z} \tag{13.22}$$

である．

(13.20) の左辺を項別に考えていく．まず第1項は

$$\begin{aligned}\boldsymbol{F}\cdot\delta\boldsymbol{r} &= F_x\,\delta x + F_y\,\delta y + F_z\,\delta z \\ &= -\frac{\partial U}{\partial x}\delta x - \frac{\partial U}{\partial y}\delta y - \frac{\partial U}{\partial z}\delta z\end{aligned} \tag{13.23}$$

である．次に第2項は

$$\begin{aligned}m\ddot{\boldsymbol{r}}\cdot\delta\boldsymbol{r} &= \left(\frac{\mathrm{d}}{\mathrm{d}t}m\dot{\boldsymbol{r}}\right)\cdot\delta\boldsymbol{r} \\ &= \left(\frac{\mathrm{d}}{\mathrm{d}t}m\dot{x}\right)\delta x + \left(\frac{\mathrm{d}}{\mathrm{d}t}m\dot{y}\right)\delta y + \left(\frac{\mathrm{d}}{\mathrm{d}t}m\dot{z}\right)\delta z\end{aligned} \tag{13.24}$$

であるが，この質点の運動エネルギーを K とすると

$$\frac{\partial}{\partial \dot{x}}K = \frac{\partial}{\partial \dot{x}}\left(\frac{1}{2}m\dot{\boldsymbol{r}}^2\right) = \frac{\partial}{\partial \dot{x}}\left[\frac{1}{2}m(\dot{x}^2 + \dot{y}^2 + \dot{z}^2)\right] = m\dot{x} \tag{13.25}$$

などの関係があるから，

$$m\ddot{\boldsymbol{r}}\cdot\delta\boldsymbol{r} = \left(\frac{\mathrm{d}}{\mathrm{d}t}\frac{\partial K}{\partial \dot{x}}\right)\delta x + \left(\frac{\mathrm{d}}{\mathrm{d}t}\frac{\partial K}{\partial \dot{y}}\right)\delta y + \left(\frac{\mathrm{d}}{\mathrm{d}t}\frac{\partial K}{\partial \dot{z}}\right)\delta z$$

である．よって (13.20) は

$$\left(\frac{\mathrm{d}}{\mathrm{d}t}\frac{\partial K}{\partial \dot{x}} + \frac{\partial U}{\partial x}\right)\delta x + \left(\frac{\mathrm{d}}{\mathrm{d}t}\frac{\partial K}{\partial \dot{y}} + \frac{\partial U}{\partial y}\right)\delta y + \left(\frac{\mathrm{d}}{\mathrm{d}t}\frac{\partial K}{\partial \dot{z}} + \frac{\partial U}{\partial z}\right)\delta z = 0 \tag{13.26}$$

と書ける．ここで，

$$L = K - U \qquad \text{（定義）} \tag{13.27}$$

とおくと，K は $\dot{\boldsymbol{r}}$ のみの関数，U は $\boldsymbol{r}$ のみの関数であるため

$$\frac{\partial L}{\partial \dot{x}} = \frac{\partial K}{\partial \dot{x}}, \qquad \frac{\partial L}{\partial x} = -\frac{\partial U}{\partial x} \tag{13.28}$$

などが成り立つから，(13.26) は

$$\left(\frac{\mathrm{d}}{\mathrm{d}t}\frac{\partial L}{\partial \dot{x}} - \frac{\partial L}{\partial x}\right)\delta x + \left(\frac{\mathrm{d}}{\mathrm{d}t}\frac{\partial L}{\partial \dot{y}} - \frac{\partial L}{\partial y}\right)\delta y + \left(\frac{\mathrm{d}}{\mathrm{d}t}\frac{\partial L}{\partial \dot{z}} - \frac{\partial L}{\partial z}\right)\delta z = 0 \tag{13.29}$$

と書ける．いまは束縛条件がない場合を考えているから，$\delta \boldsymbol{r}$ を任意に，すなわち $\delta x, \delta y, \delta z$ を全く独立に変化させることができる．それでも常に (13.29) が成り立っているためには，

$$\frac{\mathrm{d}}{\mathrm{d}t}\frac{\partial L}{\partial \dot{x}} - \frac{\partial L}{\partial x} = 0, \quad \frac{\mathrm{d}}{\mathrm{d}t}\frac{\partial L}{\partial \dot{y}} - \frac{\partial L}{\partial y} = 0, \quad \frac{\mathrm{d}}{\mathrm{d}t}\frac{\partial L}{\partial \dot{z}} - \frac{\partial L}{\partial z} = 0 \qquad \text{（法則）} \tag{13.30}$$

が成り立っていなければならない．L を**ラグランジュ関数**，または**ラグランジアン**といい，(13.30) を**ラグランジュの運動方程式**または単に**ラグランジュの方程式**という．

上の導出では L を (13.27) の形におく必然性は必ずしも明らかでないが，§13.5 や §13.8 で学ぶ，より一般的な方法で理解できる．また，束縛条件があるときには，§13.7 で学ぶ一般化座標を用いて記述することにより，同じ形のラグランジュの方程式を導くことができる．

ラグランジュの運動方程式 (13.30) はニュートンの運動方程式 (1.1) から導いたが，逆に (13.30) から (1.1) を導いて，全く同等であることを，次のように示すことができる．

$$L = \frac{1}{2}m(\dot{x}^2 + \dot{y}^2 + \dot{z}^2) - U(x, y, z) \tag{13.31}$$

であるから，(13.30) の最初の式の各項は

$$\frac{\mathrm{d}}{\mathrm{d}t}\frac{\partial L}{\partial \dot{x}} = \frac{\mathrm{d}}{\mathrm{d}t}m\dot{x} = m\ddot{x} \tag{13.32}$$

$$\frac{\partial L}{\partial x} = -\frac{\partial U}{\partial x} = F_x \tag{13.33}$$

である．よって

$$m\ddot{x} - F_x = 0 \tag{13.34}$$

である．他の成分についても同様の関係があるから

$$m\ddot{\boldsymbol{r}} = \boldsymbol{F} \tag{13.35}$$

が導かれる．

束縛条件があるときも，ラグランジュの未定乗数法という手法を利用して，ニュートンの運動方程式とラグランジュの運動方程式の同等性を示すことができるが，ここでは割愛する．

§13.4 変 分 原 理

変分原理による力学の定式化は，「自然界に現実に起こる現象は，その現象が関係する“何かある積分”が極大または極小になるような経路で起こる」という原理（変分原理）ですべてを説明しようとする試みの一環であった．

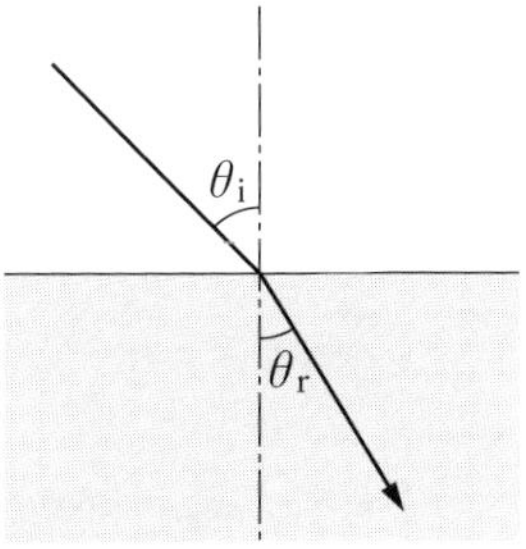

図 13.3

このような試みはフェルマー（P. de Fermat, 1601-1665）の光学の研究に始まる．よく知られているように，空気中から水などの異なる媒質に入射した光は境界面で屈折して進む．入射角 θ_i と屈折角 θ_r を図 13.3 のように定めると，

$$\sin\theta_i = n\sin\theta_r \tag{13.36}$$

なる関係がある．これをスネルの法則という．n は屈折率であり，媒質と光の波長で決まる量である．屈折の様子を記述するのにはこれで十分なのであるが，それに満足せず，これをより一般的な原理から導きたいという機運が当時あった．フェルマーは，密度の高い物質中に入った光は速度が空気中の $1/n$ になると仮定して，「光がある点 A から他の点 B に達するとき，到達に要する時間

$$t=\int_{\mathrm{A}}^{\mathrm{B}}\mathrm{d}t \tag{13.37}$$

が極小になるような経路を通る」という変分原理の法則を提唱した．これを**フェルマーの原理**という．この場合，極小になるべき「何かある積分」は，時間 t ということになる．

問1　フェルマーの原理からスネルの法則を導け．

解　空気中の点 A からあらゆる方向に出た光のうち，水中の点 B を通るものの経路を求める．A, B を含む鉛直な面内に，図 13.4 のような座標軸を定める．$\mathrm{A}(0,a)$，$\mathrm{B}(c,b)$ とする．また，光線が水面を横切る位置を $\mathrm{P}(x,0)$ とする．空気中の光の速さを v，水中の速さを v/n とすると，A から B まで達するのに要する時間は

$$t=\int_{\mathrm{A}}^{\mathrm{B}}\mathrm{d}t=\int_{\mathrm{A}}^{\mathrm{P}}\mathrm{d}t+\int_{\mathrm{P}}^{\mathrm{B}}\mathrm{d}t=\frac{\sqrt{x^2+a^2}}{v}+\frac{\sqrt{(c-x)^2+b^2}}{v/n} \tag{13.38}$$

である．x を変化させてこれが極小になる条件は

$$\frac{\mathrm{d}t}{\mathrm{d}x}=\frac{x}{v\sqrt{x^2+a^2}}-\frac{n(c-x)}{v\sqrt{(c-x)^2+b^2}}=0 \tag{13.39}$$

である．よって

$$\frac{x}{\sqrt{x^2+a^2}}=\frac{n(c-x)}{\sqrt{(c-x)^2+b^2}} \tag{13.40}$$

となるが，これは図を参照すればただちに (13.36)

$$\sin\theta_{\mathrm{i}}=n\sin\theta_{\mathrm{r}}$$

を意味することがわかる．

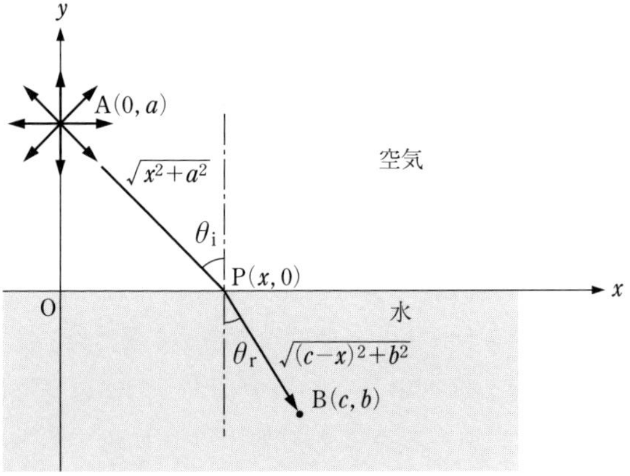

図 13.4

実際の光の経路を観測すると，図 13.4 のように曲がる．このとき，$\sin\theta_i > \sin\theta_r$ だから，$n > 1$ のはずである．よってフェルマーの原理が正しければ，水中の光速は空気中より遅いことになる．当時はこれを確かめる手段がなかったが，いまではこれが正しいことがわかっている．

§ 13.5 ハミルトンの原理

さて，それでは，ニュートンの運動方程式 (1.1) と同等になるような，変分原理による運動法則の定式化を求めよう．時刻 $t = t_A$ に点 A に存在した質点が (1.1) に従って運動し，時刻 $t = t_B$ に点 B に到達したとする．このときの質点の実際の経路を定める原理を導こうというわけである．ただしここでもまず，§ 13.3 と同様に，1 個の質点が束縛力を受けず，ポテンシャル・エネルギー $U(\boldsymbol{r})$ から導かれる保存力 (13.21) のみを受けて運動している場合を考える．

光学におけるフェルマーの原理では，到達時間を極小にする経路を求めたが，これから学ぶハミルトンの原理では，到達時間は最初から固定されている．歴史的には，到達時間を固定しない定式化を含めてさまざまな形式（例：モーペルテュイ (P. Maupertuis, 1698–1759) の最小作用の原理など）が試みられたが，やがて，最もすっきりとニュートンの運動方程式と対応がつき，しかも有用な変分原理は，時間を固定するものであることが明らかになった．われわれはいまその最後の成果のみを学ぶ．

たとえば一様な重力場中の運動の場合は，軌跡は図 13.5 の (1) や (3) のような放物線のはずであり，(2) や (4) のようなそれ以外の曲線ではありえない

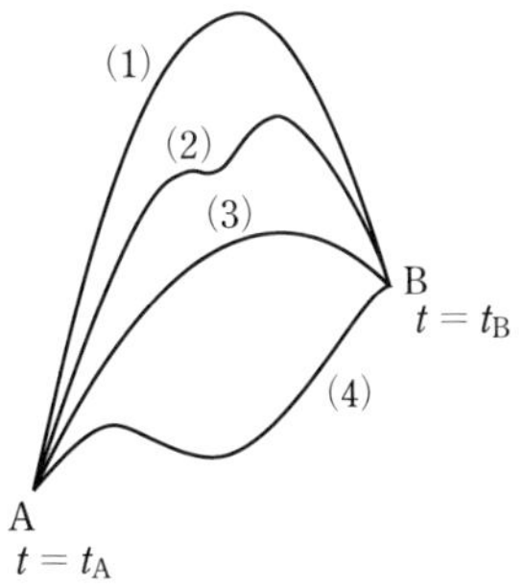

図 13.5

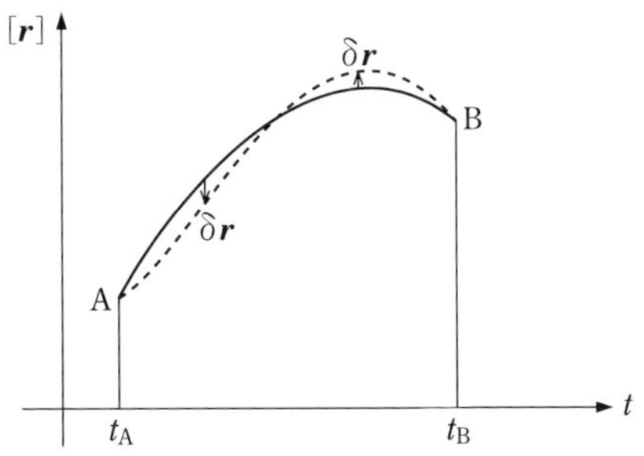

図 13.6

ことは，第2章で学んだことから明らかである．放物線であっても，(1)と(3)ではAからBに至るまでの時間が異なるから，$t = t_B$ に点Bに達するという条件のもとでは，実際の軌跡は1つに定まることになる．

さて，ダランベールの原理によれば，各時刻において，つまり，実際の経路上の各点において(13.20)が成り立っている．これを満たす経路は，何かある積分 I が仮想変位 $\delta \boldsymbol{r}$ に対して極値をもつようなものである，というふうに定式化したい．$\delta \boldsymbol{r}$ は，あらかじめ指定した点Aから点Bに至るまで連続的に変化し，両端の点A, Bでは0である．

$$\delta \boldsymbol{r}(t_A) = 0, \qquad \delta \boldsymbol{r}(t_B) = 0 \tag{13.41}$$

図13.6に，実際の経路と仮想変位した経路とを模式的に描いてある．横軸は時間で，縦軸は3次元空間座標をまとめて表している．

実際に質点がたどる経路は，それに沿った仮想変位に対して(13.20)が成り立つような経路のはずだから，両辺に微小時間 $\mathrm{d}t$ を乗じて $t = t_A$ から $t = t_B$ まで加え合わせても

$$\int_{t_A}^{t_B} (\boldsymbol{F} - m\ddot{\boldsymbol{r}}) \cdot \delta \boldsymbol{r}\, \mathrm{d}t = \int_{t_A}^{t_B} 0\, \mathrm{d}t = 0 \tag{13.42}$$

となるはずである．左辺を

$$\int_{t_A}^{t_B} \boldsymbol{F} \cdot \delta \boldsymbol{r}\, \mathrm{d}t - \int_{t_A}^{t_B} m\ddot{\boldsymbol{r}} \cdot \delta \boldsymbol{r}\, \mathrm{d}t = 0 \tag{13.43}$$

と書き直してから，各項について別々に考えていこう．仮想変位 $\delta \boldsymbol{r}$ は任意であるが，両項に共通でなければならない．

束縛条件はなく，$\boldsymbol{F}$ が保存力(13.21)の場合を扱っているから，第1項は

$$\int_{t_A}^{t_B} \boldsymbol{F} \cdot \delta \boldsymbol{r}\, \mathrm{d}t = -\int_{t_A}^{t_B} \nabla U(\boldsymbol{r}) \cdot \delta \boldsymbol{r}\, \mathrm{d}t = -\int_{t_A}^{t_B} \delta U(\boldsymbol{r})\, \mathrm{d}t \tag{13.44}$$

となる．ここに，

$$\delta U(\boldsymbol{r}) = \nabla U(\boldsymbol{r}) \cdot \delta \boldsymbol{r} = \frac{\partial U}{\partial x}\delta x + \frac{\partial U}{\partial y}\delta y + \frac{\partial U}{\partial z}\delta z \tag{13.45}$$

は仮想変位 $\delta \boldsymbol{r}$ によって移動した先の点 $\boldsymbol{r} + \delta \boldsymbol{r}$ ともとの点 $\boldsymbol{r}$ のポテンシャル・エネルギーの差である．

また第2項は，

$$\int_{t_A}^{t_B} m\frac{\mathrm{d}^2\boldsymbol{r}}{\mathrm{d}t^2}\cdot\delta\boldsymbol{r}\,\mathrm{d}t = m\frac{\mathrm{d}\boldsymbol{r}}{\mathrm{d}t}\cdot\delta\boldsymbol{r}\Big|_{t_A}^{t_B} - \int_{t_A}^{t_B} m\frac{\mathrm{d}\boldsymbol{r}}{\mathrm{d}t}\cdot\frac{\mathrm{d}}{\mathrm{d}t}\delta\boldsymbol{r}\,\mathrm{d}t$$
$$= -\int_{t_A}^{t_B} m\frac{\mathrm{d}\boldsymbol{r}}{\mathrm{d}t}\cdot\frac{\mathrm{d}}{\mathrm{d}t}\delta\boldsymbol{r}\,\mathrm{d}t \tag{13.46}$$

となる．ベクトルのスカラー積に部分積分の公式を適用したが，これが成り立つことは各成分に分けて証明することができる．また，途中で (13.41) を利用した．(13.46) の右辺が，各時刻の質点の運動エネルギー K に $\mathrm{d}t$ を乗じて，実際に実現された経路に沿って $t=t_A$ から t_B まで積分したものと，仮想変位させた経路に沿って同じ積分をしたものの差であることは，ベクトルの関係式

$$\boldsymbol{A}\cdot\boldsymbol{B} = \frac{(\boldsymbol{A}+\boldsymbol{B})^2 - A^2 - B^2}{2} \tag{13.47}$$

を利用して

$$= -\frac{1}{2}\int_{t_A}^{t_B} m\left[\left(\frac{\mathrm{d}\boldsymbol{r}}{\mathrm{d}t}+\frac{\mathrm{d}}{\mathrm{d}t}\delta\boldsymbol{r}\right)^2 - \left(\frac{\mathrm{d}\boldsymbol{r}}{\mathrm{d}t}\right)^2 - \left(\frac{\mathrm{d}}{\mathrm{d}t}\delta\boldsymbol{r}\right)^2\right]\mathrm{d}t$$
$$= -\int_{t_A}^{t_B}\left\{\frac{1}{2}m\left[\frac{\mathrm{d}}{\mathrm{d}t}(\boldsymbol{r}+\delta\boldsymbol{r})\right]^2 - \frac{1}{2}m\left(\frac{\mathrm{d}\boldsymbol{r}}{\mathrm{d}t}\right)^2\right\}\mathrm{d}t = -\int_{t_A}^{t_B}\delta K\,\mathrm{d}t \tag{13.48}$$

となることからわかる．ただし，途中で 2 次の微小量

$$\left(\frac{\mathrm{d}}{\mathrm{d}t}\delta\boldsymbol{r}\right)^2 \tag{13.49}$$

を無視した．ある量が微小でもその微分が微小であるとは限らないが，
$\mathrm{d}\,\delta\boldsymbol{r}/\mathrm{d}t$ が確かに微小量であることは，以下のようにしてわかる．すなわち

$$\frac{\mathrm{d}}{\mathrm{d}t}\delta\boldsymbol{r} = \frac{\mathrm{d}}{\mathrm{d}t}[(\boldsymbol{r}+\delta\boldsymbol{r})-\boldsymbol{r}] = \frac{\mathrm{d}}{\mathrm{d}t}(\boldsymbol{r}+\delta\boldsymbol{r}) - \frac{\mathrm{d}}{\mathrm{d}t}\boldsymbol{r} \tag{13.50}$$

であるが，右辺は仮想変位 $\delta\boldsymbol{r}$ に伴う微分 $\mathrm{d}\boldsymbol{r}/\mathrm{d}t$ の変化であるから，これを $\delta(\mathrm{d}\boldsymbol{r}/\mathrm{d}t)$ と書くことができる．つまり

$$\frac{\mathrm{d}}{\mathrm{d}t}\delta\boldsymbol{r} = \delta\left(\frac{\mathrm{d}\boldsymbol{r}}{\mathrm{d}t}\right) \tag{13.51}$$

である．微分記号 $\mathrm{d}/\mathrm{d}t$ と変分記号 δ は交換が可能なのである．そうすると，$\delta\boldsymbol{r}$ を十分小さくとれば，右辺は好きなだけ小さくできるから，左辺 $\mathrm{d}(\delta\boldsymbol{r})/\mathrm{d}t$ も微小である．よってその平方の (13.49) は 2 次の微小量である．

これで (13.43) の左辺第 1 項，第 2 項の変形が終わり，(13.44),(13.48) より

$$-\int_{t_A}^{t_B} \delta U(\boldsymbol{r})\,\mathrm{d}t + \int_{t_A}^{t_B} \delta K\,\mathrm{d}t = 0 \tag{13.52}$$

となった．これは

$$\int_{t_A}^{t_B} \delta(K-U)\,\mathrm{d}t = \delta\int_{t_A}^{t_B} (K-U)\,\mathrm{d}t = 0 \tag{13.53}$$

を意味する．したがって

$$L = K - U \qquad \text{（定義）} \tag{13.54}$$

とおけば，(13.53) は

$$I = \int_{t_A}^{t_B} L\,\mathrm{d}t \tag{13.55}$$

として，

$$\delta I = \delta\int_{t_A}^{t_B} L\,\mathrm{d}t = 0 \tag{13.56}$$

と同等である．これで，実際の運動の経路に沿ってある積分 I が極値をもつという変分原理で，運動方程式を定式化することができた．L はすでに学んだラグランジアンである．これを，**ハミルトンの原理**という．L が K と U の差で表されることを (13.27) では天下り的に導入したが，この取り扱いでは自然に導かれた．

§ 13.6　ラグランジュの運動方程式の導出 —— その 2

さてそれでは，ハミルトンの原理 (13.56) から出発して，ラグランジアン L が満たすべき微分方程式を導こう．1 個の質点の場合

$$L = \frac{1}{2}m\dot{\boldsymbol{r}}^2 - U(\boldsymbol{r}) \tag{13.57}$$

であるから，L は質点の位置ベクトル $\boldsymbol{r}$ と速度

$$\dot{\boldsymbol{r}} = (\dot{x}, \dot{y}, \dot{z}) \tag{13.58}$$

の関数である．

ここで，§ 13.3 では気にしなかったことであるが，いまの立場では $\boldsymbol{r}$ と $\dot{\boldsymbol{r}}$ は独立な変数であることに注意しよう．ニュートンの運動方程式 (1.1) を解く

と，速度 $\dot{\boldsymbol{r}}(t)$ は位置ベクトル $\boldsymbol{r}(t)$ の時間微分で与えられるため，これらにもともと決まった関数関係がありそうに錯覚するが，これは，運動方程式 (1.1) によって基本的な関係が規定され，初期条件を固定することで関係が確定したものである．同じ保存力の場で運動する質点が同じ位置 $\boldsymbol{r}$ を通過するときに決まった速度 $\dot{\boldsymbol{r}}$ をもっているわけではない．このことは，たとえばある中心のまわりに万有引力で運動する質点の2つの楕円軌道が交差しているとき，その交点における速度 $\dot{\boldsymbol{r}}$ は質点がどちらの軌道にあるかで異なることなどからも明らかであろう (図 13.7)．いまは，微分方程式 (1.1) を解くことと同等な別の定式化を模索している．そのために，まず速度 $\dot{\boldsymbol{r}}(t)$ と位置ベクトル $\boldsymbol{r}(t)$ とは独立な変数であるとして扱い，時刻 t_{A} と時刻 t_{B} を指定した変分原理を課すことにより，これらを関係づける方程式を得ようというわけである．

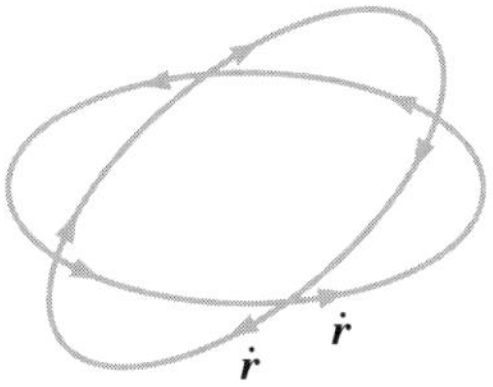

図 13.7

いま，ある経路に沿っての仮想変位 $\delta\boldsymbol{r}$ に伴う速度の変化分 (変分) を

$$\delta\dot{\boldsymbol{r}} = (\delta\dot{x}, \delta\dot{y}, \delta\dot{z}) \tag{13.59}$$

と書くと，(13.56) は

$$\begin{aligned}
\delta\int_{t_{\mathrm{A}}}^{t_{\mathrm{B}}} L\,\mathrm{d}t &= \int_{t_{\mathrm{A}}}^{t_{\mathrm{B}}}\left(\frac{\partial L}{\partial x}\delta x+\frac{\partial L}{\partial y}\delta y+\frac{\partial L}{\partial z}\delta z+\frac{\partial L}{\partial \dot{x}}\delta\dot{x}+\frac{\partial L}{\partial \dot{y}}\delta\dot{y}+\frac{\partial L}{\partial \dot{z}}\delta\dot{z}\right)\mathrm{d}t \\
&= \int_{t_{\mathrm{A}}}^{t_{\mathrm{B}}}\left(\frac{\partial L}{\partial x}\delta x+\frac{\partial L}{\partial y}\delta y+\frac{\partial L}{\partial z}\delta z+\frac{\partial L}{\partial \dot{x}}\frac{\mathrm{d}}{\mathrm{d}t}\delta x+\frac{\partial L}{\partial \dot{y}}\frac{\mathrm{d}}{\mathrm{d}t}\delta y\right. \\
&\qquad \left.+\frac{\partial L}{\partial \dot{z}}\frac{\mathrm{d}}{\mathrm{d}t}\delta z\right)\mathrm{d}t \\
&= \int_{t_{\mathrm{A}}}^{t_{\mathrm{B}}}\left(\frac{\partial L}{\partial x}\delta x+\cdots\right)\mathrm{d}t+\left[\frac{\partial L}{\partial \dot{x}}\delta x+\cdots\right]_{t_{\mathrm{A}}}^{t_{\mathrm{B}}}-\int_{t_{\mathrm{A}}}^{t_{\mathrm{B}}}\left(\frac{\mathrm{d}}{\mathrm{d}t}\frac{\partial L}{\partial \dot{x}}\delta x+\cdots\right)\mathrm{d}t \\
&= \int_{t_{\mathrm{A}}}^{t_{\mathrm{B}}}\left[\left(\frac{\partial L}{\partial x}-\frac{\mathrm{d}}{\mathrm{d}t}\frac{\partial L}{\partial \dot{x}}\right)\delta x+\left(\frac{\partial L}{\partial y}-\frac{\mathrm{d}}{\mathrm{d}t}\frac{\partial L}{\partial \dot{y}}\right)\delta y\right. \\
&\qquad \left.+\left(\frac{\partial L}{\partial z}-\frac{\mathrm{d}}{\mathrm{d}t}\frac{\partial L}{\partial \dot{z}}\right)\delta z\right]\mathrm{d}t \\
&= 0
\end{aligned} \tag{13.60}$$

となる．まず (13.51)，次に (13.41) を利用した．任意の仮想変位 $\delta\boldsymbol{r} =$

$(\delta x, \delta y, \delta z)$ に対してこれが成立するためには

$$\frac{\mathrm{d}}{\mathrm{d}t}\frac{\partial L}{\partial \dot{x}}-\frac{\partial L}{\partial x}=0, \quad \frac{\mathrm{d}}{\mathrm{d}t}\frac{\partial L}{\partial \dot{y}}-\frac{\partial L}{\partial y}=0, \quad \frac{\mathrm{d}}{\mathrm{d}t}\frac{\partial L}{\partial \dot{z}}-\frac{\partial L}{\partial z}=0 \quad \text{(法則)} \tag{13.61}$$

でなければならない．こうして，ラグランジュの運動方程式 (13.30) がより一般的なみちすじで再び導かれた．

§13.7　一般化座標と一般化力

以上で，束縛条件のない質点の運動についてラグランジュの運動方程式を導いた．また §13.3 ではそれがニュートンの運動方程式 (1.1) と同等であることを示した．これだけではありがたみが少ないが，本節で学ぶように，**ラグランジュの運動方程式は，質点の位置を指定するための座標を任意に選んでも，全く同じ形に書ける**という特徴がある．このため，複雑な系の束縛条件を含む運動の方程式を書き下すための強力な手段となる．

ここでは，2 つの点について一般化を行う．第 1 に，2 個以上の質点を同時に扱う．第 2 にデカルト座標から一般化座標に拡張する．

(1)　質点系に対する仮想仕事の原理とダランベールの原理

n 個の質点に対するつり合いの条件は，すべての質点について

$$\boldsymbol{F}_i = \boldsymbol{F}_i{}^{\mathrm{a}} + \boldsymbol{S}_i = 0 \qquad (i = 1, \cdots, n) \tag{13.62}$$

が成り立つことである．ここで，$\boldsymbol{S}_i$ は i 番目の質点の束縛条件に由来する束縛力，$\boldsymbol{F}_i{}^{\mathrm{a}}$ は束縛条件に依存しない力 (内力を含む) である．各質点に無限小の仮想変位

$$\delta \boldsymbol{r}_i \qquad (i = 1, \cdots, n) \tag{13.63}$$

を与えると，それによって質点系全体になされる仮想仕事は，

$$\sum_{i=1}^{n} \boldsymbol{F}_i \cdot \delta \boldsymbol{r}_i = \sum_{i=1}^{n} (\boldsymbol{F}_i{}^{\mathrm{a}} + \boldsymbol{S}_i) \cdot \delta \boldsymbol{r}_i = 0 \tag{13.64}$$

を満たす．束縛はなめらかであると仮定する．いま，仮想変位 $\delta \boldsymbol{r}_i$ として束縛条件を満たすようなものしか考えないことにすれば，

$$\boldsymbol{S}_i \perp \delta \boldsymbol{r}_i \quad \longrightarrow \quad \boldsymbol{S}_i \cdot \delta \boldsymbol{r}_i = 0 \tag{13.65}$$

だから，束縛力以外の力 $\boldsymbol{F}_i{}^{\mathrm{a}}$ による仮想仕事のみを考えればよく，

$$\sum_{i=1}^{n} \boldsymbol{F}_i{}^{\mathrm{a}} \cdot \delta \boldsymbol{r}_i = 0 \tag{13.66}$$

が成り立つ．これが，**多粒子系の仮想仕事の原理**である．

n 個の質点からなる系の運動については，各質点について，ニュートンの運動方程式 (1.1) が成り立つ．

$$m_i \ddot{\boldsymbol{r}}_i = \boldsymbol{F}_i \qquad (i = 1, \cdots, n) \tag{13.67}$$

$\boldsymbol{F}_i$ は i 番目の質点に働く合力 (13.62) である．

運動している質点系に対するダランベールの原理は，(13.67) で決まる各質点の軌道からの変位を $\delta \boldsymbol{r}_i$ $(i = 1, \cdots, n)$ とすると

$$\sum_{i=1}^{n} (\boldsymbol{F}_i - m_i \ddot{\boldsymbol{r}}_i) \cdot \delta \boldsymbol{r}_i = 0 \tag{13.68}$$

である．束縛条件がある場合は，なめらかな束縛しか考えず，仮想変位は束縛条件を満たすものしか考えないとすれば，(13.65) より

$$\sum_{i=1}^{n} (\boldsymbol{F}_i{}^{\mathrm{a}} - m_i \ddot{\boldsymbol{r}}_i) \cdot \delta \boldsymbol{r}_i = 0 \tag{13.69}$$

である．

(2) 一般化座標

質点の位置を表現するのに，デカルト座標 (x_i, y_i, z_i) のほか，極座標 $(r_i, \theta_i, \varphi_i)$ や円筒座標 (ξ_i, φ_i, z_i) を用いることもできることを第6章で学んだ．デカルト座標の変数がすべて長さの次元をもっているのに対し，θ_i や φ_i は無次元の量であることに注意しよう．このように，質点の位置を一意的に表現することのできる変数の組を，各変数の次元にこだわらずに用いるときに，それを**一般化座標**という．

まず1質点の場合を例にとって，そのデカルト座標 (x, y, z) と一般化座標 (q_1, q_2, q_3)，たとえば極座標を考える．両者の間には関数関係

$$x = x(q_1, q_2, q_3\,;\,t), \qquad y = y(q_1, q_2, q_3\,;\,t), \qquad z = z(q_1, q_2, q_3\,;\,t) \tag{13.70}$$

がある．(6.1), (6.8), (6.11) などの場合は時間 t が入っていないが，一般化

座標で表したとき t も変数として入ってくることがある（束縛条件が時間に依存するときに起きる）ので，(13.70) ではそれもあらわに示した．速度の成分は

$$\dot{x} = \frac{\mathrm{d}x}{\mathrm{d}t} = \frac{\partial x}{\partial q_1}\frac{\mathrm{d}q_1}{\mathrm{d}t} + \frac{\partial x}{\partial q_2}\frac{\mathrm{d}q_2}{\mathrm{d}t} + \frac{\partial x}{\partial q_3}\frac{\mathrm{d}q_3}{\mathrm{d}t} + \frac{\partial x}{\partial t}$$

$$= \frac{\partial x}{\partial q_1}\dot{q}_1 + \frac{\partial x}{\partial q_2}\dot{q}_2 + \frac{\partial x}{\partial q_3}\dot{q}_3 + \frac{\partial x}{\partial t} \tag{13.71}$$

などと書ける．左辺の時間についての常微分は，ある量（いまの場合は x）が時間とともにどのように変化するかを表すから，t に関する偏微分の寄与のほかに，座標変数 q_i の時間変化を通じての変化が含まれる．(6.25),(6.26) は時間をあらわに含まないため，時間に関する偏微分が 0 の場合の例である．(13.70),(13.71) を用いると，デカルト座標 $(x, y, z\,;\,\dot{x}, \dot{y}, \dot{z})$ で書かれた 1 質点についての関数を $(q_1, \dot{q}_1, q_2, \dot{q}_2, q_3, \dot{q}_3)$ の関数に変換することができる．

問 2　(6.1) に注意して，(13.71) から (6.25),(6.26) を導け．

解　$x = r\cos\varphi$，$y = r\sin\varphi$ だから，

$$\dot{x} = \frac{\partial x}{\partial r}\dot{r} + \frac{\partial x}{\partial \varphi}\dot{\varphi} = \dot{r}\cos\varphi - r\dot{\varphi}\sin\varphi$$

$$\dot{y} = \frac{\partial y}{\partial r}\dot{r} + \frac{\partial y}{\partial \varphi}\dot{\varphi} = \dot{r}\sin\varphi + r\dot{\varphi}\cos\varphi$$

なお，位置ベクトル $\boldsymbol{r}$ はデカルト座標では

$$\boldsymbol{r} = (x, y, z) = x\boldsymbol{e}_x + y\boldsymbol{e}_y + z\boldsymbol{e}_z \tag{13.72}$$

のように書けるが，一般化座標，たとえば極座標を用いて

$$\boldsymbol{r} = (r, \theta, \varphi) = r\boldsymbol{e}_r + \theta\boldsymbol{e}_\theta + \varphi\boldsymbol{e}_\varphi \tag{13.73}$$

とは書けないことに注意する．この場合，正しくは単に

$$\boldsymbol{r} = r\boldsymbol{e}_r \tag{13.74}$$

である．(r, θ, φ) は，位置ベクトル $\boldsymbol{r}$ が指定する点（図 13.8）の位置を一意的に指定することができる数値の組にすぎない．

それでは，n 個の質点からなる系について考えよう．束縛条件がないときは，$3n$ 個のデカルト座標

$$(x_1, y_1, z_1), \quad \cdots, \quad (x_n, y_n, z_n) \tag{13.75}$$

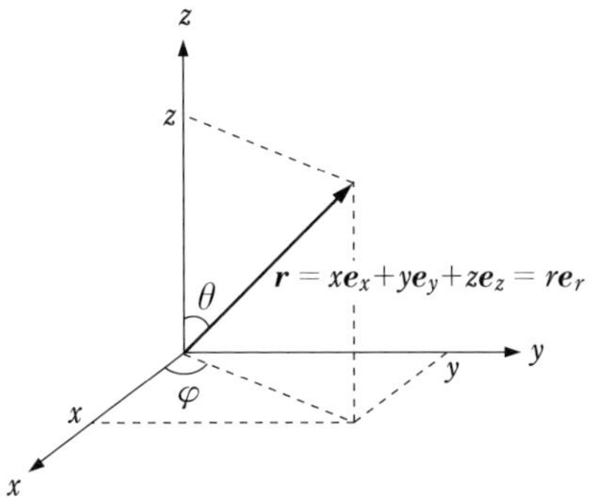

図 13.8

が必要であるが，一般化座標で表しても $3n$ 個

$$q_1,\quad q_2,\quad \cdots,\quad q_{3n}$$

が必要である．なお，一般化座標については，このように通し番号で表記することにする．

束縛条件があるときは，自由に変化しうる座標の数 f は $3n$ より少なくなる．h 個の独立な束縛条件があるときには，

$$f = 3n - h \tag{13.76}$$

である．f を運動の**自由度**という．このとき，(13.70) を拡張して

$$\boldsymbol{r}_i = \boldsymbol{r}_i(q_1, q_2, \cdots, q_f\,;\, t) \qquad (i = 1, \cdots, n) \tag{13.77}$$

あるいは成分に分けて書くと

$$x_i = x_i(q_1, \cdots, q_f\,;\, t), \qquad y_i = y_i(q_1, \cdots, q_f\,;\, t), \qquad z_i = z_i(q_1, \cdots, q_f\,;\, t)$$
$$(i = 1, \cdots, n) \tag{13.78}$$

のような関数関係がある．

一般化座標を用いる利点は，それが一般的である点にあるのではない．束縛条件があるときに，その条件を満たす f 個の変数をわれわれが勝手に選べることこそが利点である．以下で一般的に導くように，ラグランジュの運動方程式は，どのような座標系を選んでも同じ形で成り立つので，具体的な問題では，最も便利な座標系を自由に選んで議論できることが保証されている．

(3) 一般化座標の具体例

たとえば，図 13.1 のような円環に束縛された質点の運動を考える場合には，デカルト座標 (x, y, z) を用いると，2 つの束縛条件

$$x^2+z^2 = a^2, \quad y = 0 \tag{13.79}$$

が必要である．したがって運動の自由度は 1 $(= 3-2)$ である．一方，質点の円環上の位置は角度 φ で完全に指定できる．φ を座標に選べばこれが一般化座標である．

もう 1 つの例をあげよう．質量 m_1, m_2 のおもり（それぞれ，おもり 1，おもり 2 とする）を，長さ l_1, l_2 の糸で支点から図 13.9 のようにつるしたものを**2 重振り子**という．支点を原点とするデカルト座標を図のように定め，おもりの座標を $(x_1, y_1, z_1), (x_2, y_2, z_2)$ とする．いま，xz 平面内での糸がゆるまない運動のみを考えるとすると，4 個の束縛条件

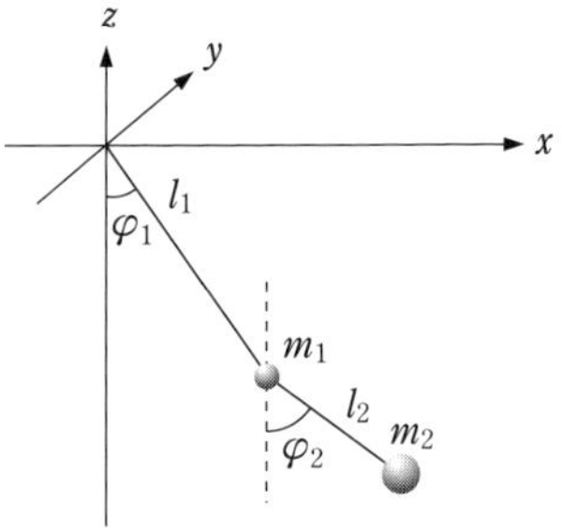

図 13.9

$$x_1{}^2+z_1{}^2 = l_1{}^2, \quad y_1 = 0 \tag{13.80}$$

$$(x_2-x_1)^2+(z_2-z_1)^2 = l_2{}^2, \quad y_2 = 0 \tag{13.81}$$

のもとでの運動になるから，自由度は 2 $(= 2\times3-4)$ である．よって 2 個の一般化座標を選べば，これら 2 個のおもりの位置を完全に指定できるはずである．それは，たとえば鉛直方向から測った糸の傾き角 φ_1 と φ_2 である．このうち φ_2 のほうは，おもり 2 の位置と原点の間を結ぶ直線の傾きではなく，刻々移動しているおもり 1 の位置との間を結ぶ直線の傾きである．それでも (φ_1, φ_2) の値の組で 2 個のおもりの位置を完全に指定できるから，それでよい．大切なことは，これらの座標の決定には束縛条件が前提となっているので，φ_1, φ_2 をどのように自由に変えても，それで指定されるおもりの位置は，常に束縛条件を満たしていることである．

(4) 一 般 化 力

自由に変化させても束縛条件を満たしているような変数の組，すなわち一般化座標を

$$q_1, \quad q_2, \quad \cdots, \quad q_f \tag{13.82}$$

とする．これを用いてダランベールの原理 (13.69) を書き換えたいのであるが，まず，仮想変位は

$$\delta \boldsymbol{r}_i = \sum_{k=1}^{f} \frac{\partial \boldsymbol{r}_i}{\partial q_k} \delta q_k \qquad (i = 1, \cdots, n) \tag{13.83}$$

である．これは，デカルト座標では位置ベクトルを (13.72) のように表記できることを利用して

$$\delta x_i = \sum_{k=1}^{f} \frac{\partial x_i}{\partial q_k} \delta q_k, \quad \delta y_i = \sum_{k=1}^{f} \frac{\partial y_i}{\partial q_k} \delta q_k, \quad \delta z_i = \sum_{k=1}^{f} \frac{\partial z_i}{\partial q_k} \delta q_k \tag{13.84}$$

をまとめてベクトルで表したものである．$f < 3n$ の場合は，デカルト座標の関係式として書かれた $h\,(= 3n - f)$ 個の束縛条件があるはずであるが，いまはそれを必要としない解析法を求める途上なので，ここではあらためて書くことはしない．また，いまは運動している質点を考えているから，$\boldsymbol{r}_i = \boldsymbol{r}_i(t)$, $q_k = q_k(t)$ はともに時間の関数であるが，ダランベールの原理を考えるときは，各時刻ごとにその瞬間の位置からの仮想変位を考えるので，(13.83) に時間微分は含まれない．

(13.83) を用いると，(13.69) の第 1 項は，

$$\sum_{i=1}^{n} \boldsymbol{F}_i{}^{\mathrm{a}} \cdot \delta \boldsymbol{r}_i = \sum_{i=1}^{n} \sum_{k=1}^{f} \boldsymbol{F}_i{}^{\mathrm{a}} \cdot \frac{\partial \boldsymbol{r}_i}{\partial q_k} \delta q_k = \sum_{k=1}^{f} \left(\sum_{i=1}^{n} \boldsymbol{F}_i{}^{\mathrm{a}} \cdot \frac{\partial \boldsymbol{r}_i}{\partial q_k} \right) \delta q_k = \sum_{k=1}^{f} Q_k \, \delta q_k \tag{13.85}$$

となる．

$$Q_k = \sum_{i=1}^{n} \boldsymbol{F}_i{}^{\mathrm{a}} \cdot \frac{\partial \boldsymbol{r}_i}{\partial q_k} \qquad \text{（定義）} \tag{13.86}$$

は i については和をとってしまっているから $q_k\,(k = 1, \cdots, f)$ にのみ依存する量であるが，これを**一般化力**という．Q_k を導入することで，(13.85) の最左辺と最右辺が同じ形に書けることに注意する．なお，一般化力 Q_k の次元は

$$[Q_k] = [\boldsymbol{F}^{\mathrm{a}} \cdot \delta \boldsymbol{r}][q_k]^{-1} = [\text{仕事}][q_k]^{-1} \tag{13.87}$$

だから，一般化座標 q_k が長さの次元をもたないときは，力の次元にはならない．

§ 13.8　一般化座標で表したラグランジュの運動方程式

（1）　一般化座標で表したダランベールの原理

(13.69) の書き換えを続けよう．第 2 項は

$$\sum_{i=1}^{n} m_i \ddot{\boldsymbol{r}}_i \cdot \delta \boldsymbol{r}_i = \sum_{i=1}^{n} \sum_{k=1}^{f} m_i \ddot{\boldsymbol{r}}_i \cdot \frac{\partial \boldsymbol{r}_i}{\partial q_k} \delta q_k$$

$$= \sum_{i=1}^{n} \sum_{k=1}^{f} \left[\frac{\mathrm{d}}{\mathrm{d}t} \left(m_i \dot{\boldsymbol{r}}_i \cdot \frac{\partial \boldsymbol{r}_i}{\partial q_k} \right) - m_i \dot{\boldsymbol{r}}_i \cdot \frac{\mathrm{d}}{\mathrm{d}t} \left(\frac{\partial \boldsymbol{r}_i}{\partial q_k} \right) \right] \delta q_k \quad (13.88)$$

と書き直すことができる．ベクトルのスカラー積の微分の公式 (1.43) を逆向きに利用した．

(13.88) の第 1 項に含まれる $\dot{\boldsymbol{r}}_i$ は

$$\dot{\boldsymbol{r}}_i = \frac{\mathrm{d}\boldsymbol{r}_i}{\mathrm{d}t} = \sum_{k=1}^{f} \frac{\partial \boldsymbol{r}_i}{\partial q_k} \dot{q}_k + \frac{\partial \boldsymbol{r}_i}{\partial t} \quad (13.89)$$

である．(13.71) 同様，時間についての常微分は，座標変数 q_l の時間変化を通じての変化の寄与と，t に関する偏微分の寄与の和である．この式から明らかなように，

$$\dot{\boldsymbol{r}}_i = \dot{\boldsymbol{r}}_i(q_1, \cdots, q_f, \dot{q}_1, \cdots, \dot{q}_f \,;\, t) \quad (13.90)$$

であるが，もともと $\boldsymbol{r}_i$ (13.77) には $\dot{q}_k$ は含まれていないから，$\dot{\boldsymbol{r}}_i$ の中の $\dot{q}_k$ は，(13.89) にあらわに現れているもの以外は，($\partial \boldsymbol{r}_i / \partial q_k$ にも，$\partial \boldsymbol{r}_i / \partial t$ にも) 含まれないことに注意する．また，変分の立場では，$\dot{q}_k$ などは q_k とは独立な変数である．以上のことから，(13.89) の両辺を $\dot{q}_k$ で偏微分すると

$$\frac{\partial \dot{\boldsymbol{r}}_i}{\partial \dot{q}_k} = \frac{\partial \boldsymbol{r}_i}{\partial q_k} \quad (13.91)$$

である．右辺は (13.88) の第 1 項の因子である．こうして，(13.88) の第 1 項に含まれる $\dot{\boldsymbol{r}}_i$ に関する考察から出発したのだが，同じ第 1 項に含まれるもう 1 つの因子についての関係式が得られた．

次に，(13.88) の第 2 項の因子を考える．やはり常微分だから

$$\frac{\mathrm{d}}{\mathrm{d}t} \left(\frac{\partial \boldsymbol{r}_i}{\partial q_k} \right) = \sum_{l=1}^{f} \frac{\partial}{\partial q_l} \left(\frac{\partial \boldsymbol{r}_i}{\partial q_k} \right) \dot{q}_l + \frac{\partial}{\partial t} \frac{\partial \boldsymbol{r}_i}{\partial q_k}$$

$$= \frac{\partial}{\partial q_k} \left[\sum_{l=1}^{f} \frac{\partial \boldsymbol{r}_i}{\partial q_l} \dot{q}_l + \frac{\partial \boldsymbol{r}_i}{\partial t} \right] \quad (13.92)$$

である．(13.89) と比べると［　］の中は $\dot{\boldsymbol{r}}_i$ に等しいから，

$$\frac{\mathrm{d}}{\mathrm{d}t}\left(\frac{\partial \boldsymbol{r}_i}{\partial q_k}\right) = \frac{\partial \dot{\boldsymbol{r}}_i}{\partial q_k} \tag{13.93}$$

となる．(13.91) と (13.93) を用いると，(13.88) は

$$\begin{aligned}
\sum_{i=1}^{n} m_i \ddot{\boldsymbol{r}}_i \cdot \delta \boldsymbol{r}_i &= \sum_{i=1}^{n}\sum_{k=1}^{f}\left[\frac{\mathrm{d}}{\mathrm{d}t}\left(m_i \dot{\boldsymbol{r}}_i \cdot \frac{\partial \dot{\boldsymbol{r}}_i}{\partial \dot{q}_k}\right) - m_i \dot{\boldsymbol{r}}_i \cdot \frac{\partial \dot{\boldsymbol{r}}_i}{\partial q_k}\right]\delta q_k \\
&= \sum_{i=1}^{n}\sum_{k=1}^{f}\left[\frac{\mathrm{d}}{\mathrm{d}t}\frac{\partial}{\partial \dot{q}_k}\left(\frac{1}{2}m_i \dot{\boldsymbol{r}}_i{}^2\right) - \frac{\partial}{\partial q_k}\left(\frac{1}{2}m_i \dot{\boldsymbol{r}}_i{}^2\right)\right]\delta q_k \\
&= \sum_{k=1}^{f}\left[\frac{\mathrm{d}}{\mathrm{d}t}\frac{\partial}{\partial \dot{q}_k}\left(\sum_{i=1}^{n}\frac{1}{2}m_i \dot{\boldsymbol{r}}_i{}^2\right) - \frac{\partial}{\partial q_k}\left(\sum_{i=1}^{n}\frac{1}{2}m_i \dot{\boldsymbol{r}}_i{}^2\right)\right]\delta q_k \\
&= \sum_{k=1}^{f}\left[\frac{\mathrm{d}}{\mathrm{d}t}\left(\frac{\partial K}{\partial \dot{q}_k}\right) - \frac{\partial K}{\partial q_k}\right]\delta q_k
\end{aligned} \tag{13.94}$$

となる．2 番目の等号で，これまでもときどき使用した公式 (1.44) を利用した．K は全運動エネルギー (11.41) である．

こうして (13.85) と (13.94) より，ダランベールの原理 (13.69) は，

$$\sum_{k=1}^{f}\left[\frac{\mathrm{d}}{\mathrm{d}t}\left(\frac{\partial K}{\partial \dot{q}_k}\right) - \frac{\partial K}{\partial q_k} - Q_k\right]\delta q_k = 0 \quad \text{（法則）} \tag{13.95}$$

となる．

(2) ラグランジュの運動方程式

ここで，一般化座標は束縛条件を満たす運動だけを記述するように選んだ f 個の変数のはずだから，各 q_k を任意に仮想変位 δq_k させても束縛条件からはずれることはない．そのような任意の仮想変位に対して (13.95) が成り立つためには，すべての k に対して

$$\frac{\mathrm{d}}{\mathrm{d}t}\left(\frac{\partial K}{\partial \dot{q}_k}\right) - \frac{\partial K}{\partial q_k} - Q_k = 0 \qquad (k = 1, \cdots, f) \tag{13.96}$$

が成り立っていなければならない．

$\boldsymbol{F}_i{}^{\mathrm{a}}$ が保存力の場合を考えることにすると，ポテンシャル・エネルギー $U(\boldsymbol{r}_1, \cdots, \boldsymbol{r}_n)$ を用いて

$$\boldsymbol{F}_i^{\mathrm{a}} = -\nabla_i U(\boldsymbol{r}_1, \cdots, \boldsymbol{r}_n)$$
$$= \left(-\frac{\partial U(\boldsymbol{r}_1, \cdots, \boldsymbol{r}_n)}{\partial x_i}, -\frac{\partial U(\boldsymbol{r}_1, \cdots, \boldsymbol{r}_n)}{\partial y_i}, -\frac{\partial U(\boldsymbol{r}_1, \cdots, \boldsymbol{r}_n)}{\partial z_i}\right) \tag{13.97}$$

と書けるから，一般化力 (13.86) は

$$Q_k = \sum_{i=1}^{n}\left(-\nabla_i U \cdot \frac{\partial \boldsymbol{r}_i}{\partial q_k}\right) = -\sum_{i=1}^{n}\left(\frac{\partial U}{\partial x_i}\frac{\partial x_i}{\partial q_k} + \frac{\partial U}{\partial y_i}\frac{\partial y_i}{\partial q_k} + \frac{\partial U}{\partial z_i}\frac{\partial z_i}{\partial q_k}\right)$$
$$= -\frac{\partial U}{\partial q_k} = -\frac{\partial}{\partial q_k} U(\boldsymbol{r}_1(q_1, \cdots, q_f\,;\, t), \cdots, \boldsymbol{r}_n(q_1, \cdots, q_f\,;\, t)) \tag{13.98}$$

と書ける．よって (13.96) は

$$\frac{\mathrm{d}}{\mathrm{d}t}\left(\frac{\partial K}{\partial \dot{q}_k}\right) - \frac{\partial K}{\partial q_k} + \frac{\partial U}{\partial q_k} = 0 \tag{13.99}$$

$$\longrightarrow \quad \frac{\mathrm{d}}{\mathrm{d}t}\left(\frac{\partial K}{\partial \dot{q}_k}\right) - \frac{\partial}{\partial q_k}(K - U) = 0 \tag{13.100}$$

となる．

ここで，ラグランジアンを (13.27) あるいは (13.54) と同じように

$$L = K - U \qquad (\text{定義}) \tag{13.101}$$

と定義すると，U は $\dot{\boldsymbol{r}}_i$ を含まないから $\dot{q}_k$ も含まず，したがって

$$\frac{\partial U}{\partial \dot{q}_k} = 0 \quad \longrightarrow \quad \frac{\partial L}{\partial \dot{q}_k} = \frac{\partial K}{\partial \dot{q}_k} \tag{13.102}$$

であるから，(13.100) は

$$\frac{\mathrm{d}}{\mathrm{d}t}\left(\frac{\partial L}{\partial \dot{q}_k}\right) - \frac{\partial L}{\partial q_k} = 0 \qquad (k = 1, \cdots, f) \qquad (\text{法則}) \tag{13.103}$$

と書いてよいことになる．これが，**一般化座標を用いた場合のラグランジュの運動方程式**である．(13.30) あるいは (13.61) と全く同じ形をしている．

§ 13.9 ラグランジュの運動方程式の応用

ラグランジュの運動方程式を簡単な例に対して応用してみよう．

(1) 単振り子

単振り子については，§6.3で扱った．そこではニュートンの運動方程式(1.1)を2次元極座標を用いて(6.48),(6.49)のように書き下し，それを解いた．2次元極座標も，長さの次元をもたない変数 φ を用いることでは一般化された座標の一種であるが，§13.8で導入した一般化座標の概念は，もっと踏み込んだ，束縛条件を満たす，自由度の数だけの変数の組である．単振り子の場合は，2次元の運動で，かつ(デカルト座標で書くとき)

$$l = \sqrt{x^2+y^2} = \text{一定} \tag{13.104}$$

という1つの束縛条件があるから，自由度は1(＝2−1)である．この条件のもとで許される運動を完全に記述できる1つの変数は何かと考えると，たとえば，極座標でも用いた図6.10の角度 φ である．この φ を一般化座標として選べば，束縛力である糸の張力 $\boldsymbol{S}$ は考えなくてよい．

ラグランジアン L を求めよう．まず運動エネルギー K は，おもりの速さを φ を用いて表すと

$$v = l\dot{\varphi} \tag{13.105}$$

だから，

$$K = \frac{1}{2}mv^2 = \frac{1}{2}ml^2\dot{\varphi}^2 \tag{13.106}$$

である．また，ポテンシャル・エネルギー $U(\boldsymbol{r})$ は，支点(の高さ)を基準にとれば，

$$U(\boldsymbol{r}) = -mgl\cos\varphi \tag{13.107}$$

である(もちろんどこを基準に選んでもよい)．よって

$$L = \frac{1}{2}ml^2\dot{\varphi}^2 + mgl\cos\varphi \tag{13.108}$$

だから，ラグランジュの運動方程式(13.103)は

$$\frac{\mathrm{d}}{\mathrm{d}t}\left(\frac{\partial}{\partial\dot{\varphi}}\frac{1}{2}ml^2\dot{\varphi}^2\right) - \frac{\partial}{\partial\varphi}mgl\cos\varphi = 0 \tag{13.109}$$

$$\frac{\mathrm{d}}{\mathrm{d}t}ml^2\dot{\varphi} + mgl\sin\varphi = 0 \tag{13.110}$$

$$l\ddot{\varphi} + g\sin\varphi = 0 \tag{13.111}$$

となる．これは(6.51)と同じ式であるから，それと同様にして解くことがで

きる．§6.3の極座標による解法を振り返ってみると，確かに，運動は(6.51)のみで決まり，(6.50)は束縛力についての情報を与えているだけであった．

(2) 円環上に束縛された質点

図13.1では鉛直面内にある半径 a の円環上になめらかに束縛された質点の位置を，中心を通る水平線からの角度 φ で指定して，束縛条件を満たす微小変化 $\delta\varphi$ を考えた．φ はまさに一般化座標であったといえる．ここでは，図13.10のように基準点を変えて鉛直線からの角度 φ を一般化座標として用いる．円環からの抗力は束縛力だから重力だけを考慮すると，単振り子の場合と全く同じラグランジアン(13.108)を導くことができる(ただし $l = a$)．したがって，この質点の運動は単振り子の場合と同じように解くことができる．ここでは繰り返さない．

それでは，円環を含む平面が鉛直面ではなく，図13.11のように鉛直面に対して θ だけ傾いている場合はどうであろうか．自由度は1であるから，図の φ を，束縛条件に合った質点の位置を一意的に指定する一般化座標として用いることができる．ラグランジアンを求めよう．運動エネルギーは $\theta = 0$ の場合と同じ

$$K = \frac{1}{2} m(a\dot{\varphi})^2 \tag{13.112}$$

である．ポテンシャル・エネルギーは，円環の中心と同じ高さの $\varphi = \pi/2$ の

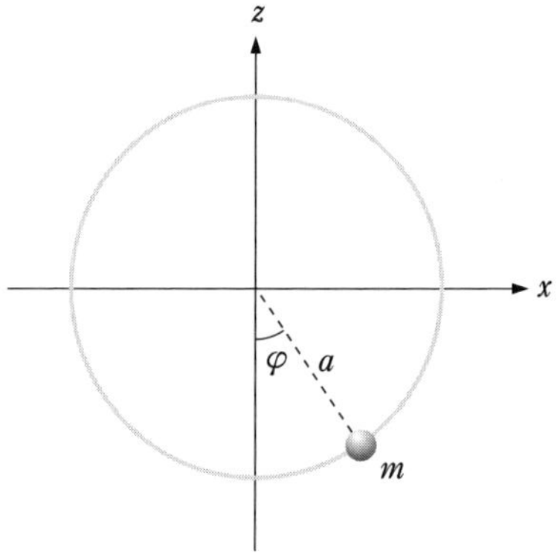

図 13.10

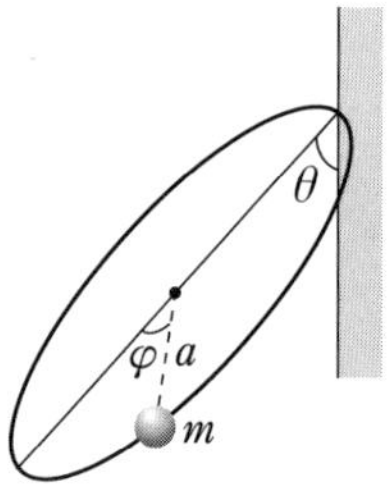

図 13.11

位置を基準にとると

$$U = -mga\cos\varphi\cos\theta \tag{13.113}$$

だから

$$L = \frac{1}{2}m(a\dot{\varphi})^2 + mga\cos\theta\cos\varphi \tag{13.114}$$

である．よってラグランジュの運動方程式は，

$$\frac{\mathrm{d}}{\mathrm{d}t}ma^2\dot{\varphi} + mga\cos\theta\sin\varphi = 0 \tag{13.115}$$

となる．この質点は最下点Aのまわりに振動するが，$\varphi \ll 1$ なる微小振動に対しては

$$a\ddot{\varphi} + g(\cos\theta)\varphi = 0 \tag{13.116}$$

である．これは φ についての単振動の方程式だから質点は角振動数

$$\omega = \sqrt{\frac{g\cos\theta}{a}} \tag{13.117}$$

で単振動する．これは，円環が鉛直に立っているときの角振動数の $\sqrt{\cos\theta}$ 倍に小さくなる．

(3) 2重振り子

図13.9のような2重振り子の一般化座標は φ_1 と φ_2 であった．ラグランジアンを求めよう．おもり1の速さは

$$v_1 = l_1\dot{\varphi}_1 \tag{13.118}$$

である．おもり2の速さは単純ではないが，いまは，振幅の小さい振動

$$\varphi_1 \ll 1, \qquad \varphi_2 \ll 1 \tag{13.119}$$

のみを考えるとすると，

$$v_2 = l_1\dot{\varphi}_1 + l_2\dot{\varphi}_2 \tag{13.120}$$

と書くことができる．第1項は φ_2 が一定に保たれているとしたときのおもり2の速さで，$\varphi_2 \ll 1$ なのでおもり1の速さに等しい．それに，第2項であるおもり1に相対的なおもり2の速さが加えられている．また，支点を基準とするおもりの高さは，それぞれ

$$z_1 = -l_1\cos\varphi_1, \qquad z_2 = -l_1\cos\varphi_1 - l_2\cos\varphi_2 \tag{13.121}$$

だから，ラグランジアンは

$$L=\frac{1}{2}m_1l_1{}^2\dot{\varphi}_1{}^2+\frac{1}{2}m_2(l_1\dot{\varphi}_1+l_2\dot{\varphi}_2)^2$$

$$+m_1gl_1\cos\varphi_1+m_2g(l_1\cos\varphi_1+l_2\cos\varphi_2) \tag{13.122}$$

である．よってラグランジュの運動方程式(13.103)は，偏微分して，

$$\frac{\mathrm{d}}{\mathrm{d}t}[m_1l_1{}^2\dot{\varphi}_1+m_2l_1(l_1\dot{\varphi}_1+l_2\dot{\varphi}_2)]+(m_1+m_2)gl_1\sin\varphi_1=0 \tag{13.123}$$

$$\frac{\mathrm{d}}{\mathrm{d}t}m_2l_2(l_1\dot{\varphi}_1+l_2\dot{\varphi}_2)+m_2gl_2\sin\varphi_2=0 \tag{13.124}$$

の2個である．整理すると

$$(m_1+m_2)l_1\ddot{\varphi}_1+m_2l_2\ddot{\varphi}_2+(m_1+m_2)g\varphi_1=0 \tag{13.125}$$

$$l_1\ddot{\varphi}_1+l_2\ddot{\varphi}_2+g\varphi_2=0 \tag{13.126}$$

となる．ただし近似(6.52)を利用した．これは φ_1, φ_2 に関する連立の2階線形常微分方程式である．標準的な解法を用いて解くことができるが，ここでは省略する．

§13.10　ハミルトンの正準方程式

ラグランジュの運動方程式は，f 個(自由度の数)の一般化座標 q_k と $\dot{q}_k$ および t に関する f 個の2階の連立微分方程式である．これを $2f$ 個の，しかし1階の連立微分方程式に変換することができる．それが，ハミルトンの正準方程式で，ラグランジアンとは別の量であるハミルトニアンと呼ばれる量に関する方程式である．ラグランジアンからハミルトニアンを求めるには，ルジャンドル変換を用いる．

(1)　全　微　分

たとえば独立な2変数 x, y の関数 $f(x, y)$ が点 (x, y) で x についても y についても偏微分可能であるとき，

$$\mathrm{d}f=\frac{\partial f}{\partial x}\mathrm{d}x+\frac{\partial f}{\partial y}\mathrm{d}y \tag{13.127}$$

を $f(x, y)$ の全微分という．$\mathrm{d}f$ は (x, y) が $(x+\mathrm{d}x, y+\mathrm{d}y)$ に変わったときの f の変化量を表す．

n 個の変数 $(x_1, \cdots, x_n)$ の関数 $f(x_1, \cdots, x_n)$ の場合は

$$df = \frac{\partial f}{\partial x_1}dx_1 + \cdots + \frac{\partial f}{\partial x_n}dx_n \tag{13.128}$$

である．

(2) ルジャンドル変換

$f(x, y)$ が (x, y) を独立変数とする関数であるとき，これから別の量を独立変数とする関数を構成する一般的な方法がある．それを**ルジャンドル変換**という．ただし，任意の変数に変換できるわけではなく，また，新しく構成された関数は f とは別の量である．

2 変数関数 $f(x, y)$ のルジャンドル変換で用いることのできる新しい独立変数は，

$$z = \frac{\partial f}{\partial x} \quad \text{あるいは} \quad u = \frac{\partial f}{\partial y} \tag{13.129}$$

に限られる．独立変数 x を z にルジャンドル変換したい場合は，新しい関数を

$$g(y, z) = f(x, y) - xz \tag{13.130}$$

と定義すればよい．

問 3 (13.130) の g の独立変数が確かに (y, z) であることを示せ．

解 g の全微分を調べる．(13.129) に注意すると

$$dg = df - z\,dx - x\,dz = \frac{\partial f}{\partial x}dx + \frac{\partial f}{\partial y}dy - \frac{\partial f}{\partial x}dx - x\,dz = \frac{\partial f}{\partial y}dy - x\,dz \tag{13.131}$$

であるから，独立変数は (y, z) である．またこれから

$$x = -\frac{\partial g}{\partial z} \tag{13.132}$$

であることもわかる．

(3) 一般化運動量

ラグランジアンは，$q_k, \dot{q}_k, t$ を独立変数とする関数

$$L = L(q_1, \cdots, q_f, \dot{q}_1, \cdots, \dot{q}_f\,;\, t) \tag{13.133}$$

であるが，ここで，ルジャンドル変換を念頭に置いた新しい変数

$$p_k = \frac{\partial L}{\partial \dot{q}_k} \qquad (k = 1, \cdots, f) \tag{13.134}$$

を定義する．p_k の次元は

$$[p_k] = [L][\dot{q}_k]^{-1} = [\text{エネルギー}][\dot{q}_k]^{-1} \tag{13.135}$$

である．q_k がデカルト座標のように長さの次元のとき p_k は運動量の次元をもつ．このことから，任意の一般化座標 q_k に対応する p_k を（q_k に共役な）**一般化運動量**という．q_k と p_k をまとめて**正準変数**という．

問 4 ラグランジアンがデカルト座標で記述されているとき，(13.134) で定義される p_k は普通の意味の運動量の成分を表すことを示せ．

解 $$L = \sum_{i=1}^{n} \left[\frac{1}{2} m_i \dot{\boldsymbol{r}}_i{}^2 - U(\boldsymbol{r}_i) \right] = \sum_{i=1}^{n} \frac{1}{2} m_i (\dot{x}_i{}^2 + \dot{y}_i{}^2 + \dot{z}_i{}^2) - \sum_{i=1}^{n} U(x_i, y_i, z_i) \tag{13.136}$$

である（ただし，$n = f/3$）が，(13.134) でたとえば $q_k = x_i$ とすると

$$p_k = \frac{\partial L}{\partial \dot{q}_k} = \frac{\partial L}{\partial \dot{x}_i} = m_i \dot{x}_i \ (= p_{ix}) \tag{13.137}$$

となり，確かに i 番目の質点の運動量の x 成分である．

（4） ハミルトニアン

ラグランジアン L から，(q_k, p_k, t) を独立変数とする新しい関数を構成しよう．もちろん，その関数は L とは別の量であり，それが従う方程式も当然 (13.103) とは異なるものになる．(13.134) で与えられる p_k の定義は，ルジャンドル変換を可能にする定義になっているから，求める新しい関数は

$$H = \sum_{k=1}^{f} p_k \dot{q}_k - L \tag{13.138}$$

と定義すればよい．H を $L - \sum p_k \dot{q}_k$ と定義してもよいのであるが，後で H は力学的エネルギーを表す量であることが明らかになるので，符号が逆にならないように，最初からこのようにしておく．H を**ハミルトン関数**，あるいは**ハミルトニアン**という．

H の独立変数が確かに q_k と p_k $(k = 1, \cdots, f)$ であることは，問 3 と全く同様に全微分を調べればわかる．繰り返すと，L の自然な独立変数は q_k と $\dot{q}_k$ だから，

$$dH = d\sum_{k=1}^{f} p_k \dot{q}_k - dL = \sum_{k=1}^{f} p_k\, d\dot{q}_k + \sum_{k=1}^{f} \dot{q}_k\, dp_k - \sum_{k=1}^{f} \frac{\partial L}{\partial \dot{q}_k} d\dot{q}_k - \sum_{k=1}^{f} \frac{\partial L}{\partial q_k} dq_k \tag{13.139}$$

である．(13.134) より右辺の第1項と第3項は互いに打ち消し合う．よって

$$dH = \sum_{k=1}^{f} \dot{q}_k\, dp_k - \sum_{k=1}^{f} \frac{\partial L}{\partial q_k} dq_k \tag{13.140}$$

となる．これは，H の独立変数が確かに (q_k, p_k) $(k = 1, \cdots, f)$ であることを示している．一方，全微分の公式 (13.128) から

$$dH = \sum_{k=1}^{f} \frac{\partial H}{\partial p_k} dp_k + \sum_{k=1}^{f} \frac{\partial H}{\partial q_k} dq_k \tag{13.141}$$

と書けるはずである．これを (13.140) と比べて

$$\frac{\partial H}{\partial p_k} = \dot{q}_k, \qquad \frac{\partial H}{\partial q_k} = -\frac{\partial L}{\partial q_k} \tag{13.142}$$

であることがわかる．(13.142) の右の式の右辺は，ラグランジュの方程式 (13.103) と一般化運動量の定義 (13.134) から，

$$\frac{\partial L}{\partial q_k} = \frac{d}{dt}\left(\frac{\partial L}{\partial \dot{q}_k}\right) = \frac{d}{dt} p_k = \dot{p}_k \qquad (k = 1, \cdots, f) \tag{13.143}$$

となるので，

$$\frac{\partial H}{\partial p_k} = \dot{q}_k, \qquad \frac{\partial H}{\partial q_k} = -\dot{p}_k \qquad (k = 1, \cdots, f) \tag{13.144}$$

となる．これが，新しい量 H に対する，q_k と新しい変数 p_k を独立変数とする $2f$ 個の1階偏微分方程式である．これを**ハミルトンの正準方程式**という．この方程式は，統計力学や量子力学の発展に大いに貢献した．

(5) ハミルトニアンとエネルギー

ハミルトニアンは力学的エネルギーを一般化座標で表した関数であることを示そう．一般化座標の次元は任意だから，運動エネルギー K を一般化座標でどう表せるかは自明ではない．そこで，デカルト座標の表式から変換によってそれを導く．$n = f/3$ として

$$\boldsymbol{p}_i = m_i \dot{\boldsymbol{r}}_i \tag{13.145}$$

だから

$$K=\frac{1}{2}\sum_{i=1}^{n} m_i\dot{\boldsymbol{r}}_i{}^2=\frac{1}{2}\sum_{i=1}^{n}\boldsymbol{p}_i\cdot\dot{\boldsymbol{r}}_i \tag{13.146}$$

であるが，(13.89) より

$$K=\frac{1}{2}\sum_{i=1}^{n}\boldsymbol{p}_i\cdot\left(\sum_{k=1}^{f}\frac{\partial\boldsymbol{r}_i}{\partial q_k}\dot{q}_k+\frac{\partial\boldsymbol{r}_i}{\partial t}\right) \tag{13.147}$$

である．ところで，ポテンシャル・エネルギー U が質点の速度に依存しないとき，一般化運動量 p_k (13.134) とデカルト座標表示の運動量 (13.145) の関係は，

$$p_k=\frac{\partial}{\partial\dot{q}_k}\sum_{i=1}^{n}\left(\frac{1}{2}m_i\dot{\boldsymbol{r}}_i{}^2-U\right)=\sum_{i=1}^{n}m_i\dot{\boldsymbol{r}}_i\cdot\frac{\partial\dot{\boldsymbol{r}}_i}{\partial\dot{q}_k}=\sum_{i=1}^{n}\boldsymbol{p}_i\cdot\frac{\partial\boldsymbol{r}_i}{\partial q_k} \tag{13.148}$$

である．(13.91) を用いた．これを (13.147) の第 1 項に代入して

$$K=\frac{1}{2}\sum_{k=1}^{f}p_k\dot{q}_k+\frac{1}{2}\sum_{i=1}^{n}\boldsymbol{p}_i\cdot\frac{\partial\boldsymbol{r}_i}{\partial t} \tag{13.149}$$

となる．よって (13.138) から

$$H=\sum_{k=1}^{f}p_k\dot{q}_k-(K-U)=\frac{1}{2}\sum_{k=1}^{f}p_k\dot{q}_k+U-\frac{1}{2}\sum_{i=1}^{n}\boldsymbol{p}_i\cdot\frac{\partial\boldsymbol{r}_i}{\partial t} \tag{13.150}$$

である．

さらに $\boldsymbol{r}_i$ と $q_1,\cdots,q_f$ の関係に t があらわに含まれていなければ

$$\frac{\partial\boldsymbol{r}_i}{\partial t}=0 \tag{13.151}$$

だから，(13.149) と (13.150) の最後の項は 0 になる．よってこのとき

$$K=\sum_{k=1}^{f}\frac{1}{2}p_k\dot{q}_k \tag{13.152}$$

$$H=\sum_{k=1}^{f}\frac{1}{2}p_k\dot{q}_k+U=K+U \tag{13.153}$$

である．(13.152) からわかるように，束縛条件が時間に依存しないときは，運動エネルギーは一般化運動量を用いてもデカルト座標の場合の (13.146) の最右辺と同じ形に表される．また，(13.153) より，一般化座標と一般化運動量を用いて書かれた場合も含めて，一般にハミルトニアンは系の力学的エネル

ギーに等しいことがわかる．

§13.11 ポアソンの括弧

ハミルトンの正準方程式を応用して，質点系の運動に関係する任意の物理量の時間変化率を与えるポアソンの括弧（かっこ）について学ぼう．

正準変数 (q_k, p_k) $(k = 1, \cdots, n)$ の任意の関数 $F(q_k, p_k\,;\,t)$ の時間微分は

$$\frac{\mathrm{d}F}{\mathrm{d}t} = \sum_k \left(\frac{\partial F}{\partial q_k} \dot{q}_k + \frac{\partial F}{\partial p_k} \dot{p}_k \right) + \frac{\partial F}{\partial t}$$

$$= \sum_k \left(\frac{\partial F}{\partial q_k} \frac{\partial H}{\partial p_k} - \frac{\partial F}{\partial p_k} \frac{\partial H}{\partial q_k} \right) + \frac{\partial F}{\partial t} \tag{13.154}$$

である．(13.144) を用いた．一方，正準変数の任意の関数 F, G があるとき，

$$[F, G] = \sum_k \left(\frac{\partial F}{\partial q_k} \frac{\partial G}{\partial p_k} - \frac{\partial F}{\partial p_k} \frac{\partial G}{\partial q_k} \right) \quad \text{（定義）} \tag{13.155}$$

を**ポアソンの括弧**と呼び，左辺の記号で表す．これを用いると (13.154) は

$$\frac{\mathrm{d}F}{\mathrm{d}t} = [F, H] + \frac{\partial F}{\partial t} \tag{13.156}$$

と書ける．

<u>F が時間 t をあらわに含まないとき</u>は，$\partial F/\partial t = 0$ だから

$$\frac{\mathrm{d}F}{\mathrm{d}t} = [F, H] \tag{13.157}$$

である．よって，F が時間に依存しない $(\mathrm{d}F/\mathrm{d}t = 0)$ 保存量である条件は

$$[F, H] = 0 \tag{13.158}$$

と表される．

(13.157) でとくに $F = q_k, p_k$ とすれば，

$$\dot{q}_k = [q_k, H], \qquad \dot{p}_k = [p_k, H] \qquad (k = 1, \cdots, n) \tag{13.159}$$

である．これはポアソンの括弧を用いて表した正準方程式である．

問 5　(13.159) が正準方程式 (13.144) と同等であることを確かめよ．

解

$$[q_k, H] = \sum_l \left(\frac{\partial q_k}{\partial q_l} \frac{\partial H}{\partial p_l} - \frac{\partial q_k}{\partial p_l} \frac{\partial H}{\partial q_l} \right) = \frac{\partial H}{\partial p_k}$$

$$[p_k, H] = \sum_l \left(\frac{\partial p_k}{\partial q_l} \frac{\partial H}{\partial p_l} - \frac{\partial p_k}{\partial p_l} \frac{\partial H}{\partial q_l} \right) = -\frac{\partial H}{\partial q_k}$$

だから (13.159) に代入すると (13.144) が得られる．
q_k, q_l は独立なので $\partial q_k/\partial q_l = 0$ ($k \neq l$ のとき) であることを利用した．

演習問題13

[A]

1． なめらかな長い直線状の針金に質量 m の小さな輪を通し，針金の一端を固定して一定の角速度 ω で回転させたときの，輪の運動方程式を，ラグランジアンを使って求めよ．(演習問題 9 の 6 関連)

2． 傾斜角 θ の斜面上を滑らずに転がる半径 a の円柱の運動方程式を，ラグランジアンを使って求めよ．(§12.2 関連)

3． 半径 R，慣性モーメント I の滑車にかけた質量を無視できるひもに質量 m, m' のおもりがつけられている．ひもと滑車は滑らないとして，この系のラグランジアンを求めて運動方程式を導け．(演習問題 12 の 5 関連)

[B]

4． 長さ a の質量を無視できる棒の両端に質量 m_1, m_2 の質点がついている (2 原子分子のモデル)．この系の質量中心のまわりの運動のラグランジアンとハミルトニアンを，極座標で求めよ．

5． (a) 質量 m と $2m$ のおもりを使った図のような「やじろべー」を支点 O で支えたときの安定性を論じよ．

(b) また，この「やじろべー」の (i) 紙面内の微小振動の周期 T_y，および (ii) 紙面に垂直な微小振動の周期 T_x を求めよ．ただし，おもり以外の部分の質量は無視するものとする．

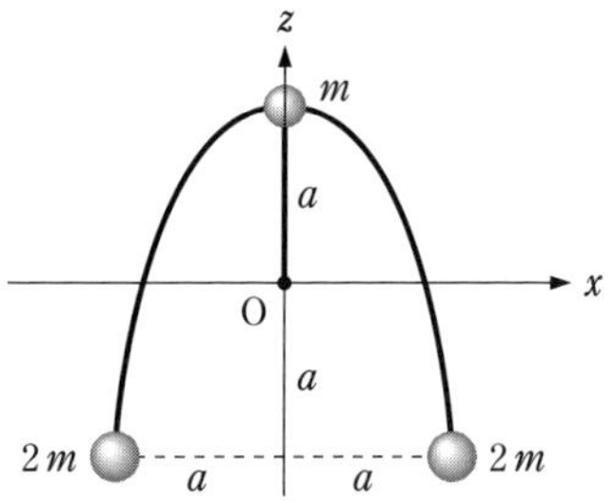

付録 A　角度と三角関数

図 A.1 のような半径 r の円周上に点 A をとり，A から x 軸に下ろした垂線の足を B とする．

$$\overline{\mathrm{AB}} = a, \quad \overline{\mathrm{OB}} = b, \quad \widehat{\mathrm{AC}} = c \tag{A.1}$$

とするとき，∠AOC の大きさは弧 $\widehat{\mathrm{AC}}$ の長さ c と半径 r の長さの比

$$\varphi = \frac{c}{r} \tag{A.2}$$

で表される．角 φ は長さどうしの比であるから次元をもたないが，このように測る角の単位をラジアンといい rad で表す．ただし，rad は必ずしもつけなくてよい．

半径 r の円の円周の長さは $2\pi r$ だから，円周上をひとまわりする角は 2π (rad) である．半円の弧の長さは πr であるが，A が円周上を半周すると AOC は直線になるから，直線の角 ∠AOC は π (rad) である．

角 φ の関数

$$\sin\varphi = \frac{a}{r}, \quad \cos\varphi = \frac{b}{r}, \quad \tan\varphi = \frac{a}{b} \tag{A.3}$$

などを三角関数という．点 A が 1 周を超えて回るときは，角 φ には 2π を超

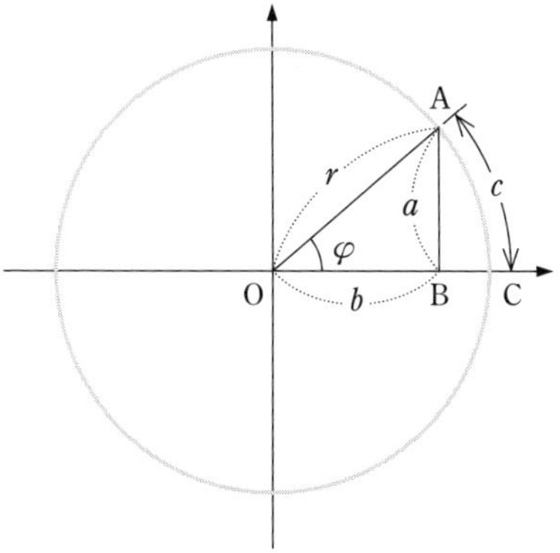

図 A.1

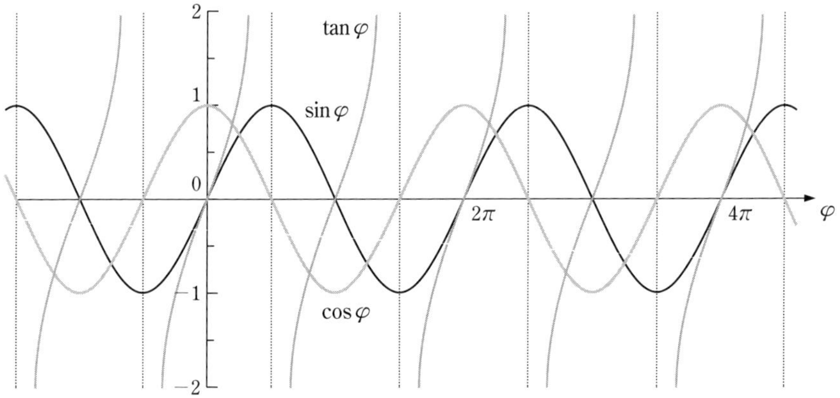

図 A.2

える数をあてる．また，逆まわりするときは φ に負の数をあてる．

日常生活では円周をひとまわりする角の 360 分の 1 を 1° とする角の単位が用いられる．360° が 2π だから

$$1^\circ = \frac{\pi}{180}\,\mathrm{rad} \tag{A.4}$$

である．

付録 B　指数関数と対数関数

指数関数および対数関数は物理学にとって重要な関数なので，数学的基礎をここにまとめておく．

n を自然数とするとき，

$$a^n = 1\times\underbrace{a\times a\times\cdots\times a}_{n\,個} \tag{B.1}$$

である．また，

$$a^{-n} = \frac{1}{a^n} \tag{B.2}$$

である．$a>0$ の場合に n を実数 x に拡張した関数

$$a^x \tag{B.3}$$

を，a を底とする指数関数という．

$$a^{x+y} = a^x\cdot a^y,\quad a^{x-y} = \frac{a^x}{a^y},\quad a^{xy} = (a^x)^y,\quad a^0 = 1 \tag{B.4}$$

である．底が特別な数

$$\mathrm{e} = \lim_{h\to\infty}\left(1+\frac{1}{h}\right)^h = \lim_{h\to 0}(1+h)^{1/h} = 2.7182818\cdots \tag{B.5}$$

である場合，すなわち

$$\mathrm{e}^x \tag{B.6}$$

は，とくに重要であり，単に指数関数といえばこれを意味する．この関数はまた

$$\exp x \tag{B.7}$$

とも書かれる．(B.4) を再記すると，

$$\mathrm{e}^{x+y} = \mathrm{e}^x\cdot\mathrm{e}^y,\quad \mathrm{e}^{x-y} = \frac{\mathrm{e}^x}{\mathrm{e}^y},\quad \mathrm{e}^{xy} = (\mathrm{e}^x)^y,\quad \mathrm{e}^0 = 1 \tag{B.8}$$

$$\exp(x+y) = \exp x\cdot\exp y,\quad \exp(x-y) = \frac{\exp x}{\exp y} \tag{B.9}$$

$$\exp(xy) = (\exp x)^y,\quad \exp 0 = 1 \tag{B.10}$$

である．

e^x の逆関数を

$$\log x \tag{B.11}$$

と書き，自然対数関数，あるいは単に対数関数という．

$$\log xy = \log x + \log y, \quad \log \frac{x}{y} = \log x - \log y, \quad \log x^{\alpha} = \alpha \log x \tag{B.12}$$

である．また明らかに

$$\log e = 1, \quad \log 1 = 0 \tag{B.13}$$

である．

指数関数，対数関数の微分は，対数関数から調べるとわかりやすい．

$$\begin{aligned} \frac{d \log x}{dx} &= \lim_{\Delta x \to 0} \frac{\log(x+\Delta x) - \log x}{\Delta x} = \lim_{\Delta x \to 0} \frac{1}{x} \frac{x}{\Delta x} \log \frac{x+\Delta x}{x} \\ &= \lim_{\Delta x \to 0} \frac{1}{x} \log \left(1 + \frac{\Delta x}{x}\right)^{x/\Delta x} = \frac{1}{x} \lim_{h \to 0} \log (1+h)^{1/h} \\ &= \frac{1}{x} \log e = \frac{1}{x} \end{aligned} \tag{B.14}$$

これから，指数関数の微分は次のようにして求めることができる．

$$y = e^x \tag{B.15}$$

と書くと，

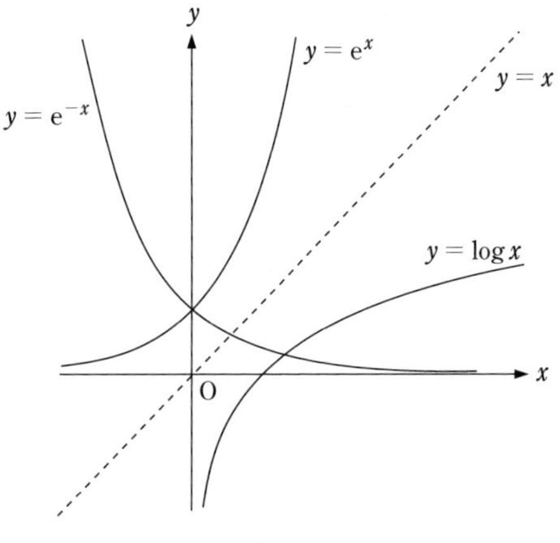

図 B.1

$$x = \log y \tag{B.16}$$

で，(B.14) より

$$\frac{\mathrm{d}x}{\mathrm{d}y} = \frac{1}{y} \quad \longrightarrow \quad \frac{\mathrm{d}y}{\mathrm{d}x} = \frac{1}{\dfrac{\mathrm{d}x}{\mathrm{d}y}} = y \tag{B.17}$$

だから

$$\frac{\mathrm{d}}{\mathrm{d}x}\mathrm{e}^{x} = \mathrm{e}^{x} \tag{B.18}$$

である．とくに，合成関数の微分の公式から

$$\frac{\mathrm{d}}{\mathrm{d}x}\mathrm{e}^{\lambda x} = \lambda\,\mathrm{e}^{\lambda x} \tag{B.19}$$

である．つまり，

$$y = \mathrm{e}^{\lambda x} \tag{B.20}$$

は微分方程式

$$\frac{\mathrm{d}y}{\mathrm{d}x} = \lambda y \tag{B.21}$$

の解である．

付録C　ギリシャ文字

大文字	小文字	読み方	
A	α	alpha	アルファ
B	β	bata	ベータ
Γ	γ	gamma	ガンマ
Δ	δ	delta	デルタ
E	ε, ϵ	epsilon	イプシロン(エプシロン)
Z	ζ	zeta	ツェータ(ゼータ)
H	η	eta	エータ
Θ	θ, ϑ	theta	シータ(テータ)
I	ι	iota	イオータ
K	κ	kappa	カッパ
Λ	λ	lambda	ラムダ
M	μ	mu	ミュー
N	ν	nu	ニュー
Ξ	ξ	xi	クシー(クサイ)
O	o	omicron	オミクロン
Π	π	pi	パイ(ピー)
P	ρ	rho	ロー
Σ	σ, ς	sigma	シグマ
T	τ	tau	タウ
Υ	υ	upsilon	ユープシロン
Φ	ϕ, φ	phi	ファイ(フィー)
X	χ	chi	カイ(クヒー)
Ψ	ψ	psi	プサイ(プシー)
Ω	ω	omega	オメガ

演習問題の解答

第1章

[A]

1. (a) $\dot{x} = -a\omega\sin\omega t$, $\dot{y} = a\omega\cos\omega t$

$$v = \sqrt{\dot{x}^2+\dot{y}^2} = \sqrt{a^2\omega^2(\sin^2\omega t+\cos^2\omega t)} = a\omega \quad (一定)$$

(b) $\boldsymbol{v} = (-a\omega\sin\omega t, a\omega\cos\omega t)$ より

$$\boldsymbol{r}\cdot\boldsymbol{v} = (-a^2\omega+a^2\omega)\sin\omega t\cos\omega t = 0 \longrightarrow \boldsymbol{r}\perp\boldsymbol{v}$$

$$\boldsymbol{a} = (-a\omega^2\cos\omega t, -a\omega^2\sin\omega t) = -\omega^2\boldsymbol{r}$$

$\longrightarrow$ $\boldsymbol{a}$ は $\boldsymbol{r}$ に平行で逆向き(中心に向かう向き)

2. (a) $(\sin x)' = \cos x$, $(\sin x)'' = -\sin x$, $(\sin x)''' = -\cos x$, $\cdots$

$$\sin x = x-\frac{1}{3!}x^3+\frac{1}{5!}x^5-\cdots$$

(b) $(\cos x)' = -\sin x$, $(\cos x)'' = -\cos x$, $(\cos x)''' = \sin x$, $\cdots$

$$\cos x = 1-\frac{1}{2!}x^2+\frac{1}{4!}x^4-\cdots$$

(c) $\dfrac{\mathrm{d}^n}{\mathrm{d}x^n}\mathrm{e}^x = \mathrm{e}^x$, $\mathrm{e}^x = 1+x+\dfrac{1}{2!}x^2+\dfrac{1}{3!}x^3+\cdots$

3.

$$\frac{\mathrm{d}}{\mathrm{d}x}\frac{1}{\sqrt{1+x^2}} = \frac{\mathrm{d}}{\mathrm{d}x}(1+x^2)^{-\frac{1}{2}} = -x(1+x^2)^{-\frac{3}{2}}$$

$$\frac{\mathrm{d}^2}{\mathrm{d}x^2}\frac{1}{\sqrt{1+x^2}} = -(1+x^2)^{-\frac{3}{2}}+3x^2(1+x^2)^{-\frac{5}{2}}$$

$$\therefore\quad \frac{1}{\sqrt{1+x^2}} \approx 1-\frac{1}{2}x^2$$

[B]

4. 片側を太い木などに結びつけ，他方を2頭の馬で引く．作用・反作用の法則により，木が球を引くことになる．

5. おもりは重力 $\boldsymbol{F}_1 (= m\boldsymbol{g})$ を受けている．$\boldsymbol{F}_1$ の反作用はおもりが地球を引く力 $\boldsymbol{F}_2 (= -m\boldsymbol{g})$．おもりは静止しているからひもから力 $\boldsymbol{F}_3 (= -m\boldsymbol{g})$ を受けている．$\boldsymbol{F}_1$ と $\boldsymbol{F}_3$ はつり合いの関係．$\boldsymbol{F}_3$ の反作用はおもりがひもを引く

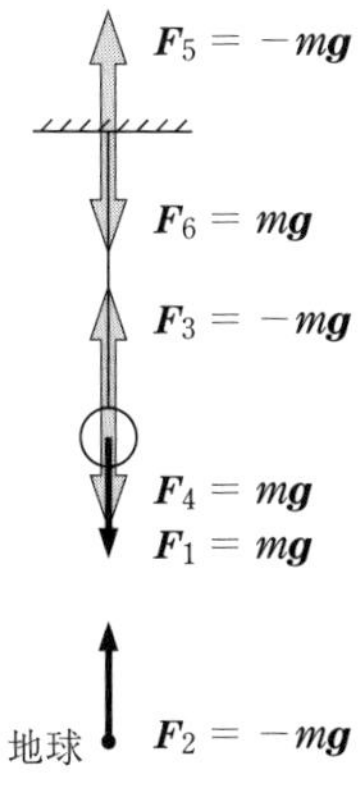

力 $\boldsymbol{F}_4(=m\boldsymbol{g})$．ひもは静止しているので天井からも力 $\boldsymbol{F}_5(=-m\boldsymbol{g})$ を受けている．$\boldsymbol{F}_5$ の反作用はひもが天井を引く力 $\boldsymbol{F}_6(=m\boldsymbol{g})$．

第2章

［A］

***1*．** 水平面とひもの間の角を θ とする．ひもが壁を引く力はひもの張力 S に等しい．鉛直方向のつり合いから

$$2S\sin\theta = 100\ \text{gw}$$

$\theta \ll 1$ だから，$\sin\theta \approx \tan\theta = \dfrac{1}{200}$.

$$\therefore\quad S = \frac{200\times 100\ \text{gw}}{2} = 10^4\ \text{gw} = 10\ \text{kgw} = 98\ \text{N}$$

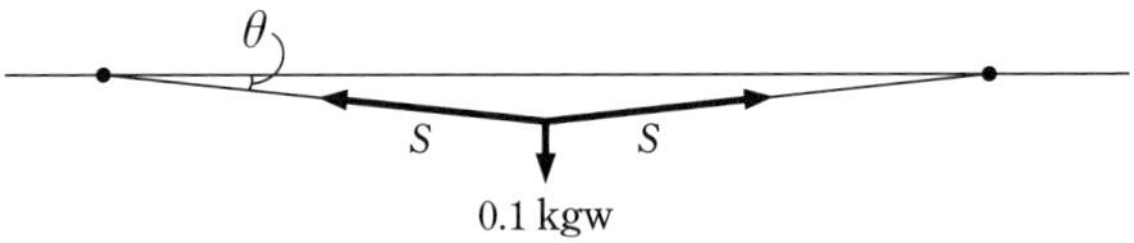

***2*．** $\tan\theta = \dfrac{3}{5} = 0.6$ より $\theta = 31^\circ$．ひもの張力の大きさ S は

$$S = \sqrt{(5\ \text{kgw})^2+(3\ \text{kgw})^2} = \sqrt{34} = 5.8\ \text{kgw}$$

***3*．** $a = \dfrac{F-S_{\text{AB}}}{m_{\text{A}}} = \dfrac{S_{\text{AB}}-S_{\text{BC}}}{m_{\text{B}}} = \dfrac{S_{\text{BC}}}{m_{\text{C}}}$ を解いて

$$a = \frac{F}{m_{\text{A}}+m_{\text{B}}+m_{\text{C}}},\qquad S_{\text{AB}} = \frac{m_{\text{B}}+m_{\text{C}}}{m_{\text{A}}+m_{\text{B}}+m_{\text{C}}}F,\qquad S_{\text{BC}} = \frac{m_{\text{C}}}{m_{\text{A}}+m_{\text{B}}+m_{\text{C}}}F$$

***4*．** $F = \dfrac{(6.672\times 10^{-11}\ \text{N m}^2/\text{kg}^2)\times 6.0\times 10^{24}\ \text{kg}\times 7.3\times 10^{22}\ \text{kg}}{(3.8\times 10^8\ \text{m})^2}$

$= 2.0\times 10^{20}\ \text{N}$

***5*．** (2.42) において $v_0 = 0$ だから

$$z(t)-z_0 = -\frac{1}{2}gt^2 = 0.2\ \text{m}\quad \text{より}\quad t = \sqrt{\frac{0.4}{g}} = 0.20\ \text{s}$$

$$v = -gt = -1.98\ \text{m/s}$$

速さは 1.98 m/s.

［B］

***6*．** i 番目のおもりの床からの高さを z_i とすると，$z_1 = \dfrac{1}{2}\times 9.8\ \text{m/s}^2\times(0.3\ \text{s})^2 = 0.441\ \text{m}$，$z_2 = 0.784\ \text{m}$，… より，間隔は下から 0.34 m，0.44 m，0.54 m，0.64 m.

7. (a) (2.46) より，$x-x_0=\dfrac{{v_0}^2\sin 50^\circ}{g}=25\ \mathrm{m}$

$$v_0=\sqrt{\frac{25\ \mathrm{m}\, g}{\sin 50^\circ}}=17.9\ \mathrm{m/s}$$

(b) 初速度の大きさ $v_0{}'=\sqrt{\dfrac{25\ \mathrm{m}\ g}{\sin 60^\circ}}=16.8\ \mathrm{m/s}$

(2.44) より，$t_1=\dfrac{25\ \mathrm{m}}{v_0{}'\cos 30^\circ}=1.72\ \mathrm{s}$

(c) 1塁手に達する時間は $t_2=\dfrac{25\ \mathrm{m}}{v_0\cos 15^\circ}=1.45\ \mathrm{s}$

ワンバウンドするまでの時間を t_3 とすると，(2.42) より

$$-\frac{1}{2}g{t_3}^2+(v_0\sin 15^\circ)t_3+1.2\ \mathrm{m}=0$$

を解いて，

$$4.9{t_3}^2-4.63t_3-1.2=0 \quad\longrightarrow\quad t_3=\frac{4.63+6.705}{2\times 4.9}=1.157\ \mathrm{s}$$

$$x_3=v_0\cos 15^\circ\times t_3=20.0\ \mathrm{m} \qquad \text{約}\,5\ \mathrm{m}\,\text{手前}$$

(d) 相手の直前でワンバウンドしてもよいつもりで，なるべく水平に全力で投げる．

8. (a) 126 km/h = 35 m/s より，$(35\ \mathrm{m/s})\times\dfrac{1.8\ \mathrm{m}-1.1\ \mathrm{m}}{1.7\ \mathrm{m}}=1.44\ \mathrm{m/s}$.

(b) 地上に着くまでの時間 t は，

$$-\frac{1}{2}gt^2-(1.44\ \mathrm{m/s})t+1.8\ \mathrm{m}=0$$

を解いて $t=0.477\ \mathrm{s}$ だから，水平に $x=35\times 0.477=16.70\ \mathrm{m}$ の点に着地．これはホームプレートの約 0.3 m 手前．

（注：物理学的にいうと，フォークボールは自然な球で，直球のほうが，回転によって自由落下をさせない「変化球」である．ただし，フォークボールの場合は，回転がほとんどないのでボールの縫い目による空気の乱れの影響に偏りが生じ，自然な落下のほかに，微妙な変化が加わる．）

9. $$\frac{GM}{(R+400\ \mathrm{km})^2}=\frac{GM}{R^2\left(1+\dfrac{400\ \mathrm{km}}{R}\right)^2}\approx\frac{GM}{R^2}\left(1-2\times\frac{400}{R}\right)=\frac{GM}{R^2}\times 0.874$$

$$=9.8\times 0.874=8.7\ \mathrm{m/s^2}$$

重力加速度は $8.7\ \mathrm{m/s^2}$ で地表より 13% 小さい．

第3章

[A]

1．頂点を原点とし，中心軸を x 軸とすると，x を通る断面の半径は $(a/h)x$ だから

$$V = \int_0^h \pi\left(\frac{a}{h}x\right)^2 \mathrm{d}x = \frac{\pi a^2}{h^2}\int_0^h x^2\,\mathrm{d}x = \frac{\pi a^2 h}{3}$$

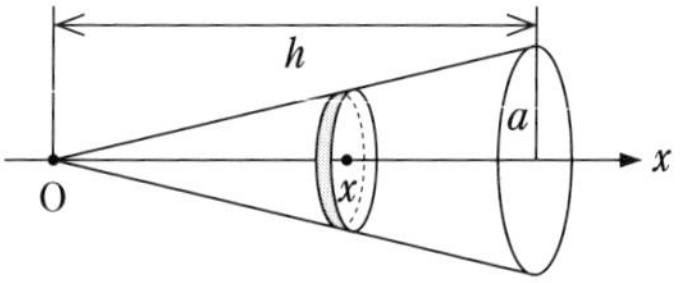

2．$m\ddot{x} = -\mu' mg$ を初期条件 $x(0) = 0$，$\dot{x}(0) = v$ で解く．

$$m\dot{x} = -\mu' gt + v, \qquad x = -\frac{1}{2}\mu' gt^2 + vt$$

$\dot{x} = 0$ となるのは $t = \dfrac{v}{\mu' g}$ だから，$x = \dfrac{1}{2}\dfrac{v^2}{\mu' g}$

3．第3章問5より $\mu = \tan\theta_0$．$m\ddot{s} = mg(\sin\theta_0 - \mu'\cos\theta_0)$ だから

$$s = \frac{1}{2}g(\sin\theta_0 - \mu'\cos\theta_0)t^2 = \frac{1}{2}g\cos\theta_0(\mu - \mu')t^2$$

$\cos\theta_0 = \dfrac{1}{\sqrt{1+\tan^2\theta_0}} = \dfrac{1}{\sqrt{1+\mu^2}}$ より，$s = \dfrac{1}{2}g\dfrac{\mu-\mu'}{\sqrt{1+\mu^2}}t^2$

4．人も加速度 a で上昇しているから，垂直抗力の大きさを N とすると，運動方程式は $ma = N - mg$．よって $N = m(a+g)$．

5．$\dfrac{F - S_{\mathrm{AB}} - \mu m_{\mathrm{A}}g}{m_{\mathrm{A}}} = \dfrac{S_{\mathrm{AB}} - S_{\mathrm{BC}} - \mu m_{\mathrm{B}}g}{m_{\mathrm{B}}} = \dfrac{S_{\mathrm{BC}} - \mu m_{\mathrm{C}}g}{m_{\mathrm{C}}} = 0$ より，

$$S_{\mathrm{BC}} = \mu m_{\mathrm{C}}g, \qquad S_{\mathrm{AB}} = \mu(m_{\mathrm{B}} + m_{\mathrm{C}})g, \qquad F = \mu(m_{\mathrm{A}} + m_{\mathrm{B}} + m_{\mathrm{C}})g$$

6．144 km/h = 40 m/s．余弦定理より，力積 $\boldsymbol{I}$ の大きさは，

$$\begin{aligned} I &= |mv_{\mathrm{f}} - mv_{\mathrm{i}}| \\ &= 0.145\ \mathrm{kg}\sqrt{(35\ \mathrm{m/s})^2 + (40\ \mathrm{m/s})^2 - 2\times(35\ \mathrm{m/s})\times(40\ \mathrm{m/s})\cos 135^\circ} \\ &= 0.145\times 69.3 = 10\ \mathrm{kg\cdot m/s} \end{aligned}$$

力積の水平面からの仰角 θ は

$$\cos\theta = \frac{40^2 + 69.3^2 - 35^2}{2\cdot 40\cdot 69.3} = 0.934 \quad より \quad \theta = 21^\circ$$

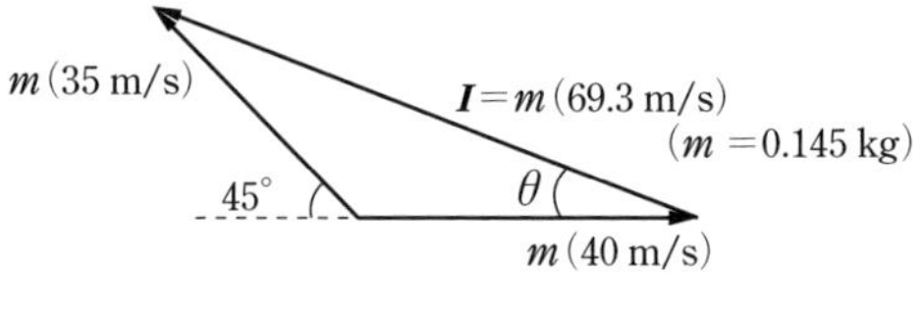

[B]

7. 時刻 t までに持ち上がっている鎖の質量は $m(t) = \lambda vt$ だから，この部分の運動量は $p(t) = m(t)v = \lambda tv^2$. このとき加えられている力を $F(t)$ とすると，運動方程式は，

$$\frac{\mathrm{d}p}{\mathrm{d}t} = F(t) - m(t)g$$

より

$$F(t) = \lambda v^2 + \lambda gvt$$

8. (a) 棒の線密度は $\lambda = M/2a$.

$$F = -G\int_{-a}^{a}\frac{m\lambda\,\mathrm{d}x}{(b-x)^2} = -Gm\lambda\frac{1}{b-x}\bigg|_{-a}^{a} = -\frac{2Gm\lambda a}{(b^2-a^2)}$$

$$= -\frac{GmM}{(b^2-a^2)} \quad \text{(引力)}$$

(b) $\dfrac{GmM}{(b^2-a^2)} = \dfrac{GmM}{(b-x)^2}$ より

$$b-x = \sqrt{b^2-a^2} \quad \longrightarrow \quad x = b-\sqrt{b^2-a^2}$$

第4章

[A]

1. $\mathrm{e}^{\lambda t} = 10$, 100 となるのは $t = \dfrac{2.3}{\lambda}$, $\dfrac{4.6}{\lambda}$ のとき. $\mathrm{e}^{-\lambda t} = \dfrac{1}{2}$, $\dfrac{1}{\mathrm{e}}$, $\dfrac{1}{10}$, $\dfrac{1}{100}$ となるのは $t = \dfrac{0.69}{\lambda}$, $\dfrac{1}{\lambda}$, $\dfrac{2.3}{\lambda}$, $\dfrac{4.6}{\lambda}$ のとき.

2. 運動方程式は (4.2) と同じだから一般解も (4.10)

$$x(t) = A\sin\omega t + B\cos\omega t + x_0, \qquad \omega = \sqrt{k/m}$$

初期条件：$t = 0$ で $x = x_0$, $\dot{x} = -v_0$ より

$$B + x_0 = x_0, \qquad A\omega = -v_0$$

$$\therefore \quad A = -\frac{v_0}{\omega}, \qquad B = 0$$

$$\therefore \quad x = -v_0\sqrt{\frac{m}{k}}\sin\sqrt{\frac{k}{m}}\,t + x_0$$

3. (a) ひもの両端に 1 kg のおもりがついているから，右側のおもりは下向きの重力 1 kgw と糸から上向きの張力 1 kgw を受けている. よって力はつり合っているから，等速度運動をする. $\therefore$ $v(t) = v_0$ (向きは下向き).

(b) $M = 1$ kg, $m = 100$ g, 糸の張力 S, 鉛直上向きに z 軸をとり，左右のおもりの座標をそれぞれ z_1, z_2 とすると，

$$\text{左：}\quad M\ddot{z}_1 = S - Mg \qquad \text{右：}\quad (M+m)\ddot{z}_2 = S-(M+m)g$$

おもりは糸でつながっているから

$$z_1+z_2=一定 \longrightarrow \ddot{z}_1+\ddot{z}_2=0$$

よって

$$\frac{S}{M}-g+\frac{S}{M+m}-g=0 \longrightarrow S=\frac{2M(M+m)}{2M+m}g$$

$$\therefore \quad \ddot{z}_2=-\frac{m}{2M+m}g=-\frac{g}{21}=-0.47\ \mathrm{m/s^2}$$

$$\therefore \quad \dot{z}_2=-0.47t$$

4. $\omega=\sqrt{\dfrac{k}{m}}$ より $k=m\omega^2$ だから，縦にしたときの長さは，

$$l=l_0+\frac{mg}{k}=l_0+\frac{g}{\omega^2}$$

上端を原点として上向きに z 軸をとると，

$$m\ddot{z}=-k(z+l_0)-mg$$

これを解いて，$z=-\left(l_0+\dfrac{g}{\omega^2}\right)$ を中心に角振動数 ω で振動する．

5. 上端を原点として上向きに z 軸をとると

$$m\ddot{z}=-k(z+l_0-a\cos\omega_0 t)-mg=-kz+ka\cos\omega_0 t-kl_0-mg$$

[**B**]

6. 1 個が h だけ落下する時間 $t_1=-\dfrac{h}{v_\mathrm{f}(m)}$，4 個が $2h$ だけ落下する時間 $t_2=-\dfrac{2h}{v_\mathrm{f}(4m)}$. $t_1=t_2$ より $\dfrac{v_\mathrm{f}(m)}{v_\mathrm{f}(4m)}=\dfrac{1}{2}$. これは $|v_\mathrm{f}(m)|=v_2=\sqrt{\dfrac{mg}{\beta}}$ のときに成立．よって抵抗は速さの 2 乗に比例する．

7. $$m\ddot{x}=-k_1(x-l_1)+k_2(l_1+l_2-x-l_2)=-(k_1+k_2)(x-l_1)$$

$$\therefore \quad T=\frac{2\pi}{\omega}=2\pi\sqrt{\frac{m}{k_1+k_2}}$$

8. (a) 鉛直上向きに z 軸をとる．

$$m\ddot{z}=-mg+\beta\dot{z}^2$$

(b) 終速度になったとき $\ddot{z}=0$ だから

$${v_\mathrm{f}}^2=\dot{z}^2=\frac{mg}{\beta} \longrightarrow |v_\mathrm{f}|=\sqrt{\frac{mg}{\beta}}$$

(c) $\dot{z}=v$ とおくと

$$m\dot{v}=-mg+\beta v^2 \longrightarrow \frac{\mathrm{d}v}{\mathrm{d}t}=-g+\frac{\beta}{m}v^2$$

$$\frac{\mathrm{d}v}{\dfrac{\beta}{m}v^2-g}=\mathrm{d}t$$

$$-\frac{1}{2\sqrt{g}}\int_0^v \left(\frac{1}{\sqrt{\frac{\beta}{m}}v+\sqrt{g}}-\frac{1}{\sqrt{\frac{\beta}{m}}v-\sqrt{g}}\right)\mathrm{d}v = \int_0^t \mathrm{d}t$$

$$\frac{1}{2\sqrt{g}}\sqrt{\frac{m}{\beta}}\left[-\log\left|\sqrt{\frac{\beta}{m}}v+\sqrt{g}\right|+\log\left|\sqrt{\frac{\beta}{m}}v-\sqrt{g}\right|\right]_0^v = t$$

$$\frac{1}{2}\sqrt{\frac{m}{g\beta}}\log\left|\frac{\sqrt{\frac{\beta}{m}}v-\sqrt{g}}{\sqrt{\frac{\beta}{m}}v+\sqrt{g}}\right| = t$$

$v<0$ でかつ (b) より $|v|<\sqrt{\dfrac{mg}{\beta}}$ だから,

$$\frac{\sqrt{g}-\sqrt{\frac{\beta}{m}}v}{\sqrt{g}+\sqrt{\frac{\beta}{m}}v} = \mathrm{e}^{2\sqrt{\beta g/m}\ t}$$

これを v について解くと

$$v = -\sqrt{\frac{mg}{\beta}}\frac{\mathrm{e}^{2\sqrt{\beta g/m}\ t}-1}{\mathrm{e}^{2\sqrt{\beta g/m}\ t}+1} = -\sqrt{\frac{mg}{\beta}}\frac{\mathrm{e}^{\sqrt{\frac{\beta g}{m}}t}-\mathrm{e}^{-\sqrt{\frac{\beta g}{m}}t}}{\mathrm{e}^{\sqrt{\frac{\beta g}{m}}t}+\mathrm{e}^{-\sqrt{\frac{\beta g}{m}}t}}$$

$$= -\sqrt{\frac{mg}{\beta}}\tanh\left(\sqrt{\frac{\beta g}{m}}t\right)$$

$t\to\infty$ のとき

$$v = v_{\mathrm{f}} = -\sqrt{\frac{mg}{\beta}}$$

第5章

[A]

***1*.** 力学的エネルギーの保存法則より

$$v_{\mathrm{B}} = \sqrt{2g(h+r)}, \qquad v_{\mathrm{C}} = \sqrt{2g(h-r)}$$

***2*.** (a) 力学的エネルギーの保存法則より

$$-\frac{GMm}{\sqrt{R^2+a^2}} = -\frac{GMm}{R}+\frac{1}{2}mv^2$$

$$\frac{1}{2}mv^2 = \frac{GMm}{R}\left(1-\frac{1}{\sqrt{1+a^2/R^2}}\right) \approx \frac{GMma^2}{2R^3}$$

$$\therefore\quad v = \sqrt{\frac{GM}{R^3}}a$$

(b) テスト車がレール C から右方に x だけ離れた位置にあるときの，レールに平行な力は

$$F = -\frac{GMm}{R^2+x^2}\frac{x}{R} \approx -\frac{GMm}{R^3}x$$

だから，テスト車の運動方程式は

$$m\ddot{x} = -\frac{GMm}{R^3}x$$

よって，周期 $T = 2\pi\sqrt{\frac{R^3}{GM}}$ で単振動する．

3． $\boldsymbol{v}_0$ は無限遠で速度が 0 になるような初速度．地球の半径を R とすると

$$\frac{1}{2}m{v_0}^2 - \frac{GMm}{R} = 0 \quad \longrightarrow \quad v_0 = \sqrt{\frac{2GM}{R}}$$

$$\frac{GMm}{R^2} = mg \quad \text{だから} \quad \frac{GM}{R} = gR$$

$$\therefore \quad v_0 = \sqrt{2gR} = 11.2\ \mathrm{km/s}$$

4． 摩擦力は $0.4 \times 1\ \mathrm{kg} \times 9.8\ \mathrm{m/s^2} = 3.9\ \mathrm{N}$．よって摩擦熱は $3.9\ \mathrm{N} \times 2\ \mathrm{m} = 7.8\ \mathrm{J}$（速度は無関係）．

5． 運動方程式を解いてもよいが，ここでは仕事とエネルギーの考察で解く．重力と摩擦力がした仕事の和が運動エネルギーになるから

$$\frac{1}{2}m_1v^2 + \frac{1}{2}m_2v^2 = m_1gx - \mu m_2gx$$

$$\therefore \quad v = \sqrt{\frac{2(m_1 - \mu m_2)}{m_1 + m_2}gx}$$

［B］

6． (a) 釘の高さから測って z の位置（上向き正）でつり合うとすると，糸の張力は mg だから，中央のおもりのつり合いを考えて

$$mg = 2mg\frac{-z}{\sqrt{a^2+z^2}} \quad \longrightarrow \quad z = -\frac{a}{\sqrt{3}}$$

(b) 再上昇しはじめる直前の 3 個のおもりのポテンシャル・エネルギーは最初と等しいはずだから

$$mz + 2m(\sqrt{a^2+z^2} - a) = 0 \quad \longrightarrow \quad z = 0,\ -\frac{4}{3}a$$

よって $\frac{4}{3}a$ だけ下がったところ（$z = 0$ は最初の状態）．

7． ポテンシャル・エネルギーの基準点を最下点に選び，切れたときの速度を $\boldsymbol{v}$ とすると

$$\frac{1}{2}mv^2 + mgl(1 - \cos\theta) = mgl \quad \text{より} \quad v = \sqrt{2gl\cos\theta}$$

$\boldsymbol{v}$ の水平成分は $v_{/\!/} = \sqrt{2gl\cos\theta}\cos\theta$ だから，求める最高点の高さは

$$mgl = \frac{1}{2}mv_{/\!/}{}^2 + mgh$$

より

$$h = l(1-\cos^3\theta)$$

***8*.** (a)　棒の線密度は $\lambda = \dfrac{M}{2a}$.

$$U(x) = -\int_{-a}^{a}\frac{Gm\lambda\,\mathrm{d}x'}{x-x'} = Gm\lambda\log|x-x'|\Big|_{-a}^{a} = \frac{GMm}{2a}\log\frac{x-a}{x+a}$$

(b)

$$F_x = -\frac{\partial U(x)}{\partial x} = -\frac{GMm}{2a}\frac{x+a}{x-a}\frac{\mathrm{d}}{\mathrm{d}x}\left(\frac{x-a}{x+a}\right)$$

$$= -\frac{GMm}{2a}\frac{x+a}{x-a}\frac{2a}{(x+a)^2} = -\frac{GMm}{x^2-a^2}$$

$$F_y = -\frac{\partial U(x)}{\partial y} = 0, \qquad F_z = -\frac{\partial U(x)}{\partial z} = 0$$

第6章

［**A**］

***1*.** $mR\omega^2 = mg$

$$T = \frac{2\pi}{\omega} = 2\pi\sqrt{\frac{R}{g}} = 2\pi\sqrt{\frac{6.38\times10^6\,\mathrm{m}}{9.8\,\mathrm{m/s^2}}} = 5.07\times10^3\,\mathrm{s} = 1\,\mathrm{h}\,25\,\mathrm{min}$$

***2*.** 単振り子の運動方程式の動径方向成分の式 (6.50) より

$$S = mg\cos\varphi + ml\dot{\varphi}^2$$

一方，力学的エネルギーの保存法則より

$$\frac{1}{2}m(l\dot{\varphi})^2 + mgl(1-\cos\varphi) = mgl(1-\cos\varphi_0)$$

$$\therefore\quad l\dot{\varphi}^2 = 2g(\cos\varphi - \cos\varphi_0)$$

$$\therefore\quad S = 3mg\cos\varphi - 2mg\cos\varphi_0$$

$$\frac{\mathrm{d}S}{\mathrm{d}\varphi} = -3mg\sin\varphi = 0 \quad\longrightarrow\quad \varphi = 0$$

よって，$\varphi = 0$ つまり最下点を通るとき S は最大で

$$S_{\max} = (3-2\cos\varphi_0)mg$$

***3*.** 角度 φ の位置にあるときの速さを v とすると，

$$\frac{1}{2}mv_0{}^2 = \frac{1}{2}mv^2 + mgl(1-\cos\varphi)$$

より

$$v^2 = v_0{}^2 - 2gl(1-\cos\varphi) = (l\dot{\varphi})^2$$

よって，張力の大きさは (6.50) より

$$S = mg\cos\varphi + \frac{m[v_0{}^2 - 2gl(1-\cos\varphi)]}{l}$$

ゆるまず 1 回転するためには $\varphi = \pi$ で $S > 0$.

$$-mg + \frac{m[v_0{}^2 - 4gl]}{l} > 0 \longrightarrow v_0 > \sqrt{5gl}$$

4. (a) 半径 r のカーブを速さ v で曲がるのに必要な求心力 $m\dfrac{v^2}{r}$ は，タイヤと道路の横方向の静止摩擦力から得られる．最高スピードは

$$m\frac{v^2}{r} = \mu mg \quad \text{より} \quad v = \sqrt{r\mu g} = 14\ \mathrm{m/s} = 50\ \mathrm{km/h}$$

(b) $\mu = \dfrac{v^2}{gr} = 0.18$

(c) 斜面からの垂直抗力を $\boldsymbol{N}$ とすると，斜面に沿った横方向の最大摩擦力 $\boldsymbol{F}$ の大きさは μN である．鉛直方向には運動しないから，

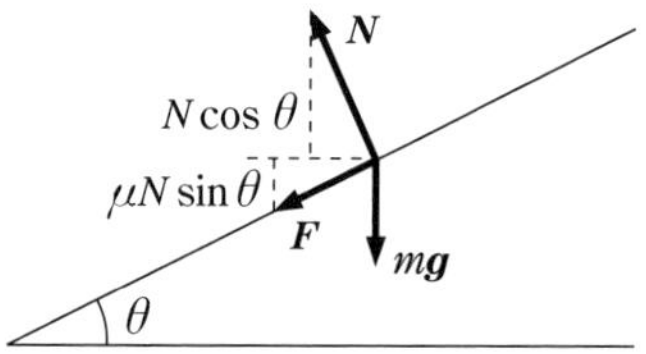

$$N\cos\theta - \mu N\sin\theta = mg \quad \text{より}$$

$$N = \frac{mg}{\cos\theta - \mu\sin\theta}$$

また，水平方向の力が向心力だから

$$m\frac{v^2}{r} = N\sin\theta + \mu N\cos\theta$$

より，$\theta = 5^\circ$ を代入して

$$v = \sqrt{\frac{rg(\sin\theta + \mu\cos\theta)}{\cos\theta - \mu\sin\theta}} = 15.5\ \mathrm{m/s} = 56\ \mathrm{km/h}$$

5. おもりにかかっている重力 $m\boldsymbol{g}$ と糸の張力 $\boldsymbol{S}$ の合力 $\boldsymbol{S} + m\boldsymbol{g}$ が水平な向心力になっていなければならない．よって

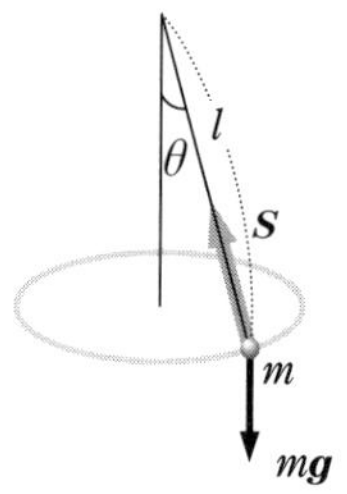

$$ml(\sin\theta)\omega^2 = S\sin\theta \longrightarrow ml\omega^2 = S$$

また，$S\cos\theta - mg = 0 \longrightarrow S = \dfrac{mg}{\cos\theta}$

$$\therefore \quad l\omega^2 = \frac{g}{\cos\theta} \longrightarrow \omega = \sqrt{\frac{g}{l\cos\theta}}$$

周期は $T = 2\pi\sqrt{\dfrac{l\cos\theta}{g}}$,

速さは $v = \dfrac{2\pi l\sin\theta}{T} = \sqrt{gl\sin\theta\tan\theta}$

[**B**]

***6*.** 軌道半径 $r = 6.78 \times 10^3$ km.

(a) 速さを v とすると

$$m\frac{v^2}{r} = \frac{GMm}{r^2} \qquad \therefore \quad K = \frac{1}{2}mv^2 = \frac{GMm}{2r} = 1.47 \times 10^{10}\ \mathrm{J}$$

(b) $$K' = \frac{GMm}{2(r-1\ \mathrm{km})} = \frac{GMm}{2r\left(1-\dfrac{1\ \mathrm{km}}{r}\right)} \approx \frac{GMm}{2r}\left(1+\frac{1\ \mathrm{km}}{r}\right)$$

$$\therefore \quad K'-K = \frac{GMm}{2r} \times \frac{1\ \mathrm{km}}{r} = 2.17 \times 10^6\ \mathrm{J} \quad (\text{増加})$$

(c) ポテンシャル・エネルギーは

$$\text{最初} \quad U = -\frac{GMm}{r}$$

$$\text{後} \quad U' = -\frac{GMm}{r-1\ \mathrm{km}} \approx -\frac{GMm}{r}\left(1+\frac{1\ \mathrm{km}}{r}\right)$$

$$U'-U = -\frac{GMm}{r} \times \frac{1\ \mathrm{km}}{r} \approx -4.34 \times 10^6\ \mathrm{J} \quad (\text{減少})$$

$$\therefore \quad (K'+U')-(K+U) \approx -2.17 \times 10^6\ \mathrm{J} \quad (\text{減少})$$

***7*.** (a) $M = \pi a^2 \sigma$. 円板は z 軸に関して対称だから，万有引力の x 成分，y 成分は打ち消し合い，z 成分しかない．よって F_z は，円板各部からの万有引力の z 成分だけを重ね合わせて

$$F_z = -G\iint \frac{m\sigma\xi'\,\mathrm{d}\xi'\,\mathrm{d}\varphi'}{z^2+\xi'^2}\frac{z}{\sqrt{z^2+\xi'^2}} = -2\pi Gm\sigma z\int_0^a \frac{\xi'\,\mathrm{d}\xi'}{(z^2+\xi'^2)^{3/2}}$$

$$= 2\pi Gm\sigma \frac{z}{\sqrt{z^2+\xi'^2}}\Bigg|_0^a = \frac{2GmM}{a^2}\left(\frac{z}{\sqrt{z^2+a^2}}-1\right) \quad (<0)$$

(b) $$U(\boldsymbol{r}) = -G\iint \frac{m\sigma\xi'\,\mathrm{d}\xi'\,\mathrm{d}\varphi'}{\sqrt{z^2+\xi'^2}} = -2\pi Gm\sigma\int_0^a \frac{\xi'\,\mathrm{d}\xi'}{\sqrt{z^2+\xi'^2}}$$

$$= -2\pi Gm\sigma\sqrt{z^2+\xi'^2}\,\Big|_0^a = -\frac{2GmM}{a^2}\left(\sqrt{z^2+a^2}-z\right)$$

(c) $$F_z = -\frac{\partial U(\boldsymbol{r})}{\partial z} = \frac{2GmM}{a^2}\left(\frac{z}{\sqrt{z^2+a^2}}-1\right) < 0$$ 下向き，$F = |F_z|$

第 7 章

[**A**]

***1*.** (a) 向心力は $\boldsymbol{F} = -m\omega^2\boldsymbol{r}$ より $F_x = -m\omega^2 x$，$F_y = -m\omega^2 y$.

$$N_x = yF_z - zF_y = 0, \qquad N_y = zF_x - xF_z = 0$$

$$N_z = xF_y - yF_x = -m\omega^2 xy + m\omega^2 xy = 0$$

(b) $L_x = myv_z - mzv_y = 0$，　$L_y = mzv_x - mxv_z = 0$

$$L_z = mxv_y - myv_x = ma^2\omega\cos^2\omega t + ma^2\omega\sin^2\omega t = ma^2\omega$$

***2*.** $\boldsymbol{L} = \boldsymbol{r}\times m\boldsymbol{v} = m(x\boldsymbol{e}_x + b\boldsymbol{e}_z)\times v\boldsymbol{e}_x = mbv\boldsymbol{e}_z\times\boldsymbol{e}_x = mbv\boldsymbol{e}_y$ （= 一定）

[B]

***3*.** デカルト座標を図のように定める（y 軸は紙面に垂直で，表から裏に向かう向き）．無限遠にあるときの角運動量は

$$\boldsymbol{L} = m\boldsymbol{r}\times\boldsymbol{v}_0 = m(x\boldsymbol{e}_x + b\boldsymbol{e}_z)\times v_0\boldsymbol{e}_x = mbv_0\boldsymbol{e}_y$$

力は中心力だから $\boldsymbol{L}$ は保存．$\boldsymbol{r}\perp\boldsymbol{v}$ の位置では $\boldsymbol{L} = mrv\boldsymbol{e}_y$ だから

$$mrv = mbv_0$$

また，力学的エネルギーの保存より

$$\frac{1}{2}mv^2 + \frac{k}{r} = \frac{1}{2}mv_0{}^2$$

これを解くと

$$v = \frac{-k+\sqrt{k^2+m^2b^2v_0{}^4}}{mbv_0},\quad r = \frac{mb^2v_0{}^2}{-k+\sqrt{k^2+m^2b^2v_0{}^4}}$$

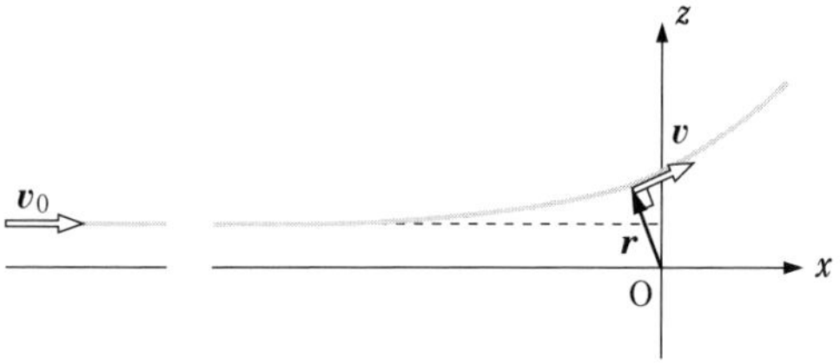

***4*.** (a) $\boldsymbol{v} = v\boldsymbol{e}_\varphi$

$$\boldsymbol{L}_0(t) = \boldsymbol{r}\times m\boldsymbol{v} = l\sin\theta\,\boldsymbol{e}_\xi\times mv\boldsymbol{e}_\varphi = mlv\sin\theta\,\boldsymbol{e}_z \quad （= 一定）$$

(b) $\boldsymbol{L}_\mathrm{A}(t) = (\boldsymbol{r}-\boldsymbol{r}_\mathrm{A})\times m\boldsymbol{v} \longrightarrow L_\mathrm{A}(t) = mlv$

向きは図のとおり．

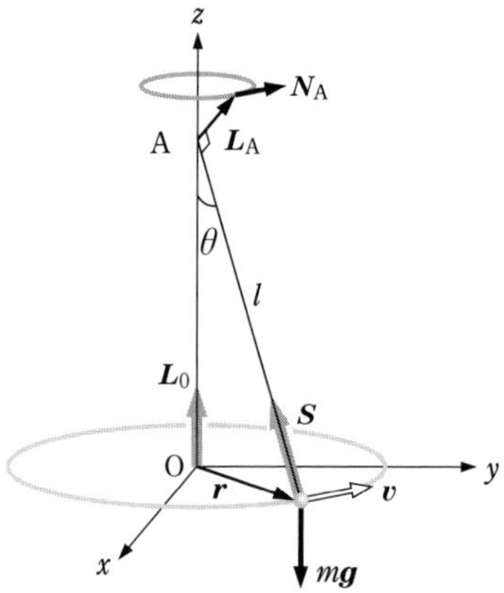

(c) $\dfrac{\mathrm{d}\boldsymbol{L}_{\mathrm{A}}(t)}{\mathrm{d}t} = \boldsymbol{N}_{\mathrm{A}} = (\boldsymbol{r}-\boldsymbol{r}_{\mathrm{A}})\times(\boldsymbol{S}+m\boldsymbol{g}) = (\boldsymbol{r}-\boldsymbol{r}_{\mathrm{A}})\times m\boldsymbol{g}$

$$\left|\frac{\mathrm{d}\boldsymbol{L}_{\mathrm{A}}(t)}{\mathrm{d}t}\right| = lmg\sin\theta$$

向きは xy 面内だから，図の $\boldsymbol{N}_{\mathrm{A}}$.

質点が1周する間に $\boldsymbol{L}_{\mathrm{A}}(t)$ は z 軸との間の角を $\dfrac{\pi}{2}-\theta$ に保ちながら1周する.

第8章

［A］

1. コップが静止しているときは，ゴムの張力と重力がつり合って，おもりは静止している．自由落下の状態をコップに固定した座標系で見ると，重力は慣性力と打ち消し合ってゴムの張力だけが有効になる．そのため，おもりはコップの中に入る．

2. 慣性系で考えると，おもりに働く力は重力 $m\boldsymbol{g}$ と糸の張力 $\boldsymbol{S}$ で，その合力を受けながら水平方向に加速度 $\boldsymbol{a}$ で動いているから，

$$\begin{cases} \text{水平成分：} S\cos\theta - mg = 0 \\ \text{垂直成分：} ma = S\sin\theta \end{cases}$$

$$\tan\theta = \frac{a}{g}, \qquad \theta = \tan^{-1}\frac{a}{g}$$

電車に固定された座標系で考えると，おもりは $m\boldsymbol{g}$ と $\boldsymbol{S}$ と水平な慣性力 $-\boldsymbol{a}$ を受けて静止している．よって，$-\boldsymbol{S}$ は $-\boldsymbol{a}$ と $m\boldsymbol{g}$ がつくる長方形の対角線の向きを向いている．

$$\therefore \quad \tan\theta = \frac{a}{g}, \qquad \theta = \tan^{-1}\frac{a}{g}$$

3. 箱は加速度 $g\sin\theta$ で滑り落ちている．箱に固定された非慣性系で見ると，おもりには糸の張力 $\boldsymbol{S}$ と，重力 $m\boldsymbol{g}$ と，斜面に沿って上向きの慣性力 $\boldsymbol{F}$（大きさ $mg\sin\theta$）が働いてつり合っている．

水平成分：　$S\sin\alpha = mg\sin\theta\cos\theta$ ……①

鉛直成分：　$S\cos\alpha = -mg\sin\theta\sin\theta + mg$ ……②

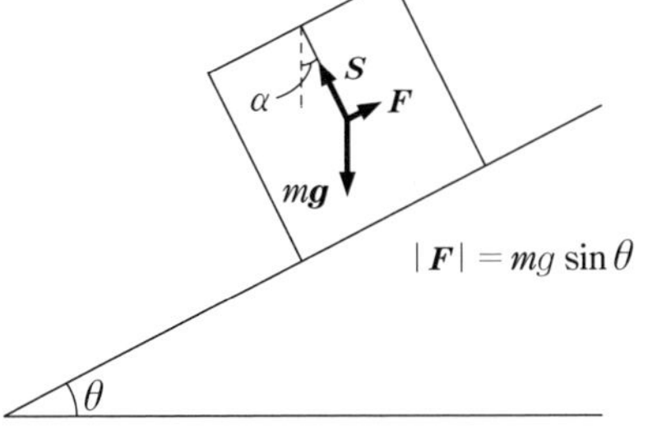

①^2+②^2 は

$$S^2 = m^2g^2\sin^2\theta - 2m^2g^2\sin^2\theta + m^2g^2 = m^2g^2\cos^2\theta$$
$$S = mg\cos\theta$$

① に代入して

$$S\sin\alpha = S\sin\theta \quad\longrightarrow\quad \alpha = \theta$$

よって，糸は壁と平行．

***4*．** 斜面に固定した非慣性系で考えると，物体には重力 $\boldsymbol{mg}$ と斜面からの垂直抗力 $\boldsymbol{N}$ と慣性力 $-m\boldsymbol{a}$ が働いてつり合っている．

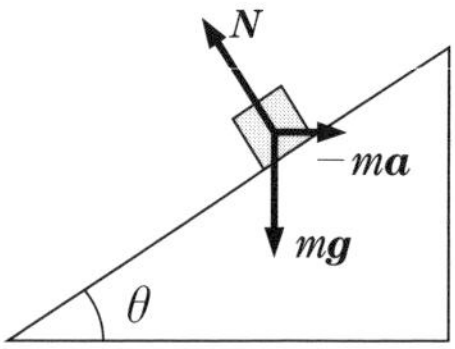

$$N\sin\theta = ma, \qquad N\cos\theta = mg$$
$$\tan\theta = \frac{a}{g}, \qquad a = g\tan\theta$$

[**B**]

***5*．** 振幅を A とすると，単振動は，$t = 0$ を適当に決めると

$$x = A\cos\frac{2\pi}{T}t$$

と書けるから，加速度は

$$\ddot{x} = -\frac{4\pi^2A}{T^2}\cos\frac{2\pi}{T}t$$

板に固定された非慣性系で考えると，物体が静止しているときには水平方向に静止摩擦力と慣性力が働いてつり合っているから，慣性力が最大摩擦力に等しくなるまで滑らない．

$$m\frac{4\pi^2A}{T^2} = mg\mu \qquad \therefore\quad A = \frac{\mu gT^2}{4\pi^2}$$

***6*．** 垂直抗力の大きさは，

$$N = mg\cos\theta + ma\sin\theta$$

物体が上方に滑らない条件より

$$ma\cos\theta - mg\sin\theta \leqq \mu(mg\cos\theta + ma\sin\theta)$$
$$\therefore\quad a \leqq \frac{\mu\cos\theta + \sin\theta}{\cos\theta - \mu\sin\theta}g$$

物体が下方に滑らない条件より

$$mg\sin\theta - ma\cos\theta \leqq \mu(mg\cos\theta + ma\sin\theta)$$
$$\therefore\quad a \geqq \frac{-\mu\cos\theta + \sin\theta}{\mu\sin\theta + \cos\theta}$$

よって

$$\frac{-\mu\cos\theta + \sin\theta}{\cos\theta + \mu\sin\theta}g \leqq a \leqq \frac{\mu\cos\theta + \sin\theta}{\cos\theta - \mu\sin\theta}g$$

第 9 章

[A]

1. (a) リングは，円環からの垂直抗力 $\boldsymbol{N}$ と重力 $m\boldsymbol{g}$ を受けて水平面内で円運動しているから，鉛直真下からの角度を θ とすると

$$\begin{cases} N\cos\theta - mg = 0 \\ m(a\sin\theta)\omega^2 = N\sin\theta \end{cases}$$

$$\therefore \quad \cos\theta = \frac{g}{a\omega^2}$$

$$\therefore \quad h = a - a\cos\theta = a - \frac{g}{\omega^2}$$

(b) リングは静止しているから，重力と遠心力 $m(a\sin\theta)\omega^2$ の和が $\boldsymbol{N}$ とつり合っている．よって，重力と遠心力の合力は $-\boldsymbol{N}$ の向きになる．

$$\therefore \quad \tan\theta = \frac{m(a\sin\theta)\omega^2}{mg} = \frac{\omega^2 a\sin\theta}{g}$$

$$\therefore \quad \cos\theta = \frac{g}{a\omega^2}, \qquad h = a - \frac{g}{\omega^2}$$

2. (a) $v_{0x'} = -v_0, \quad v_{0y'} = -a\omega_0$

(b) $v_{0\xi'} = -v_0, \quad v_{0\varphi'} = -a\omega_0$

ξ' と φ' は，

$$\xi' = a - v_0 t, \quad \varphi' = -\omega_0 t \qquad \therefore \quad \xi' = a + \frac{v_0}{\omega_0}\varphi'$$

$v_0 = a\omega_0$ のとき $\xi' = a(1+\varphi')$.

$\xi' = 0$ になるのは $t = \dfrac{a}{v_0} = \dfrac{1}{\omega_0}$.

このとき $\varphi' = -1\,\mathrm{rad} \approx -57°$.

コリオリ力により右へ曲がる軌跡である．

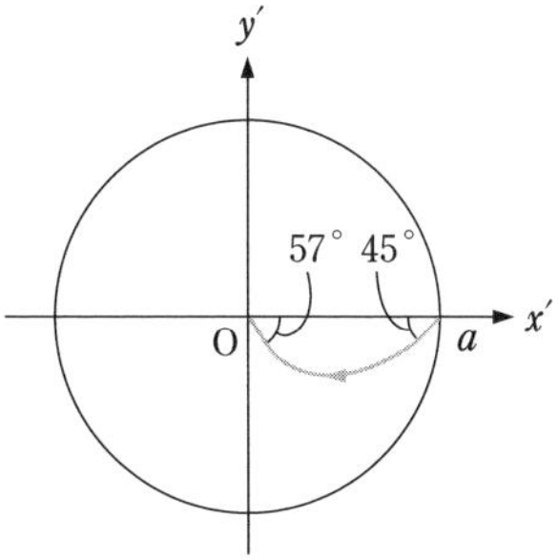

(c) (6.36),(9.46),(9.47) より

$$\begin{cases} m\ddot{\xi}' - m\xi'\dot{\varphi}'^2 = m\omega_0{}^2\xi' + 2m\omega_0\xi'\dot{\varphi}' \cdots\cdots ① \\ \dfrac{m}{\xi'}\dfrac{\mathrm{d}}{\mathrm{d}t}(\xi'^2\dot{\varphi}') = -2m\omega_0\dot{\xi}' \cdots\cdots ② \end{cases}$$

② より，$\xi'^2\dot{\varphi}' = -\omega_0\xi'^2 + \mathrm{const}$

$\xi'(0) = a$，$\dot{\varphi}'(0) = -\omega_0$ だから，$\mathrm{const} = 0$.

$$\therefore \quad \dot{\varphi}' = -\omega_0 \longrightarrow \varphi' = -\omega_0 t \cdots\cdots ③$$

① に代入して

$$\ddot{\xi}' - \xi'\omega_0{}^2 = -2\xi'\omega_0{}^2 + \omega_0{}^2\xi'$$

$$\therefore \quad \ddot{\xi}' = 0 \longrightarrow \xi' = -v_0 t + a \cdots\cdots ④$$

③, ④ より

$$\xi' = a + \frac{v_0}{\omega_0}\varphi'$$

$v_0 = a\omega_0$ のとき $\xi' = a(1+\varphi')$.

3. (a) 糸が切れたときの速度は $(0, a\omega, 0)$ だから,

$$x = a, \quad y = a\omega t, \quad z = 0$$

(b) 幾何学的に考える. 質点は, 慣性系では接線 $x = a$ 上を動くから, 回転系では, 半径 a の円周上を反時計まわりに速さ $a\omega$ で動く点の接線上で, その点から $a\omega t$ だけ離れた点にある. この点の集合は円の伸開線で, 図のようになる.

糸が切れた瞬間は遠心力のみが働くが, その後は遠心力とコリオリ力が働く右曲がりの運動になっている.

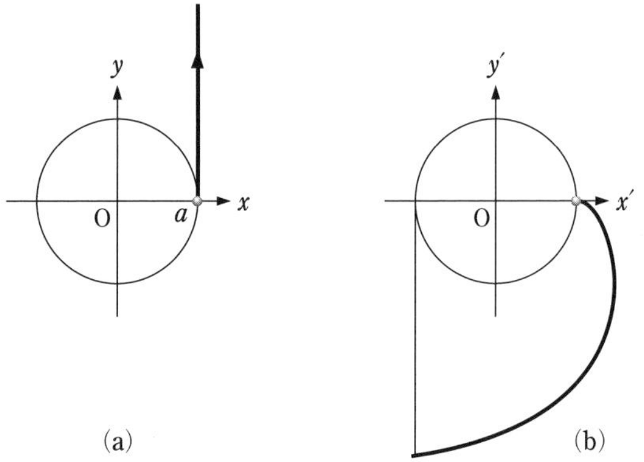

(a) (b)

[**B**]

4. (a) 赤道面を $x'y'$ 面, 地軸を z' 軸 (北極側を正の向き) とする, 地球の中心を原点とし地球に固定された座標系を考える. 自転の角速度を $\boldsymbol{\omega} = \omega \boldsymbol{e}_{z'}$ とし. y' 軸上の地表の点 $(0, R, 0)$ 付近で考えると, 水平面は $x'z'$ 面に平行だから, 水平に運動する物体の速度は

$$\boldsymbol{v} = v_{x'}\boldsymbol{e}_{x'} + v_{z'}\boldsymbol{e}_{z'}$$

よってコリオリ力は

$$-2m\omega\boldsymbol{e}_{z'} \times (v_{x'}\boldsymbol{e}_{x'} + v_{z'}\boldsymbol{e}_{z'}) = -2m\omega v_{x'}\boldsymbol{e}_{y'}$$

なので鉛直方向.

(b) x' 軸が東西方向で, 正の向きが西向きである.

遠心力は $mR\omega^2\,\boldsymbol{e}_{y'}$ なので, $-2m\omega v_{x'} + mR\omega^2 = 0$ より, $v_{x'} = \dfrac{R\omega}{2}$ だから西向きに $\dfrac{R\omega}{2}$ の速さ.

5. デカルト座標を 4. の解答と同じように定める.

(a) (9.42)(9.43) より
$$\begin{cases} m\ddot{x}' = m\omega^2 x' + 2m\dot{y}'\omega \cdots\cdots ① \\ m\ddot{y}' = -mg + m\omega^2 y' - 2m\omega\dot{x}' \cdots\cdots ② \end{cases}$$

まず ② を解く. $\omega = \dfrac{2\pi}{24\times 3600\,\mathrm{s}} = 7.3\times 10^{-5}\,\mathrm{rad/s}$ より, 右辺の各項の大きさを概算すると

$$g \sim 10\,\mathrm{m/s^2},\ \omega^2 y' \sim \omega^2 R \approx (7.3\times 10^{-5}\,\mathrm{rad/s})^2 R \approx 3\times 10^{-2}\,\mathrm{m/s^2}.$$

また, 水平方向の速さは 1 m/s のオーダーなので

$$2\omega\dot{x}' \sim (2\,\mathrm{m/s})\times 7\times 10^{-5}\,\mathrm{rad/s} \sim 1\times 10^{-4}\,\mathrm{m/s^2}$$

であるから, 第 2 項, 第 3 項は無視できる. よって ② は

$$\ddot{y}' = -g, \quad \therefore \quad \dot{y}' = -gt, \quad y' = -\frac{1}{2}gt^2 + h$$

次に, ① の 2 項の大小を比べると, 鉛直方向の速さも 1 m/s のオーダーなので

$$\omega^2 x' \sim (7\times 10^{-5}\,\mathrm{rad/s})^2\times 1\,\mathrm{m} \sim 5\times 10^{-9}\,\mathrm{m/s^2}$$
$$2\omega\dot{y}' \sim 2\times 7\times 10^{-5}\,\mathrm{rad/s}\times 1\,\mathrm{m/s} \sim 10^{-4}\,\mathrm{m/s^2}$$

よって ① で第 1 項を無視し, 第 2 項に③の $\dot{y}'$ を代入して, 初期条件 $\dot{x}'(0) = 0$, $x'(0) = 0$ を考慮して解くと

$$\ddot{x}' = -2g\omega t, \quad \therefore \quad \dot{x}' = -g\omega t^2, \quad x' = -\frac{1}{3}g\omega t^3$$

落下に要する時間は $t = \sqrt{2h/g}$ だから

$$x' = -\frac{2\sqrt{2}\,\omega h^{3/2}}{3\sqrt{g}} = -2.2\times 10^{-2}\,\mathrm{m} \quad (x' < 0 \text{ だから東にずれる})$$

(b) 慣性系から見ると物体は A から初速度 $(-(R+h)\omega, 0, 0)$ で放出される. しかし, 物体が y 軸上からずれて (x, y) の位置にあるとき, 重力は y 成分 $-mg$ のほかに x 成分 $-mg\dfrac{x}{R}$ をもつ. よって, x 方向の運動方程式

$$m\ddot{x} = -mg\frac{x}{R} \quad \text{より} \quad x = A\sin\left(\sqrt{\frac{g}{R}}t + \alpha\right)$$

初期条件

$$x(0) = A\sin\alpha = 0, \quad \dot{x}(0) = A\sqrt{\frac{g}{R}}\cos\alpha = -(R+h)\omega$$

より

$$\alpha = 0, \quad A = -\sqrt{\frac{R}{g}}(R+h)\omega \approx -\frac{R^{3/2}}{\sqrt{g}}\omega$$
$$\therefore \quad x = -\sqrt{\frac{R}{g}}(R+h)\omega\sin\sqrt{\frac{g}{R}}t$$

落下する時間は $t = \sqrt{2h/g}$ だから, 落下点は

$$x = -\sqrt{\frac{R}{g}}(R+h)\omega \sin \sqrt{\frac{2h}{R}}$$

この間，塔の下の地面は x 方向に $-R\omega\sqrt{2h/g}$ だけ進んでいる．その差は近似的に

$$-\sqrt{\frac{R}{g}}(R+h)\omega\left\{\sqrt{\frac{2h}{R}}-\frac{1}{3!}\left(\frac{2h}{R}\right)^{3/2}\right\}+R\omega\sqrt{\frac{2h}{g}}$$

$$= -\frac{\sqrt{2}\,\omega h^{3/2}}{\sqrt{g}}+\frac{2\sqrt{2}\,\omega h^{3/2}}{6\sqrt{g}} = -\frac{2\sqrt{2}\,\omega h^{3/2}}{3\sqrt{g}}$$

で (a) と同じになる．

6．(a) 針金に沿って x 軸，回転面内に y 軸をとる．針金の垂直抗力の大きさを N とする．輪は x 軸に沿ってしか動かないから $\dot{y} = 0$．(9.30),(9.42),(9.43) より

$$\begin{cases} m\ddot{x} = m\omega^2 x \cdots\cdots ① \\ m\ddot{y} = N-2m\omega\dot{x} \cdots\cdots ② \end{cases}$$

$x = \mathrm{e}^{\lambda t}$ として ① に代入すると，

$$\lambda^2 = \omega^2 \longrightarrow \lambda = \pm\omega \qquad \therefore \quad x = A\,\mathrm{e}^{\omega t}+B\,\mathrm{e}^{-\omega t}$$

$t = 0$ で $x = a$，$\dot{x} = 0$ から A, B を決めると，$x(t) = \dfrac{a}{2}(\mathrm{e}^{\omega t}+\mathrm{e}^{-\omega t})$

$\ddot{y} = 0$ より $N = 2m\omega\dot{x} = ma\omega^2(\mathrm{e}^{\omega t}-\mathrm{e}^{-\omega t})$

(b) (6.36) より

$$\begin{cases} m(\ddot{r}-r\dot{\varphi}^2) = 0 \\ m\dfrac{1}{r}\dfrac{\mathrm{d}}{\mathrm{d}t}(r^2\dot{\varphi}) = N \end{cases}$$

$\dot{\varphi} = \omega$，$\ddot{\varphi} = \dot{\omega} = 0$ だから

$$\begin{cases} \ddot{r}-r\omega^2 = 0 \\ 2m\omega\dot{r} = N \end{cases}$$

よって，同様に解ける．

第 10 章

[A]

1．質量 10 kg の物体の最初の速度の向きを正として，求める速度の成分を v_1, v_2 とすると

$$10\text{ kg}\ v_1+20\text{ kg}\ v_2 = 10\text{ kg}\times 6\text{ m/s},$$

$$\frac{1}{2}\times 10\text{ kg}\ {v_1}^2+\frac{1}{2}\times 20\text{ kg}\ {v_2}^2 = \frac{1}{2}\times 10\text{ kg}\times(6\text{ m/s})^2$$

より

$$v_1 = -2\text{ m/s}, \qquad v_2 = 4\text{ m/s}$$

2．$2.01\text{ kg}\ v = 0.01\text{ kg}\times 300\text{ m/s}$ より $v = 1.49\text{ m/s}$．$mgh = \dfrac{1}{2}mv^2$ より

$$h = \frac{v^2}{2g} = 0.11\,\mathrm{m}$$

$$\text{発熱 } Q = \frac{1}{2}\times 0.01\,\mathrm{kg}\times(300\,\mathrm{m/s})^2 - \frac{1}{2}\times 2.01\,\mathrm{kg}\times(1.49\,\mathrm{m/s})^2$$
$$= 450 - 2.2 = 447.8\,\mathrm{J}$$

3. $0.01\,\mathrm{kg}\times 100\,\mathrm{m/s} + 0.2\,\mathrm{kg}\,v = 0.01\,\mathrm{kg}\times 300\,\mathrm{m/s}$ より $v = 10\,\mathrm{m/s}$.

$$\text{発熱 } Q = \frac{1}{2}\times 0.01\,\mathrm{kg}\times(300\,\mathrm{m/s})^2 - \frac{1}{2}\times 0.01\,\mathrm{kg}\times(100\,\mathrm{m/s})^2$$
$$-\frac{1}{2}\times 0.2\,\mathrm{kg}\times(10\,\mathrm{m/s})^2 = 450 - 50 - 10 = 390\,\mathrm{J}$$

4.
$$\begin{cases} m\boldsymbol{v}_{1\mathrm{f}} + m\boldsymbol{v}_{2\mathrm{f}} = m\boldsymbol{v}_{1\mathrm{i}} \\ \dfrac{1}{2}m{v_{1\mathrm{f}}}^2 + \dfrac{1}{2}m{v_{2\mathrm{f}}}^2 = \dfrac{1}{2}m{v_{1\mathrm{i}}}^2 \end{cases}$$

より

$$\begin{cases} \boldsymbol{v}_{1\mathrm{f}} + \boldsymbol{v}_{2\mathrm{f}} = \boldsymbol{v}_{1\mathrm{i}} \cdots\cdots ① \\ {v_{1\mathrm{f}}}^2 + {v_{2\mathrm{f}}}^2 = {v_{1\mathrm{i}}}^2 \cdots\cdots ② \end{cases}$$

① より，$\boldsymbol{v}_{1\mathrm{i}}$ は $\mathrm{v}_{1\mathrm{f}}$ と $\boldsymbol{v}_{2\mathrm{f}}$ を 2 辺とする平行四辺形の対角線．② よりピタゴラスの定理が成立．よって，平行四辺形は長方形だから $\boldsymbol{v}_{1\mathrm{f}} \perp \boldsymbol{v}_{2\mathrm{f}}$.

5.
$$M = m_1 + m_2, \qquad \mu = \frac{m_1 m_2}{M},$$
$$\boldsymbol{r}_{\mathrm{G}} = \frac{m_1\boldsymbol{r}_1 + m_2\boldsymbol{r}_2}{M}, \qquad \boldsymbol{r} = \boldsymbol{r}_1 - \boldsymbol{r}_2$$

とすると，(10.31) より

$$\boldsymbol{L} = \boldsymbol{r}_1\times m_1\dot{\boldsymbol{r}}_1 + \boldsymbol{r}_2\times m_2\dot{\boldsymbol{r}}_2 = \boldsymbol{r}_{\mathrm{G}}\times M\dot{\boldsymbol{r}}_{\mathrm{G}} + \boldsymbol{r}\times\mu\dot{\boldsymbol{r}}$$

である．よって，$\dot{\boldsymbol{r}}_{\mathrm{G}} = 0$ であれば $\boldsymbol{L} = \boldsymbol{r}\times\mu\dot{\boldsymbol{r}}$ で，原点に依存しない．

[B]

6. (a) ロケットの進行方向を正として，ロケットと燃料の速度の鉛直成分をそれぞれ v，を v' とすると，$mv + mv' = 0$，$v - v' = v_0$ より

$$v = \frac{v_0}{2} = 0.5v_0$$

(b) 1 回目 $\frac{3}{2}mv + \frac{1}{2}mv' = 0$，$v - v' = v_0$ より

$$v = \frac{v_0}{4}$$

2 回目 $mv + \frac{1}{2}mv' = \frac{3}{2}m\times\frac{v_0}{4}$，$v - v' = v_0$ より

$$v = \frac{7}{12}v_0 = 0.583v_0$$

(c) 連続的に燃料を噴射しつづけるとき，燃料の残量が x と $x+\mathrm{d}x$ $(\mathrm{d}x<0)$ の状態のロケットの速度の進行方向成分をそれぞれ v，$v+\mathrm{d}v$ とすると，運動量保存の法則から，

$$(m+x+\mathrm{d}x)(v+\mathrm{d}v)+(-\mathrm{d}x)v' = (m+x)v, \qquad v-v' = v_0$$

$$\therefore \quad mv+m\,\mathrm{d}v+xv+x\,\mathrm{d}v+v\,\mathrm{d}x+\mathrm{d}x\,\mathrm{d}v-v\,\mathrm{d}x+v_0\,\mathrm{d}x = (m+x)v$$

2 次の微小量 $\mathrm{d}m\,\mathrm{d}v$ を無視すると

$$m\,\mathrm{d}v+x\,\mathrm{d}v+v_0\,\mathrm{d}x = 0 \qquad \mathrm{d}v = -v_0\frac{\mathrm{d}x}{m+x}$$

$$\int_0^{v_\mathrm{f}}\mathrm{d}v = -v_0\int_m^0\frac{\mathrm{d}x}{m+x}$$

$$v_\mathrm{f} = -v_0\log(m+x)\big|_m^0 = v_0\log 2 = 0.693v_0$$

7．山頂から発射するときの初速は $\dfrac{v_0}{2}$．v_0 と h の関係を求めておくと，

$$\frac{1}{2}m\left(\frac{v_0}{2}\right)^2 = mgh \quad \text{より} \quad v_0 = 2\sqrt{2gh}$$

コースターの端での噴射前のロケットの速度は $v=\sqrt{2gh}$．噴射直後のロケットと燃料の速度の鉛直成分を，上向きを正として v_1, v_1' とすると

$$mv_1+mv_1' = 2mv, \ \ v_1-v_1' = v_0 \quad \text{より} \quad v_1 = v+\frac{v_0}{2} = 2\sqrt{2gh}$$

だから，このロケットが上がる麓からの高さは，

$$h' = \frac{{v_1}^2}{2g} = 4h$$

8．球 C は衝突後静止し，球 A が初速度 v で動きはじめる．

$$x_\mathrm{G} = \frac{x_\mathrm{A}+x_\mathrm{B}}{2}, \qquad x = x_\mathrm{B}-x_\mathrm{A}$$

とすると，衝突後は水平方向の外力は働かないから，

$$2m\ddot{x}_\mathrm{G} = 0 \quad \text{より} \quad \dot{x}_\mathrm{G} = \dot{x}_\mathrm{G}(0) = \frac{v}{2}$$

よって，球 A の最初の位置を原点に選ぶと

$$x_\mathrm{G}(t) = \frac{l_0}{2}+\frac{v}{2}t$$

また

$$\mu\ddot{x} = -k(x-l_0), \qquad \mu = \frac{m}{2}$$

より，$\dot{x}(0) = -v$ を考慮して，

$$x = -\frac{v}{\omega}\sin\omega t+l_0, \qquad \omega = \sqrt{\frac{k}{\mu}} = \sqrt{\frac{2k}{m}}$$

よって

$$x_A = x_G - \frac{x}{2} = \frac{l_0}{2} + \frac{v}{2}t + \frac{v}{2\omega}\sin\omega t - \frac{l_0}{2} = \frac{v}{2}t + \frac{v}{2\omega}\sin\omega t$$

$$x_B = x_G + \frac{x}{2} = \frac{v}{2}t - \frac{v}{2\omega}\sin\omega t + l_0$$

9. 近づいてきた木片の座標を x_1，ばねにとりつけられている木片の座標を x_2 とする．近づいてきた木片がばねに接触したときを $t=0$ とし，そのときの x_1 の位置を原点に選ぶ．

$$x_G = \frac{x_1 + x_2}{2}, \qquad x = x_2 - x_1$$

とすると，近づいてきた木片がばねに接触後，前問と同様に，

$$x_G = \frac{v}{2}t + \frac{l_0}{2}$$

$$x = -\frac{v}{\omega}\sin\omega t + l_0, \qquad \omega = \sqrt{\frac{2k}{m}}$$

$$\begin{cases} x_1 = \dfrac{v}{2}t + \dfrac{v}{2\omega}\sin\omega t \\ x_2 = \dfrac{v}{2}t - \dfrac{v}{2\omega}\sin\omega t + l_0 \end{cases}$$

$$\begin{cases} \dot{x}_1 = \dfrac{v}{2} + \dfrac{v}{2}\cos\omega t \\ \dot{x}_2 = \dfrac{v}{2} - \dfrac{v}{2}\cos\omega t \end{cases}$$

x が再び自然長 l_0 になるのは $t = \dfrac{\pi}{\omega}$ のとき．このとき $\dot{x}_1 = 0$，$\dot{x}_2 = v$．よって，このあと，左の木片は静止し，右の木片は速度 v で等速度運動を続ける．

10. 運動エネルギーは保存するとは限らないが，運動量は必ず保存するから，$\boldsymbol{v}_{1i}$ に平行な成分と垂直な成分について

$$\begin{cases} m_1 v_{1f}\cos\theta_1 + m_2 v_{2f}\cos\theta_2 = m_1 v_{1i} \cdots\cdots ① \\ m_1 v_{1f}\sin\theta_1 - m_2 v_{2f}\sin\theta_2 = 0 \cdots\cdots ② \end{cases}$$

② より

$$v_{1f} = \frac{m_2\sin\theta_2}{m_1\sin\theta_1}v_{2f}$$

① に代入

$$m_2(\cos\theta_1\sin\theta_2 + \sin\theta_1\cos\theta_2)v_{2f} = m_1 v_{1i}\sin\theta_1$$

$$\therefore\quad m_2 v_{2f}\sin(\theta_1 + \theta_2) = m_1 v_{1i}\sin\theta_1$$

$$\therefore\quad v_{2f} = \frac{m_1\sin\theta_1}{m_2\sin(\theta_1+\theta_2)}v_{1i}, \qquad v_{1f} = \frac{\sin\theta_2}{\sin(\theta_1+\theta_2)}v_{1i}$$

11.

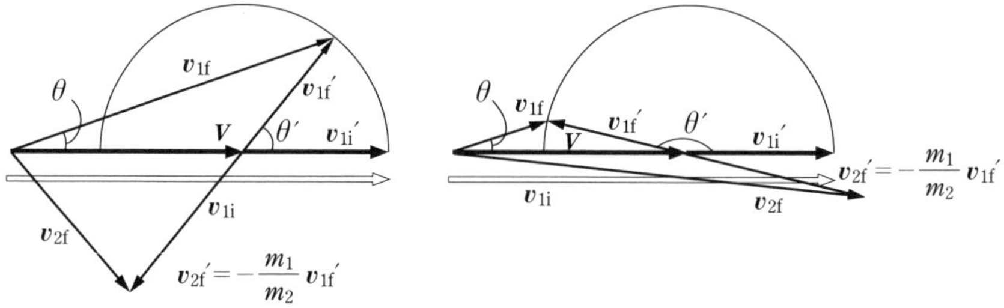

(a)　$\theta' < \theta_{max}$　　　(b)　$\theta' > \theta_{max}$

第11章

［**A**］

1．大円の中心を原点として，共通の直径を x 軸とする．小円をくりぬく前の質量を M とすると，くりぬいた円の質量は $M/4$ だから，

$$\left(M-\frac{M}{4}\right)x_G+\frac{M}{4}\times\frac{a}{2}=0 \quad より \quad x_G=-\frac{a}{6}$$

2．(a)　$F=Mg, \quad S=N, \quad aS\cos\theta=\frac{a}{2}Mg\sin\theta$

より

$$S=N=\frac{1}{2}Mg\tan\theta$$

(b)　$F+2S\sin\theta=Mg, \quad 2S\cos\theta=N, \quad 2aS\sin\theta=\frac{a}{2}Mg$

より

$$S=\frac{Mg}{4\sin\theta}, \quad N=\frac{Mg}{2\tan\theta}, \quad F=\frac{1}{2}Mg$$

3．棒の質量を M，指と棒の静止摩擦係数を μ，動摩擦係数 を μ'，重心を原点とする指の座標を左 x_1，右 x_2，垂直抗力を N_1, N_2 とすると

$$N_1+N_2=Mg, \quad N_1x_1+N_2x_2=0$$

最初 $|x_1|>|x_2|$ とすると，$N_1<N_2$ より $\mu N_1<\mu N_2$．よって，指を近づけると，左指が先に滑って重心に近づく．すると N_1 がしだいに大きくなる．やがて $\mu' N_1 > \mu N_2$ になると左の指は止まり，右の指が動いて重心に近づく．これが繰り返される．

4．密度を ρ とすると，円筒を輪切りにした半径 $r\sim r+\mathrm{d}r$，高さ $z\sim z+\mathrm{d}z$ の部分の質量は

$$\mathrm{d}M=2\pi\rho r\,\mathrm{d}r\,\mathrm{d}z$$

だから

$$M = \int \mathrm{d}M = 2\pi\rho\int_0^l \mathrm{d}z \int_b^a r\,\mathrm{d}r = 2\pi\rho l \times \frac{1}{2}(a^2-b^2) = \pi(a^2-b^2)l\rho$$

慣性モーメントは(11.114)より

$$I = \int r^2\,\mathrm{d}M = 2\pi\rho\int_0^l \mathrm{d}z \int_b^a r^3\,\mathrm{d}r = \pi\rho l \left.\frac{r^4}{2}\right|_b^a = \frac{1}{2}\pi\rho l(a^4-b^4) = \frac{M}{2}(a^2+b^2),$$

$$k = \sqrt{\frac{a^2+b^2}{2}}$$

5．中心軸のまわりの慣性モーメントは $Ma^2/2$ (11.171) だから，定理1 (11.96) より

$$I = \frac{Ma^2}{2} + Ma^2 = \frac{3}{2}Ma^2$$

6．m_1 から質量中心までの距離を b とすると，

$$m_1 b = m_2(a-b) \qquad \therefore \quad b = \frac{m_2}{m_1+m_2}a$$

$$\therefore \quad I = m_1 b^2 + m_2(a-b)^2 = \frac{m_1 m_2}{m_1+m_2}a^2 = \mu a^2$$

$\mu = \dfrac{m_1 m_2}{m_1+m_2}$ は換算負量である．

7．図は，点A,B,Cの関係を図11.15より角度を誇張して描いてある．AとC，BとCの距離をそれぞれ $\overline{\mathrm{AC}}$，$\overline{\mathrm{BC}}$ とし，AC，BCの水平面からの角をそれぞれ α，β とすると，AC，BCの水平距離はそれぞれ $\overline{\mathrm{AC}}\cos\alpha$，$\overline{\mathrm{BC}}\cos\beta$ である．したがって，この場合のつり合いの式(11.74)は

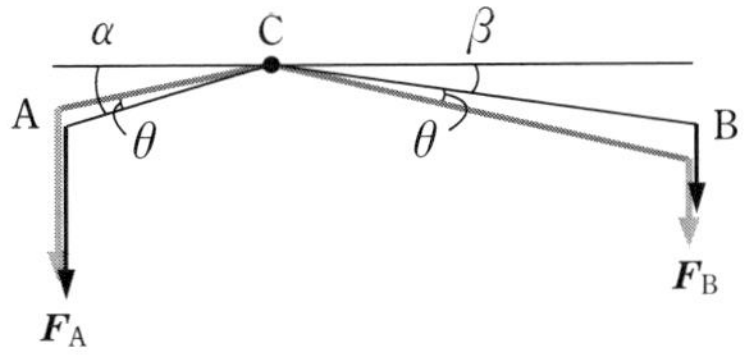

$$\frac{F_\mathrm{A}}{F_\mathrm{B}} = \frac{\overline{\mathrm{BC}}\cos\beta}{\overline{\mathrm{AC}}\cos\alpha}$$

である．いま，点線で示すように棒を時計回りに θ だけ回転させたとすると，ACは水平に近づいて水平距離が $\overline{\mathrm{AC}}\cos(\alpha-\theta)$ ($>\overline{\mathrm{AC}}\cos\alpha$) になり，BCは水平からより外れて水平距離が $\overline{\mathrm{BC}}\cos(\beta+\theta)$ ($<\overline{\mathrm{BC}}\cos\beta$) になる．これは図からも明らかであろう．よって

$$\frac{F_\mathrm{A}}{F_\mathrm{B}} < \frac{\overline{\mathrm{BC}}\cos(\beta+\theta)}{\overline{\mathrm{AC}}\cos(\alpha-\theta)}$$

すなわち

$$F_\mathrm{A}\overline{\mathrm{AC}}\cos(\alpha-\theta) < F_\mathrm{B}\overline{\mathrm{BC}}\cos(\beta+\theta)$$

となる．このため，力のモーメントは棒を反時計回りに回す，すなわちABを水平にもどすように働く．

[B]

8．(a)　$M=\rho\int_0^a r\,\mathrm{d}r\int_{-\alpha}^{\alpha}\mathrm{d}\varphi=\rho a^2\alpha$,

x 軸を図のようにとると，対称性より質量中心は x 軸上にある．

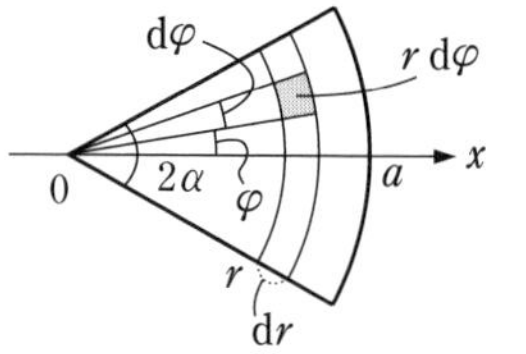

(11.53) より，$x_G=\dfrac{\rho}{M}\int_0^a\int_{-\alpha}^{\alpha}xr\,\mathrm{d}r\,\mathrm{d}\varphi$

$$=\frac{\rho}{M}\int_0^a r^2\,\mathrm{d}r\int_{-\alpha}^{\alpha}\cos\varphi\,\mathrm{d}\varphi$$

$$=\frac{\rho a^3}{3M}\sin\varphi\,\Big|_{-\alpha}^{\alpha}=\frac{2a}{3\alpha}\sin\alpha$$

中心角の 2 等分線上，中心から $\dfrac{2a\sin\alpha}{3\alpha}$ の点．

(b)　座標を図のように定めると，対称性より質量中心は z 軸上にある．

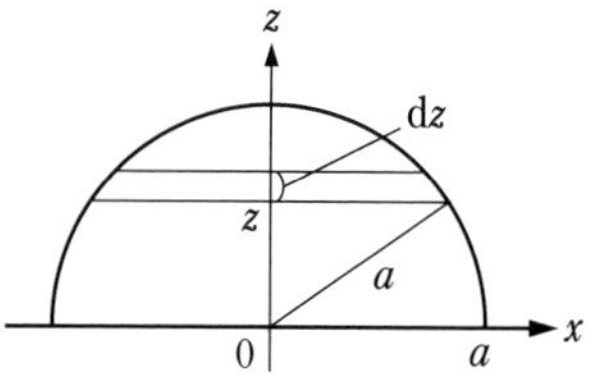

$$M=\frac{2}{3}\pi a^3\rho,$$

$$z_G=\frac{1}{M}\int_0^a\rho z\pi(a^2-z^2)\,\mathrm{d}z=\frac{3}{8}a$$

断面に垂直な半径上 $\dfrac{3}{8}a$ の点．

(c)　$M=2\pi a^2t\rho,\quad z_G=\dfrac{1}{M}\int_0^{2\pi}\mathrm{d}\varphi\int_0^{\pi/2}z\rho ta^2\sin\theta\,\mathrm{d}\theta=\dfrac{a}{2}$

断面に垂直な半径上 $\dfrac{a}{2}$ の点．

(d)　$M=\dfrac{\pi a^2h\rho}{3},\quad x_G=\dfrac{1}{M}\int_0^h x\rho\pi\left(\dfrac{a}{h}x\right)^2\mathrm{d}x=\dfrac{3}{4}h$

中心軸上，底面から $\dfrac{1}{4}h$ の点．

9．水平方向と鉛直方向の力のつり合いと，棒の左端のまわりの力のモーメントのつり合いを考えると

$$S\cos\alpha=Mg,\quad S\sin\alpha=F,\quad \frac{L}{2}Mg\sin\beta=LF\cos\beta$$

だから

$$\tan\alpha=\frac{F}{Mg}\ \longrightarrow\ \alpha=\tan^{-1}\frac{F}{Mg}$$

$$\tan\beta=\frac{2F}{Mg}\ \longrightarrow\ \beta=\tan^{-1}\frac{2F}{Mg}$$

$$S=\sqrt{M^2g^2+F^2}$$

10. 密度を ρ とすると，$\dfrac{4}{3}\pi a^3\rho = M$．中心を通る軸を z 軸とする．$z \sim z+\mathrm{d}z$ の円板の半径は $\sqrt{a^2-z^2}$，慣性モーメントは (11.115) で $\sigma = \rho\,\mathrm{d}z$ として

$$\mathrm{d}I_z = \frac{\pi}{2}\rho(a^2-z^2)^2\,\mathrm{d}z$$

だから，球の直径のまわりの慣性モーメントは

$$I_{\mathrm{G}} = \int \mathrm{d}I_z = \int_{-a}^{a}\frac{\pi}{2}\rho(a^2-z^2)^2\,\mathrm{d}z$$

ここで，$z = a\cos\theta$ とおいて積分変数を z から θ に変換すると

$$a^2-z^2 = a^2(1-\cos^2\theta), \qquad \mathrm{d}z = -a\sin\theta\,\mathrm{d}\theta$$

で，$z = -a \to a$ のとき $\theta = \pi \to 0$ だから

$$\begin{aligned}
I_{\mathrm{G}} &= -\frac{\pi}{2}a^5\rho\int_{-a}^{a}(1-\cos^2\theta)^2\sin\theta\,\mathrm{d}\theta \\
&= -\frac{\pi}{2}a^5\rho\left(\int_{-a}^{a}\sin\theta\,\mathrm{d}\theta - 2\int_{-a}^{a}\cos^2\theta\sin\theta\,\mathrm{d}\theta + \int_{-a}^{a}\cos^4\theta\sin\theta\,\mathrm{d}\theta\right) \\
&= -\frac{\pi}{2}a^5\rho\left(-\cos\theta\Big|_{\pi}^{0} + \frac{2}{3}\cos^3\theta\Big|_{\pi}^{0} - \frac{1}{5}\cos^5\theta\Big|_{\pi}^{0}\right) = -\frac{\pi}{2}a^5\rho\left(-2+\frac{4}{3}-\frac{2}{5}\right) \\
&= -\frac{\pi}{2}a^5\rho\frac{16}{15} = \frac{8\pi}{15}\rho a^5 = \frac{2}{5}Ma^2
\end{aligned}$$

である．

表面に接する軸のまわりの慣性モーメントは，定理 1 (11.96) より

$$I = I_{\mathrm{G}} + Ma^2 = \frac{7}{5}Ma^2$$

第 12 章

[**A**]

1. 支点を通る，円板面に垂直な軸のまわりの慣性モーメントは

$$I = \frac{Ma^2}{2} + M(l+a)^2$$

これは剛体振り子だから，周期は (12.9) で $h = l+a$ より

$$\begin{aligned}
T &= 2\pi\sqrt{\frac{I}{Mg(l+a)}} = 2\pi\sqrt{\frac{l+a}{g}}\sqrt{\frac{I}{M(l+a)^2}} \\
&= 2\pi\sqrt{\frac{l+a}{g}}\sqrt{1+\frac{a^2}{2(l+a)^2}}
\end{aligned}$$

よって，単振り子の周期より長い．

2. 面に沿っての加速度を α とすると

$$\frac{1}{2}\alpha\times(1\,\mathrm{s})^2 = 1.5\,\mathrm{m} \quad より \quad \alpha = 3\,\mathrm{m/s^2}$$

一方，回転半径を k とすると (12.31) より

$$\alpha = \frac{g\sin\theta}{1+(k/a)^2} = \frac{g}{2[1+(k/a)^2]} \quad だから \quad k^2 = 0.633a^2$$

第 11 章の演習問題 4 より $k = \sqrt{\dfrac{a^2+b^2}{2}}$ だから

$$b = 0.52a = 0.052\ \mathrm{m} \quad (密度には依存しない)$$

***3*.** (a) 回転しながら進む．重心の速さは $v_{\mathrm{G}} = \dfrac{p}{M}$．重心のまわりの角運動量の大きさは $L = \left(\dfrac{l}{2} - x\right)p$．重心のまわりの慣性モーメントは $I_{\mathrm{G}} = \dfrac{M}{12}l^2$ だから，回転の角速度は

$$\omega = \frac{L}{I_{\mathrm{G}}} = \frac{6l-12x}{Ml^2}p$$

(b)
$$\frac{p}{M} - \frac{l}{4}\omega = 0 \quad より \quad x = \frac{l}{6}$$

[B]

***4*.** 中心軸のまわりの慣性モーメントを I とすると，突いた力は重心のまわりのモーメントをもたないから，最初は回転しないが，動摩擦力から力のモーメントを受けて，しだいに回転の角速度を増しながら滑る．質量中心の並進運動（進行方向 x）と中心軸のまわりの回転運動（回転角 φ）の方程式は，

$$M\ddot{x} = -\mu Mg, \quad I\ddot{\varphi} = a\mu Mg$$

よって，初期条件 $\dot{x}(0) = v_0$，$\dot{\varphi}(0) = 0$ より

$$\dot{x} = v_0 - \mu gt, \quad \dot{\varphi} = \frac{a\mu Mg}{I}t$$

に従って $\dot{x}$ は減少し，$\dot{\varphi}$ は増加する．$\dot{x} = a\dot{\varphi}$ になると，滑らずに転がって進む．このとき

$$I = \frac{M}{2}a^2 \ より \ t = \frac{v_0}{3\mu g} \ で, \quad v = \frac{2}{3}v_0$$

また，その位置は

$$x = v_0\left(\frac{v_0}{3\mu g}\right) - \frac{1}{2}\mu g\left(\frac{v_0}{3\mu g}\right)^2 = \frac{5}{18\mu g}{v_0}^2$$

***5*.** (a)
$$m\ddot{z} = S - mg \cdots\cdots ① \qquad m'\ddot{z}' = S' - m'g \cdots\cdots ②$$
$$I\ddot{\varphi} = a(S'-S) \cdots\cdots ③$$

(b)
$$z = -z' = a\varphi \cdots\cdots ④$$

(c) ①,② より

$$m\ddot{z} - m'\ddot{z}' = (S-S') + (m'-m)g$$

③,④ を代入して

$$(m+m')\ddot{z} = -\frac{I}{a^2}\ddot{z} + (m'-m)g$$

$$\therefore \quad \dot{z} = \frac{m' - m}{m + m' + \dfrac{I}{a^2}} gt, \qquad \dot{z}' = -\dot{z}$$

$$z = \frac{1}{2} \frac{m' - m}{m + m' + \dfrac{I}{a^2}} gt^2, \qquad z' = -z$$

(d)
$$K = \frac{1}{2} m\dot{z}^2 + \frac{1}{2} m' \dot{z}'^2 + \frac{1}{2} I\dot{\varphi}^2 = \frac{1}{2} \frac{(m - m')^2}{m + m' + \dfrac{I}{a^2}} g^2 t^2$$

$$U = mgz + m'gz' = -\frac{1}{2} \frac{(m - m')^2}{m + m' + \dfrac{I}{a^2}} g^2 t^2$$

$$\therefore \quad K + U = 0 \ （一定）$$

6．ブーメランは面を鉛直にして回転させながら投げる．まず水平に投げた場合を考える．投げた直後に，図のように角運動量 $\boldsymbol{L}$ で回転しながら，運動量 $\boldsymbol{p}$ で並進運動をしているとする．羽 A，A′ が鉛直，B，B′ が水平になった瞬間の説明のために，ブーメランの面にあわせて図のような実験室系のデカルト座標を定める．羽は回転しているので $\boldsymbol{e}_z$ 方向（面に垂直な方向）の揚力 $\boldsymbol{F}_{\mathrm{A}}$，$\boldsymbol{F}_{\mathrm{A'}}$，$\boldsymbol{F}_{\mathrm{B}}$，$\boldsymbol{F}_{\mathrm{B'}}$ が生じている．それらの合力 $\boldsymbol{F}$ は運動量 $\boldsymbol{p}$ に垂直で，並進運動の軌跡が円の一部になるための向心力の働きをする．ただし，これだけではブーメランの向きが変わらないので，スムーズには進まない．一方，それぞれの羽の空気に対する速さの違いから，揚力の大きさには $F_{\mathrm{A}} > F_{\mathrm{B}} \approx F_{\mathrm{B'}} > F_{\mathrm{A'}}$ という関係がある．したがって，重心のまわりの力のモーメントの和 $\boldsymbol{N}$ は $-\boldsymbol{e}_y$ 方向を向いており，角運動量 $\boldsymbol{L}$ の向き（ブーメランの面の法線の向き）を，上から見て反時計回りに回そうとする．

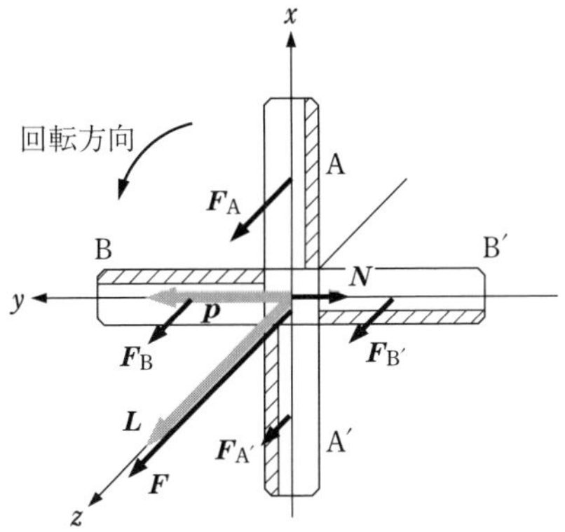

よって，初速度と初角速度の比を適当に調節して投げると，$\boldsymbol{L}$ の変化と $\boldsymbol{p}$ の変化がほぼ同調して $\boldsymbol{L} \perp \boldsymbol{p}$ の関係が維持され，ブーメランは向きを変えながら円運動をして手元にもどってくる．

ただし上記の動きに加えて下向きの自由落下が加わるので，実際には斜め上向きに投げる．そうすると，力のモーメントの和 $\boldsymbol{N}$ によって，角運動量 $\boldsymbol{L}$ の向き（ブーメランの面の法線の向き）は次第に上向きになるので，うまく投げると，$\boldsymbol{p}$ が向きを 180° 変えたころにはほぼ水平になり，そのまま空中を滑るように手元にもどってくる．

第13章

[A]

1．中心から輪までの距離を r とすると

$$L=K=\frac{1}{2}m[\dot{r}^2+(r\omega)^2] \qquad \therefore \quad \frac{\mathrm{d}}{\mathrm{d}t}m\dot{r}-m\omega^2 r=0 \qquad \therefore \quad \ddot{r}=\omega^2 r$$

2．斜面に沿って重心が移動した距離を x，回転角を φ とすると，$\dot{\varphi}=\dot{x}/a$.

$$\therefore \quad L=\frac{1}{2}M\dot{x}^2+\frac{1}{2}I\left(\frac{\dot{x}}{a}\right)^2-(-Mgx\sin\theta)=\left(\frac{M}{2}+\frac{I}{2a^2}\right)\dot{x}^2+Mgx\sin\theta$$

$$\frac{\mathrm{d}}{\mathrm{d}t}\left(M+\frac{I}{a^2}\right)\dot{x}-Mg\sin\theta=0, \qquad \left(M+\frac{I}{a^2}\right)\ddot{x}=Mg\sin\theta$$

3．質量 m のおもりの位置座標を z とすると

$$L=\frac{1}{2}m\dot{z}^2+\frac{1}{2}m'\dot{z}^2+\frac{1}{2}I\left(\frac{\dot{z}}{a}\right)^2-(mgz-m'gz)$$

ただし，最初に2個のおもりは同じ高さ $z=0$ にあったとした．

$$\therefore \quad \frac{\mathrm{d}}{\mathrm{d}t}\left[m+m'+\frac{I}{a^2}\right]\dot{z}+mg-m'g=0$$

$$\therefore \quad \left(m+m'+\frac{I}{a^2}\right)\ddot{z}=(m-m')g$$

[B]

4．質量中心を原点とする極座標で，質量 m_1 の質点の座標を (r,θ,φ) とすると，他方の質点の位置は決まる．また，

$$r=\frac{m_2}{m_1+m_2}a$$

で一定である．よって一般化座標として (θ,φ) をとることができる．運動エネルギーは

$$K=\frac{m_1}{2}(r^2\dot{\theta}^2+r^2\sin^2\theta\,\dot{\varphi}^2)+\frac{m_2}{2}[(a-r)^2\dot{\theta}^2+(a-r)^2\sin^2\theta\,\dot{\varphi}^2)]$$

である．質量中心のまわりの運動のみに注目するときは，ポテンシャルエネルギーは0とおいてよい．よって，

$$L=K=\frac{I}{2}\dot{\theta}^2+\frac{I}{2}\sin^2\theta\,\dot{\varphi}^2$$

ただし，質量中心のまわりの慣性モーメント

$$I=m_1r^2+m_2(a-r)^2$$

を用いて整理した．次に，θ,φ に共役な運動量は，

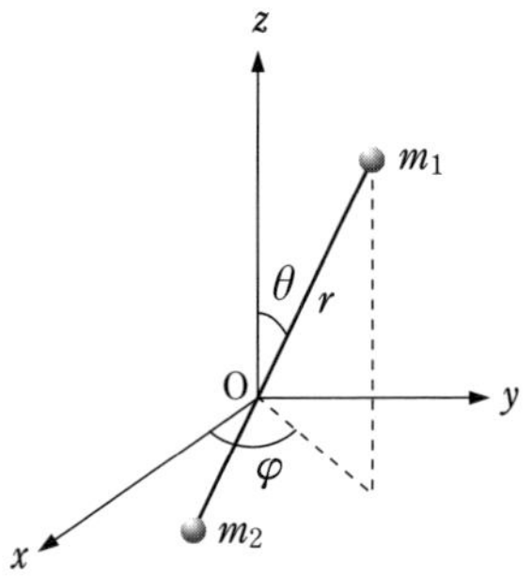

$$p_\theta = \frac{\partial L}{\partial \dot{\theta}} = I\dot{\theta}, \qquad p_\varphi = \frac{\partial L}{\partial \dot{\varphi}} = I \sin^2\theta\, \dot{\varphi}$$

だから (13.138) より

$$H = p_\theta \dot{\theta} + p_\varphi \dot{\varphi} - L = \frac{{p_\theta}^2}{2I} + \frac{{p_\varphi}^2}{2I\sin^2\theta}$$

5. (a) 鉛直軸を z 軸とし，面内に x 軸，面に垂直に y 軸をとる．軸が鉛直であるときの重心の座標は

$$x_\mathrm{G} = 0, \qquad y_\mathrm{G} = 0, \qquad z_\mathrm{G} = -\frac{3}{5}a$$

θ だけ傾いたときの重心の z 座標は，どちらに傾いたかによらず

$$z_\mathrm{G}' = -\frac{3}{5}a\cos\theta$$

よって，$\theta = 0$ のときを基準とするポテンシャル・エネルギーは

$$U(\theta) = -3amg(\cos\theta - 1)$$

よって，$\theta = 0$ の（軸が鉛直な）状態が $U(\theta)$ 極小だから安定．

(b) 傾き角を一般化座標に選ぶ．

(i) 紙面内の振動

$$L = \frac{1}{2}m(a\dot{\theta})^2 + 2\times\frac{1}{2}(2m)(\sqrt{2}\,a\dot{\theta})^2 + 3amg(\cos\theta - 1)$$

$$= \frac{9}{2}ma^2\dot{\theta}^2 + 3mga(\cos\theta - 1)$$

$$\therefore \quad \frac{\mathrm{d}}{\mathrm{d}t}9ma^2\dot{\theta} + 3mga\sin\theta = 0$$

$$\ddot{\theta} = -\frac{g}{3a}\theta \quad \longrightarrow \quad T_y = 2\pi\sqrt{\frac{3a}{g}}$$

(ii) 紙面に垂直な振動

$$L = \frac{1}{2}m(a\dot{\theta})^2 + 2\times\frac{1}{2}(2m)(a\dot{\theta})^2 + 3amg(\cos\theta - 1)$$

$$= \frac{5}{2}ma^2\dot{\theta}^2 + 3mga(\cos\theta - 1)$$

$$\therefore \quad \frac{\mathrm{d}}{\mathrm{d}t}5ma^2\dot{\theta} + 3mga\sin\theta = 0$$

$$\ddot{\theta} = -\frac{3g}{5a}\theta \quad \longrightarrow \quad T_x = 2\pi\sqrt{\frac{5a}{3g}}$$

（注）T_x, T_y は，やじろべーを実体振り子としてあつかって，(12.9) で $I_z \to I_x, I_y$ としても，求めることができる．

索　引

さ 行

た 行

な　行

は　行

ま　行

ひょうどうとしお
兵頭俊夫

1946年　宮崎県出身．東京大学教養学部基礎科学科卒．同大学大学院理学系研究科物理学専攻修士課程修了．東京大学大学院総合文化研究科・教養学部教授，高エネルギー加速器研究機構特別教授を歴任．東京大学名誉教授．理学博士．
主な著書：「熱学入門―マクロからミクロへ―」
（共著，東京大学出版会）
「電磁気学［増補修訂版］」（裳華房）
「人物で読む 物理法則の事典」（共編著，朝倉書店）
「東大教養囲碁講座―ゼロからわかりやすく」
（共著，光文社新書）

かんが　りきがく
考える力学　第2版

2001年 3 月25日　第1版　第 1 刷　発行
2021年 2 月20日　第1版　第22刷　発行
2021年10月31日　第2版　第 1 刷　発行
2024年 2 月10日　第2版　第 3 刷　発行

著　者　兵 頭 俊 夫
発行者　発 田 和 子
発行所　株式会社 学 術 図 書 出 版 社
〒113-0033　東京都文京区本郷 5－4－6
TEL 03-3811-0889　振替 00110-4-28454
印刷　中央印刷（株）

定価はカバーに表示してあります．

ISBN 978-4-7806-0941-7